国家一流课程配套教材
“互联网+教育”新形态教材

新编大学物理实验教程

潘小青　叶会亮　主编
罗　飞　林福明　刘长菊　副主编

電子工業出版社
Publishing House of Electronics Industry
北京 · BEIJING

内 容 简 介

本书是与“大学物理实验”课程配套的实验讲义，包括物理实验基础知识、力学实验、热学实验、电磁学实验、光学实验、近代物理与新技术实验等模块，内容分为绪言、测量误差与数据处理、常用物理实验方法和技术、基础物理实验、综合性物理实验、设计研究性实验等章节。书中各章节的开头和结尾引用了相关的科学家名言并且介绍了著名的物理实验，以加深读者对物理实验的认识；各实验项目在基础内容之后做了一定的拓展，且配置了部分教学视频，以便对实验过程提供一定的指导。

本书可作为高等学校物理实验课程配套的教材，也可供从事物理实验教学或实验物理工作的读者参考。

图书在版编目（CIP）数据

新编大学物理实验教程 / 潘小青，叶会亮主编.
北京 : 电子工业出版社，2025. 7. -- ISBN 978-7-121
-50574-4

Ⅰ. 04-33

中国国家版本馆 CIP 数据核字第 2025YW9206 号

责任编辑：谭海平
印　　刷：河北鑫兆源印刷有限公司
装　　订：河北鑫兆源印刷有限公司
出版发行：电子工业出版社
　　　　　北京市海淀区万寿路 173 信箱　邮编：100036
开　　本：787×1092　1/16　印张：19.5　字数：499.2 千字
版　　次：2025 年 7 月第 1 版
印　　次：2025 年 7 月第 1 次印刷
定　　价：58.00 元

凡所购买电子工业出版社图书有缺损问题，请向购买书店调换。若书店售缺，请与本社发行部联系，联系及邮购电话：（010）88254888，88258888。

质量投诉请发邮件至 zlts@phei.com.cn，盗版侵权举报请发邮件至 dbqq@phei.com.cn。

本书咨询联系方式：（010）88254552，tan02@phei.com.cn。

前　言

本书是编者根据教育部高等学校大学物理课程教学指导委员会主编的《理工科类大学物理实验课程教学基本要求（2023 年版）》，结合本校大学物理实验国家一流课程建设及人工智能在教育教学中广泛应用的实际，在前一版的基础上修订而成的，适合大学理工类本科和专科各专业物理实验课程的教学。本书主要做了如下更新。

（1）在“测量误差与数据处理”一章中，考虑到数值计算，关于“数值修约”的内容都是使用计算器或计算软件进行的，只介绍通用的有效数字修约规则，不再详细标注中间计算过程中每步的有效数位。

（2）在“常用物理实验方法和技术”一章中，介绍了通用物理实验仪器的工作原理和基本操作规范，给出了基本物理量国际单位制基本单位的定义，并且制作了部分教学视频。

（3）实验项目的编排根据实验的层次和性质分别由基础物理实验、综合性物理实验及设计研究性实验逐步深入。在每个层次的实验中，按照力学、热学、电磁学、光学和近代物理学的知识体系进行编排。

（4）在各实验项目的教学内容上，对基础物理实验和综合性物理实验的内容做了一定的拓展，以供有兴趣进一步研究实验内容的学生开展实验创新。

（5）在部分章节的前面增加了一段与实验相关的科学家名言，在各实验的末尾增加了实验拓展，以加深学生对物理实验的认识。

（6）为使课程与线上教学适应，配备了一定数量的面向各实验核心内容的相关教学视频，以方便学生在实验过程中随时调用。

本书是由江西理工大学物理实验中心多名老师合作完成编写的。实验教学是一项集体合作的教学工作，全书由潘小青、叶会亮担任主编，罗飞、林福明、刘长菊担任副主编，刘云、刘燕勇、黄瑞强、郭克涛参与了编写，数字资源由潘小青、叶会亮制作，全书最后由叶会亮统稿。

本书第一主编的工作单位是江西理工大学，在编写过程中得到了学校的大力支持，参阅了许多兄弟院校的实验教材和不同的参考文献，在此一并表示感谢。由于编者的水平和能力限制，书中难免有错误或疏漏，欢迎读者批评指正。

编　者

2025 年 5 月

目　录

绪　言

> 科学是用理论和实验两只脚前进的，有时是这只脚先迈出一步，有时是另一只脚先迈出一步，但是前进要靠两只脚：先建立理论后做实验，或先在实验中得出新的关系，后迈出理论这只脚并推动实验前进，如此不断交替进行。
>
> ——密立根

1．物理实验简介

物理学研究自然界物质的基本结构、相互作用、物质运动的基本形式等，并从中发现规律性。物理学由物理理论和物理实验两部分组成，因此物理实验是物理学的两大支柱之一。一切物理概念的形成、物理规律的发现和物理理论的构建，都离不开物理实验，并接受物理实验的检验。物理实验在推动自然科学、工程技术的发展中起着至关重要的作用。

物理实验的鼻祖是伽利略，他首次为证实自己得到的自由落体规律设计了被誉为史上十大最美科学实验之一的斜面实验，用当时能做到的最准确的方法，测量了等间隔时间内小球沿光滑斜面下滑的距离，进而得到了理论与实验相符的结论。从此，物理学进入理论和实验互相促进、共同发展的时期。大家熟知的牛顿定律的建立来源于大量的实验观测结果，麦克斯韦电磁场方程的建立揭示了法拉第大量实验结果背后的规律，普朗克量子论的提出离不开当时总结的黑体辐射实验规律。

2．物理实验的作用

物理实验对物理学的发展的作用表现在如下三个方面：一是为物理理论的建立提供实验基础；二是对新理论进行实验验证，如麦克斯韦根据自己建立的电磁场方程推导出电磁波在真空的传播速度等于光速，进而断定光是一种电磁波，后来由赫兹通过精心设计的实验得到证实；三是推动物理理论的发展，如氢光谱实验规律的发现促使玻尔提出了原子理论。

物理实验覆盖广泛的学科领域，具有多样化的实验方法和手段，以及综合性很强的基本实验技能训练。普通学习者通过物理实验可以加深对物理理论的认识，学会科学实验的基本方法，有助于形成科学的世界观。

（1）学习物理实验的思想、原理和方法，加深对物理学原理和物理实验创意的理解。

（2）培养与提高基本的科学实验能力。

- 正确使用常用仪器及辅助设备，合理控制实验参数，测量实验数据。
- 运用物理理论对实验现象进行初步分析与判断，逐步学会提出问题、分析问题和解决问题的方法。
- 通过正确记录和处理实验数据，绘制实验曲线，对实验结果进行分析和评判。
- 查阅有关科技文献，进行简单的具有研究性或创意性内容的实验。

（3）培养与提高科学实验素质。通过物理实验课程的学习，养成理论联系实际和实事求是的科学作风，严肃认真的工作态度，主动研究的探索精神，遵守纪律、团结协作和爱护公共财产的优良品德。

3. 物理实验课程的主要教学环节

要理解物理实验的基本原理、方法与过程，大学物理实验课程教学离不开实验预习、实验操作和实验报告等几个基本的教学环节。

（1）实验预习。实验人员在实验前应该进行预习，通过预习清楚本次实验的主要内容，包括实验的物理原理、实验方法、实验仪器、实验数据处理方法等。预习要求撰写预习报告，预习报告是实验工作的前期准备，是写给自己参考用的。因此，预习报告要求简单明了，主要写明实验目的、实验用到的测量仪器、实验原理和测量方法、实验过程及注意事项。

（2）实验操作。实验人员进入实验室后，按照编组号使用相应的实验仪器。实验过程中要遵守实验室规则，了解实验仪器的使用及注意事项，在正式测量之前可做试验性探索操作。实验过程中要仔细观察和认真分析实验现象，如实记录实验数据和现象。有效数字位数表示要正确，数据之间要适当留有间隙，以便补充。如出现记录错误，应用单画线划掉，再在旁边写上正确的值，不允许涂改数据，更不允许抄袭他人的数据。不要忘记记录有关实验环境条件、仪器规格、准确度等级以及被测量量的单位。实验完毕时，要在指导教师核准数据并签字认可后，才能整理仪器，离开实验室。

（3）实验报告。实验报告是对实验全过程的归纳、总结和评估，是实验不可或缺的内容。内容包括实验名称、实验目的、主要实验仪器设备、原理简述、实验的主要过程、实验记录、数据处理、实验评估、实验小结和问题讨论等。实验报告是学术交流的重要媒介，是科学实验的基本环节。

如何写实验报告

内容拓展：吴健雄宇称不守恒实验简介

在当时（1955 年）的物理理论中，宇称守恒被广泛视为一个基本的物理规律。1956 年，杨振宁和李政道提出在弱相互作用中宇称可能不守恒的理论，需要通过实验来验证。吴健雄考察了自旋朝同一个方向排列的钴原子（核）的衰变过程。钴原子会发生衰变而放出电子，如果对这个系统进行镜像操作，那么按照宇称守恒的观点，相对于钴核自旋的方向朝前发出的电子数应该等于朝后发出的电子数，但实验结果却并非如此，两个方向测得的计数率不对称高达 25%。

吴健雄的实验证明了弱相互作用的宇称不守恒，震动了物理学界，揭示了深刻的自然规律，也让人们认识到实验可以推翻已有的理论认知，推动物理学的发展。

第 1 章　测量误差与数据处理

大多数关于自然现象的准确知识都是通过精确的测量而得到的。

——密立根

何谓测量？测量是指用实验方法获得可测量量的值的过程。可测量量是“现象、物体或物质的可以定性区别和定量确定的属性”。被测量与规定作为标准的同类物理量按一定的方法进行比较，其倍数即为测量值。测量值由数值和单位两部分构成，因此一个有单位的数值才有物理意义，这时它才可以是一物理量。实验离不开测量，而测量不可能绝对准确，因此需要对测量结果进行评估，这就需要了解测量误差的基本理论。本章主要介绍物理实验中涉及的测量与有效数字、误差、不确定度和数据处理的基本知识。

1.1　测量与有效数字

1.1.1　测量

根据获得测量结果的方法不同，测量分为直接测量和间接测量。

由仪器或量具直接进行读数的，称为*直接测量*。例如，用米尺测量物体的长度、用天平称物体的质量、用电压表测量电压、用温度计测量温度等都是直接测量。

大多数物理量需要用直接测量的量按一定的函数关系式计算得到，这样的测量称为*间接测量*。例如，测量钢球的密度时，首先用游标卡尺或千分尺测量出其直径 D，然后用天平称出其质量 M，最后通过函数关系式 $\rho = 6M/(\pi D^3)$ 求出钢球的密度。

1.1.2　有效数字

实验中实际测量到的数值，从非零数字最左一位向右数，得到的位数称为*有效位数*，它包括最后一位或两位估计的、不确定的位数。通常将直接读取获得的准确数字称为*可靠数字*，将估读得到的那部分数字称为*存疑数字*，将测量结果中能够反映被测量大小的带有存疑数字的全部位数称为*有效位数*。

测量结果的有效位数越多，表明测量越准确；有效位数越少，表明测量越不准确。因此，当使用仪器、仪表进行测量时，要能正确使用仪器、仪表，并按有效位数的要求正确读取和记录测量数据。

1.1.3　有效数字记录

图 1.1.1 是用米尺测量物体长度示意图。物体的一端与零刻度线重合，另一端在 1.3cm 和 1.4cm 之间，这时近似地将最小分度值 1mm 再分成 10 等分，从图上估计出物体另一端约在(4/10)mm 的地方，因此可将物体的长度记为 1.34cm，其中 1.3 是准确数字，而第三位数字 4 为存疑数字。显然，1.34cm 要比 1.3cm 或 1.4cm 更能真实地反映物体的长度。1.34cm

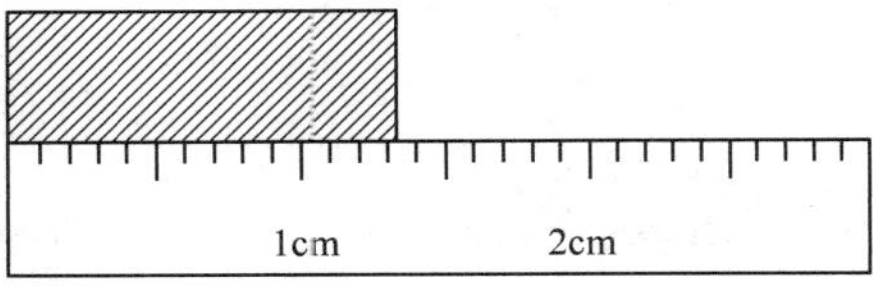

图 1.1.1　用米尺测量物体长度示意图

有三位有效位数。若物体的另一端正好在 1.3cm 处，则应记录为 1.30cm，仍有三位有效位数。如果用游标卡尺测量该物体的长度时读数为 13.42mm，那么有四位有效位数，其中末位 2 是存疑数字。可见，测量结果所包含的有效位数是由所用测量仪器的准确度及估计读数方式决定的，因此在记录测量结果时不允许任意增减有效位数。使用数字仪器、仪表进行测量时，不需要进行估计读数，显示的末位数字就是存疑数字。

用一台感量为 0.02g 的天平称得一物体的质量为 38.30g，有四位有效位数；用千克作为单位时，写成 0.03830kg，因为单位换算时第一个非零数字前的 0 不能视为有效数字，因此有效位数还是四位。同样，若用毫克作为单位，则写成 383.0×10^2mg，因为单位换算时后面增加的 0 也不能视为有效数字。为便于进行有效数字运算，常采用科学记数法，即把数据写成小数点前面只留一位整数，而后面乘以 10 的幂的形式。例如，$38.30\text{g} = 3.830\times10^{-2}\text{kg} = 3.830\times10^{4}\text{mg}$，这种记数法既能表达出有效数字位数，又能表达出数值大小，计算时定位也容易，因此在实验数据记录中常采用科学记数法。

1.1.4　数值修约

在进行具体的数值运算前，通过省略原数值的最后若干位数字，调整保留的末位数字，使最后所得的值最接近原数值的过程，称为*数值修约*。指导数字修约的具体规则称为数值修约规则。数值修约时，应首先确定*修约间隔*和*修约规则*。

一般简化地约定修约间隔为单位修约间隔 $I = 1\times10^N$。有效位数修约规则约定如下：对保留数字末位以后部分的第一个数，若小于 5 则舍，若大于 5 则入（当末位后为 5 且 5 的后面还有任何不是 0 的数字时，都应向前进一位），若等于 5 则把保留数字末位凑为偶数，即若末位是奇数则加 1（五入），若末位是偶数则不变（五舍）。该规则称为*四舍六入五凑偶规则*。例如，4.535 取三位有效位数为 4.54，13.505 取四位有效位数为 13.50。

负数修约时，取绝对值按照上述规定进行修约，再加上负号。另外，不允许连续修约。例如，将数字 10.2749 修约到两位小数时，应一步到位：10.2749→10.27（正确）。若按照四舍六入五凑偶规则分步修约，则得到错误结果：10.2749→10.275→10.28（错误）。

1.1.5　有效数字的运算规则

间接测量值要由直接测量值通过公式计算得出，它也应该用有效数字表示。下面讨论有效数字的运算规则，即*数值修约规则*。

有效数字运算的总原则是：① 当准确数字与准确数字进行四则运算时，其结果仍为准确数字；② 当准确数字与存疑数字进行四则运算时，其结果均为存疑数字；③ 在运算的最后结果中一般只保留一位存疑数字，其余存疑数字应根据尾数舍入规则处理。

计算出来的结果不会比参与计算的最不准确的数值更准确或更可靠。因此，为了简化运算，在进行四则运算前，可将参与运算的原始数据分别按加、减、乘、除的不同情况进行修约。运算时，为区别存疑数字和可靠数字，通常在可疑数字下面加上横线。

1．加减运算

计算结果以参与运算数值末位最高的数为准，后面的数及其和、差计算时修约至与该末位对齐。

【例 1.1.1】

$$
\begin{array}{rr}
 & 12.3\underline{4} \\
+) & 2.357\underline{4} \\
\hline
 & 14.6\underline{974}
\end{array}
\quad \xrightarrow{\text{可化简为}} \quad
\begin{array}{rr}
 & 12.3\underline{4} \\
+) & 2.3\underline{6} \\
\hline
 & 14.7\underline{0}
\end{array}
$$

结果为 14.70　　　　结果为 $14.7\underline{0}$

【例 1.1.2】

$$
\begin{array}{rr}
 & 43.3\underline{2} \\
-) & 6.256\underline{8} \\
\hline
 & 37.0\underline{632}
\end{array}
\quad \xrightarrow{\text{可化简为}} \quad
\begin{array}{rr}
 & 43.3\underline{2} \\
-) & 6.25\underline{7} \\
\hline
 & 37.0\underline{63}
\end{array}
$$

结果为 $37.0\underline{6}$　　　　结果为 $37.0\underline{6}$

考虑到现在的数值计算都是通过计算器或计算软件完成的，后面的计算略去中间过程，直接依据数值修约规则给出最后计算结果的有效位数，即

$$12.34 + 2.5374 = 14.6974 \approx 14.70；\quad 43.32 - 6.2568 = 37.0632 \approx 37.06$$

2．乘除运算

计算结果以参与运算的有效位数最少的数为基准，其余各数及其积、商都比该数多保留 1 位。

【例 1.1.3】 $24326 \times 0.341 = 8295.166 \approx 8295$。

【例 1.1.4】 $3544.5 \div 27.1 \approx 130.7$。

3．函数运算

在大学物理实验中，为简便和统一起见，对常用的对数函数、指数函数和三角函数的有效位数运算做如下规定。

① 对数函数运算后，有效位数的尾数与真数的位数相同。例如，$\lg 1.938 \approx 0.2973$，$\lg 1983 = 3 + \lg 1.938 \approx 3.297$。

② 指数函数运算后，有效位数可与指数的小数点后的位数相同（包括紧挨小数点后的 0）。

③ 三角函数的取位由弧度的有效位数确定。例如，$\sin 30°00' = 0.5000$，$\cos 20°16' \approx 0.9381$。

4．其他

在有效数字运算过程中，可能会碰到一些特定的数字如 π、e 等常数，以及 $\sqrt{2}$、1/2 等系数，其有效位数可视为无限多，不影响结果有效数字的确定。

实际上，对参与运算的数据和中间运算结果都可以不修约，而在得到后面讨论的误差或不确定度后，根据误差或不确定度对最终结果进行数值修约。由不确定度决定有效位数是物理实验的基本方法。

1.2 测量误差

测量总是依据一定的实验原理和实验方法，使用一定的测量仪器，在一定的环境条件下，由一定的人进行的。测量仪器、测量方法、测量条件和测量人员的技术及其他各种因素的限制的存在，必然使得测量值与被测量的真实量值之间存在差异。测量结果与被测量的真实量值之间的差异，称为*测量误差*，简称*误差*。

误差公理认为：在测量过程中，各种各样的测量误差的产生是不可避免的，测量误差自始至终存在于测量过程中，一切测量结果都存在误差。因此，误差的存在具有必然性和普遍性。

1.2.1 真值

真值是指在一定的时间和空间条件下，能够准确反映某一被测量真实状态和属性的量值，也就是某一被测量客观存在的、实际具有的量值。真值有*理论真值*和*约定真值*两种。

理论真值是指在理想情况下表征某一被测量真实状态和属性的量值。理论真值是客观存在的，或者是根据一定的理论定义的。例如，在平面几何中，三角形的三个内角之和为180°。由于测量误差的普遍存在，一般情况下被测量的理论真值是不可能通过测量得到的，但却是实际存在的。

被测量的理论真值不能通过测量得到，为解决测量中的真值问题，只能用约定的办法来确定真值。约定真值是指人们为了达到某种目的，按照约定的办法确定的量值。约定真值是指人们定义的得到国际公认的某个物理量的标准量值。例如，光速约定为 2.99792458×10^8m/s。高精度等级仪器测量值常被视为低精度等级仪器测量值的约定真值。

1.2.2 误差

绝对误差（简称*误差*）定义为被测量的测量值与真值之差，即

$$\text{误差} = \text{测量值} - \text{真值}$$

误差具有与被测量相同的单位，其值可为正，也可为负。若用 x_0 表示真值，用 x 表示测量值，则绝对误差 Δx（或 $\varDelta$）可以表示为

$$\Delta x = x - x_0 \tag{1.2.1}$$

绝对误差可以比较不同仪器测量同一物理量的准确度的高低。

1.2.3 相对误差

仅用绝对误差还不足以表示测量结果的准确度。例如，用同一把钢直尺分别测量100.0cm和1.0cm两个长度各一次，误差相同。显然，这一误差对前者而言影响不大，而对后者来说误差相对就大了。为了全面评价测量结果的优劣，还要考虑被测量本身的值大小，因此引入了相对误差的概念。相对误差定义为

$$\text{相对误差} = \frac{\text{误差}}{\text{真值}}\times100\%$$

用 E 表示相对误差时，有

$$E = \frac{\Delta x}{x_0} \times 100\% \tag{1.2.2}$$

相对误差可以比较不同被测物理量的测量准确度的高低。采用相对误差来表示测量误差时，能够较确切地表明测量的准确度。显然，绝对误差与相对误差之间的关系是

$$\Delta x = x_0 E \tag{1.2.3}$$

1.2.4 误差的分类

误差按其来源和性质可分为两大类：*系统误差*和*随机误差*。

1. 系统误差

系统误差的特点是它具有确定的规律性。在一定的实验条件（方法、仪器、环境和测量者都不变）下多次测量同一量时，大小和正负号保持不变，或按一定的规律变化，或按一定的规律重复的误差，称为*系统误差*。系统误差主要来自以下几个方面。

（1）*理论（方法）误差*。由测量依据的理论公式本身的近似性、实验条件或测量方法不能达到理论公式所规定的要求等引起的误差。例如，用伏安法测量电阻时，由电表内阻的影响所带来的误差。

（2）*仪器误差*。由测量仪器本身固有的缺陷或未按规定使用而引起的误差。例如，用未经校准零位的千分尺测量零件的长度时，用不十分准确的天平称物体的质量等引起的误差。

（3）*环境误差*。由环境条件变化引起的误差。例如，温度、气压、湿度的变化等造成的测量值的漂移。

（4）*个人误差*。由测量者本身的生理和心理特点或因个人习惯带来的误差。例如，由测量者反应速度的快慢、分辨能力的高低、读数习惯和精神状态等原因造成的误差。

总之，系统误差是在一定实验条件下由一些确定的因素引起的，它使得测量结果总是表现出确定的规律性。因此，试图在相同的条件下增加测量次数来减少或消除它是行不通的，只有找到某个系统误差产生的原因，才能采取一定的方法减少或消除它的影响，或对测量结果进行修正。

2. 随机误差

随机误差的特点是它的出现具有随机性。在相同条件下，多次测量同一量值，每次测量的误差时大时小，误差的符号时正时负，没有确定的变化规律，呈现无规则的涨落，且无法控制和预测，这样的误差称为*随机误差*。

随机误差是由偶然的因素或不确定的因素引起的，主要来自以下几个方面。

（1）*主观方面*。由于测量者的感官灵敏度和仪器的精密度有限，导致操作不熟练、估计读数不准等。

（2）*客观方面*。既有测量装置方面的因素，又有环境方面的因素和测量者方面的因素。由于测量者对这些微小的随机影响因素很难把握，一般也无法进行控制。

在相同条件下，对同一物理量做多次测量，误差较小的数据比误差较大的数据出现的概率要大得多；在多次测量中，绝对值相同的正误差或负误差出现的概率大致是相等的，全部误差的总和在测量次数很多时趋于零。因此，增加测量次数可以减小随机误差。

系统误差与随机误差性质不同、来源不同，处理方法也不同。但是，系统误差和随机误

差往往是并存的，都会对测量结果的准确度产生影响，有时主要因素是系统误差，有时主要因素是随机误差，因此对每个实验要做具体分析。实验结果的误差是系统误差和随机误差的合成。然而，在大学物理实验中，一般都会对系统误差做修正，实际要处理的是随机误差。

需要指出的是，在整个测量过程中，除上述两种误差外，还可能发生读数记录上的错误、仪器损坏、操作不当等造成的测量错误。错误不同于误差，它是可以发现和避免的。

1.3 系统误差及其处理

1.3.1 系统误差的发现

要发现系统误差，就要仔细研究测量理论和方法的每一步推导，检验或校准每台仪器，分析每个实验条件，考虑每步的调整和测量，注意每个因素对实验的影响等。下面简述几种发现系统误差的常见方法。

1. 实验对比法

实验对比法包括不同的方式：一是实验方法的对比，即用不同方法测量同一个量，比较结果的一致程度；二是实验仪器的对比，如用两个电流表接入同一电路对比两个电流表的电流读数；三是测量过程的对比，即改变测量顺序，如测量某个物理量与温度的关系时，先升温测量，再降温测量，比较两种顺序下测量值的一致性。实验对比法还可改变测量中某些参量的数值、改变实验环境等进行测量，通过对比测量结果，发现实验数值差异较大时，表明实验中可能存在系统误差。

2. 理论分析法

理论分析法是指从实验原理和方法上分析可能存在的系统误差。例如，分析实验所依据的理论公式要求的实验条件与实际情况有无差异，或者分析仪器所要求的使用条件是否达到等。

3. 数据分析法

数据分析法的理论依据是随机误差服从一定的统计分布规律，若结果不遵从这种规律，则说明存在系统误差。在相同条件下得到大量数据时，可使用数据分析法。例如，当发现按实验过程记录的数据存在单向或周期性变化的偏差时，很可能存在固定的或变化的系统误差，因为按照随机误差的统计分布理论，测量值的分布在时间和空间上均是随机的。

以上仅从普遍意义上介绍了几种发现系统误差的常见方法。在实际实验中，还有许多其他的方式，这里不一一介绍。

1.3.2 系统误差的修正和消除

发现系统误差后，就需要引入修正值加以修正，例如对千分尺的零点的修正、利用较高等级的电表对较低等级的电表测出校正曲线等。但在实际中，有时不易找出确切的系统误差值，因此也常在测量中设法消除或降低它们的影响。下面介绍几种从测量方法上消除系统误差的典型方法。

1. 替代法

替代法是指在相同的测量条件下，用已知标准量替代被测量，保持测量仪器的指示值不变，进而达到消除系统误差的方法。其核心思想是，保证替换前后测量系统的状态和所受影响因素基本相同。例如，用损坏的卡尺测量一个标准长度的物体（如一个已知精确长度为 L_0 的量块）时，得到测量值 L_1，说明存在零点误差，即 $x_0 = L_1 - L_0$；然后，用卡尺测量未知长度的物体，得到测量值 L_2，则未知物体的实际长度 $L = L_2 - x_0$。

2. 异号法

异号法是指通过改变某些测量条件，使系统误差出现符号相反的情况，然后将两次测量结果进行适当的组合，进而消除系统误差的方法。例如，在使用电位差计测量微弱电动势 ε 的电路中，若有温差电动势 ε_0 干扰，则测出的数值 ε_1 实为两个电动势之差，即 $\varepsilon_1 = \varepsilon - \varepsilon_0$；若将 ε 反向后进行测量，则测量值 $\varepsilon_2 = \varepsilon + \varepsilon_0$。将两次的测量结果平均，就可消除温差电动势引入的误差。

3. 交换法

交换法是指根据误差产生的原因，在其他条件保持不变时，将引起系统误差的某些实验条件相互交换，使产生系统误差的因素对测量结果起相反的作用，进而消除系统误差的方法。例如，用滑线式惠斯通电桥测电阻时，交换待测电阻与标准电阻的位置后，再进行测量，取两次测量值的平均值，就可消除滑线电阻丝不均匀引入的系统误差。

4. 对称观测法

当存在随着时间线性变化的系统误差时，可将观测程序在某个时刻对称地再做一次。例如，当一个灵敏电流计的零点随时间存在线性漂移时，可在测量读数之前记录一次零点值，测量读数后再记录一次零点值，然后取两次零点值的平均值来修正测量值。又如，在测电阻温度系数的实验中，在测电阻之前记录一次温度，在测电阻之后再记录一次温度，然后取两次温度值的平均值作为该点的温度值等。很多随时间变化的误差在短时间内均可视为是线性变化的，因此对称观测法是一种能够消除随时间变化的系统误差的常用方法。

5. 半周期偶数观测法

对一些周期性误差，可以每经过半个周期进行偶数次观测。例如，分光计刻度盘偏心带来的角度测量误差是以 360°为周期的，因此可以采取相距 180°的一对游标，每次测量时分别从一对游标上读两个数，则两个角位置之间的夹角就是两个游标上分别算出的夹角的平均值。

以上列举了几种减小或消除某些简单系统误差的方法。实际上，许多系统误差的出现常由实验所用理论不完善或者理论背后隐藏着未被发现的精细规律导致，难以完全消除。

1.4 随机误差及其估算

1.4.1 随机误差的统计规律

假设系统误差已消除，被测量本身是稳定的，在相同的实验条件下，对同一物理量进行多次重复测量，若结果仍然彼此有差异，则是由随机误差引起的。实验和理论都证明，大部分测量的随机误差在重复测量次数足够多时，随机误差的出现遵循统计规律。随机误差分布曲线如图 1.4.1 所示，横坐标表示误差 $\Delta = x - x_0$，纵坐标

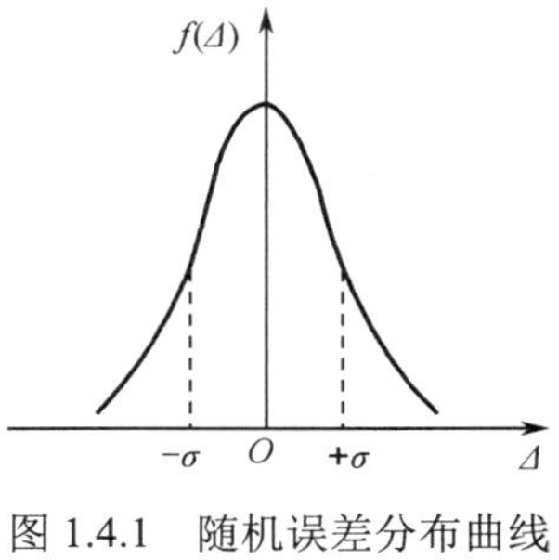

图 1.4.1　随机误差分布曲线

是一个与误差出现的概率有关的概率密度函数 $f(\varDelta)$，借助概率论和数理统计的原理，可以推导出如下误差分布函数：

$$f(\varDelta)=\frac{1}{\sqrt{2\pi}\sigma}\mathrm{e}^{-\frac{\varDelta^2}{2\sigma^2}} \tag{1.4.1}$$

这种分布称为正态分布。式（1.4.1）中的特征量 σ 为

$$\sigma=\sqrt{\frac{\sum_{i=1}^{n}\varDelta_i^2}{n}},\quad n\to\infty \tag{1.4.2}$$

它称为方均根误差或标准误差。服从正态分布的随机误差具有如下特征。

（1）有界性。绝对值很大的误差出现的概率为零，即误差的绝对值不超过一定的界限。

（2）单峰性。绝对值小的误差出现的概率比绝对值大的误差出现的概率大。

（3）对称性。绝对值相等的正误差和负误差出现的概率相同。

（4）抵偿性。随机误差的算术平均值随着测量次数的增加而趋于零，即

$$\lim_{n\to\infty}\frac{1}{n}\sum_{i=1}^{n}\varDelta_i=0 \tag{1.4.3}$$

正态分布要求测量次数趋于无穷，而这在实验中是不可能实现的。既然测量不可避免地存在随机误差，且每次测量的值各有差异，那么如何测量才能得到更接近真值的最佳值呢？

1.4.2 测量结果的最佳值——算术平均值

利用随机误差的上述统计特性可以获得实验结果的最佳值——约定真值。

假设对某一物理量在等精度测量条件（实验原理、方法、仪器、环境、测量者均相同）下进行多次重复测量，测量列为 $x_1,x_2,\cdots,x_i,\cdots,x_n$，则测量列的算术平均值为

$$\overline{x}=\frac{1}{n}\sum_{i=1}^{n}x_i \tag{1.4.4}$$

容易理解的是，对于有限次测量，平均值会随着测量次数的不同而有所变动，因此多次测量的算术平均值只能称为近真值或最佳值。由随机误差的统计特征可以证明，当测量次数无限增多时，算术平均值将无限接近真值。

1.4.3 残差

因为不知道真值，所以测量的绝对误差在大多数情况下是不知道的。定义测量值与算术平均值的差为残余误差，简称残差（或偏差），用 v_i 表示，有

残差 ＝ 测量值 － 算术平均值

记为

$$v_i=x_i-\overline{x} \tag{1.4.5}$$

根据误差的定义有

$$(x_1-x_0)+(x_2-x_0)+\cdots+(x_n-x_0)=\varDelta_1+\varDelta_2+\cdots+\varDelta_n$$

$$\frac{1}{n}\sum_{i=1}^{n}\varDelta_i=\frac{1}{n}\sum_{i=1}^{n}(x_i-x_0)=\overline{x}-x_0$$

由于随机误差的抵偿性，当 $n \to \infty$ 时有 $\sum_{i=1}^{n} \Delta_i \Big/ n \to 0$，因此有 $\bar{x} \to x_0$。

可见，测量次数越多，测量列的算术平均值越接近真值。因此，测量结果可用测量列的算术平均值作为约定真值。然而，测量结果的随机误差究竟有多大呢？要如何表示呢？

1.4.4 随机误差的表示法

随机误差的大小常用标准误差、平均误差和极限误差表示。

1. 测量列的标准误差 σ

当随机误差 Δ 呈正态分布时，概率密度函数 $f(\Delta)$ 由式（1.4.1）表示。下面讨论特征量 σ 的物理意义。

图 1.4.2 所示为不同 σ 值时的 $f(\Delta)$ 曲线。σ 值越小，表示绝对值小的误差越占优势，正态分布曲线越尖，表明测量列中各测量值的分散性小、重复性好；反之，σ 值越大，正态分布曲线越平坦，表明测量列中各测量值的分散性大、重复性差。因此，测量列的标准误差 σ 是表征同一待测量的 n 次测量所得结果的离散性的参数。

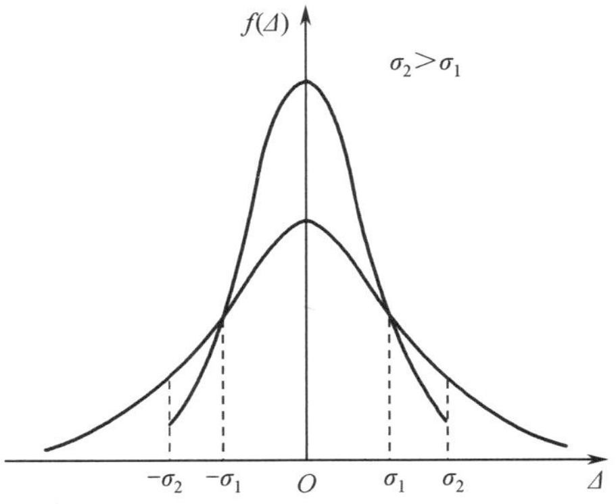

图 1.4.2 不同 σ 值时的 $f(\Delta)$ 曲线

但是，要注意的是，标准误差 σ 和各测量值的误差 Δ_i 有着完全不同的含义。Δ_i 是实在的误差值，也称*真误差*；而 σ 不是一个具体的测量误差值，它反映的是测量列的随机误差概率分布特性，只具有统计意义，是一个统计性的特征值。

图 1.4.3(a)所示曲线下方的总面积表示各种大小（包括正、负）误差出现的总概率，当然，总概率应是 100%。在 $\Delta = -\sigma$ 和 $\Delta = \sigma$ 之间的曲线下的面积（图中画斜线的部分）约为总面积的 68.3%，它表示随机误差落到区间 $[-\sigma, \sigma]$ 上的概率。也就是说，以等精度重复测量时，测量次数 n 很大，获得的数据中将有 68.3%的数据的误差绝对值 $|\Delta_i|$ 比 σ 小。

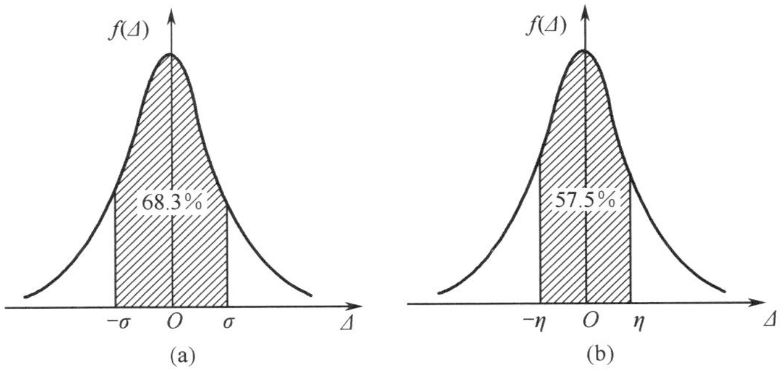

图 1.4.3 正态分布时不同误差的概率意义

由此可见，标准误差 σ 所表示的意义是，测量列中任一测量值的误差落在区间 $[-\sigma, \sigma]$ 上的概率约为 68.3%。

2. 平均误差 η

n 次测量误差的平均值（平均误差）定义为

$$\eta = \frac{\sum_{i=1}^{n}|\Delta_i|}{n} \quad (1.4.6)$$

它的概率含义是

$$P(-\eta < \Delta < \eta) = \int_{-\eta}^{\eta} f(\Delta)\,\mathrm{d}\Delta = 57.5\% \quad (1.4.7)$$

如图 1.4.3(b)所示，即任意做一次测量，测量值误差落在区间$[-\eta,\eta]$上的概率约为 57.5%。它与标准误差σ的关系为

$$\eta = 0.7979\sigma \approx 0.8\sigma$$

3．极限误差δ

定义标准误差σ的 3 倍为极限误差，用δ表示：

$$\delta = 3\sigma \quad (1.4.8)$$

它的概率含义是

$$P(-\delta < \Delta < \delta) = \int_{-\delta}^{\delta} f(\Delta)\,\mathrm{d}\Delta = 99.7\% \quad (1.4.9)$$

极限误差表示任意做一次测量时，测量值的误差落在区间$[-3\sigma,3\sigma]$上的概率为 99.7%，即在 1000 次测量中只有 3 次测量值的误差绝对值超过3σ。在一般实验中测量次数很少超过几十次，因此可以认为测量值误差超过范围$\pm3\sigma$的概率是极小的，所以称其为极限误差。

上述三种随机误差表示法的区别在于概率的大小不同，即换一个其他概率又可以有一种随机误差表示法。然而，真值x_0是无法测得的，因此误差$\Delta_i = x_i - x_0$也是无法计算的，且δ、η和σ均无法算出。那么如何估算随机误差的大小呢？

1.4.5 有限次测量列的随机误差估算

因为有限次测量列的算术平均值$\bar{x}$是真值的最佳估计值，且当$n\to\infty$时$\bar{x}\to x_0$，所以可以用测量列中的各次测量值与算术平均值之差——*残差*（也称*偏差*）来估算误差：

$$v_i = x_i - \bar{x}$$

v_i是可以计算的，根据v_i来估算标准误差时，由误差理论可以证明

$$\sigma_x = \sqrt{\frac{\sum_{i=1}^{n}(x_i-\bar{x})^2}{n-1}} = \sqrt{\frac{\sum_{i=1}^{n}v_i^2}{n-1}} \quad (1.4.10)$$

考虑到测量次数 n 是有限的，而σ_x是根据所得到的测量值样本对无限总体的标准差做出估计的，因此求得的是标准误差的估计值。σ_x一般称为测量列中任一测量值x_i的*标准差*。一般而言，利用标准差代替标准误差时，只要测量次数不是很少（如不少于 10 次），测量列中任一测量值的误差落在区间$[-\sigma_x,\sigma_x]$上的概率就仍在 68%附近。

同理，根据v_i来估算平均误差η时，测量列的平均绝对偏差η_x为

$$\eta_x = \frac{\sum_{i=1}^{n}|v_i|}{n} \approx \frac{4}{5}\sigma_x \quad (1.4.11)$$

而$\delta = 3\sigma$，于是极限偏差为

$$\delta_x = 3\sigma_x \quad (1.4.12)$$

1.4.6 算术平均值标准差

进行有限的 n 次测量后，可得到其平均值 $\bar{x}$ 为最佳估计值，并用 σ_x 估算出这列数据的标准差，以表示其离散性。这时，测量列中任一测量值 x_i 的偏差落在区间 $[-\sigma_x, \sigma_x]$ 上的概率约为 68.3%。但是，$\bar{x}$ 也是一个随机变量，它随 n 的增减而变化。那么算术平均值本身的可靠性如何呢？显然，$\bar{x}$ 肯定要比测量列中的任一测量值更可靠。根据误差理论，可以证明算术平均值 $\bar{x}$ 的标准差 $\sigma_{\bar{x}}$ 为

$$\sigma_{\bar{x}} = \frac{\sigma_x}{\sqrt{n}} = \sqrt{\frac{\sum_{i=1}^{n} v_i^2}{n(n-1)}} \tag{1.4.13}$$

也就是说，算术平均值的标准差是测量列的标准差（测量列中任一测量值 x_i 的标准差）的 $1/\sqrt{n}$ 倍。算术平均值的标准差 $\sigma_{\bar{x}}$ 与测量次数 n 的平方根成反比，因此 $\sigma_{\bar{x}}$ 随 n 增大而减小的速度越来越小。当 $n > 10$ 且增加时，$\sigma_{\bar{x}}$ 的减小效果已不明显，一般等精度测量的测量次数取 $n \leqslant 10$。

与测量列的标准差 σ_x 的统计意义一样，$\sigma_{\bar{x}}$ 也用来反映算术平均值 $\bar{x}$ 的离散性，按照式（1.4.13）求出的 $\sigma_{\bar{x}}$ 值表示算术平均值的偏差落在区间 $[-\sigma_{\bar{x}}, \sigma_{\bar{x}}]$ 上的概率约为 68.3%。

1.5 仪器误差

1.5.1 仪器的示值误差

测量是用仪器或量具进行的。有的仪器比较粗糙或灵敏度较低，有的仪器比较精确或灵敏度较高，但任何仪器都存在误差。仪器的示值误差是指在正确使用仪器的条件下，测量所得结果的最大误差或误差限，简称仪器误差，用 $\Delta_{仪}$ 表示。

仪器误差通常由制造工厂和计量机构使用更精确的仪器、量具经过检定比较后给出，而由所用仪器的量程和级别（或者只用级别）可以算出 $\Delta_{仪}$ 的大小。下面列举几种常用器具的仪器误差限（示值误差）。

（1）游标卡尺、螺旋测微器（千分尺）的仪器示值误差

游标卡尺不分准确度等级，测量范围一般在 300mm 以下的卡尺，其分度值便是仪器的示值误差，如表 1.5.1 所示，因为确定游标卡尺上的哪条线与主尺上的某一刻度对齐时，最多只可能有正负一条线之差。

表 1.5.1 游标卡尺的示值误差 单位：mm

测量范围	示值误差		
	分 度 值		
	0.02	0.05	0.1
0～300	±0.02	±0.05	±0.1
300～500	±0.04	±0.05	±0.1

螺旋测微器的准确度等级分零级和一级两类，实验室通常使用的为一级，其示值误差也根据测量范围的不同而不同，如表 1.5.2 所示。

表 1.5.2　螺旋测微器的示值误差　　　单位：mm

测量范围	0～100	100～150	150～200
示值误差	±0.004	±0.005	±0.1

在物理实验中，考虑到上述规定的严格性，兼顾教学训练的简化需要，除具体实验中另有说明外，一般约定游标卡尺的仪器误差按其分度值计算。钢卷尺、螺旋测微器等的仪器误差未知其示值误差时，可按其最小分度值的 1/2 计算。

2. 电子秤的示值误差

目前，物理实验室中常用的电子秤受环境影响较大，需要定期校准。电子秤的最大允许误差与称量范围有关，具体如表 1.5.3 所示。

表 1.5.3　电子秤的示值误差

最大称量/g	感量/g	称量范围/g	示值变动性误差/g
3000	1	20～500	0.5
3000	1	500～2000	1
3000	1	> 2000	1.5
6000	2		1

3. 电表的示值误差

国家标准 GB766-76 规定电表准确度等级分为 0.1、0.2、0.5、1.0、1.5、2.5、5.0 共七个，当在规定条件下使用时，其最大绝对误差为

$$\varDelta_{仪}=\text{量程}\times\text{准确度等级}\%=x_n S_n\% \tag{1.5.1}$$

式中，x_n 为量程。例如，量程为 3.0V 的 0.5 级电压表的最大示值误差为

$$\varDelta_{仪}=3.0\times\frac{0.5}{100}=0.015\text{V}$$

1.5.2　仪器的标准误差

仪器误差同样包含系统误差和随机误差两部分，但究竟以哪个误差为主则要具体问题具体分析。一般准确度级别较高的仪器（如 0.2 级）的误差主要是随机误差，级别较低的或工业用仪器的误差主要是系统误差。实验室用仪器（0.5 级）两种误差都有，且数值相近。如何确定仪器的标准误差？它与仪器的最大示值误差有何关系？

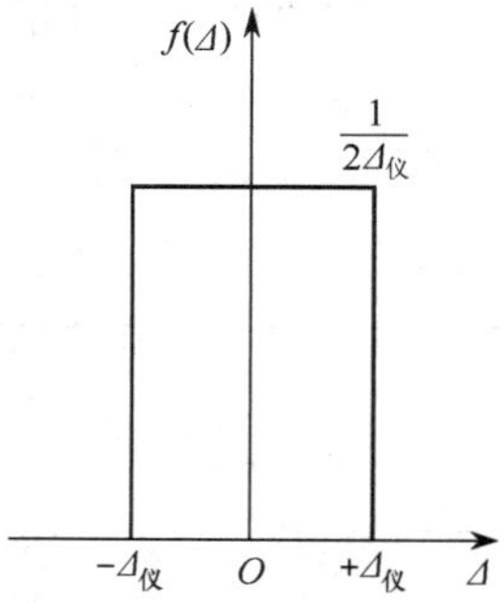

图 1.5.1　均匀分布

一般仪器误差的概率密度函数服从均匀分布，如图 1.5.1 所示。在 $\varDelta_{仪}$ 范围内，各种误差（不同大小和符号）出现的概率相同，大于区间宽度的误差值出现的概率为零。

例如，游标卡尺的仪器误差、仪器度盘或其他传动齿轮的间隙产生的误差、机械秒表在两分度值中间不能分辨引起的误差、级别较高的仪器和仪表的误差等的分布，都属于均匀分布。误差出现在区间 $[-\varDelta_{仪},\varDelta_{仪}]$ 上的概率为

$$\int_{-\varDelta_{仪}}^{+\varDelta_{仪}} f(\varDelta)\,\mathrm{d}\varDelta=1$$

所以误差服从的分布规律为

$$f(\Delta)=\frac{1}{2\Delta_{仪}}$$

计算得标准误差为

$$\sigma_{仪}=\Delta_{仪}/\sqrt{3} \tag{1.5.2}$$

例如，根据式（1.5.2），最小分度为 0.1cm 的钢直尺的标准误差为 $\sigma_{仪}=0.05/\sqrt{3}\approx0.03\text{cm}$ 。量程为 150mA、准确度为 1.0 级的电流表的标准误差为 $\sigma_{仪}=1.5/\sqrt{3}\approx0.9\text{mA}$ ；又如，当用电子秒表测量时间时，最末的数字代表的一个单位就是仪器的最大误差 $\Delta_{仪}$ ，即 $\sigma_{仪}=0.01/\sqrt{3}\approx0.006\text{s}$ 。

若仪器误差的概率分布函数近似服从正态分布，则有

$$\sigma_{仪}=\Delta_{仪}/3\ \ (P=0.683)$$

螺旋测微器的误差概率分布函数近似服从正态分布。

1.6 直接测量量及间接测量量的误差传递

1.6.1 直接测量结果的表示

1. 测量的重复次数问题

由于在测量中存在随机误差，为了获得待测量的最佳值，并对结果给出正确的评价，需要进行多次重复测量。理论上讲，进行无限次重复测量后，得到的算术平均值就是待测量真值的最佳值，且 $\sigma_{\bar{x}}\to0\ (n\to\infty)$ 。一方面，由于 $\sigma_{\bar{x}}$ 按 $1/\sqrt{n}$ 的比例关系减小，当 n 较大时，$\sigma_{\bar{x}}$ 的变化极慢，在一般的实验中，没有必要无限地增加测量次数。另一方面，由于测量的准确度还受测量仪器、测量方法等条件的限制，关键是如何体现这些条件所能达到的准确度，不考虑这些条件而单纯增加测量次数是没有意义的。

一般而言，测量必须重复多次。若重复测量值起伏大，则多测几次；若重复测量值起伏小，则少测几次。具体地讲，对一个量至少应先测 2～3 次，若各次测量值相同，则表明测量中仪器的准确度不高，反映不出测量的随机误差，因此不需要做多次测量，而按单次测量处理；若各次测量值不同，则表明测量中显示出随机误差，需要追加重复测量次数，至少重复 5～10 次，以确定标准差。

2. 单次测量结果的标准误差

在实际工作中，对于测量不能或不需要重复多次的情形，或者仪器准确度不高、测量条件比较稳定、多次测量同一物理量的结果相近的情形，可用 $\Delta_{仪}$ 表示测量结果的最大允许误差，用 $\sigma_{仪}=\Delta_{仪}/\sqrt{3}$ 表示单次测量的标准误差，并将结果表示为

$$x=x_{仪}\pm\sigma_{仪} \tag{1.6.1}$$

单次测量的随机误差一般是以最大误差进行估计的。以下分两种情况处理。

（1）已知仪器准确度时，以其准确度估算误差大小。例如，用一个量程为 150mA、准确度为 0.2 级的电流表测某次电流时，读数为 131.2mA。为了估计其误差，按准确度 0.2 级

可以算出最大绝对误差为 0.3mA，因此该次测量的结果可写成 $I = 131.2 \pm 0.3\text{mA}$。

（2）未知仪器准确度时，单次测量误差的估计应根据所用仪器的灵敏度、测量者感觉器官的分辨能力及观测时的环境条件等因素综合考虑，以使估计误差的大小尽可能符合实际情况。一般来说，最大读数误差对连续读数的仪器可取仪器最小分度值的一半，而对无法进行估计的非连续读数的仪器（如数字式仪表）则取其最末位数的一个最小单位。

3. 多次重复测量结果的误差表示

对于多次重复测量的物理量，以测量列的算术平均值 $\bar{x}$ 表示测量结果的最佳值。测量结果的随机误差估算用算术平均值的标准差表示，即

$$x = \bar{x} \pm \sigma_{\bar{x}} \tag{1.6.2}$$

式中，

$$\sigma_{\bar{x}} = \sqrt{\frac{\sum_{i=1}^{n} v_i^2}{n(n-1)}}, \quad i = 1, 2, 3, \cdots, n$$

根据对标准误差统计意义的认识，上式表示被测物理量的真值在区间 $\left[\bar{x} - \sigma_{\bar{x}}, \bar{x} + \sigma_{\bar{x}}\right]$ 上的概率为 68.3%。因此，不排除真值出现在区间外的可能性，更不能认为测量结果是 $\bar{x} - \sigma_{\bar{x}}$ 和 $\bar{x} + \sigma_{\bar{x}}$ 两个值。只有从统计的观点出发才能正确理解测量结果表示式的意义，否则将导致错误的结论。

对于一般的教学实验，由于所用仪器的准确度很不一致，误差既有仪器误差又有随机误差，还包括其他不确定因素造成的未定系统误差，为简化起见，这时合成的总误差为

$$\sigma_{\text{c}} = \sqrt{\sigma_{\bar{x}}^2 + \sigma_{\text{仪}}^2} \tag{1.6.3}$$

若 $\sigma_{\bar{x}}$ 与 $\sigma_{\text{仪}}$ 比较时相差较大（3 倍以上），则取最大者表示测量结果的误差，测量结果写为

$$x = \bar{x} \pm \sigma_{\bar{x}}(\text{单位}) \qquad (\sigma_{\bar{x}} > \sigma_{\text{仪}})$$

或

$$x = \bar{x} \pm \sigma_{\text{仪}}(\text{单位}) \qquad (\sigma_{\bar{x}} < \sigma_{\text{仪}}) \tag{1.6.4}$$

测量结果的有效位数的修约规则如下：误差或偏差一般取一位有效位数，若误差首位数字是 1，则可取两位有效位数，尾数通常只进不舍；测量结果的有效位数的末位应与误差末位对齐。

4. 测量结果的相对误差表示

容易看出，仅有标准差或平均值标准差等还不足以表示测量结果的准确度，还要考虑被测量本身的大小，因此引入相对标准差的概念。相对标准差 E 定义为

$$E = \frac{\sigma_{\bar{x}}}{\bar{x}} \times 100\% \tag{1.6.5}$$

相对标准差一般可以取两位有效位数，尾数也只进不舍。

若待测物理量有公认值或理论值，则可将测量值与公认值或理论值进行比较，并用相对误差即百分误差来表示测量的优劣，即

$$E = \frac{|\bar{x} - x_0|}{x_0} \times 100\% \tag{1.6.6}$$

5．测量次数很少时置信区间的确定

当测量次数很少时，测量列的算术平均值与标准差 $\sigma_{\overline{x}}$ 将严重偏离正态分布真值 x_0 和标准误差σ。根据误差理论，在有限次测量中，算术平均值不再服从正态分布，而服从自由度$\gamma=n-1$的 t 分布——也称学生分布，即一种连续型随机变量的概率分布。由 t 分布可以提供一个系数因子，简称 t 因子，t 也是一个统计量。用 t 因子乘以平均值的标准差，仍可在这个区间上有 68.3%的置信概率。表 1.6.1 中列出了几个常用的 t 因子。

表 1.6.1　几个常用的 t 因子

$\gamma=n-1$	1	2	3	4	5	6	7	8	9
$t_{0.683}$	1.84	1.32	1.20	1.14	1.11	1.09	1.08	1.07	1.06
$t_{0.95}$	12.71	4.30	6.18	2.78	2.57	2.45	2.36	2.31	2.26

从表中可见 t 因子随测量次数的增加而趋于 1，即 t 分布在 $n\to\infty$ 时趋于正态分布。于是，当测量次数很少时，可将测量结果表示为

$$\overline{x}\pm t_{0.683}\sigma_{\overline{x}} \quad （单位） \tag{1.6.7}$$

6．直接测量量的误差处理

对实验中直接测量量的误差处理，可按照如下流程进行。

（1）记录仪器的最大允许误差，计算仪器标准差。

（2）若多次测量的数据不变，测量结果确定，则测量的标准差即是仪器标准差。若测量结果不同，则追加测量次数，求出测量平均值。

（3）根据标准差公式计算平均值标准差。

（4）合成平均值标准差与仪器标准差，得到测量标准差。

（5）正确表达测量结果。

（6）根据测量量是否有理论值或公认值，按照相应的公式计算相对标准差。

直接测量量标准误差数据处理流程图如图 1.6.1 所示。

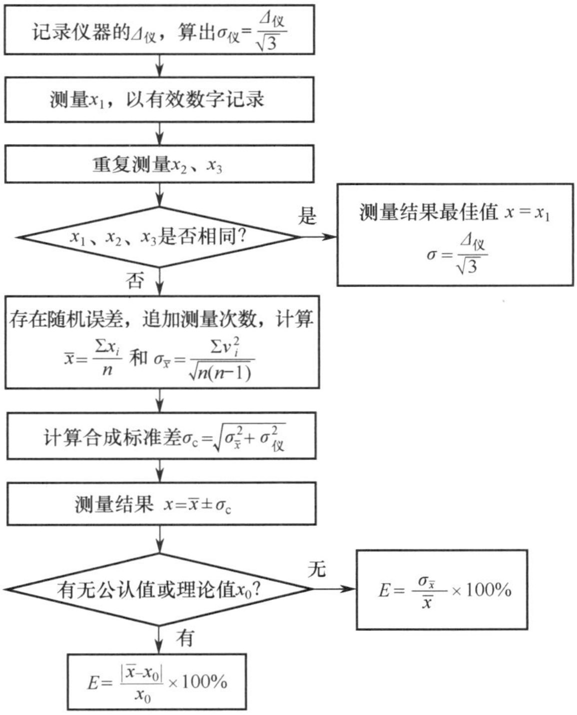

图 1.6.1　直接测量量标准误差数据处理流程图

1.6.2　间接测量结果的误差传递

间接测量量的理论值都是通过一定的函数关系式由各直接测量量计算得到的，而各直接测量值都是有误差的，因此计算出来的间接测量量的值必然出现误差传递。由各直接测量误差计算间接测量误差的数学公式称为*误差传递公式*。下面介绍标准差传递的一般公式，包括标准差及相对标准差的传递公式。

直接测量值的随机误差按标准差进行估算时，它们将以方和根合成的方式传递间接测量结果的标准差。设待测量为 $N = f(A,B,C,\cdots)$，其中 $A,B,C,\cdots$ 为直接测量量，则有

$$\sigma_{\overline{N}} = \sqrt{\left(\frac{\partial f}{\partial A}\right)^2 \sigma_{\overline{A}}{}^2 + \left(\frac{\partial f}{\partial B}\right)^2 \sigma_{\overline{B}}{}^2 + \left(\frac{\partial f}{\partial C}\right)^2 \sigma_{\overline{C}}{}^2 + \cdots} \tag{1.6.8}$$

相对标准差为

$$E_N = \frac{\sigma_{\overline{N}}}{N} = \sqrt{\left(\frac{\partial f}{\partial A}\right)^2 \left(\frac{\sigma_{\overline{A}}}{N}\right)^2 + \left(\frac{\partial f}{\partial B}\right)^2 \left(\frac{\sigma_{\overline{B}}}{N}\right)^2 + \left(\frac{\partial f}{\partial C}\right)^2 \left(\frac{\sigma_{\overline{C}}}{N}\right)^2 + \cdots} \times 100\% \tag{1.6.9}$$

以上两式即为间接测量中标准差的传递公式。$\sigma_{\overline{A}},\sigma_{\overline{B}},\sigma_{\overline{C}},\cdots$ 为各直接测量值 $A,B,C,\cdots$ 的平均值的标准差，$\sigma_{\overline{N}}$ 为间接测量值 N 的平均值的标准差，它们不仅可以用来估算间接测量结果的误差，还可以用来分析各直接测量值误差对最后结果误差的影响大小，进而为改进实验指出方向，设计实验时还能为合理地组织实验、选择仪器提供必要的依据。下面讨论它们在基本运算中的应用。

（1）和差关系。设 $N = A + B$，则有

$$\frac{\partial N}{\partial A} = 1, \quad \frac{\partial N}{\partial B} = 1$$

根据式（1.6.8）得

$$\sigma_N = \sqrt{\sigma_A^2 + \sigma_B^2}$$

（2）倍数关系。设 $N = KA$（其中 K 为常数），则有

$$\sigma_N = |K|\sigma_A$$

（3）乘除关系。设 $N = AB$，则有

$$\frac{\partial N}{\partial A} = B, \quad \frac{\partial N}{\partial B} = A$$

设 $N = A/B$，则有

$$\frac{\partial N}{\partial A} = \frac{1}{B}, \quad \frac{\partial N}{\partial B} = -\frac{A}{B^2}$$

分别代入式（1.6.9），得

$$E_N = \frac{\sigma_N}{N} = \sqrt{\left(\frac{\sigma_A}{A}\right)^2 + \left(\frac{\sigma_B}{B}\right)^2} = \sqrt{E_A^2 + E_B^2} \times 100\%$$

由此可见，函数关系式无论是乘还是除，结果的相对标准差都等于各直接测量量的相对标准差的方和根，所以当函数是乘除关系时，总是用相对标准差进行传递，先算出结果的相对标准差 E_N，然后由 $\sigma_N = NE_N$ 计算 N 的标准差 σ_N。

表 1.6.2 中列出了上面推导的一些误差传递一般公式与标准误差传递公式。

表 1.6.2　一些误差传递一般公式与标准误差传递公式

函数关系式	误差传递一般公式	标准误差传递公式
$N = A + B$	$\Delta N = \Delta A + \Delta B$	$\sigma_N = \sqrt{\sigma_A^2 + \sigma_B^2}$

（续表）

函数关系式	误差传递一般公式	标准误差传递公式
$N=A-B$	$\Delta N=\Delta A+\Delta B$	$\sigma_N=\sqrt{\sigma_A^2+\sigma_B^2}$
$N=A\cdot B$	$E=\frac{\Delta A}{A}+\frac{\Delta B}{B}$	$E=\sqrt{\left(\frac{\sigma_A}{A}\right)^2+\left(\frac{\sigma_B}{B}\right)^2}$
$N=A/B$	$E=\frac{\Delta A}{A}+\frac{\Delta B}{B}$	$E=\sqrt{\left(\frac{\sigma_A}{A}\right)^2+\left(\frac{\sigma_B}{B}\right)^2}$
$N=A^n$	$E=n\frac{\Delta A}{A}$	$E=n\frac{\sigma_A}{A}$
$N=\sqrt[n]{A}$	$E=\frac{1}{n}\frac{\Delta A}{A}$	$E=\frac{1}{n}\frac{\sigma_A}{A}$
$N=\sin A$	$\Delta N=\lvert\cos A\rvert\cdot\Delta A$	$\sigma_N=(\cos A)\cdot\sigma_A$
$N=\ln A$	$\Delta N=\frac{\Delta A}{A}$	$\sigma_N=\frac{\sigma_A}{A}$
$N=\frac{A^pB^q}{C^r}$	$E=p\frac{\Delta A}{A}+q\frac{\Delta B}{B}+r\frac{\Delta C}{C}$	$E=\sqrt{p^2\left(\frac{\sigma_A}{A}\right)^2+q^2\left(\frac{\sigma_B}{B}\right)^2+r^2\left(\frac{\sigma_C}{C}\right)^2}$

【例 1.6.1】利用误差传递关系证明测量列平均值的标准差为$\sigma_{\bar{x}}=\sigma_x/\sqrt{n}$。

解：若对某物理量测量 n 次，则其平均值为

$$\bar{x}=\frac{1}{n}(x_1+x_2+\cdots+x_n)$$

根据误差传递关系有

$$\sigma_{\bar{x}}=\sqrt{(\sigma_{x_1}/n)^2+(\sigma_{x_2}/n)^2+\cdots+(\sigma_{x_n}/n)^2}$$

因为每个测量值的标准差σ_x都相同，所以有

$$\sigma_{\bar{x}}=\sqrt{n\cdot\frac{\sigma_x^2}{n^2}}=\frac{\sigma_x}{\sqrt{n}}$$

【例 1.6.2】测得圆柱体的质量为 m、高为 h、直径为 d，求其密度及标准差。数据记录如下：d = 5.642mm, 5.648mm, 5.640mm, 5.653mm, 5.639mm, 5.646mm（$\Delta_{仪}$ = 0.004mm）；$h=(6.715\pm0.006)\text{cm}$，$m=(14.06\pm0.02)\text{g}$，其中 h 和 m 为单次测量。

解：

$$\bar{d}=\frac{1}{n}\sum_{i=1}^{n}d_i=\frac{1}{6}(5.642+5.648+5.640+5.653+5.639+5.646)=5.645\text{mm}$$

$$\sigma_{\bar{d}}=\sqrt{\frac{\sum_{i=1}^{n}(d_i-\bar{d})^2}{n(n-1)}}=0.003\text{mm}$$

则有 $d=\bar{d}\pm\sigma_{\bar{d}}=(5.645\pm0.003)\text{mm}$，

$$\rho=\frac{m}{V}=\frac{4m}{\pi d^2h}=\frac{4\times14.06}{3.1416\times(5.645\times10^{-1})^2\times6.715}=8.687\text{g}\cdot\text{cm}^{-3}$$

按照误差传递公式（1.6.9）或由表 1.6.2 查得

$$E=\sigma_\rho/\rho=\sqrt{(\sigma_m/m)^2+(2\sigma_{\bar{d}}/d)^2+(\sigma_h/h)^2}=0.20\%$$

$$\sigma_\rho=\rho E=8.687\times0.20\%=0.02\text{g}\cdot\text{cm}^{-3}$$

所以圆柱体密度ρ的计算结果为

$$\bar{\rho}=\rho\pm\sigma_\rho=(8.69\pm0.02)\text{g}\cdot\text{cm}^{-3}$$

从例 1.6.2 的求解过程，可以归纳以下几点：

（1）测量值最后一位应与标准差所在位对齐，对于测量值主要考虑数值的准确性，所以尾数采用“四舍六入、逢五取偶”的修约规则。

（2）标准差本着宁大勿小原则。一般取一位有效位数（首位是 1 可保留两位），对末位数以后的数采取“只进不舍”的修约规则。

（3）相对标准差最多取两位，尾数也采用“只进不舍”的修约规则。

【例 1.6.3】推导标准误差传递公式$\rho=\frac{m_1}{m_1-m_2}\rho_0$。测得

$$m_1=(27.06\pm0.02)\text{g}，\quad m_2=(17.03\pm0.02)\text{g}，\quad \rho_0=(0.9997\pm0.0003)\text{g}\cdot\text{cm}^{-3}$$

求相对标准差E_ρ及结果表达式。

解：

$$\rho=\frac{m_1}{m_1-m_2}\rho_0=\frac{27.06}{27.06-17.03}\times0.9997=2.697\text{g}\cdot\text{cm}^{-3}$$

对$\rho=\frac{m_1}{m_1-m_2}\rho_0$取对数，并求全微分得

$$\ln\rho=\ln m_1-\ln(m_1-m_2)+\ln\rho_0$$

$$\frac{\mathrm{d}\rho}{\rho}=\frac{\mathrm{d}m_1}{m_1}-\frac{\mathrm{d}m_1-\mathrm{d}m_2}{m_1-m_2}+\frac{\mathrm{d}\rho_0}{\rho_0}=\frac{-m_2}{m_1(m_1-m_2)}\mathrm{d}m_1+\frac{\mathrm{d}m_2}{m_1-m_2}+\frac{\mathrm{d}\rho_0}{\rho_0}$$

将上式中的微分符号换成对应的标准差，然后平方相加再开方，得到相对标准差为

$$\begin{aligned}E_\rho=\frac{\sigma_\rho}{\rho}&=\sqrt{\frac{m_2^2\sigma_{m_1}^2}{m_1^2(m_1-m_2)^2}+\frac{\sigma_{m_2}^2}{(m_1-m_2)^2}+\frac{\sigma_{\rho_0}^2}{\rho_0^2}}\\&=\sqrt{\frac{17.03^2\times0.02^2}{27.06^2\times(27.06-17.03)^2}+\frac{0.02^2}{(27.06-17.03)^2}+\frac{0.0003^2}{0.9997^2}}\\&=\sqrt{1.6\times10^{-6}+4.0\times10^{-6}+9.0\times10^{-8}}\\&=2.4\times10^{-3}=0.24\%\end{aligned}$$

标准差为

$$\sigma_\rho=\rho E_\rho=2.697\times0.24\%=6.5\times10^{-3}=0.007\text{g}\cdot\text{cm}^{-3}$$

结果表达式为

$$\bar{\rho}=\rho\pm\sigma_\rho=(2.697\pm0.007)\text{g}\cdot\text{cm}^{-3}$$

1.6.3 间接测量的数据处理过程

在物理实验中测得各直接测量量后，间接测量量的测量结果及相对误差一般可以按照如下流程进行处理。

（1）确定待测物理量与各直接测量量的函数关系。

（2）根据各直接测量结果求出各量及其标准差。

（3）根据误差传递函数关系求出合成标准差或相对标准差。

（4）正确表达测量结果。

（5）根据测量量是否有理论值或公认值，按照相应的公式计算相对标准差。

间接测量量的标准误差及结果数据处理流程图如图 1.6.2 所示。

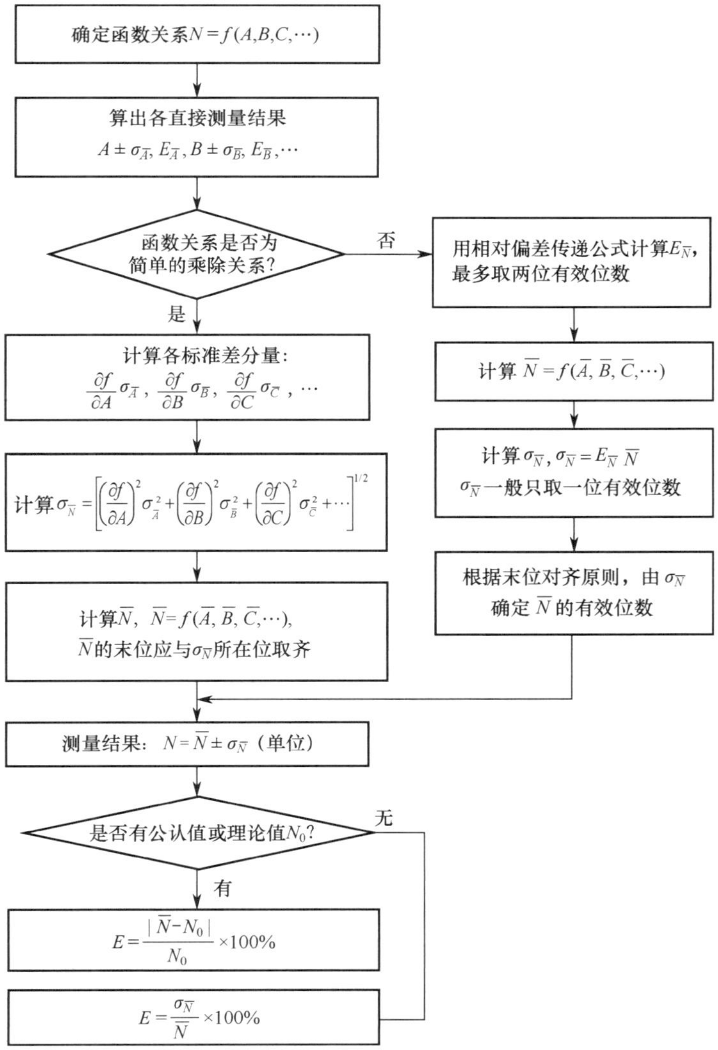

图 1.6.2　间接测量量的标准误差及结果数据处理流程图

1.7 不确定度

根据 GB/T 27418—2017 测量不确定度评定和表示报告物理量的测量结果时，应对测量结果的质量给出定量说明，这种表示测量结果质量的方法评定和表示的是其测量不确定度。前面对测量结果的各种误差分量进行综合评定后，测量结果仍然存在不确定度。不确定度是利用可获得的信息来表征赋予被测量量值分散性的非负参数。测量不确定度表征被测量的值域，所有测量结果都不可避免地具有不确定度。

1.7.1 不确定度的概念

测量的目的是得到被测量的真值，但由于测量误差的存在，被测量的真值往往无法得到，因此测量结果就带有不确定性。测量的结果是否可信、准确程度到底如何、测量结果质量的高低怎样，需要给出定量的指标来衡量测量结果的可信度。对一组物理实验的具体数据来说，不确定度是指测量值（近真值）附近的一个范围，测量值与真值之差（误差）可能落于其中。不确定度小，测量结果的可信度高；不确定度大，测量结果的可信度低。

测量不确定度是组成测量结果的一个参数，它反映被测量的测量结果的分散性，即测量结果的不确定性。对被测量进行多次重复测量，被测量的测量值不是一个确定的数值，而是分散的无限多个可能的值。测量不确定度表征测量值所处的一个区间，是对被测量真值所处范围的一个估计。测量不确定度是与测量结果相关联的一个参数，是对测量结果分散性的估计，可通过对测量值的评定求出。但是，测量不确定度不代表具体的误差值。

不确定度是建立在误差理论基础上的新概念。测量不确定度定义为测量结果带有的一个参数，用以表征合理赋予被测量的分散性，是被测量客观值在某个量值范围内的一个评定。不确定度理论将不确定度按照测量数据的性质分为 A 类和 B 类不确定度分量两种：

- A 类不确定度分量用对观测列进行统计分析的方法来评定标准不确定度。
- B 类不确定度分量用不同于对观测列进行统计分析的其他方法来评定标准不确定度。

1.7.2 不确定度评定的简化方法

1. A 类标准不确定度分量

由于大学物理实验中大部分直接测量可视为等精度测量，若用 n 次直接测量量的算术平均值 $\bar{x}$ 作为测量结果的最佳估计值，用 $\sigma_{\bar{x}}$ 来估算测量结果的标准差，则 A 类标准不确定度分量为

$$u_{\mathrm{A}} = t_{p(n-1)}\sigma_{\bar{x}} \quad (P = 0.683) \tag{1.7.1}$$

2. B 类标准不确定度分量

B 类标准不确定度的评定原则上要考虑到各种影响因素。获得 B 类标准不确定度的信息来源众多，包括以前的观测数据，对有关技术资料和测量仪器特性的了解与经验，生产部门提供的技术说明文件、校准证书、检定证书或其他文件提供的数据，准确度的等别或级别，手册或某些资料给出的参考数据及其不确定度等。为简化处理，这里主要以仪器标准差作为 B 类标准不确定度分量，即

$$u_{\mathrm{B}} = \sigma_{仪} \quad (P = 0.683) \tag{1.7.2}$$

3．合成标准不确定度

合成标准不确定度可按 A 类标准不确定度分量和 B 类标准不确定度分量的评定方法分别合成。例如，$u_{\mathrm{cA}(N)}$、$u_{\mathrm{cB}(N)}$ 分别是 A 类、B 类标准不确定度分量的合成不确定度。

当全部直接测量量彼此独立或不相关时，合成标准不确定度 $u_{\mathrm{c}(N)}$ 为

$$u_{\mathrm{c}(N)}=\sqrt{\sum\nolimits_{i=1}^{n}\left(\partial F/\partial x_i\right)^2 u^2(x_i)} \tag{1.7.3}$$

式中，标准不确定度 $u(x_i)$ 既可按 A 类又可按 B 类方法评定。$u_{\mathrm{c}(N)}$ 是一个估计的标准不确定度，表征合理赋予被测量 N 之值的分散性。

将 A 类和 B 类标准不确定度合成得到置信概率 $P=0.683$ 的合成标准不确定度为

$$u_{\mathrm{c}}=\sqrt{u_{\mathrm{A}}^2+u_{\mathrm{B}}^2},\quad P=0.683 \tag{1.7.4}$$

考虑到测量次数，还应做 t 因子修正。在大学物理实验中，若取置信概率 $P=0.683$，则在 A 类、B 类标准不确定度分量都只有一个以标准差形式表示的相互独立分量的简单情况下，合成不确定度 u_{c} 为

$$u_{\mathrm{c}}=\sqrt{\left[t_{0.683(n-1)}\sigma_{\bar{x}}\right]^2+\sigma_{\text{仪}}^2} \tag{1.7.5}$$

4．扩展不确定度的评定

为增大置信概率，将合成标准不确定度乘以一个与相应置信概率相联系的包含因子（也称覆盖因子）k，得到增大置信概率的不确定度，称为扩展不确定度。取置信概率为 0.95，对正态分布的仪器误差，$k_{0.95}=1.96\approx 2$，扩展不确定度为

$$u_{0.95}=\sqrt{(t_{0.95}u_{\mathrm{A}})^2+(k_{0.95}u_{\mathrm{B}})^2} \tag{1.7.6}$$

在大学物理实验中，为简化计算，统一采用式（1.7.5）计算合成不确定度，因此相应的置信概率为 $P=0.683$。

1.7.3 不确定度的计算

1．直接测量的不确定度计算

（1）单次测量的不确定度

单次测量时，大体有如下三种情况：

① 仪器准确度较低，随机误差很小，多次测量读数相同，不必进行多次测量。

② 对测量的准确程度要求不高，只测一次就够。

③ 因为测量条件的限制，不可能多次重复测量。

单次测量的结果也应以不确定度表示，它等于仪器的最大允许误差 $\Delta_{\text{仪}}$。

（2）多次测量的不确定度

多次测量时，不确定度的计算过程如下：

① 求测量数据的算术平均值 $\bar{x}=\sum\nolimits_{i=1}^{n}x_i/n$。

② 修正已知的系统误差，得到测量值（如螺旋测微器必须消除零误差）。

③ 计算平均值标准差 $\sigma_{\bar{x}}$。

④ 求 A 类标准不确定度分量 $u_{\mathrm{A}}=t_{p(n-1)}\sigma_{\bar{x}}(P=0.683)$。

⑤ 根据仪器标定的最大允许误差确定 $u_B = \sigma_{仪}$。

⑥ 由 u_A 和 u_B 合成不确定度 $u_c = \sqrt{u_A^2 + u_B^2}$。

⑦ 给出测量结果 $x = \overline{x} \pm u$。

2．间接测量不确定度的计算过程

用间接测量不确定度表示测量结果的计算过程如下：

① 先写出（或求出）各直接测量量的不确定度。

② 依据关系 $N = F(x, y, z, \cdots)$ 求出 $\partial F/\partial x, \partial F/\partial y, \cdots$ 或 $\partial \ln F/\partial x, \partial \ln F/\partial y, \cdots$。

③ 用 $u_N = \sqrt{(\partial F/\partial x)^2 u_x^2 + (\partial F/\partial y)^2 u_y^2 + \cdots}$ 或

$$E_{u_N} = \frac{u_N}{\overline{N}} = \sqrt{\left(\frac{\partial \ln F}{\partial x}\right)^2 u_x^2 + \left(\frac{\partial \ln F}{\partial y}\right)^2 u_y^2 + \cdots}$$

求出 u_N。

④ 也可根据误差传递公式用各个直接测量量的不确定度进行计算（见表 1.6.1）。

⑤ 给出实验结果：

$$\begin{cases} N = \overline{N} \pm u_N \\ E_{u_N} = \dfrac{u}{\overline{N}} \times 100\% \end{cases}, \quad \overline{N} = f(\overline{x}, \overline{y}, \overline{z}, \cdots)$$

【例 1.7.1】 用螺旋测微器测量小钢球的直径，5 次的测量值分别为

$$d = 11.922\text{mm}, 11.923\text{mm}, 11.922\text{mm}, 11.922\text{mm}, 11.922\text{mm}$$

螺旋测微器的最小分度数值为 0.01mm，试写出测量结果。

解：（1）求直径 d 的算术平均值，得

$$\overline{d} = \frac{1}{n}\sum_{i=1}^{5} d_i = \frac{1}{5}(11.922 + 11.923 + 11.922 + 11.922 + 11.922) = 11.922\text{mm}$$

（2）计算 B 类标准不确定度分量。螺旋测微器的仪器误差为 $\Delta_{仪} = 0.004\text{mm}$，有

$$u_B = \Delta_{仪}/\sqrt{3} = 0.003\text{mm}$$

（3）计算 A 类标准不确定度分量：

$$\sigma_d = \sqrt{\frac{\sum_{i=1}^{5}(d_i - \overline{d})^2}{n-1}} = \sqrt{\frac{(11.922 - 11.922)^2 + (11.923 - 11.922)^2 + \cdots}{5-1}} = 0.0005\text{mm}$$

$$\sigma_{\overline{d}} = \frac{\sigma_d}{\sqrt{n}} = 0.00024\text{mm}$$

$$u_A = t_{0.683(n-1)}\sigma_{\overline{d}} = 1.14 \times 0.00024 = 0.00028$$

（4）合成不确定度。由于 $0.00028 < \frac{1}{3} \times 0.003$，可以略去 u_A，有

$$u_c = 0.003\text{mm}$$

（5）测量结果为

$$d = \overline{d} \pm u_c = (11.922 \pm 0.003)\text{mm}$$

由例 1.7.1 可以看出，当有些不确定度分量的数值很小时，相对而言可以略去不计。计算合成不确定度求方和根时，若某个平方值小于另一个平方值的 1/9，则该项就可略去不计。

这个结论称为微小误差准则。进行数据处理时，利用微小误差准则可减少不必要的计算。不确定度的计算结果一般应保留一位有效数字，多余位数按有效数字的修约原则进行取舍。

【例 1.7.2】 已知电阻 $R_1=(50.2\pm0.5)\Omega$、$R_2=(149.8\pm0.5)\Omega$，求它们串联后的电阻 R 和合成不确定度 u_R。

解： 串联电阻的阻值为

$$R=R_1+R_2=50.2+149.8=200.0\Omega$$

合成不确定度为

$$u_R=\sqrt{\sum_{i=1}^{2}\left(\frac{\partial R}{\partial R_i}u_{R_i}\right)^2}=\sqrt{\left(\frac{\partial R}{\partial R_1}u_1\right)^2+\left(\frac{\partial R}{\partial R_2}u_2\right)^2}=\sqrt{u_1^2+u_2^2}=\sqrt{0.5^2+0.5^2}=0.7\Omega$$

因此，测量结果为

$$R=(200.0\pm0.7)\Omega$$

在例 1.7.2 中，由于 $\partial R/\partial R_1=1$ 和 $\partial R/\partial R_2=1$，$R$ 的总合成不确定度为各个直接测量量的不确定度的平方求和后再开方。

1.8 数据处理方法

实验必然要采集大量数据。所谓数据处理，是指从获得数据到得出结论为止的数据加工过程，包括记录、整理、计算、作图、分析等方面的处理。前面从测量误差的概念出发讨论了测量结果和误差的估算，本节主要介绍物理实验中常用的列表法、图示法和图解法、逐差法和最小二乘法等数据处理方法。

1.8.1 列表法

记录和处理数据时，常将所得数据列成表，数据列表后，可以简单、明确、形式紧凑地表示有关物理量之间的对应关系，便于随时检查结果是否合理，及时发现问题，减少和避免错误。另外，还有助于找出有关物理量之间规律性的联系，进而求出经验公式等。拟定数据列表的要求如下：

（1）写出列表的名称。列表名称要简单明了，能反映表格中有关的量及其关系。

（2）表内各栏（纵或横）均应标明测量量的名称和单位。若名称用自定的符号，则需要加以说明。单位及量值的数量级写在该符号的标题栏中，不必重复记录在各个数值上。

（3）列入表中的数据主要是原始数据，处理数据过程中的重要中间结果也应列入表中。

【例 1.8.1】 测钢球直径 D，列表如表 1.8.1 所示。使用 0～100mm 的一级螺旋测微器，$\Delta_{仪}=0.004\text{mm}$。

表 1.8.1 钢球直径 D

测量次数	初读数/mm	末读数/mm	直径 D/mm	$v_i=D_i-\overline{D}$ /mm	$v_i^2/\times10^{-8}\ \text{mm}^2$
1	0.004	6.002	5.998	+0.0013	196
2	0.003	6.000	5.997	+0.0003	9
3	0.004	6.000	5.996	+0.0007	49
4	0.004	6.001	5.997	+0.0003	9
5	0.005	6.001	5.996	+0.0007	49

（续表）

测量次数	初读数/mm	末读数/mm	直径 D/mm	$v_i = D_i - \overline{D}$ /mm	$v_i^2 / \times 10^{-8}\ \text{mm}^2$
6	0.004	6.000	5.996	+0.0007	49
7	0.004	6.001	5.997	+0.0003	9
8	0.003	6.002	5.999	+0.0023	529
9	0.005	6.000	5.995	+0.0017	289
10	0.004	6.000	5.996	+0.0007	49
平均/mm	$\overline{D} = 5.9967$　　$\sigma_{\overline{D}} = 0.0004$				

注：若用计算器计算 $\overline{D}$ 和 $\sigma_{\overline{D}}$，则后两列可省去。

$$\sigma_{仪} = \frac{\Delta_{仪}}{\sqrt{3}} = \frac{0004}{\sqrt{3}} = 00023\text{mm}，\qquad \sigma_{仪} \gg \sigma_{\overline{D}}$$

最后的结果为 $D = \overline{D} \pm \sigma_{仪} = (5.997 \pm 0.003)\text{mm}$。

表 1.8.1 中的数据在计算 D 的平均值时多保留了一位。一般在处理中间过程时，往往多保留一位，以便运算过程中不至于失之过多，但最后结果仍应按有效位数的有关规则写出。

1.8.2　图示法和图解法

1．图示法

物理实验中测得的各物理量之间的关系可以用函数式表示，也可以用各种图线表示，这称为实验数据的图线表示法，简称图示法。定量图线形象、直观，不仅能简明地显示物理量之间的相互关系、变化趋势，还能方便地找出函数的极大值、极小值、周期性和奇异性等。特别是对那些尚未找到适当解析函数表达式的实验结果，可从图线中寻找相应的经验公式，进而探求物理量之间的变化规律。

制作完整而正确的图线的基本步骤包括：图纸的选择，坐标的分度与标记，描点，连接实验连线，图注和说明等。

（1）图纸的选择。图纸通常有线性直角坐标纸（毫米方格纸）、对数坐标纸、半对数坐标纸、极坐标纸等，应根据具体实验数据特点选取合适的坐标纸。

因为图线中直线最易绘制，也便于使用，所以在已知函数关系的情况下作变量之间的关系图线时，最好通过变换将某种函数关系曲线改为线性函数的直线。例如：

① $y = a + bx$，y 与 x 为线性函数关系。

② $y = a + b/x$，若令 $u = 1/x$，则得 $y = a + bu$，y 与 u 为线性函数关系。

③ $y = ax^b$，取常用对数，有 $\lg y = \lg a + b\lg x$，$\lg y$ 与 $\lg x$ 为线性函数关系。

④ $y = a\mathrm{e}^{bx}$，取自然对数，有 $\ln y = \ln a + bx$，$\ln y$ 与 x 为线性函数关系。

对于①，选用线性直角坐标纸就可得到直线；对于②，以 y、u 为坐标时，在线性直角坐标纸上也是一条直线；对于③，选用对数坐标后，不必对 x、y 做对数计算就能得一条直线；对于④，选择半对数坐标纸作图，才可得到一条直线。只有线性直角坐标纸而要作③、④两类函数关系的直线时，应将相应的测量值进行对数计算后作图。

（2）坐标的分度与标记。绘制图线时，应以自变量作为横坐标（x 轴），以因变量作为纵坐标（y 轴），并标明各坐标轴所代表的物理量（可用相应的符号表示）及其单位。

坐标的分度可根据实验数据的有效位数和对结果的要求来确定。原则上，数据中的可靠数字在图中也应是可靠的，而最后一位存疑数字在图中也是估计的，即不能因作图而引入额外的误差。在坐标轴上每隔一定的间距均匀地标出分度值，标记所用有效数字位数应与原始数据的有效位数相同，单位应与坐标轴的单位一致，坐标分度不一定从 0 开始，可用小于原始数据的某个整数作为坐标分度的起点，用大于测量所得的某个最大整数作为终点，这样图线就能充满所用的整个图纸。

（3）描点。根据测量数据，用+或○记号标出各数据点在坐标纸上的位置，记号交叉点或圆心应是测量点的坐标位置，+中的横竖线段、○中的半径表示测量点的误差范围。要在同一图纸上画不同的图线，标点应该用不同的符号，以便区分。还可以用记号×、Δ 而不用记号 •，因为连线时会被盖住，不能清楚地看出点与线的偏离情况。

（4）连接实验图线。作一条与标出的实验点基本相符合的图线，连线时要使用工具（最好用透明的直尺、三角板、曲线板等），所绘的曲线或直线就会光滑匀称，而且要尽可能使所绘的图线通过较多的测量点，但不能连成折线，对严重偏离曲线或直线的个别点应检查描点是否有误，若无误，连线时可考虑舍去其他不在直线上的点，使它们均匀地分布在图线的两侧，如图 1.8.1 所示。对于仪器校正曲线，连线时应将相邻的两点连成直线，整个校正曲线图呈折线形式。

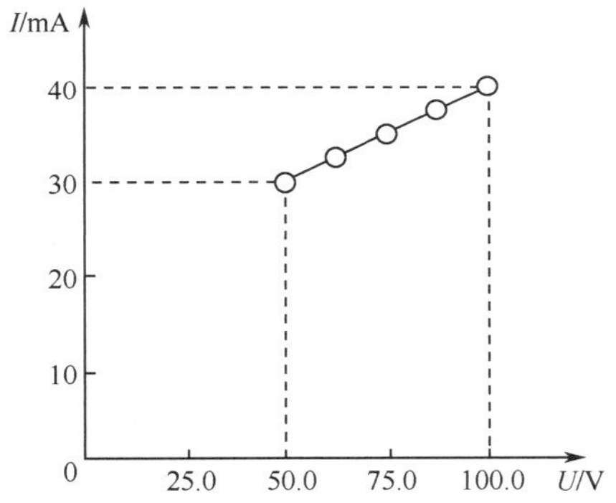

(a) 不正确

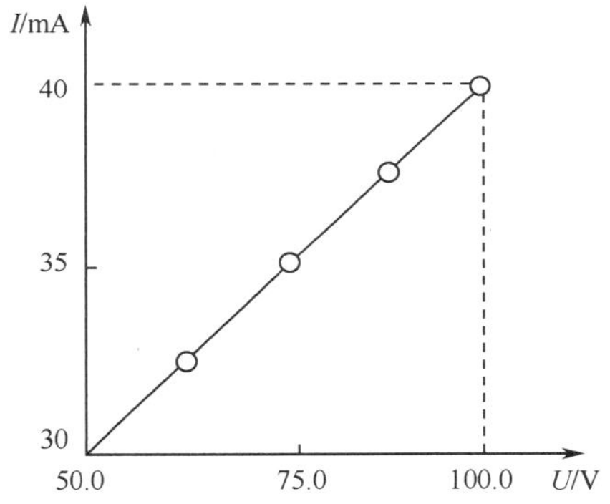

(b) 正确

图 1.8.1　坐标分度方法

（5）图注和说明。在图纸的明显位置应写清图的名称，注明作者、作图的日期和必要的简短说明。

2．图解法

利用作好的图线定量地求得待测量或得出经验方程，称为图解法。当图线为直线时，采用此法更方便。

（1）选点——两点法。为了求直线的斜率，常用两点法而非一点法，因为直线不一定通过原点。在直线的两端任选两点 $A(x_1, y_1)$和 $B(x_2, y_2)$，一般不用实验点而在直线上选取，并用与实验点不同的记号表示，在记号旁注明其坐标值，且这两点应尽量分开一些，如图 1.8.2 所示。若两点太靠近，则计算斜率时会使结果的有效数字位数减少；但也不能取得超出实验数据范围，因为选取这样的点无实验依据。

（2）求斜率。因为线性方程为 $y = a + bx$，将两点的坐标值代入，得直线斜率为

$$b = \frac{y_2 - y_1}{x_2 - x_1}$$

（3）求截距。坐标起点为零，将直线虚线延长，得到与坐标轴的交点，即可求得截距；当起点不为零时，可用下式计算：

$$a=\frac{x_2y_1-x_1y_2}{x_2-x_1} \tag{1.8.1}$$

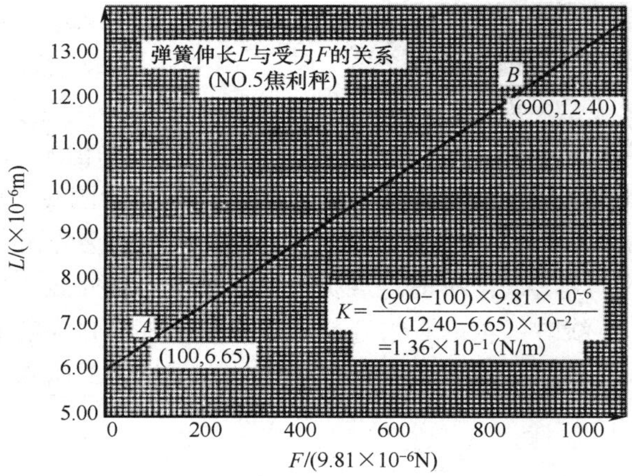

图 1.8.2　作图示例

1.8.3　逐差法

逐差法常用于处理自变量等间距变化的数据组，这种方法将实验测量的数据列成表格进行逐次相减，或者分成高低两组实行对应项等间隔相减。为了说明这种方法，下面以测量弹簧劲度系数的一组实验数据为例进行简要说明，弹簧伸长与受力关系的实验数据见表 1.8.2。

表 1.8.2　弹簧伸长与受力关系的实验数据

1	2	3	4
砝码质量/mg	弹簧伸长位置/mm	逐次相减/mm	等间隔相减/mm
0	$L_0=59.7$	$L_1-L_0=14.3$	$L_3-L_0=42.7$
200	$L_1=74.0$	$L_2-L_1=14.3$	
400	$L_2=88.3$	$L_3-L_2=14.1$	$L_4-L_1=42.4$
600	$L_3=102.4$	$L_4-L_3=14.0$	
800	$L_4=116.4$	$L_5-L_4=13.5$	$L_5-L_2=41.1$
1000	$L_5=129.4$		

从表中可以看出，逐次相减的结果接近相等，说明弹簧伸长与所加砝码质量呈线性关系。利用数据求弹簧的劲度系数 K（直线斜率的倒数），利用逐次相减值求平均伸长量得

$$l=\frac{1}{5}\left[(L_1-L_0)+(L_2-L_1)+\cdots+(L_5-L_4)\right]=\frac{1}{5}(L_5-L_0)$$

中间的数据都相互减去，相当于只用了始末两个数据点，存在丢失数据的问题。

为了充分利用测量数据，常用方法是将实验数据分成两组，一组是 L_0,L_1,L_2，另一组是 L_3,L_4,L_5，然后求它们对应间隔的差值。对于本例，相当于求间隔 600mg 砝码质量的伸长 l，这样就充分利用了每个数据点，得到三个独立的 l 测量值，然后取它们的平均值：

$$\bar{l}=\frac{(L_3-L_0)+(L_4-L_1)+(L_5-L_2)}{3}=42.1\text{mm}$$

用这个平均值去求$\overline{K}$，相当于利用数据点连了三条直线。求出每条直线的斜率后，取其平均值的倒数，得到劲度系数$\overline{K}$为

$$\overline{K}=\frac{600\times 98.1\times 10^{-4}}{\frac{1}{3}(42.7+42.2+41.1)\times 10^{-3}}=1.40\times 10^{-1}\text{N/m}$$

用逐差法处理数据时，要满足下列条件：① 必须是一元函数；② 自变量的变化是等间距的；③ 自变量的误差应远小于因变量的误差。

1.8.4 最小二乘法（线性回归）

最小二乘法拟合曲线是以误差理论为依据的严格方法，是实际研究工作中所用的正规处理数据方法。由于它涉及许多概率统计知识，这里只做简单介绍。

最小二乘法拟合曲线的原理是，若能找到最佳的拟合曲线，则这条拟合曲线上各相应点的值和各测量值的偏差的平方和在所有拟合曲线中是最小的。

下面用最简单的直线拟合来介绍最小二乘法。设在关系式$y=ax+b$中，x的偏差远小于y的偏差，即不考虑x的偏差。

假设对于一组数据点$(x_i,y_i)(i=1,2,\cdots,n)$，$y=ax+b$是它们的最佳拟合方程，根据最小二乘法，求出$a$和$b$，即达到了拟合目的。

由关系式可知每次测量的y_i值与按ax_i+b计算出的y_i值之间的偏差为

$$v_i=y_i-(ax_i+b)$$

求偏差平方和有

$$\sum_{i=1}^{n}v_i^2=\left[y_i-(ax_i+b)\right]^2$$

根据最小二乘原理，偏差平方和最小，即

$$\sum_{i=1}^{n}\left[y_i-\left(ax_i+b\right)\right]^2=\text{最小值}$$

式中，y_i,x_i是已测定的数据点，而不是变量。要使函数有极小值，变化的量必须是a和b。根据求极值的条件，要求上式对a的偏导数为零，对b的偏导数也为零，于是得到两个方程：

$$\begin{cases}-2\sum_{i=1}^{n}x_i(y_i-ax_i-b)=0\\-2\sum_{i=1}^{n}(y_i-ax_i-b)=0\end{cases}$$

整理得

$$\begin{cases}\overline{x^2}a+\bar{x}b=\overline{xy}\\\bar{x}a+b=\bar{y}\end{cases}$$

式中，

$$\bar{x}=\frac{1}{n}\sum_{i=1}^{n}x_i,\quad \bar{y}=\frac{1}{n}\sum_{i=1}^{n}y_i,\quad \overline{x^2}=\frac{1}{n}\sum_{i=1}^{n}x_i^2,\quad \overline{xy}=\frac{1}{n}\sum_{i=1}^{n}x_iy_i$$

联立得

$$\begin{cases} a = \dfrac{\overline{x}\,\overline{y} - \overline{xy}}{\overline{x}^2 - \overline{x^2}} \\ b = \overline{y} - a\overline{x} \end{cases} \tag{1.8.2}$$

可以证明由式（1.8.2）给出的 a 和 b 对应的$\sum_{i=1}^{n} v_i^2$ 就是最小值。衡量数据在拟合直线两侧的离散程度时，仍使用标准差：

$$\sigma_y = \sqrt{\frac{\sum_{i=1}^{n}\left(y_i - ax_i - b\right)^2}{n-2}}$$

注意，这时分母上是$n-2$而不是$n-1$。这是因为确定两个未知数 a 和 b 要用两个方程，独立变量的个数减少为$n-2$。斜率 a 和截距 b 的标准差分别为

$$\sigma_a = \frac{\sigma_y}{\sqrt{n(\overline{x^2} - \overline{x}^2)}},\quad \sigma_b = \frac{\sqrt{\overline{x^2}}}{\sqrt{n(\overline{x^2} - \overline{x}^2)}}\sigma_y$$

若 y_i 的随机误差呈正态分布，且数据点不是太少，则按上述偏差公式计算出来的误差限内的置信概率也是 68%。

为了判断所得结果是否合理，待定常数确定后，还要计算相关系数γ。对于一元线性回归，γ 的定义为

$$\gamma = \frac{\overline{xy} - \overline{x}\cdot\overline{y}}{\sqrt{(\overline{x^2} - \overline{x}^2)(\overline{y^2} - \overline{y}^2)}} \tag{1.8.3}$$

可以证明，γ 的值总在 0 和 1 之间。若γ 值接近 1，则说明实验数据点密集地分布在所求得直线的近旁，用线性函数进行回归是合适的。相反，若γ 值远小于 1 而接近 0，则说明实验数据相对求得的直线很分散，用线性函数进行回归不妥，要用其他函数重新试探。

【例 1.8.2】 表 1.8.3 中列出了使用焦利秤测量弹簧伸长量与受力的关系时得到的数据。测量弹簧长度时使用的是分度为 0.1mm 的游标卡尺；加外力时使用的是 5 个 200mg 的 4 级砝码。根据这组实验数据计算弹簧的劲度系数 K。

表 1.8.3 使用焦利秤测量弹簧伸长量与受力的关系时得到的数据

砝码质量/mg	增重位置/mm	减重位置/mm	平均位置 L/mm
0	58.2	61.2	59.7
200	72.8	75.2	74.0
400	87.1	89.4	88.3
600	101.0	108.3	102.4
800	115.7	117.1	116.4
1000	129.4	129.4	129.4

下面将数据列为表 1.8.4。

表 1.8.4　理想弹簧伸长量与受力的关系

砝码质量/g		弹簧伸长/cm		$x_i y_i$		ax_i+b	v_i	$v_i^2\times10^2$
x_1	0.000	y_1	5.97	x_1y_1	0.000	6.000	-0.030	0.09
x_2	0.200	y_2	7.40	x_2y_2	1.480	7.402	-0.002	0.00
x_3	0.400	y_3	8.83	x_3y_3	3.532	8.804	+0.026	0.07
x_4	0.600	y_4	10.24	x_4y_4	6.144	10.206	+0.034	0.12
x_5	0.800	y_5	11.64	x_5y_5	9.312	11.608	+0.032	0.10
x_6	1.000	y_6	12.94	x_6y_6	12.904	13.010	-0.070	0.49
$\sum x_i$	3.000	$\sum y_i$	57.02	$\sum x_i y_i$	33.408	$\sum v_i^2=0.87\times10^{-2}$		
$\overline{x}$	0.500	$\overline{y}$	9.50	$\overline{xy}$	5.57			
$\sum x_i^2$	2.200	$\sum y_i^2$	576.2					
$\overline{x^2}$	0.367	$\overline{y^2}$	96.03					

设弹簧伸长量 $L-L_0$ 与所受的力 F 有如下线性关系：

$$L=\frac{1}{K}F+L_0=\frac{g}{K}m+L_0$$

对比 $y=ax+b$ 可知 $g/K=a$， $L_0=b$ 。将表 1.8.4 中的数据代入式（1.8.2）得到斜率为

$$a=\frac{\overline{x}\cdot\overline{y}-\overline{xy}}{\overline{x}^2-\overline{x^2}}=\frac{0.500\times9.50-5.57}{0.500^2-0.367}=7.01\text{cm/g}=70.1\text{m/kg}$$

截距为

$$b=\overline{y}-a\overline{x}=9.50-7.01\times0.500=6.00\text{cm}=0.0600\text{m}$$

于是有

$$\sigma_y=\sqrt{\frac{\sum_{i=1}^{6}v_i^2}{n-2}}=\sqrt{\frac{0.87\times10^{-2}}{4}}=0.047\text{cm}$$

$$\sigma_a=\frac{\sigma_y}{\sqrt{n(\overline{x^2}-\overline{x}^2)}}=\frac{0.047}{\sqrt{6\times(0.367-0.500^2)}}=0.056\text{cm/g}$$

从而有

$$K=\frac{g}{a}=\frac{9.81}{70.1}\times1.40\times10^{-1}=0.01\times10^{-1}\text{N/m}$$

根据误差传递关系有 $\sigma_K/K=\sigma_a/a$ （相对误差相等），得

$$\sigma_K=\frac{\sigma_a}{a}\cdot K=\frac{0.056}{7.01}\times1.40\times10^{-1}=0.01\times10^{-1}\text{N/m}$$

所以 $K=(1.04\pm0.01)\times10^{-1}\text{N/m}$ （置信概率为 68%）。

用最小二乘法得到的弹簧伸长量与受力关系的最佳拟合直线方程是

$$L=\frac{F}{K}+L_0=\frac{F}{0.140}+0.0600 \quad （单位：F 用 N，L 用 m）$$

$$\gamma=\frac{\overline{xy}-\bar{x}\cdot\bar{y}}{\sqrt{(\overline{x^2}-\bar{x}^2)(\overline{y^2}-\bar{y}^2)}}=\frac{5.57-0.500\times 9.50}{\sqrt{(0.367-0.500^2)\times(96.03-9.50^2)}}=0.997$$

相关系数γ非常接近 1，表明拟合结果线性很好。

最小二乘法的数据计算较为复杂，一般来说，使用计算机软件进行计算最方便。

1.8.5 计算机软件处理实验数据

前面介绍的传统实验数据处理方法首先使用纸和笔进行手工记录并画图，然后用计算器计算得到实验结果。测量数据较多时，计算过程较复杂且容易出错。随着信息技术的普及，现在可以用一些常用的计算机软件替代人工处理。下面主要介绍使用 Excel 处理实验数据的基本步骤。

Excel 是微软 Office 套件中的电子表格组件，与之类似的组件有 CCED、WPS 中的电子表格等。利用 Excel 中的函数可以计算物理量的平均值、标准差，绘制规范的实验图表，帮助学生掌握数据处理基本技能，提升实验报告质量。下面以例 1.8.2 中求弹簧劲度系数的实验数据为例，说明使用 Excel 处理实验数据的方法。

1. 录入数据

将原始数据录入工作表，伸长量平均值可用函数“=AVERAGE(B#:C#)”得到（其中#表示所在的行号）。第 2 行的计算结果确定后，将光标放到该单元格的右下角，这时光标变成实心黑色十字，利用表格的下拉功能向下拖动黑色十字，就能计算出其他各行的平均值，如图 1.8.3 所示。

D2 =AVERAGE(B2:C2)

	A	B	C	D
1	砝码质量/mg	增重位置/mm	减重位置/mm	平均位置/mm
2	0	58.2	61.2	59.7
3	200	72.8	75.2	74
4	400	87.1	89.4	88.25
5	600	101	108.3	104.65
6	800	115.7	117.1	116.4
7	1000	129.4	129.4	129.4

图 1.8.3　数据录入示例

2. 绘制 $L\sim m$ 关系图

插入“散点图”，选择数据后，进入“选择数据源”界面，点击“添加”按钮，进入“编辑数据系列”。在“系列名称”中键入“弹簧伸长与质量关系”，对于“x 轴系列值”，用鼠标选择 A2～A7 行数据；对于“y 轴系列值”，用鼠标选择 D2～D7 行数据，点击“确定”按钮后，绘制的散点图如图 1.8.4 所示。

3. 添加趋势线数值关系

点击图形，进入图表设计。在散点图右上角的+号处，勾选“坐标轴标题”“趋势线”，输入坐标轴物理量的名称和单位，得到线性拟合直线段；选择“添加图表元素”后，在“趋势线”选项中选择“其他趋势线选项”，并且勾选“显示公式”“显示 R 平方值”，绘制的趋势线如图 1.8.5 所示。

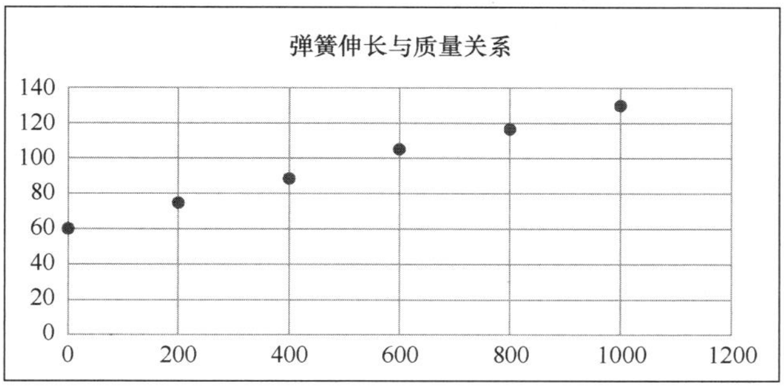

图 1.8.4　绘制的散点图

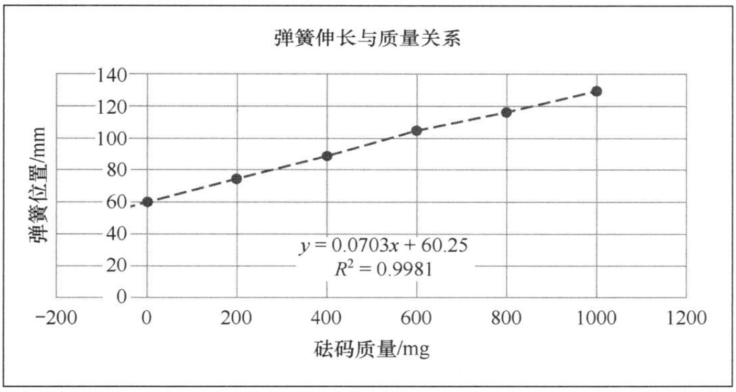

图 1.8.5　绘制的趋势线

4. 根据线性方程计算 K

由于 $g/K = 0.0703(\text{mm/mg})$，取 $g = 9.81\text{m/s}^2$，得到 $K = 0.140\text{N/m}$，这个结果与前面用最小二乘法得到的结果相同。后面的不确定度分析与最小二乘法的一样。

能够处理实验数据的软件还有 Origin、MATLAB 等，它们的功能更多，有兴趣的同学可以深入了解它们。

内容拓展：氩气的发现——一位小数里包含一个新世界

19 世纪，科学家对空气的组成进行了研究。当时已知空气中主要含有氮气、氧气等成分，但对是否存在其他未知的气体仍然存在疑问。瑞利在研究氮气密度时发现了异常。他通过两种不同的方法制备氮气：一是从空气中去除氧气、二氧化碳和水蒸气等成分，得到“大气氮”，所得氮气的密度为 $\rho = 1.2507\text{g/L}$；二是通过化学方法从含氮化合物中制备“化学氮”，所得氮气的密度为 $\rho = 1.2508\text{g/L}$。大气氮的密度略小于化学氮，但第四位有效数字上的差异明显在测量误差范围之外。威廉·拉姆齐爵士得知瑞利勋爵的研究后，与他合作进行了进一步的实验。经过一系列的实验和分析，他们最终确定大气中存在一种新气体，这种气体的性质非常不活泼，难以与其他物质发生化学反应。他们将这种新发现的气体命名为 argon，即氩气。

氩气的发现给我们的启示：当你确信实验结果在测量误差范围之外，且与原有的理论或习惯认识不一致时，你就可能打开了通向新世界的一扇大门。

测量与有效数字　　不确定度

1.9 习题

1．指出下列各量有几位有效数字。

（1）$L = 0.00010\text{cm}$　（2）$T = 1.00054\text{s}$　（3）$g = 981.00306\text{cm/s}^2$

（4）$E = 2.450\times10^{23}\text{J}$　（5）$I = 0.333\text{mA}$

2．对下列各数取三位有效数字。

（1）2.05581　（2）0.8614799　（3）58.05242

（4）0.0500000　（5）4.525654×10^3

3．单位变换。

（1）52.10g =________kg =________mg　（2）3.12cm =________km =________μm

4．用科学记数法正确写出下列结果的表达式。

（1）$A = (280000\pm100)\text{km}$　（2）$B = (0.002650\pm0.0003)\text{m}$

（3）$C = (68.2000\pm0.2)\text{cm}$　（4）$D = (125.5\pm0.20)\text{mm}$

5．根据有效数字运算规则计算以下各式。

（1）$198.764 + 1.3$　（2）$507.508 - 2.5$

（3）132×10　（4）$48.12/0.012$

（5）$\dfrac{76.00}{40.00-2.0}$　（6）$\dfrac{50.00\times(18.30-16.3)}{(103-3.0)\times1.00+0.001}$

（7）$\dfrac{25^2+943.0}{479.0}$　（8）$\dfrac{23.3-21.3}{2.5}\times100-14.30$

6．写出下列测量关系式的标准误差传递公式。

（1）$g = 4\pi^2\dfrac{L}{T^2}$　（2）$N = \dfrac{x-y}{x+y}$　（3）$f = \dfrac{uv}{u+v}$

（4）$f = \dfrac{L^2-D^2}{4L}$　（5）$n = \dfrac{\sin i}{\sin r}$

7．试求下列测量量的标准误差，并正确表示测量结果。

（1）$x = A - B$，其中 $A = (25.3\pm0.2)\text{cm}$，$B = (9.0\pm0.2)\text{cm}$。

（2）$R = U/I$，其中 $U = (10.5\pm0.2)\text{V}$，$I = (100.0\pm0.5)\text{mA}$。

（3）$S = LH$，其中 $L = (10.005\pm0.005)\text{cm}$，$H = (0.100\pm0.005)\text{cm}$。

8．用精密天平称一个物体的质量 m 共 5 次，结果为 3.6127g、3.6122g、3.6121g、3.6125g、3.6120g，求测量的算术平均值、标准差及相对标准差，并写出测量结果 $m = \bar{m}\pm\sigma_{\bar{m}}$。

9．实验测得铅球直径为 $d = (4.000\pm0.002)\text{cm}$，质量为 $m = (382.35\pm0.05)\text{g}$，求密度 ρ 及测量不确定度。

10．某同学在弹簧劲度系数的实验中得到了下表中的数据，其中 F 为弹簧所受的作用力，y 为弹簧的长度，已知 $y-y_0=K^{-1}F$，试用作图法处理数据，并求弹簧的劲度系数 K 及其不确定度。

F/g	2.00	4.00	6.00	8.00	10.00	12.00	14.00
y/cm	6.90	10.00	13.05	15.95	19.00	22.05	25.10

11．用伏安法测量电阻时得到的数据如下表所示，用直角坐标纸作图并写出 U～I 的函数式。

U/V	0.00	1.00	2.01	3.05	4.00	5.01	5.99	6.98	8.00	9.00	9.99	11.00
I/mA	0.00	2.00	4.00	6.00	8.00	10.00	12.00	14.00	16.00	18.00	20.00	22.00

12．根据下表中的数据，按作图规则作出直线图，计算直线斜率和重力加速度（提示：原点可取为 $L=45\text{cm}$，$T^2=1.8\text{s}^2$）。试用最小二乘法对数据进行直线拟合，求直线方程的斜率和截距，并根据斜率求重力加速度。

摆长 L/cm	46.1	56.5	67.3	79.0	89.4	99.9
周期 T^2/s^2	1.858	2.271	2.706	3.183	3.603	4.032

13．水的表面张力 y（N/m）在不同温度下的数值如下表所示。设 $y=aT-b$，其中 T 为开尔文温度，试用最小二乘法求常数 a 和 b。

t/℃	10	20	30	40	50	60
$y\times10^2$ /(N/m)	74.22	72.75	71.18	69.56	67.91	66.18

14．指出下列情况是属于随机误差还是属于系统误差：（1）螺旋测微器零点不准；（2）读数误差；（3）天平零点漂移；（4）电表的接入误差；（5）忽略空气阻力影响。

第 2 章　常用物理实验方法和技术

请记住，你们在学校里学到的那些美妙的东西无不凝结着世界各国一代又一代人的极大付出和辛勤努力。

——爱因斯坦

物理实验是借助实验仪器设备在一定的环境条件下观察物理现象、测量物理量、探索物理规律的过程。物理实验要依据物理原理，以实验仪器、装置及实验技术为手段，选择科学的实验方法对物理量进行测量。测量的物理量包括物理学各领域如力学、热学、电磁学、光学、量子力学等中的基本物理量、重要的物理常量、材料的物性参数等。物理实验包含丰富的科学实验的思想、方法和手段，被广泛应用于各行各业的社会生产中。本章简要介绍教学中常用物理实验的基本方法、基本技术和基本仪器及其操作规范。

2.1　基本物理实验方法

物理实验根据所要测量的物理量和研究的物理规律及实验所要求的测量误差限制，选择恰当的实验方法进行。实验方法通常是指为了实现特定的实验目的而采用的一系列实验步骤和操作流程。它是一种系统性的实验方案，包括实验原理的应用、实验条件的控制、实验数据的采集和分析等。一个物理量可根据其在不同物理规律中的不同表达式，选择不同的实验方法进行测量，方法不同，测量结果的不确定度也不一样。物理实验在其学科体系的形成过程中积累了丰富的实验方法，本节简要介绍基础物理实验中常用的物理实验方法。

2.1.1　比较法

比较法是物理测量中最普遍、最基本的测量方法，它通过将待测物理量与标准量进行比较来得到测量值，用作比较的测量装置称为比较系统。比较法可分为直接比较法、间接比较法和替代法。

1. 直接比较法

直接比较法将被测量与同类物理量的标准量进行比较，得到被测量是标准量的倍数，进而直接得到被测量。直接比较法的特点如下：

（1）量纲相同。标准量和被测量的量纲相同，例如用米尺测量长度、用秒表计量时间等。

（2）直接可比。标准量与被测量直接比较，不需要中间运算即可得到结果。例如，用天平称质量时，只要天平达到平衡，砝码总质量就是被测物体的质量。

（3）同时性。标准量与待测量在比较的同时即可得出结果，没有时间的滞后。

直接比较法测量的结果随着用作比较的标准量具（如砝码、直尺、角规等），根据被测对象及测量条件的差异，有着相应的测量误差。

2. 间接比较法

有些物理量难以直接测量，只能利用物理量之间的函数关系制成与待测量相关的仪器，再用这些仪器与待测量进行比较。例如，电流表、电压表等均采用电磁力矩与游丝力矩平衡时电流大小与电表指针的偏转角之间的一一对应关系来制成，温度计采用物体体积膨胀与温度的关系制成。因此，虽然它们能直接读出结果，但测量原理则属于间接比较法。

一般而言，进行间接比较需要选取一个中间量。为了减小误差，要求待测量与中间量具有稳定而简单的函数关系。例如，任何液体的体积均随温度发生变化，但通常用作温度计的液体是汞，这是因为在温度变化不大时，汞的体积膨胀与温度呈线性关系且比较稳定，同时汞与玻璃毛细管无浸润，流动性好。

间接比较法有时只有标准量还不够，还要配置比较系统，使被测量和标准量能够实现比较。例如，只有标准电池还不能测量电势差，还需要由比较电阻等组成电位差计来测量电池的电动势或热电偶的温差电势，这些装置构成了比较系统。

实际上，所有测量都是比较的过程，只不过比较的形式在有些测量中不那么明显。

3．替代法

替代法也是比较法的一种，它与直接比较的区别在于不具备同时性，而与间接比较法的区别在于不用公式计算，不需要中间量。

替代法利用待测量与标准量对某个物理过程具有等效作用来进行测量。大家熟悉的曹冲称象就使用了替代法。图 2.1.1 所示为替代法测量电阻的电路。测量过程中维持电源电压 E 不变，当单刀双掷开关 S_2 接通待测电阻 R_x 时，电流表显示一读数；然后 S_2 换接到标准电阻箱 R_0，调节 R_0 使电流表的读数与连接 R_x 时的读数相同，则 $R_x = R_0$。在这种方法中，物理过程是指 R_x、R_0 对电路电流的影响，而等效的判定依据是在比较系统的电压稳定不变的条件下电流表的示数相同。

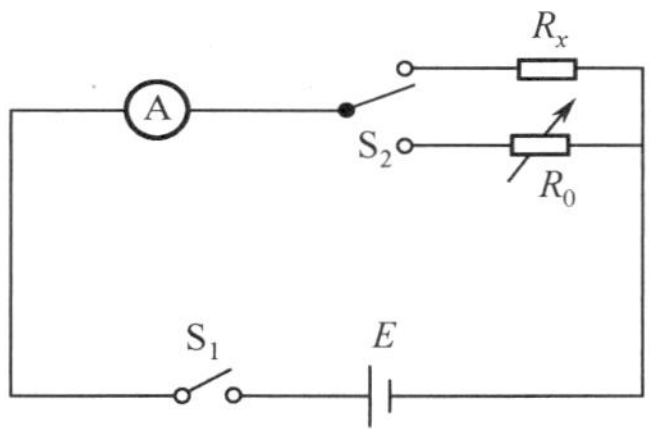

图 2.1.1　替代法测量电阻的电路

2.1.2　放大法

实验中往往遇到一些很小的物理量或变化很微弱的物理量，即使能够找到可与之进行比较的标准量，也会因为这些量的值过小而无法分辨出测量值。这时，需要放大这些量，使得测量成为可能。常用的放大法有机械放大法、光学放大法、电磁放大法等。

1．机械放大法

机械放大法利用部件之间的机械传动关系，使标准单位量在测量过程中得到放大，从而提高测量仪器的分辨率，达到提高测量准确度的目的。

螺旋测微器也称千分尺，其读数系统是机械放大的典型例子。千分尺的主要结构包括尺架、测微螺杆、固定套筒和微分筒等。测微螺杆与固定套筒之间通过螺旋副连接，旋转测微螺杆时，测微螺杆沿轴向移动，螺旋副前进一个螺距（0.5mm），此时微分筒旋转一周，因此将旋转角度转化为轴向移动的距离，实现对微小长度的放大。一般主尺上的 0.5mm 对应微分筒上的 50 分格，所以千分尺的放大倍数为 100 倍。

游标卡尺的放大原理是利用主尺和游标之间的刻度差异来实现对长度的精确测量。也就是说，让游标上 n 个分格的总长度比主尺上 n 个分格的长度小 1.0mm，实现将主尺上的 1.0mm 放大为游标上的 n 个分格，n 一般有 10、20 和 50 三种分度，从而将测量的最小分度值分别提高到 0.1mm、0.05mm 和 0.02mm。

对于一根很细的金属丝，要直接用毫米尺测出它的直径是很困难的。这时，可将它密绕在一个光滑且直径均匀的圆柱体上，用米尺测量 n 匝金属丝的长度 L，于是 L/n 就是细丝的直径，n 就是放大倍数。这种方法也称累积放大法。

2. 光学放大法

光学放大法分为视角放大法和微小变化量放大法两种。显微镜和望远镜属于视角放大仪器，它们只能放大物体的几何线度，帮助观察者分辨物体的细节或便于测量基准的对齐，而要真正测出被测物的尺寸，就要配以相应的读数装置。测微目镜、读数显微镜则为光学视角放大与机械放大的组合型仪器，其观察采用显微镜进行视角放大，便于测量基准的对齐，而读数则利用机械放大的螺旋测微器。光杠杆则借助平面镜将微小位移转化为平面镜反射角的变化，进而放大为标尺像示数的变化。光杠杆放大原理也被用于复射式灵敏检流计中。

3. 电磁放大法

在电磁学相关物理量的测量中，有时待测信号很微弱，要经过放大才能测量。另外，很多非电学量如压强、光强、温度、位移等，都可首先由相应的传感器转换为电学量，经放大后才能测量。电磁放大法一般选用合适的电子元件设计成合理的电路并制成电子仪器来实现，在工程测量中有着非常广泛的应用。电磁放大法对电路有一定的要求。

（1）电路中的电子元件应工作在线性区。

（2）电路抗外界干扰（温度、湿度、振动、电磁场等的影响）性能好。

（3）电路工作稳定，不发生漂移。

2.1.3 补偿法

某测量系统受某种作用产生 A 效应，同时受另一种同类作用产生 B 效应，若 B 效应的存在使 A 效应显示不出来，则称 B 对 A 进行了补偿。补偿法大多用在补偿测量和补偿校正系统误差两个方面。

1. 补偿测量

设系统中 A 效应的量值为测量对象，但由于物理量 A 不能直接测量或难以准确测定，就用人为方法制造出一个 B 效应与 A 补偿，制造 B 效应的原则是 B 效应的量值应易于测量或已知，这样就可用测量 B 效应的方法得到 A 效应的量值。

完整的补偿测量系统由待测装置、补偿装置、测量装置和指零装置组成。待测装置产生待测效应，要求待测量尽量稳定，便于补偿。补偿装置产生补偿效应，要求补偿量值准确达到设计要求。测量装置将待测量与补偿量联系起来进行比较。指零装置是一个比较仪器，用来指示待测量与补偿量是否达到完全补偿。仅当补偿装置所用仪器和指零装置的仪器准确度足够高时，才能使补偿测量具有足够高的准确度。

电位差计和电桥均属于应用补偿测量设计的仪器。因为待测量和补偿量要进行比较，所以补偿法也包含比较法。

2. 补偿校正系统误差

在实验测量中，往往由于存在某些附加物理效应而产生系统误差，且无法排除。于是，人们想办法制造另一种效应去补偿原来附加物理效应的影响，使得这种影响消失、减弱或对测量结果无影响，这个过程称为补偿校正系统误差。例如，在用电阻应变片测量应变的实验中，由于应变片由金属制成，其阻值会随温度的变化而变化。为了使温度变化引起的阻值变化对电桥的平衡不产生影响，必须在电桥的另一个对称臂上接一个性能、参数完全相同的温度补偿片，使得它们对电桥的影响刚好抵消。也就是说，当应变片和补偿片处于同一温度变化环境时，其阻值同时并且同大小变化，但它们的变化对电桥平衡状态无影响，电桥始终保持平衡。

又如，在电路中常使用廉价的碳膜和金属膜电阻，这两种电阻的温度系数都很大，因此只要环境温度变化或电阻自身发热，它们的阻值就会变化很大，进而影响电路的稳定性。但是，金属膜电阻的温度系数为正，碳膜电阻的温度系数为负，若将它们适当搭配串联在电路中，则可使电路受温度变化的影响降到最小。

另外，在电子线路中常配置各种补偿电路来减小电路的某种漂移。在光学实验中，为防止因光学器件的引入而产生附加光程差，常在光路中适当配置光学补偿器来抵消这种附加光程差。

2.1.4 转换法

在物理实验中，有很多物理量由于其属性关系而很难用仪器、仪表直接测量，或者因条件所限而无法提高测量的准确度。此时，可以根据物理量之间的定量关系，将不易测量的待测物理量转换为容易测量的物理量进行测量，然后利用函数关系求待测物理量，这种方法称为转换法。转换法一般可分为参量转换法和能量转换法两大类。

1. 参量转换法

参量转换法利用不同物理量之间的函数关系，实现各物理参量之间的转换，以达到测量某一物理量的目的。这种方法几乎贯穿在整个物理实验中。例如，采用伏安法测电阻要根据欧姆定律，将对电阻 R 的测量转换为对电流 I 和电压 U 的测量，进而根据 $R = U/I$ 得到电阻 R 的值。又如，在单摆法测量重力加速度实验中，要将重力加速度的测量通过单摆周期公式转换为对单摆长度 L 和单摆周期 T 的测量。

2. 能量转换法

能量转换法是指某种形式的物理量通过变换器转换成另一种形式的物理量的测量方法。电学量的测量具有控制方便、反应迅速、灵敏度高、能进行动态测量和自动记录等特点，因此常见的能量转换法是将非电学量的测量转换为电学量的测量。

将非电学量转换为电学量的器件常称传感器。作为一种换能器，传感器在实验中将待测非电学量转换为电流或电压等电学量。转换后的电学量通常作为后续测量电路的输入信号，放大后通过仪表显示测量结果。常见传感器的能量转换机制如下。

（1）热-电转换。

将热学量通过热电传感器转换成电学量进行测量的方法称为热-电转换法。热电传感器种类很多，但都利用材料的电学参数随温度变化的特性来间接测量热学量。常用的热电传感器有四大类，其中最典型的热电式传感器是热敏电阻和热电偶。

① 金属电阻热传感器。金属电阻的阻值随温度的变化而变化，在一定的温度范围内其

阻值与温度呈线性关系，通过测量电路测量其阻值就可得到待测温度。

② 热敏电阻。热敏电阻是利用物质的阻值随自身温度而变化的效应制成的热敏元件，大多由半导体材料制成。半导体热敏电阻按其阻值随温度变化的典型特性分为三类：负温度系数热敏电阻（NTC）、正温度系数热敏电阻（PTC）和临界热敏电阻（CTR）。用 SnO_2 等半导体材料制成的热敏电阻，其阻值随温度的变化非常灵敏，多用在温度控制、温度补偿电路中，缺点是稳定性较差。使用温度敏感元件制成的电阻温度计，可用来检测随温度变化的各种非电量，如温度、速度、浓度、密度等。

③ PN 结传感器。若在半导体 PN 结器件上通以恒定的正向电流，则 PN 结正向电压与器件的温度呈线性关系，因此只要测得结电压的大小，便可得到对应的温度。PN 结传感器的优点是灵敏度很高，温度每变化 1℃，结电压就变化约 2mV，而且比较稳定；缺点是可测温度范围较小（−200℃～+200℃），温度再高，半导体性质就会发生变化。

④ 热电偶。当两种不同的金属材料接触且接触的两端具有温差时，就会产生温差电动势。两种材料确定后，电动势的大小与温差大小有关，若已知一端的温度，则通过测量温差电动势的大小即可得到另一端的温度。实际应用时，总是将热端置于待测温度场中，冷端置于恒温场中。常用的热电偶有以下三种。

- 铜-康铜热电偶，测温范围为−200℃～200℃，当热端的温度大于 0℃时，铜为正极；当热端的温度小于 0℃时，康铜为正极。
- 镍铬-镍铝热电偶，测温范围为 900℃～1200℃，正电极为镍铬。
- 铂铑-铂热电偶，测温范围为 1300℃～1600℃，正极为铂铑。

热电偶测温范围宽，但热电势较低；热敏电阻工作温度范围窄，但灵敏度高，主要用于检测微小的温度变化。它们共同的不足是，输出是非线性的。要求输出线性好、测温准确度高时，可以使用由热敏晶体管构成的晶体管温度传感器、集成电路温度传感器。

（2）力-电转换。

当某些电介质受到沿一定方向的外力作用而变形时，内部会产生极化现象，即在其两个表面上产生符号相反的电荷，而去掉外力后，它们又重新恢复到不带电的状态，这种现象称为压电效应。利用压电效应可将力学量转换成电学量进行测量。大家熟知的话筒就是将声压转换成电信号的装置。某些电介质在作用力方向改变时，电荷极性随之改变，当在介质的极化方向施加电场时，电介质也产生变形，施加交变电场时，电介质会因变形而振动。这种现象称为逆压电效应，也称电致伸缩效应。

具有压电效应的物质很多，如天然形成的石英晶体，人工制造的压电陶瓷、铬铁酸铅等。压电传感器不仅可以实现对各种力的电学测量，还可以对那些最终能转换为力的物理量（如位移、速度和周期等）实现非电学测量。例如，利用电致伸缩效应可制成压电喇叭。

（3）光-电转换。

光-电转换是将光信号转换为电信号进行测量的方法，其基本原理是光电效应，光电效应根据其机理又分为外光电效应、内光电效应两类。

① 外光电效应。在一定频率的光的照射下，金属中的电子吸收光能，从表面逸出形成电流的现象称为外光电效应。它是 1887 年由德国物理学家赫兹发现的，1905 年爱因斯坦提出光量子概念，得到光电效应方程，光电效应实验得到了完美的理论解释。基于外光电效应的光电器件主要有光电管、光电倍增管等。

② *内光电效应*。当一定频率的光照射到半导体上时，半导体价带中的电子被能量大于其禁带宽度的光子激发，从价带越过禁带而跃迁到导带，造成载流子数 n 增多。同时，若入射光中有波长很长的辐射，则被半导体吸收的光子还将改变导带中的载流子迁移率，进而改变其电阻率。因为这个物理过程是在半导体内部进行的，所以称为*内光电效应*（也称*光电导效应*）。内光电效应根据其产生的原因分为两类：光电导效应和光生伏特效应。光电导效应是指当入射光的强度改变时，半导体电导率发生改变的现象。基于这种效应的光电器件有光敏电阻。光生伏特效应是指当半导体 PN 结受到一定频率的光照射时，会在 PN 结两侧产生光生电动势。最常用的光生伏特效应器件是光电池，光电池的种类很多，例如利用金属-半导体接触产生光生伏特效应而制成的硒光电池，利用 PN 结产生光生伏特效应制成的硅、锗光电池（也称*太阳能电池*），硫化镉光电池，以及近年来正在研制的有机染料太阳能电池等。

（4）磁-电转换法。

磁场通常也能转换成电学量进行测量。测量磁场的常用方法按其原理可分为两类：第一类是以电磁感应原理为基础的测量方法，这种方法利用电磁感应原理，将磁场的变化转换为电流的变化，通过对电流的测量，达到对磁场及其相关物理量的测量，如冲击法和感应法。第二类是由物质在磁场中表现的特性而发展出来的测量磁场的方法，如霍尔效应法、核磁共振法等。

① *冲击法*。冲击法测量磁场的基本原理是，将探测线圈放在待测磁场的空间中并与冲击电流计相连；当通过探测线圈的磁通量发生变化时，探测线圈的两端产生感应电动势，并在回路中产生感应电流。感应电流使冲击电流计的指针偏转，利用冲击电流计指针的最大偏转角与通过它的电量以及被测磁场间的定量关系可以测出磁场。

② *感应法*。感应法测量磁场的基本原理是，通过测量在线圈中产生的交变电动势来测出待测磁场。当线圈在被测磁场中转动或振动时，通过线圈的磁通量发生周期性变化，按照法拉第电磁感应定律，线圈中将产生交变的感应电流。测量交变磁场时，固定线圈不动，穿过线圈的磁通量周期性变化，进而在测量线圈内产生交变电动势和交变电流。

③ *霍尔效应法*。霍尔效应法主要利用半导体材料的霍尔效应将磁场变化转换为相应的电压变化来测量磁场。在半导体霍尔片中通以电流 I，并在垂直电流方向加一个恒定磁场，在霍尔片平行于电流和磁场方向的两个面上就会出现载流子的积累，形成霍尔电势差 U，这个电势差的大小与载流子浓度、电流强度、磁感应强度等有关，因此只要测出霍尔电势差的大小，依据电流和载流子浓度就可测量磁场大小。

2.1.5 模拟法

研究物质的运动规律、探索自然界奥秘或解决工程技术问题时，经常碰到一些特殊的情况，比如研究对象过分庞大，或者危险，或者存在变化缓慢等限制，以致难以对研究对象进行直接测量。于是人们依据相似理论制造一个雷同于研究对象的物理现象或模型，用对模型的测量代替对实际对象的测量。这种方法称为*模拟法*。模拟法分为物理模拟法和数学模拟法两种。

1. 物理模拟法

物理模拟法通常人为地制造几何形状与实际原型相似的模型，模拟相似的物理过程并得到测量结果。

例如，为了研究高速飞行的飞机上各部位所受的空气作用力，便于飞机的设计，人们首先会制造一个与飞机几何形状相似的模型，将其放在风洞中，创建一个与实际飞机在空中飞行完全相似的物理过程。通过对模型飞机的受力情况进行测量，便可在较短时间和方便的空间内以较小的代价获得可靠的实验数据。又如，在空间科学技术的发展过程中，许多实验都要先在实验室进行模拟实验，取得初步结果后，再发射人造卫星完成进一步的实验。

物理模拟法具有生动形象的直观性，可使观察的现象反复出现，因此具有广泛的应用价值，尤其是对那些难以用数学方程准确描述的研究对象。

2．数学模拟法

数学模拟法要求模型和原型遵循相同的数学规律，而物理实质上未必有共同之处，这种方法称为*数学模拟法*。例如，在用数学模拟法测量静电场的实验中，根据稳恒电流场与静电场的电势差和电场具有相同的数学方程式，可用稳恒电流场来模拟静电场。

随着计算机技术的不断发展和广泛应用，人们还可通过计算机来模拟实验过程，进而预测可能的实验结果。这是一种新的模拟方法——人工智能模拟，它属于计算物理的研究范畴。

数学模拟法虽然具有上述的优点，但仍有很大的局限性，因为它只能解决可测性问题，而不能提高实验的准确性。

随着计算机技术的发展和虚拟现实的出现，利用虚拟现实技术模拟真实实验环境和实验过程已被广泛用于生产和生活中。在物理实验中，同样可以构建出与实验仪器和工作条件相同的虚拟实验环境，通过计算机软件进行实验操作，达到对实验原理、实验方法、实验操作、实验数据处理的实验全过程进行训练的目的。

2.1.6 基本光学实验方法

光学实验技术可分为几何光学技术、物理光学技术和量子光学实验技术。实际中往往需要三者结合形成综合的光学实验方法。

在几何光学实验范畴内，通常以光的直线传播为基础观察一些光学现象，探索和研究光在各种均匀介质的界面上反射、折射及成像的基本规律，测量光学材料和光学元器件的基本参数，如光学材料的折射率、透镜的焦距等。

物理光学实验技术以光的电磁波特性为基础，利用光的干涉、衍射、偏振等各种现象及光谱技术进行测量。

1．干涉测量技术

当两束相干光波在空间相遇时，在其重叠区域可以观察到明暗相间的干涉条纹，通过测量条纹间距可得到待测的光学参数。获得相干光的方法一般有两种：一是分波阵面法，典型的如杨氏双缝干涉实验、洛埃镜实验、双棱镜实验等；二是分振幅法，典型的如牛顿环实验、劈尖实验、迈克尔逊干涉仪实验等。

（1）分波阵面法。

在光波传播过程中，相位相同的点所构成的面称为*波阵面*。若用狭缝将光波同一波阵面分割成两列光波，则按照惠更斯原理，这两列光波是相干的，当这两列光波在空间相遇时，在叠加区域即形成干涉条纹，这种方法称为*分波阵面法*。图 2.1.2 所示为杨氏双缝干涉实验，入射光波长为λ，双缝间距为 d，荧光屏到双缝的距离为 L，荧光屏上明暗条纹的位置为 x，则双缝出射的相干光的光程差为

$$\delta = d\frac{x}{L} \tag{2.1.1}$$

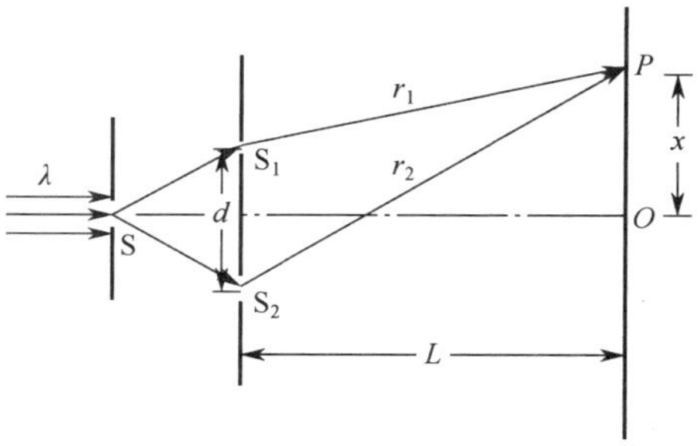

图 2.1.2　杨氏双缝干涉实验

明条纹的位置为　$\delta = k\lambda, k = 0, \pm1, \pm2, \cdots$

暗条纹的位置为　$\delta = \dfrac{(2k-1)\lambda}{2}, k = \pm1, \pm2, \cdots$

条纹间距为

$$\Delta x = \frac{L\lambda}{d} \tag{2.1.2}$$

杨氏双缝干涉有如下两方面的应用。

① 测量光波波长。由式（2.1.2）可知，测出 L、d 及条纹间距Δx，即可算出波长λ。但是，这种测量方法对干涉条纹的分辨率不高，测量误差较大，目前已很少使用。

② 测量薄膜折射率。若在双缝之一的后面插入厚度为 e、折射率为 n 的待测光学介质薄膜，则双缝干涉会产生附加光程差$(n-1)e$，引起干涉条纹移动 N 级，相应地，有关系式$(n-1)e = N\lambda$。若已知薄膜厚度 e，则可测出介质折射率 n。反之，可由已知折射率 n 测出薄膜厚度 e。但是，这种装置的明条纹的光强很弱且对比度差，因此仅作为一种原理的实现，没有实用价值。

（2）分振幅法。

在分波阵面法中，光源线度很小，影响干涉条纹清晰度而难以观测，因此采用扩展光源才能获得较大的亮度，这时多采用分振幅法。典型的分振幅法装置有劈尖和牛顿环，其原理是用扩展面光源照射由两块透明玻璃所夹而成的空气薄膜，光经空气膜的上、下表面反射、折射后相遇形成相干光干涉，若已知入射光的波长，则通过测量干涉条纹的间距可以得到空气膜的厚度。

2．衍射测量技术

当光波通过足够小的障碍物时，会产生偏离直线传播的现象，这种现象称为光的衍射。光的衍射主要分为单缝衍射和光栅衍射等。

（1）单缝衍射。

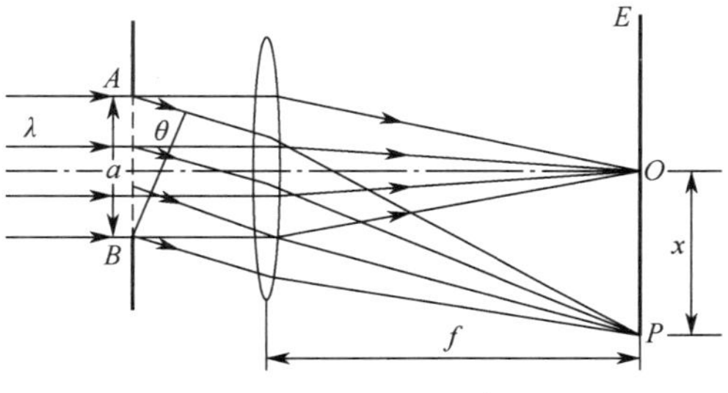

图 2.1.3　单缝衍射

如图 2.1.3 所示，波长为λ的单色光束照射缝宽为 a 的单缝后，经焦距为 f 的透镜聚集到荧光屏上，荧光屏上出现平行于单缝且对称分布的明暗相间的衍射条纹。其中，第 k 级暗条纹的角位置由下式决定：

$$a\sin\theta = \pm k\lambda,\ \ k = 1,2,\cdots \tag{2.1.3}$$

式中，θ称为*衍射角*。因为θ很小，$\sin\theta \approx \tan\theta \approx \theta$，所以有

$$\theta = \frac{x}{f} = \pm k\frac{\lambda}{a},\quad k = 1,2,\cdots \tag{2.1.4}$$

已知入射光波长λ、透镜焦距 f 及 k 级暗条纹的位置 x，就可得到单缝宽度或细丝直径 a。反之，也可利用其他已知量测量入射光波的波长λ。例如，过去在加工仪表游丝的过程中，主要依靠人工用千分尺或读数显微镜逐段检验，工作强度大，速度慢。现在，可以利用激光照射游丝所产生的衍射图样推测游丝的直径，实现无接触的动态测量和检验，大大提高了检测速度和成品的合格率。

（2）衍射光栅。

在玻璃或金属片上刻制大量平行、等宽、等距的狭缝（或刻痕），即可制成平面光栅。平面光栅有透射光栅与反射光栅两类。

当平行光线垂直照射到透射光栅上时，在透镜后焦平面处的荧光屏上，可以观察到暗背景下明亮且清晰的光栅衍射主极大明条纹。各级主极大明条纹的位置由下列光栅方程决定：

$$(a+b)\sin\theta = \pm k\lambda,\quad k = 1,2,\cdots \tag{2.1.5}$$

式中，a 是透光部分狭缝的宽度，b 是不透光部分狭缝的宽度，$a + b = d$ 是相邻狭缝中心间距，称为*光栅常量*，θ 是衍射角，λ是光波波长。利用光栅衍射可以测定光波波长或光栅常量。利用晶体的晶格作为空间光栅，可以得到 X 射线的衍射图样，X 射线衍射仪就是利用这一原理制成的，它可用来研究晶体结构。

3. 偏振测量技术

干涉和衍射是光的波动性的具体表现，光的偏振现象进一步表明了光波是横波。根据光波振动的特点，光可分成自然光和偏振光。自然光的特点是在垂直于光波传播方向的平面内，各个方向都有等幅度的光振动。从光源直接发出的光一般是自然光，如阳光、灯光等。偏振光的特点是光振动只沿某个方向或在某个方向上占优势。可通过偏振元件对光波的偏振现象进行分析和研究。

（1）偏振器件。

自然光经反射、折射、双折射及选择吸收等作用，可以转换为偏振光。将自然光转换为偏振光的器件称为*起偏器*，用作检验偏振光的器件称为*检偏器*。常用的起偏、检偏器件有玻璃片堆、偏振片和尼科耳棱镜等。

① *玻璃片堆*。当自然光以布儒斯特角θ_b入射到玻璃片时，反射光是振动面与入射面垂直的完全偏振光，折射光是部分偏振光，这一规律称为*布儒斯特定律*。但是，若自然光连续通过许多平行的玻璃片堆，经多次反射、折射后透射出来的光也成为完全偏振光（其振动面在折射面内）。同时，因为玻璃片堆多层反射光的累加，反射光的强度得到增强，所以玻璃片堆是一种最简单的偏振器件。

② *偏振片*。一种偏振片是利用晶体的二向色性制成的。当光波通过偏振片时，其中正交偏振分量之一被偏振片强烈吸收，而另一分量的吸收则较弱。例如，常见的聚乙烯醇（PVA）偏振片在制造时，要将聚乙烯醇溶液流延成膜，浸泡在碘溶液中，碘分子进入聚乙烯醇分子

链间，形成长链状结构。然后，将染色的薄膜在高温下单向拉伸，使聚乙烯醇分子链和碘分子链沿拉伸方向高度有序排列。这样的结构使得偏振片能够吸收或阻挡与其内部分子振动方向不平行（或者说垂直）的光振动分量，允许与其分子振动方向平行的光振动分量通过，进而将自然光转换为偏振光。另一种偏振片利用了晶体的双折射现象。在某些晶体（如方解石、石英、云母片等）内部存在一个特殊的方向（晶体的光轴），当光振动方向与晶体光轴平行时，光能够全部通过，而当上述两个方向相互垂直时，光完全不能够通过，这种现象称为晶体的*二向色性*。利用晶体的这一特性可获得偏振光。常用偏振片的偏振度高达99.9%，并且适用于整个可见光波范围，被广泛用在光测弹性仪、应力仪、旋光仪和偏光显微镜中。这种偏振片的缺点是强度差，受潮后容易退偏振。

③ *尼科耳棱镜*。当一束单色光入射到各向同性的介质表面发生折射时，一般只有一束折射光线。但是，当一束单色光入射到各向异性光学晶体的界面上时，一般会产生两束折射光，其中一束遵循折射定律的光线称为 o 光，另一束不遵循折射定律的光称为 e 光。o 光和 e 光是振动方向相互垂直的偏振光，这种现象称为*双折射现象*。尼科耳棱镜就是利用双折射现象制成的偏振棱镜。自尼科耳棱镜出来的偏振光的振动面在棱镜的主截面（晶体光轴与折射光线构成的平面）内。

④ *波片*。波片是用来改变或检验光的偏振情况的晶体，一般采用优质石英、云母等双折射晶体制成。光经过一定厚度的波片后，在 o、e 光之间增加一个光程差δ。使光程差增加 1/4 波长的波片称为 *1/4 波片*，使光程差增加 1/2 波长的波片称为 *1/2 波片*或*半波片*，光程差δ的值由光的波长、晶体的折射率和厚度决定。

（2）偏振光干涉。

当两束振动方向一致的相干偏振光相遇叠加时，会产生干涉现象。自然光经过起偏器后成为线偏振光，再经过厚度为d的波片后成为两束相互间有相位差、振动面互相垂直的偏振光，这两束光经过一个检偏器后，在检偏器的偏振方向上两个分振动叠加而产生干涉。若入射光为单色光，则最后可见明暗相间的条纹；若入射光为复色光，则最后可见到干涉色彩。这种现象称为*色偏振*。

以上分别从力学、电学、磁学和光学几大物理学分支学科介绍了几种典型的实验方法与实验技术，在具体的科学实验中，往往要综合应用多种不同的方法。

2.2 基本物理实验仪器

物理学中有七个基本物理量，其中力学量和热学量有四个，即长度、质量、时间和温度。在很多物理实验中需要测量这些基本物理量，而这四个基本物理量都有依据不同的实验方法制作的相应测量仪器，下面分别给予介绍。

（1）*长度测量*。长度测量的主要仪器有根据游标原理设计的游标卡尺、根据螺旋测微原理设计的千分尺、根据光学反射定律和比例放大法设计的光杠杆等，它们分别适用于不同的测量对象。

（2）*质量测量*。测量物体质量的主要仪器是天平，常用的天平有物理天平、托盘天平和分析天平。上述天平都是运用杠杆平衡的原理制成的。随着现代电子信息技术的发展，物理实验中称量质量时基本上已用电子秤代替原来的天平。

（3）时间测量。任何稳定的周期性运动都可用来计时。机械秒表就属于这类计时仪器，而数字毫秒计则利用标准脉冲信号来计时。现在的电子计时已广泛应用于日常生活中。

（4）温度测量。温度测量的常用仪表是液体温度计，它多用于常温的测量。温差电偶使用范围很广，从低温到高温都可应用。在四个基本物理量中，温度的测量误差最大，当实验的准确度要求很高时，必须做校准修正。

2.2.1　力学、热学实验常用仪器

1．长度测量基本仪器

物理实验中常用的长度测量仪器是米尺、游标卡尺、螺旋测微器、读数显微镜等。这些仪器的主要参数通常用量程和分度值来表示。

（1）米尺。

米尺是一种最简单的长度测量仪器，其最小分度值一般为 1mm，所以毫米以下的一位数只能估读。米尺的仪器误差一般取最小分度值的一半，即 0.5mm。

实验室用米尺测量的长度一般精度要求不高，现在的智能手机上通常自带一部分测量功能，可用来代替米尺测量长度。

国际单位制中对“米”的定义经历了三次重要变化。1889 年第一届国际计量大会规定了“米”的长度，即保存在国际计量局的第 6 号“铂铱米原器”上两条刻度线的间距。这个定义使用了约 70 年。1960 年第十一届国际计量大会对“米”的定义重新做了规定，即 1 米（1m）的长度等于氪–86 原子某条橙黄色谱线在真空中的波长的 1650763.73 倍。从 1986 年至今，米被重新定义为光在真空中行进(1/299792458)s 的空间间隔。

（2）游标卡尺。

实验室用 50 分度的游标卡尺结构如图 2.2.1 所示，它由一把最小分度为毫米的主尺和套在其上的可以滑动的游标组成。主尺一端有两个垂直于主尺、长度固定的量爪，用于测量内径。游标左端也有两个垂直于主尺、长度固定的活动量爪，用于测量外径，且有一把测量深度的尾尺。游标上方有一个止动螺丝，测量时松开它，用手指推动游标下方的滚轮，使游标沿主尺滑动，尾尺也同步伸出。当上下方的两对量爪接触时，主尺上的“0”刻度线和游标上的“0”刻度线正好对齐。

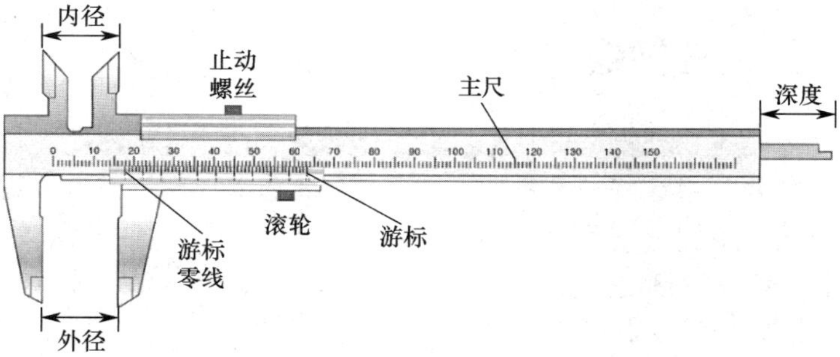

图 2.2.1　实验室用 50 分度的游标卡尺结构

游标卡尺的读数原理如图 2.2.2 所示，游标上 N(50)个分度格的长度和主尺的 $N-1$（49）个分度格的长度相同。主尺上的最小分度值为 a（1mm），游标上的最小分度值为 b，显然有

$Nb = (N-1)a$。主尺上的分度值 a 与游标上的分度值 b 之差称为游标最小分度值，用 Δ 表示，即

$$\Delta = a - b = a - \frac{N-1}{N}a = \frac{a}{N} \tag{2.2.1}$$

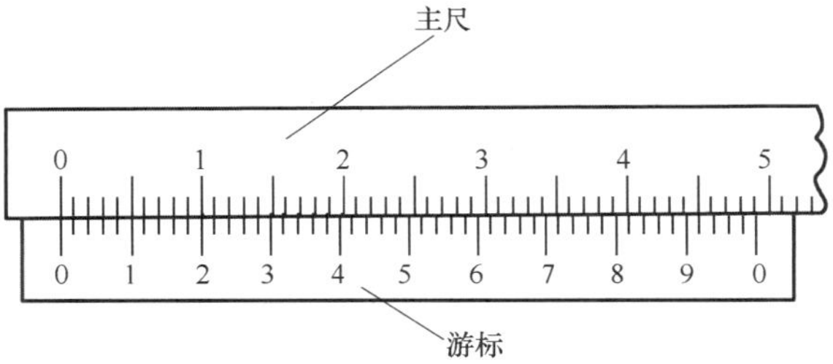

图 2.2.2　游标卡尺的读数原理

在图 2.2.2 中，$N = 50$，$a = 1\text{mm}$，于是游标的最小分度值为 $\Delta = 1/50 = 0.02\text{mm}$。

使用游标卡尺时应该左手拿待测物，右手握尺，拇指按游标上滚轮，或推或拉，将物体轻轻卡住即可读数。不要在量爪之间挪动被夹紧的待测物，以免磨损量爪。使用游标测量长度时，读数方法如下：先从主尺上读得游标"0"刻度线所在的整数分度值 l（毫米数），后看游标上与主尺对齐的直线的序数（格数）K，得到待测物长度为

$$L = l + K\Delta \tag{2.2.2}$$

实际读数时，游标上第 5 格标注的数字 1 读作 0.1mm，第 10 格标注的数字 2 读作 0.2mm，以此类推。因此，当游标上数字 1 后一格的刻度线对齐主尺的刻度线时，毫米以下直接读作 0.12mm，而不需要去数游标格数。游标卡尺的仪器误差一般为游标的最小分度值。

常用的游标分度值有三种：10 分度、20 分度和 50 分度。10 分度游标的最小分度值为 0.1mm，20 分度游标的最小分度值为 1/20 = 0.05mm。

（3）螺旋测微器。

螺旋测微器也称千分尺，其结构如图 2.2.3 所示。它由尺架 1、固定测砧 2、测微螺杆 4、螺母套筒 5、固定套管 6、微分套筒（转动套筒）7、棘轮 8、锁紧手柄 9（止动器）等部件组成。测微螺杆 4 的右边连着一个螺距为 0.5mm 的螺杆，螺母套筒 5 与尺架 1 相连，套筒内有螺纹与测微螺杆 4 配合。螺母套筒上有刻度，并且刻有横线，横线上面或下面的刻度线的最小分度值都是毫米，而上下相邻两条刻度线的间距是 0.5mm。当微分套筒 7 旋转时，带动测微螺杆 4 向左或向右移动。微分套筒 7 前端的筒面上沿圆周刻有 50 格分度，微分套筒 7 旋转一周，测微螺杆 4 即移动 0.5mm，所以微分套筒 7 每转 1 格分度，测量螺杆 4 即移动 0.01mm。因此，微分套筒 7 上的最小分度为 0.01mm，可估读到 0.001mm。一般实验室常用的一级千分尺的仪器误差为 0.004mm。

使用螺旋测微器时应先校正零点（或者记下初读数）。旋动棘轮 8（做大范围移动时，转动微分套筒 7；做小范围移动，特别是当测微螺杆 4 将接触待测物时，转动棘轮 8）。听到"格、格、格"的声音时应停止转动，因为这时固定测砧 2 和待测物 4 正好接触，但此时微分套筒 7 上的"0"刻度线不一定与螺母套筒 5 上的横线对准。记下微分套筒 7 上的这个初读数，应注意初读数有正有负。例如，图 2.2.4(a)所示的初读数为正值（+0.010mm），图 2.2.4(b)所示的初读数为负值（−0.006mm），两个读数中的末位数"0"和"6"均是估读数。测量长

度时所得的读数减去这个初读数后，才是待测物的长度，即 $L=$ 末读数 – 初读数。

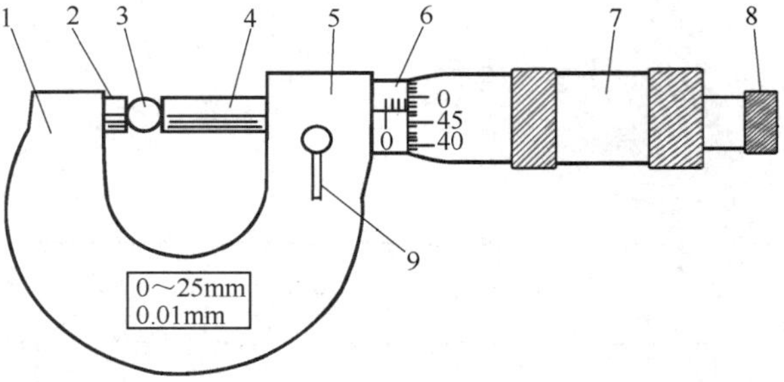

1．尺架；2．固定测砧；3．待测物；4．测微螺杆；5．螺母套筒；6．固定套管；7．微分套筒；8．棘轮；9．锁紧手柄

图 2.2.3　螺旋测微器的结构

测量长度时，倒转棘轮 8，将待测物 3 放在固定测砧 2 和测微螺杆 4 之间，然后转动棘轮 8，听到“格、格、格”声时即停止转动。读数时，先将螺母套筒 5 上未被微分套筒 7 挡住的前端刻度读出，如图 2.2.4(c)所示。主读数为 6.5mm，再读固定套筒 6 的横线所对准的微分套筒 7 的读数（估读），最后的读数为 6.5 + 0.267 = 6.767mm。

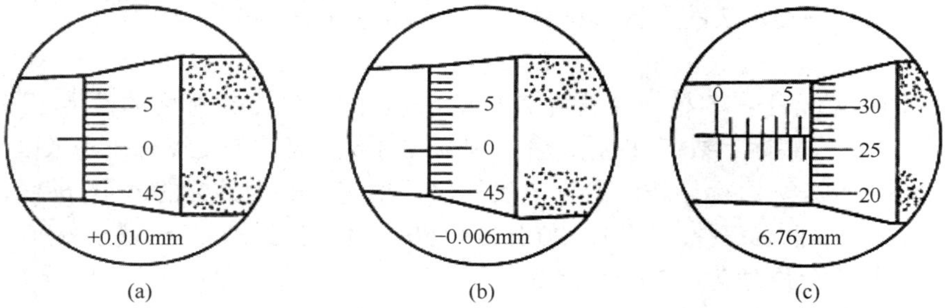

图 2.2.4　螺旋测微器读数示意图

2．质量测量基本仪器

图 2.2.5　电子秤

过去测量物体质量的常用仪器是天平，包括物理天平、托盘天平和分析天平等。除化学上精确测量用的分析天平，物理实验中大部分用电子秤称量质量。

电子秤（见图 2.2.5）的工作原理主要是通过称重传感器将被测物体的质量转换成电信号，再经过一系列的信号处理和转换，最终显示被测物体的实际质量。电子秤的核心部件包括称重传感器、信号调理电路和显示装置等。

称重传感器将物体的质量转换为电信号。按转换方式，称重传感器可分为光电式、液压式、电磁力式、电容式、磁极变形式、振动式、陀螺仪式、电阻应变式等 8 类，其中以电阻应变式传感器的使用最为广泛。电阻应变式传感器的工作原理是，当应变片受到物体质量产生的压力时产生形变，其电阻的变化在一定范围内与形变成比例，因此通过测量电阻的变化就能得到物体的质量。

应变式传感器的电阻变化通常很小，因此需要信号调理电路对来自传感器的电信号进行处理和放大。信号调理电路一般由信号放大器、滤波器等部分组成，它将来自传感器的信号转换为可读的数字信号。显示装置主要是数字显示屏，用于将经处理的数字信号直观地显示出来。电子秤的设计与制作可参见后面的设计性实验。

电子秤的主要技术参数有称量范围（最大、最小称量）、感量（最小称量刻度）、精密度（感量与最大称量的比值）等。电子秤在使用前一般要预热和调零。

国际单位制定义的千克（kg）与普朗克常数相关。1kg 定义为普朗克常数为 6.62607015×10^{-34}J·s 时的质量，它将移动 1kg 物体所需的机械力转换成可用普朗克常数表示的电磁力，再通过质能关系得到质量。

3．时间测量基本仪器

（1）秒表。

秒表是常用的计时仪器，现在主要使用电子秒表（见图 2.2.6）。电子秒表也是手机必备的功能。电子秒表一般都用石英振荡器的振荡频率作为时间基准，采用 6 位液晶数字显示时间。电子秒表的功能比机械秒表要多，不仅能显示分、秒，还能显示时、日、月和周，且有(1/100)s 的功能。一般的电子秒表连续累计时间最长为 59min59.99s，可读到(1/100)s，平均日差±0.5s。

图 2.2.6　电子秒表

（2）数字毫秒计。

数字毫秒计是实验室需要测量毫秒级的时间差时常用的计时装置。它的基本原理是，利用一个频率很高的石英振荡器作为时间信号发生器，不断地产生标准时基信号。在实验中，它通过光电元件（称为传感器）和一系列电子元件组成的控制电路来控制时基信号进行计时，每个标准时基信号的周期代表一个最小的“单位”时间。在测量的时间间隔内，计数装置记录了多少个时基信号，就有多少个“单位”时间，这些时间的累加和就是要测量的时间间隔，且在数码管中显示出来。数字毫秒计的准确度可达 0.1ms，一般最大量程为 99.99s。为了实验方便，仪器一般装有自动清“零”（自动复“零”）电路。图 2.2.7 所示是数字毫秒计电路的基本原理框图。

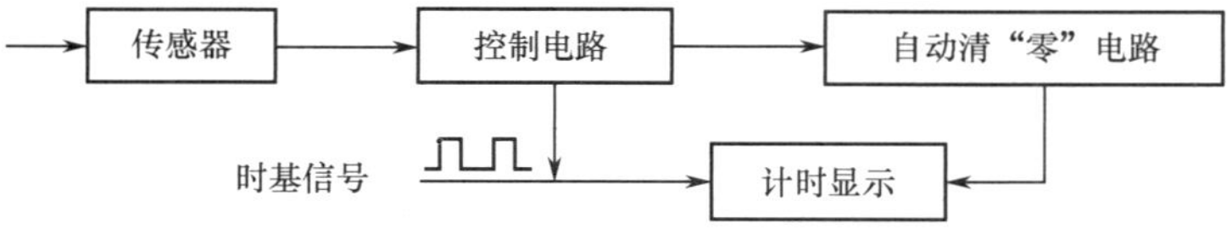

图 2.2.7　数字毫秒计电路的基本原理框图

国际单位制 1s 的最初定义如下：地球自转一圈的时间为 24h，共 86400s。该定义也称天文时。国际单位制 1s 的最新定义如下：1s 等于碳原子基态的两个超精细能级间跃迁对应的辐射的 9192631770 个周期的持续时间，这就是原子钟。

4．温度计

利用物质的某一物理属性随温度的变化来标识温度的仪器就是温度计。当温度改变时，物体的许多物理属性如压强、体积、导体的电阻、两种导体组成的热电偶的电动势等都会发生变化。一般来说，任何物质的任一物理属性，只要它随温度的改变而发生单调的、显著的变化，就都可用来标识温度，制成温度计。常用的温度计有定容气体温度计、定压气体温度计、液体温度计、铝电阻温度计、热电偶温度计、辐射高温计和光测高温计等。

利用气体的体积或压强随温度变化的属性制成的温度计，称为*气体温度计*。气体温度计有两种：一种是定容气体温度计，另一种是定压气体温度计。定压气体温度计的结构、操作很复杂，因此除了测量较高的温度，实际工作中都使用定容气体温度计。

图 2.2.8 所示为定容气体温度计示意图。测温泡 B 内存储有一定质量的气体，经毛细管与汞压强计的左臂 M 相连。测量时，将测温泡放入待测系统内，上下移动压强计的右臂 M′，使左臂中的汞面在不同温度下始终固定在同一位置 O 处，以保持气体的体积不变。当待测温度不同时，B 内气体的压强不同，这个压强可由压强计两臂汞泡的高度差 h 和右臂上端的大气压得到，于是就可由压强随温度的改变来确定温度。

利用液体的体积随温度变化的属性制成的温度计称为*液体温度计*，常用的液体温度计有汞温度计、酒精温度计等。

现在，常见的电子温度计（见图 2.2.9）是一种利用温度传感器将温度变化转换成电信号的温度测量装置，它具有响应速度快、测量准确、使用方便等优点。电子温度计主要有热电偶温度计、热电阻温度计、半导体温度计、红外测温计、热敏电阻温度计（PTC 或 RTC）等类型。后面的实验将专门探讨热电偶和热敏电阻，下面主要介绍红外测温计。

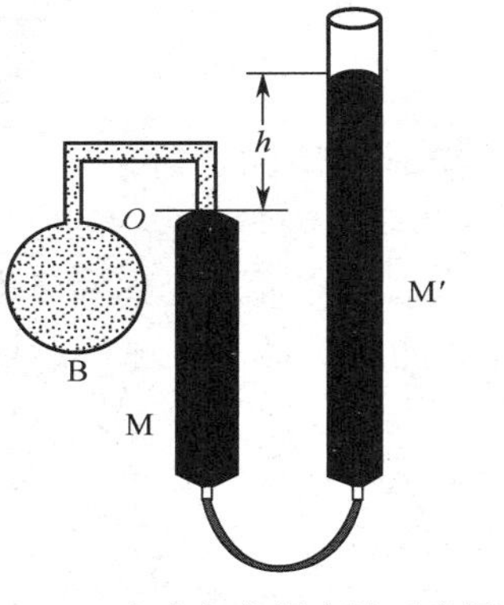

图 2.2.8　定容气体温度计示意图

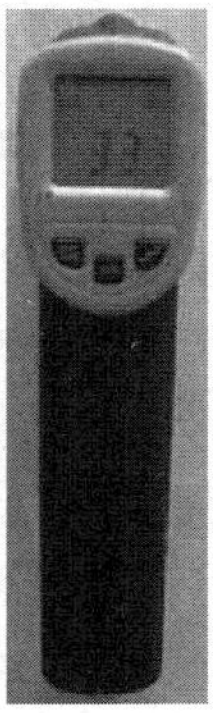
图 2.2.9　电子温度计

红外测温计是基于黑体辐射和斯特藩-玻尔兹曼定律工作的。任何物体在任何温度下都会辐射电磁波，物体在通常温度下辐射的电磁波主要是红外辐射，其辐射能量与物体的温度和表面特性有关。斯特藩-玻尔兹曼定律指出，黑体单位表面积的辐射功率与温度的四次方成正比。红外测温计通过前部的光学探头收集被测物体发出的红外辐射，并通过光学系统将其聚焦到红外探测器上。红外探测器再将接收到的红外辐射转换为电信号，然后通过信号处理电路对电信号进行放大、滤波、线性化等处理，最终转换为温度值并显示。

国际单位制温度的单位是开尔文（K），它等于水的三相点热力学温度的 1/273.16。

2.2.2　电磁学实验常用仪器

1．电源

电源是把其他形式的能量转换为电能的装置。电源分为直流电源和交流电源两大类。

（1）直流电源。

常用的直流电源有干电池、铅蓄电池和晶体管直流稳压电源。

干电池是电磁学实验及便携式仪器常用的工作电源，它以其内部化学反应过程中产生的电能作为工作的能量。显然，当它的电极物质在化学反应中消耗完毕时，化学反应就会停止，其作为电源的功能随之消失。因此，干电池的电动势随其使用时间的变长而不断减小，并不是恒定的电压源。在实验中不注意这一点，有时会产生较大的系统误差。当干电池的工作电流小于 100mA 且不变化时，在较短的时间内仍可将其视为较好的恒压源。根据实际需要，干电池可以串联或并联使用。使用干电池时，要注意正、负极不能接错，不允许短路。

铅蓄电池的电动势为 2V，额定放电电流为 2A，容量较大，输出电压稳定，结构坚固且耐用。因为需要经常充电，所以维护比较麻烦。使用时，一定要注意不能超过额定容量，避免过载。

晶体管稳压电源是将交流电转换为直流电的装置，它通过整流、滤波、自动稳压后输出直流电。它的特点是输出电压高、可调范围大、带负载能力强，因此在实验中越来越多地取代了化学电池。

晶体管稳压电源的输出总是带有一定的纹波，在对电源稳定性要求高的实验中，一定要注意这一点，以便选择符合要求的晶体管稳压电源，否则会给实验带来系统误差。使用稳压电源时应注意：接通电源前，要首先将“电压输出”调至最小，然后根据需要选择合适的电压。使用完后，要首先将“电压输出”调至最小，然后切断电源。

（2）交流电源。

常用的交流电源是电网电源，其电压为 220V，频率为 50Hz。为了防止电网电压波动的影响，可以采用交流稳压器。需要高于或低于 220V 的交流电源时，可采用变压器。变压器是利用电磁感应原理来改变交流电压的装置，其主要组件是初级线圈、次级线圈和铁芯（磁芯）。使用变压器时，注意不要超过其额定功率。

2. 电表

电表按用途可分为交流电表和直流电表；按工作原理可分为磁电型、电磁型、电动型等；按测量的需要又分为检流计、电流表和电压表等。

电表内由永磁体、转动线圈和指针等组成的基本部分称为*电流计（表头）*。它是利用通电流的线圈在永磁体中受到力矩作用发生偏转的原理制成的。线圈上附有一个指针，它可在刻度盘上指出读数。线圈面积和线圈匝数一定时，偏转角的读数与线圈中流过的电流强度成正比，因此电表面板的分度是线性的。这种仪表适用于直流测量，具有灵敏度高、刻度均匀、便于读数等优点。若附加相应的变换器，则还能用来测量交流电学量或各种非电量（如温度、压力等）。

（1）电流计（表头）。

电流计结构如图 2.2.10 所示。1 为强磁场的永磁体。2 是接在永磁体两端的半圆筒形“极掌”。3 是圆柱形铁芯，它与两极掌间形成气隙，气隙内的磁场呈均匀的辐射状分布。4 是处在气隙磁场中的活动线圈（称为动圈），它是在一个矩形铝制方框上用很细的绝缘铜线绕成的。5 是固定在动圈两端的“半轴”，它的轴尖支持在宝石轴承 6 中，动圈可在半轴的支持下绕铁芯轴线自由转动。7 是装在转轴上的指针，线圈偏转角的大小由指针在刻度盘 9 上的方位读出。8 是产生反作用力矩的两个螺旋方向相反的“游丝”，游丝的一端固定在仪表内部的支架上，另一端固定在转轴上，这两个游丝还兼作把电流引入线圈的引线。

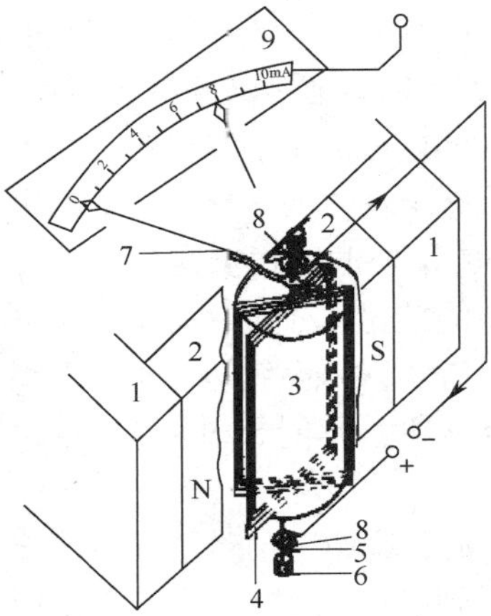

图 2.2.10　电流计结构

当线圈通以恒定电流 I 时，在气隙磁场中受到磁力矩 M_I 的作用。磁场 B 是沿半径方向的均匀辐射状磁场，因此 M_I 是一定的且由下式决定：

$$M_I = BNIS \tag{2.2.3}$$

式中，S 是线圈面积，N 是线圈的总匝数。线圈在该力矩的作用下带动指针一起转动，与此同时，游丝发生扭转变形，产生一个反作用力矩：

$$M_D = -K\alpha \tag{2.2.4}$$

式中，α 是指针偏转的角度，K 是游丝弹性系数，负号表示力矩方向与转动方向相反。当反作用力矩和磁力矩相互平衡时，线圈停止转动，指针停在一定位置。此时，有

$$\alpha = \frac{BNIS}{K} = S_I I \tag{2.2.5}$$

式中，$S_I = BNS/K$ 称为表头的电流常数。当表头结构一定时，S_I 是一个常数。

由式（2.2.5）可以看出，平衡时指针偏转的角度α与待测电流 I 成正比，因此在刻度盘上刻上了与偏转角相应的电流值，且刻度是均匀的，从而实现了电流的测量。

为了使仪表指针最初指在零位，通常还设有一个“调零器”，它的一端与游丝相连。若使用前仪表的指针不指在零位，则可用小螺丝刀轻轻调节露在表壳外面的调零螺丝，使仪表指针的指向位于零位。

电流计（表头）可用来检验电路中有无电流通过。线圈的导线很细，因此允许通过的电流往往很小，能直接测量的电流在几十微安到几十毫安之间。若用它来测量较大的电流，则要加上分流器来扩大量程。电流计（表头）的主要参数如下：

- 内阻 R_g：线圈直流电阻。
- 电流常数 S_I：指针偏离一格所需的电流值。
- 满偏电流 I_g：指针偏转满度时，线圈内通过的电流值，即 $I_g = S_I d$（d 为满度格数）。

（2）直流电流表（安培表）。

在表头线圈上并联一个阻值很小的分流电阻 R_s，就构成电流表。分流电阻 R_s 的作用是使线路中的电流大部分通过它，只有少量的电流通过表头的线圈，这样就扩大了电流的量限。在表头上并联不同的分流电阻 R_s，可以测量的最大电流也就不同，即得到不同量程的电流表。使用电流表时，应将它串联在待测电流的电路中，并且注意正、负极的接法，电流应从电流表的正极流入，从负极流出。

电流表的主要参数如下：

- 内阻 R_{A_i}：表头内阻与分流电阻并联的电阻值。
- 量程 I_i：电流表指针达到满度时的电流值。

（3）直流电压表（伏特计）。

在表头线圈上串联一个阻值很大的分压电阻 R_x，就构成一个直流电压表。测量电压时，分压电阻起分压作用，且使绝大部分电压落在分压电阻上，只有很少一部分电压落在表头上。在表头上串联不同的分压电阻，可测量的最大电压也就不同，即得到不同量程的电压表。使用时应将电压表并联在待测电压的两端，并将电压表的正极接高电位，负极接低电位。

电压表的主要参数如下：

- 内阻 R_{U_i}：表头内阻与分压电阻串联的电阻值。
- 量程 U_i：电压表指针达满度时的电压值。
- 电压灵敏度 S：表头满度电流的倒数，即 I_g^{-1}，其单位是Ω/V，由它可算出量程为 U_i 时电压表的内阻为

$$R_{U_i} = SU_i \tag{2.2.6}$$

使用电流表和电压表时应注意以下几点。

① 量程的选择。应先估计被测量的大小，选择合适的量程。对于多量程的电表，当不知道被测量的范围时，为安全起见，可先用大量程测一下，再选择合适的量程。

② 接法要正确。电压表与电路中被测负载的两端并联，电流表与电路串联。直流电表均有表明+、−的接线柱，分别表示电流的流入端和流出端，不能接反。否则，电表指针将反向偏转。

③ 读数要规范。读数时，视线必须垂直于刻度盘。若电表指针下面附有镜子，则必须在指针与镜子中的像重合时读数，以便减少由视差引入的误差。

④ 电表的准确度与级别的表示。电表的绝对误差在刻度盘上的各点处基本相同，但相对误差由于测量值变化而存在较大的差异，用相对误差来表示电表的准确程度并不方便。为此，引入了引用误差的概念。引用误差是绝对误差与电表量程 x_{max} 之比的百分数，即

$$E_\eta = \frac{\Delta_i}{x_{max}} \times 100\% \tag{2.2.7}$$

电表刻度盘上各点的绝对误差稍有不同，因此各点的引用误差也有一些差异，但是差异较小。因此，常用最大引用误差来表示电表的准确度：

$$E_{\eta\max} = \frac{\Delta_{max}}{x_{max}} \times 100\% \tag{2.2.8}$$

根据国家标准，各种电表根据基本误差的大小分为七级，即 0.1, 0.2, 0.5, 1.0, 1.5, 2.5, 5.0，它们表示电表的准确度。电表的等级α与电表的最大引用误差 $E_{\eta\max}$ 的关系是 $\alpha\% \geqslant E_{\eta\max}$，也就是说，

$$\alpha\% \geqslant \frac{\Delta_{max}}{x_{max}} \times 100\% \tag{2.2.9}$$

即电表等级的百分数表示在规定条件下使用时所允许的最大引用误差。例如，有一个等级为 0.5、量程为 0～1A 的电流表，按照式（2.2.9）有 $\Delta_{max} \geqslant 5\text{mA}$，表示这种电流表的基本误差在±5mA 以内。在实验中使用该电流表测量电流时，可以认为最大绝对误差不超过 5mA。

⑤ 电表量程的选择。电表的准确度等级越小，其基本误差就越小，即电表的准确度越高。在极限情况下，电表可能的最大绝对误差 Δ_{max} 为

$$\Delta_{max} = x_{max}\alpha\% \tag{2.2.10}$$

若电表的示值为 x_i，则可能出现的最大相对误差 E_{max} 为

$$E_{max} = \frac{\Delta_{max}}{x_i} \times 100\% = \frac{x_{max}\alpha\%}{x_i} \times 100\% \tag{2.2.11}$$

由上式可以看出实验测量的相对误差既和电表的准确度等级α、测量值的大小 x_i 有关，又与量程 x_{max} 有关。测量值 x_i 越接近量程 x_{max}，相对误差就越小。一般来说，要使 $x_i \geqslant 2x_{max}/3$，即使测量值处在满量程的三分之二以上为宜。

⑥ 电表读数的有效位数问题。若已知电表的级别α和量程 x_{max}，则电表的最大绝对误差可由式（2.2.10）求得，测量结果的有效位数由最大绝对误差确定。

（4）万用电表。

万用电表是实验室中最常见的一种仪表，其突出特点是测量对象多、测量范围广，并且使用方便。万用电表既可用来测量电压、电流、电阻、交流电压和电流，又可用来检查电路和排除电路故障。万用电表主要由测量机构和测量电路两部分组成。测量机构是一个磁电型电流计（也称表头）。实际上，它是根据电表改装的原理，将一个表头分别连接到各种测量电路而改成的多量程电压表、电流表和欧姆表，是既能测量直流又能测量交流的复合电表。

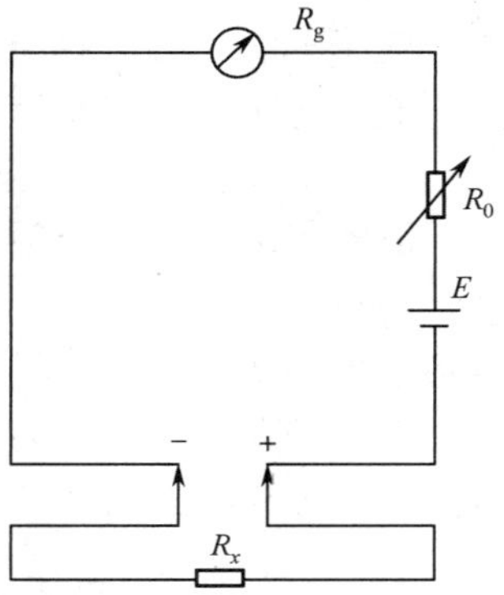

图 2.2.11　欧姆表原理

万用电表的直流电压、直流电流挡的测量原理和使用方法基本上与磁电型电压表和电流表的相同。万用电表的交流电压挡则利用整流元件将交流电流变成单向脉动电流，再通过磁电型表头进行测量，这种情况下表头的偏转力矩与整流后的单向脉动电流的平均值成正比。

下面介绍欧姆表测量电阻的简单原理。如图 2.2.11 所示，表头 R_g、干电池 E、可变电阻 R_0 以及待测电阻 R_x 构成串联回路。电流 I 通过表头即可使指针偏转，其值为

$$I = \frac{E}{R_g + R_0 + R_x} \tag{2.2.12}$$

可以看出，当电池的电压一定时，指针的偏转和回路的总电阻成反比。当被测电阻 R_x 改变时，电流变化，表头的指针位置也相应的变化，即表头的指针位置与被测电阻的大小一一对应。若表头的标度尺按电阻刻度，则可直接用来测量电阻。被测电阻 R_x 越大，回路电流 I 就越小，指针偏转角也就越小，因此欧姆表的标尺刻度与电流表、电压表的标尺刻度相反。因为工作电流 I 和被测电阻 R_x 不成正比，所以欧姆表的刻度是不均匀的。

当电池的电动势 E 下降时，会造成比较大的测量误差，因此欧姆表设有“零点”调节电路。使用时，要先将两表笔短接，调节调零电位器，使指针恰好指在电阻刻度标尺的零点。只要改变了欧姆表的量程，就要重新调零。若调节调零电位器无法让指针指零，则要更换电池。

使用万用电表测量时，应注意以下几点。

① 根据被测对象选择对应的测量挡。切勿用电流挡、电阻挡测量电压。

② 根据被测量的大小正确选择量程。若被测量的大小事先无法估计，则应选择量程最大的一挡，用表笔点测一下；若偏转过小，则将量程变小，直到量程合适。

③ 测量电阻时，应将被测量电路的电源断开，且校准好零点。

④ 用电压挡检测电路中某两点间的电压时，要特别注意所用挡的内阻与被测两点间的电阻的相对关系，仅当该挡的内阻远大于被测两点间的电阻时，测量结果才是可信的。

⑤ 万用电表使用完后，应置于交流电压最高挡或空挡。

（5）直流复射式检流计。

直流复射式检流计的工作原理是通电线圈与永磁体磁场间的相互作用。活动线圈由拉丝悬挂在由软铁制成的铁芯和永磁体之间。当电流通过拉丝流经线圈时，检流计活动部分产生转动力矩而转动，偏转的角度由流过线圈的电流和拉丝的反作用力矩决定。

为了提高检流计的灵敏度，检流计活动部分上装有一个小平面镜，它利用光线多次反射的光学系统将具有准丝的光斑反射到标度尺上，使检流计线圈偏转读数得到光学放大。因为可以在较小的表壳内制成高灵敏度的检流计，所以这种光点检流计的每个分度值的电流小到 5×10^{-9}A。

AC15/4 型检流计的面板图如图 2.2.12 所示，下面介绍各部分的功能。

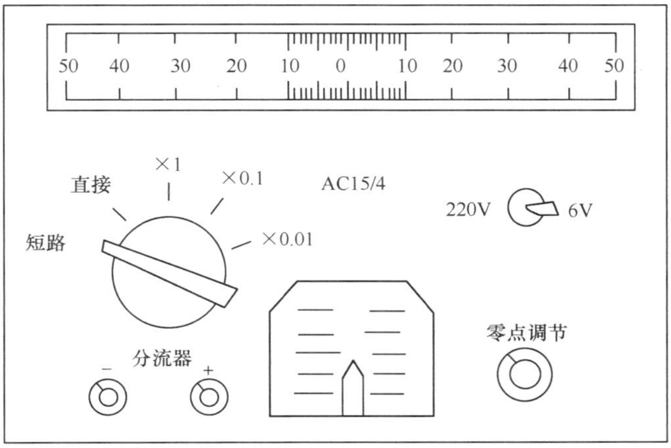

图 2.2.12　AC15/4 型检流计的面板图

① 电源选择开关“220V，6V”。当“220V”电源插座接 220V 交流电时，开关置于“220V”处，电源接通，照明器的小灯泡亮；当“6V”电源插座接 6V 电压时，开关置于“6V”处，照明器接通 6V 电源。

② “零点调节”旋钮。该旋钮的作用是粗调光斑零点。标度尺上还配有活动调零器，其作用是细调光斑零点。

③ “+”和“−”接线柱。用来接通测量电路。电流若从“+”端流入检流计，从“−”端流出检流计，则光斑向右偏转；反之，光斑向左偏转。

④ 分流器选择开关。测量时应从灵敏度最低挡“×0.01”开始。“×0.01”表示输入的电流只有 1%流入检流计线圈，其余 99%从分流电阻流出。当偏转不大时，方可转到高灵敏度挡（×0.1 或 1）进行测量。

⑤ “短路”挡。选择开关置于此挡时，将使检流计线圈短路，以防止检流计拉丝因振动而损坏。在测量过程中，当光斑摇晃不停时，可以使用“短路”挡让检流计线圈受到阻尼作用而停止。在改变电路而移动检流计或测量完毕时，均应将检流计置于“短路”挡。

⑥ “直接”挡。当标尺找不到光斑时，可将分流器选择开关置于“直接”挡，并轻微摇动检流计。若有光斑扫掠，则可调节“零点调节”旋钮将光斑调至标尺内。若轻微摇动检流计时无光斑扫掠，则应检查照明灯泡是否烧坏或对光不准。

3. 电阻器

电磁学实验中常用的电阻器有电阻箱和滑线变阻器两种。

（1）电阻箱。

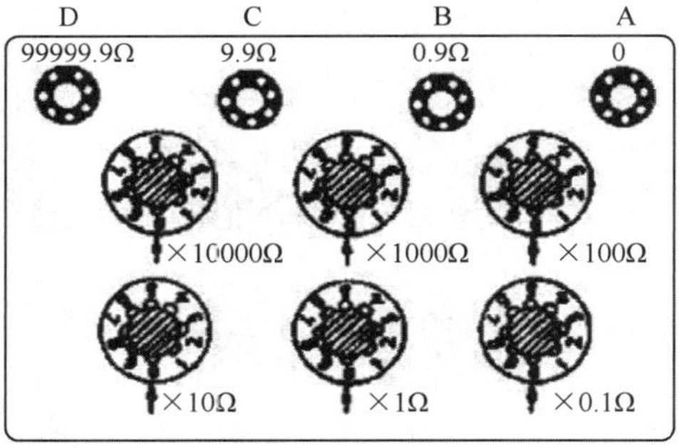

图 2.2.13　电阻箱的正面外形图

电阻箱由多个标准电阻元件按一定的组合形式连接在一起，相当于一个阻值在一定范围内能够改变的标准电阻。电阻箱的正面外形图如图 2.2.13 所示，其内部结构由若干高稳定锰铜合金丝绕制而成，调节 6 个转盘可获得 0.1～99999.9Ω 范围内的各挡电阻值。

实验中常用的 ZX21 型电阻箱的准确度为 0.1 级，电阻箱指示的阻值是各旋钮指示值之和。电阻箱的相对误差常用如下公式计算：

$$E = \frac{a + bm}{R} \times 100\% \tag{2.2.13}$$

式中，a 为电阻箱的准确度等级，R 为电阻箱的示值，m 为二个引线端钮间实际使用的总转盘数，b 为电阻箱的结构常数。准确度为 0.1 级的电阻箱，其 b 值为 0.2。公式中第二项误差由电阻箱转盘的接触电阻引入。例如，当 $R = 100.0\Omega$ 时，相对误差 $E = (0.1 + 0.2\times6/100.0) = 1.3\%$，$\Delta R = 100\times1.3\% = 1.3 \approx 2\Omega$，因此 $R = (100 \pm 2)\Omega$。另外，电阻箱也存在零值误差，它是电阻箱各转盘均置零时所具有的误差。零值误差主要来源于各接触点的接触电阻及内部连线的电阻。当被测电阻 R_x 很大时，零值电阻及修正项 bm/R 均可略去不计。$\Delta R = Ra\%$即为电阻箱的误差。

使用电阻箱时应注意如下事项。

① 对于小于 10Ω 的待测电阻，为减小接触电阻对结果的影响，应利用小电阻接头 B 或 C。

② 工作电流不能超过最大允许电流，负载功率不得超过电阻箱的额定功率。由于电阻箱有额定的最大功率，使用不同挡的电阻时，允许通过的电流是不同的。一般来说，高电阻挡允许通过的电流较小。ZX21 型电阻箱各挡电阻允许通过的电流值如表 2.2.1 所示。

③ 转动转盘时必须调节到位，使盘内弹簧触点接触良好。

④ 读取电阻箱示值时，其有效位数由最大误差确定。

表 2.2.1　ZX2l 型电阻箱各挡电阻允许通过的电流值

旋钮倍率	×0.1	×1	×10	×100	×1000	×10000
允许负载电流/A	1.5	0.5	0.15	0.05	0.015	0.005

（2）滑线变阻器。

电磁学实验中对电源提供的电压要求是各种各样的，即使是可变电源，有时也不能很好地适应这种要求，更不用说固定电源。为适应不同实验的电源电压要求，通常需要在电源回路中接入滑线变阻器。

滑线变阻器的结构以及在电路图中的表示符号如图 2.2.14 所示。粗细均匀的金属电阻丝密绕在瓷管上，两端分别与接线柱 A 和 B 相连，A 和 B 之间的电阻值是固定不变的，称为

全电阻 R_0。电阻丝的表面涂有绝缘层，各圈电阻丝之间彼此绝缘。在瓷管的上方装有一根与之平行的钢棒，其中一端与接线柱 C 相连。在钢棒上套有一个金属滑动接触器，它被紧压在铜棒与电阻圈之间。在滑动范围内，接触器与电阻丝之间的绝缘层被刮掉，以使接触器在滑动过程始终与电阻丝保持良好的导电性，并可改变 A 和 C 之间或 B 和 C 之间的阻值，进而调节电路中的电压值。

滑线变阻器有多种规格，选用时应考虑其全电阻、额定电流和额定功率的大小等因素。滑线变阻器在实验电路中主要有如下两种接法。

① 分压接法。分压接法如图 2.2.15 所示，滑线变阻器的两个固定端 A 和 B 分别与电源的两极相连，滑动端 C 和任一固定端（图中为 A）上引出两根线接于负载 R_L。当滑动端 C 移动时，加在负载 R_L 上的电压 U_{AC} 在范围 0～U_{AB} 内变化。设计分压电路时，需要考虑滑线变阻器的全电阻和额定电流的大小，要特别注意变阻器的全电阻 R_0 和负载电阻 R_L 之间的比例关系，使分压值 U_{AC} 随电阻变化时具有良好的线性关系。

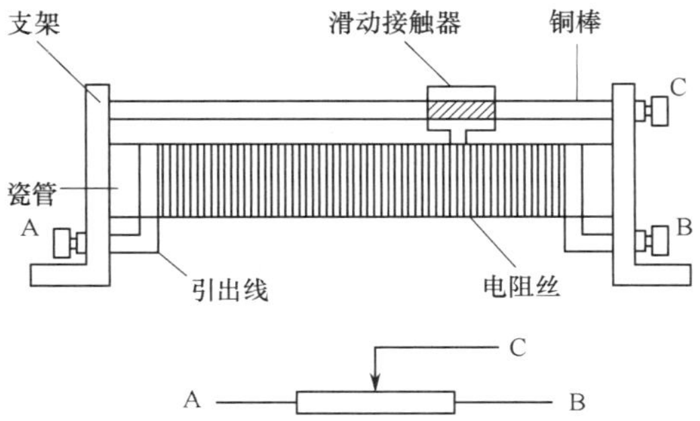

图 2.2.14　滑线变阻器的结构以及在电路图中的表示符号

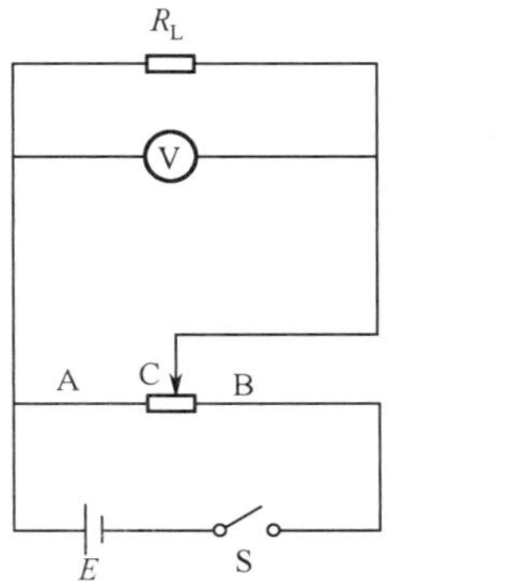

图 2.2.15　分压接法

② 限流接法。限流接法图 2.2.16 所示，滑动变阻器的 A 和 B 两端串联在回路中，而滑动端可与 A 相连，也可与 B 相连。当移动 C 端的位置时，可以改变回路中的总电阻，进而达到改变和控制回路电流的目的。

注意，滑线变阻器的两种接法的作用是不相同的，一定不能混淆。还要记住，在开始实验之前，在限流接法中，变阻器的滑动端应放在电阻最大的位置；在分压接法中，变阻器的滑动端应放在分出电压最小的位置。

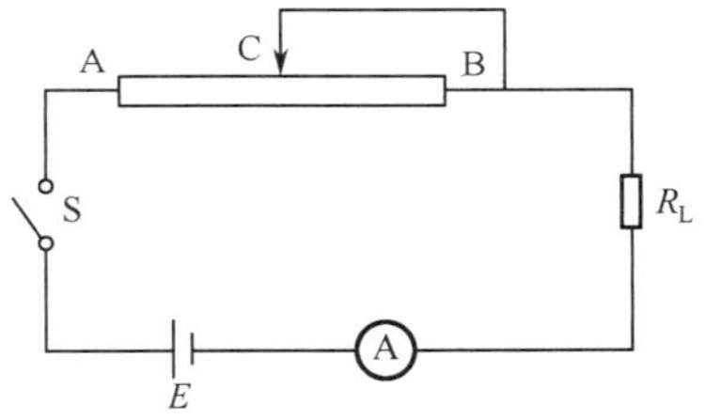

图 2.2.16　限流接法

4. 标准器具

电磁学实验中使用的标准器具主要包括标准电池、标准电阻、标准电容和标准电感，它们都属于工作量度器。

（1）标准电池。

标准电池是派生自电池的一种电池，是复制电压或电动势单位 1V 的量具。标准电池产生的电动势并不是恰好为 1V，而是稍微大于 1V，但这个数值准确、稳定，受外界影响小，也容易校正。

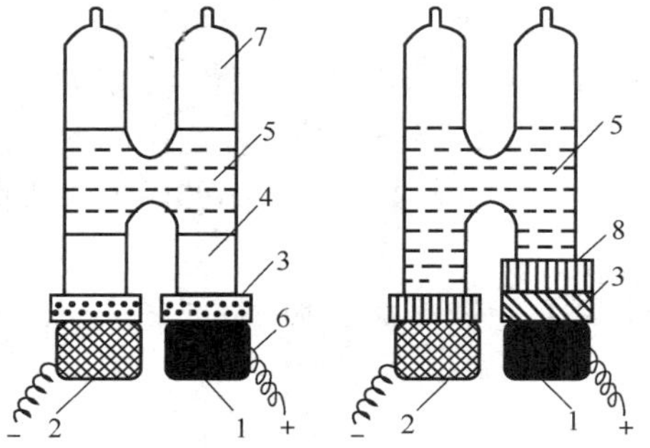

1．汞 Hg（电池正极）；2．镉汞合金 CdHg（电池负极）；3．硫酸亚汞 Hg_2SO_4（去极化剂）；4．硫酸镉结晶体 $3CdSO_48H_2O$；5．硫酸镉溶液（$CdSO_4$）；6．铂引线；7．玻璃容器；8．微孔塞片

图 2.2.17　两种标准电池的原理结构图

标准电池是一种化学电池，分为饱和式和不饱和式两种。饱和式标准电池一年中电动势的允许变化为几微伏至几十微伏，级别较高；不饱和标准电池在一年中电动势的允许变化为上百微伏，级别较低。

两种标准电池的原理结构图如图 2.2.17 所示。各种化学物质都放在严密封闭的 H 形玻璃管内。饱和式标准电池的正极是纯汞（Hg），负极是镉汞合金（CdHg）；上面放硫酸亚汞（Hg_2SO_4）作为去极化剂，再上面放硫酸镉晶体（$3CdSO_48H_2O$）；负电极上面也放硫酸镉晶体；在硫酸镉结晶体上面灌以硫酸镉溶液（$CdSO_4$）作为电解液；正、负极的引出线均用铂丝制成。电池内有硫酸镉晶体，因此在任何温度下硫酸镉溶液均呈饱和状态。不饱和标准电池与饱和标准电池的结构基本相同，不同之处是这种电池没有硫酸镉晶体，因此其中硫酸镉溶液处于不饱和状态。

标准电池的准确度和稳定度与使用、维护的情况有很大关系，使用时应注意如下事项。

① 标准电池绝不能当作电池使用，只能作为电动势的比较标准。标准电池按准确度可分为 I、II、III 级。I、II 级的最大允许电流为 1μA，内阻不大于 1000Ω。III 级的最大允许电流为 10μA，内阻不大于 600Ω。严禁用伏特表或万用表测量标准电池电压。

② 标准电池的电动势随环境温度变化而变化。使用时应根据实验环境温度对电动势值加以修正。标准电池上标定的数值是 20℃时的电动势，温度为 t（单位为℃）时的电动势为

$$E_t = E_{20} - \left[39.94(t-20) + 0.929(t-20)^2 - 0.0090(t-20)^3\right] \times 10^{-6}\,\text{V} \qquad (2.2.14)$$

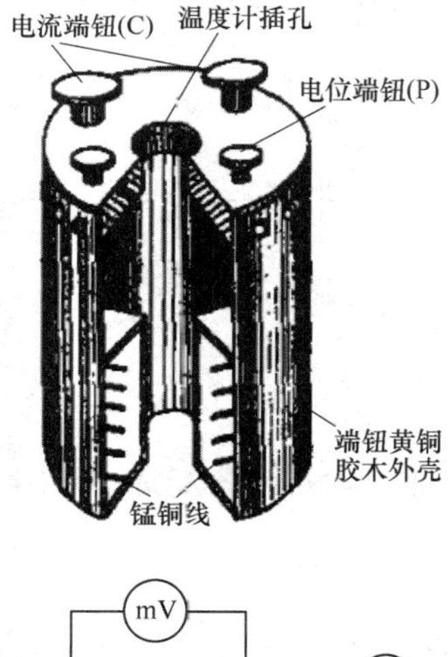

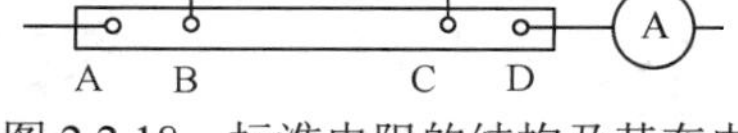

图 2.2.18　标准电阻的结构及其在电路中的接法示意图

③ 不应摇晃和振动标准电池，更不允许倒置。存放地点的温度和湿度应符合要求，温度的波动应尽量小。注意防止阳光照射及其他冷源、热源的直接作用。

（2）标准电阻。

标准电阻是电阻单位“欧姆”的度量器。实验室用标准电阻通常由锰铜导线或锰铜带绕制而成。因为锰铜具有很高的电阻系数和较低的电阻温度系数，且锰铜与铜接触时热电势小，所以标准电阻具有准确度高、稳定性好、可靠性大的优点。固定标准电阻一套有 9 个，阻值分为 $10^{-3}Ω$、$10^{-2}Ω$、$10^{-1}Ω$、$10^{0}Ω$、$10^{1}Ω$、$10^{2}Ω$、$10^{3}Ω$、$10^{4}Ω$和 $10^{5}Ω$。

标准电阻的结构及其在电路中的接法示意图如图 2.2.18 所示，它有 4 个接线钮，这是标准电阻与一般电阻的不同之处。当把电阻接入电路时，接线端钮处的接触电阻会影响到该支路的电阻。接触电阻的数值不稳定，范围为 10^{-3}～

$10^{-5}\Omega$。这个接触电阻对低值标准电阻来说是一个不确定因素，难以进行精确测量，因此标准电阻常采用四端钮结构和四端接线法。比较粗大的一对接线柱 A、D 称为电流端钮，相对细小的一对端钮 B、C 称为电压端钮。A、D 端的接触电阻是串联在电源回路中的，对 B、C 端没有影响。电阻两端的电压取自 B、C 端，而 A、D 端的接触电阻相对于电压测量仪器或电压表的内阻通常小到可以忽略，这就是四端钮接法用以消除接触电阻的基本原理。

使用标准电阻时应注意如下事项。

① 标准电阻的铭牌上给出的标称值是温度为 20℃时的标准值。当温度变化时，需要进行修正，修正公式为

$$R_t = R_{20}\left[1+\alpha\left(t-20\right)+\beta\left(t-20\right)^2\right] \tag{2.2.15}$$

式中，R_t是温度为 t（单位为℃）时的电阻值，R_{20}是温度为 20℃时的电阻值（标准值）。α、β 分别是该标准电阻的一次项和二次项电阻温度系数，它们皆为常数，其数值已在出厂说明书中给出。

② 使用标准电阻时应避免过载，不能超过额定功率，且应存放在温度变化小的环境中。

2.2.3 光学实验常用仪器

1. 概述

光学仪器是用来弥补人眼的不足、帮助观察实验现象的设备，它可将实物的像放大、缩小，或将像记录下来。光学仪器实现的非接触式观察和高准确度测量在生产、科研、国防以及人们的生产、生活中有着广泛的应用。

光学仪器种类很多，但就其光学系统而言，主要有成像（摄影或投影）、显微（或放大）、望远和色散分光（复色光分解成单色光）等四类基本光路及其组合。

组成光学仪器的主要光学元件有透镜（各类目镜、物镜）、棱镜、反射镜（平面、球面）、光栅等。光学元件一般由玻璃构成，是光学仪器中最易损坏的部分，使用时要特别小心，必须按照操作规程正确使用，并且注意维护。

2. 光学仪器的基本知识

（1）凸透镜成像。

透镜成像是构成光学仪器的基础。对于薄透镜和近轴光线，凸透镜成像如图 2.2.19 所示。透镜成像公式是

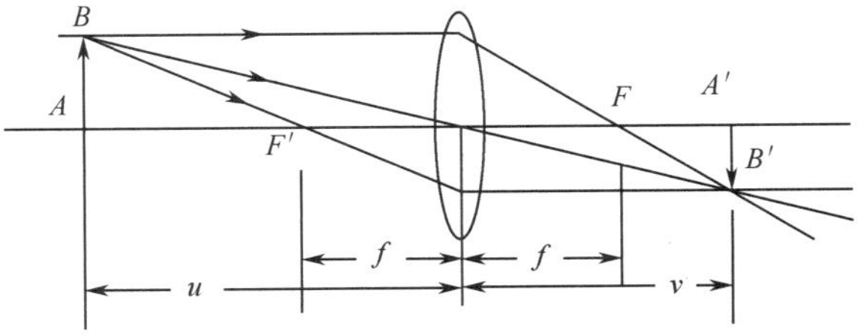

图 2.2.19 凸透镜成像

$$\frac{1}{u}-\frac{1}{v}=\frac{1}{f} \tag{2.2.16}$$

式中，u 为物距，v 为像距，f 为透镜的焦距。凸透镜成像规律如表 2.2.2 所示。

表 2.2.2　凸透镜成像规律

物的位置	像的位置	像的性质	应　用
$u \to \infty$（远处）	$v = f$，在透镜另侧焦点处	实像	透镜聚焦
$u > 2f$	$f < v < 2f$，在透镜另侧	倒立、缩小、实像	照相机
$u = 2f$	$v = 2f$，在透镜另侧	倒立、大小相同、实像	翻拍
$f < u < 2f$	$v > 2f$，在透镜另侧	倒立、放大、实像	投影仪
$u = f$	$v \to \infty$，在透镜另侧		平行光管
$u < f$	$\|v\| > f$，在透镜的同侧	正立、放大、虚像	放大镜

（2）眼睛观察物体的简单原理。

眼睛是精密的光学成像仪器。在光学实验中，人们往往要用眼睛来观察许多光学现象，因此，我们有必要了解眼睛的结构及眼睛成像的规律。眼睛的结构非常复杂，但从光学原理来看，眼球中的晶状体相当于一个凸透镜，视网膜相当于一个成像屏幕。要看清物体，就要使物体发出的光射入眼睛，经晶状体会聚后在视网膜上成一个实像，再通过视觉神经引起视觉。晶状体和视网膜之间的距离可近似地认为是不变的（像距 v 不变），为了看清远近不同的物体（物距 u 不同），眼睛靠肌肉的松弛或紧张来调节晶状体的曲率，相当于改变透镜的焦距 f，使其满足透镜成像公式，进而在视网膜上成一实像，如图 2.2.20 所示。

晶状体曲率改变的过程与光学仪器使用中的“调焦”类似。眼睛的“调焦”有一定的限度，较长时间观察而不感到疲倦的最佳距离是离眼睛 25cm 的位置，称为*明视距离*，如图 2.2.21 所示。眼睛可以分辨的最小视角约为 1′，称为*最小分辨角*，相当于明视距离处相距 0.07mm 的两点对眼睛所张成的角。正常的眼睛能够看到无限远处的物体，但实际上无法清楚地分辨很远的物体，这是因为使用眼睛直接观察时，眼睛要能区分两点，就要使它们的像落在两个不同的感光细胞上，因此它们张成的角必须大于最小分辨角。于是，能否分辨细小的物体取决于物体对眼睛所张成的角。借助光学仪器观察细小物体就是为了增大被观察物体的视角。

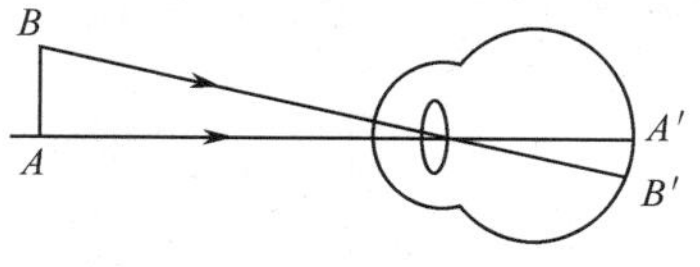

图 2.2.20　眼睛成像过程示意图

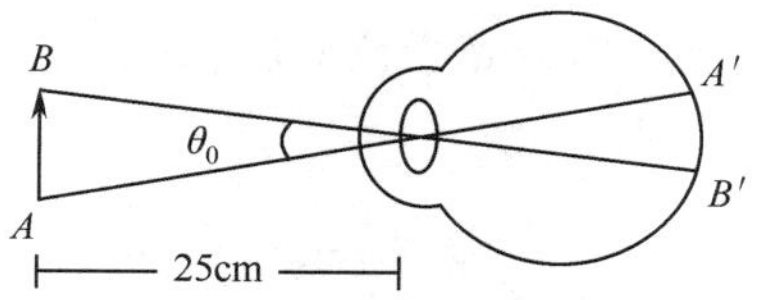

图 2.2.21　明视距离

3. 常用目视光学仪器

（1）放大镜和视角放大率。

放大镜是最简单的光学仪器，短焦距的凸透镜就可用作为放大镜，放大镜的作用就是增大视角。设原物体长度为 AB，放在明视距离处，眼睛的视角为 θ_0，通过放大镜观察，成像仍在明视距离处，此时眼睛的视角为 θ，如图 2.2.22 所示，θ 与 θ_0 之比称为*角放大率* M，即

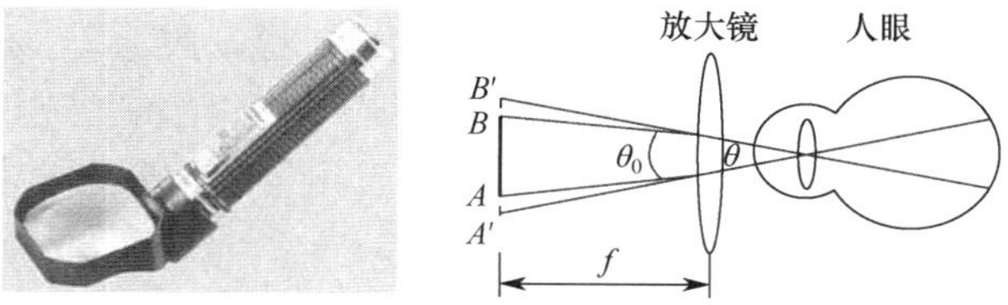

图 2.2.22　放大镜实物及成像光路原理

$$M \approx \theta / \theta_0 \tag{2.2.17}$$

因为

$$\theta_0 \approx \frac{AB}{25}, \quad \theta \approx \frac{A'B'}{f} \approx \frac{AB}{f} \tag{2.2.18}$$

所以

$$M = \frac{\theta}{\theta_0} = \frac{AB/f}{AB/25} = \frac{25}{f} \tag{2.2.19}$$

式中，f 为放大镜焦距（单位为 cm），f 越短，放大率越高。

（2）望远镜。

望远镜是观察远距离物体的仪器，或是测量和对准的工具。它由长焦距（$f_{物}$）的物镜和短焦距（$f_{目}$）的目镜组成。望远镜物镜焦点与目镜焦点重合，在它们的共同焦平面上安装叉丝或分划板，以供观察或读数之用。望远镜的原理图如图 2.2.23 所示。

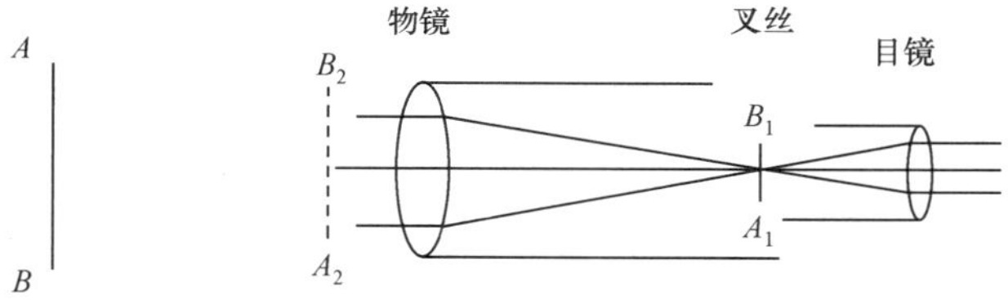

图 2.2.23　望远镜的原理图

物镜的作用是使远处的物体 AB 在其焦平面上形成一个缩小而移近的实像 A_1B_1，然后用眼睛通过目镜去观察这个由物镜形成的像，进而看到一个放大且倒立的虚像 A_2B_2。目镜的作用与放大镜的相同。望远镜的放大率（放大倍数）为

$$M = f_{物} / f_{目} \tag{2.2.20}$$

图 2.2.24 和图 2.2.25 分别为高斯目镜结构的望远镜示意图和阿贝目镜结构的望远镜示意图。

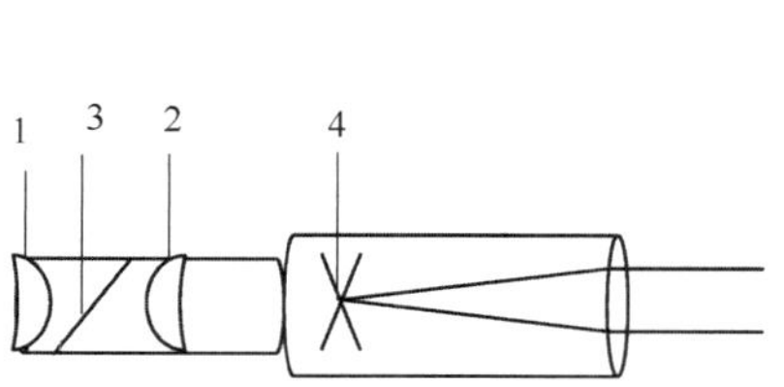

图 2.2.24 高斯目镜结构的望远镜示意图

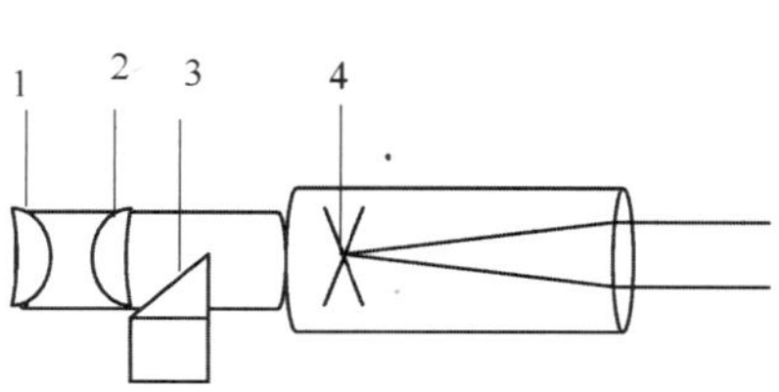

图 2.2.25 阿贝目镜结构的望远镜示意图

高斯目镜也称高斯式自准直目镜。套筒内安装有十字分划板（4），目镜由两个平凸透镜（1 和 2 两个透镜，一面凸，另一面平）共轴构成，在目镜套筒的侧面开有小孔，外装照明小

灯，两个透镜之间装有一块与光轴成45°的平面玻璃片（3）。光线从小孔中射入，经玻璃片反射后，沿光轴前进并照亮十字叉丝。阿贝目镜与高斯目镜的结构大致相同，不同的是阿贝目镜内改变小孔入射光线方向的是装在透镜（2）后的直角棱镜。分光计中的目镜就是这种阿贝目镜。

（3）显微镜。

显微镜用以观察细小物体，也由目镜和物镜组成。物体放在物镜焦点外不远处，使物体成一个放大的实像落在目镜焦点内靠近焦点处，目镜相当于一个放大镜，将物镜形成的中间像再放大成一个虚像，使之位于眼睛的明视距离处。显微镜的放大倍数为

$$M = \frac{25d}{f_{物}/f_{目}} \qquad (2.2.21)$$

式中，d 是显微镜的光学筒长，即物镜后焦点到目镜前焦点的距离，d、$f_{物}$ 和 $f_{目}$ 的单位均为cm。

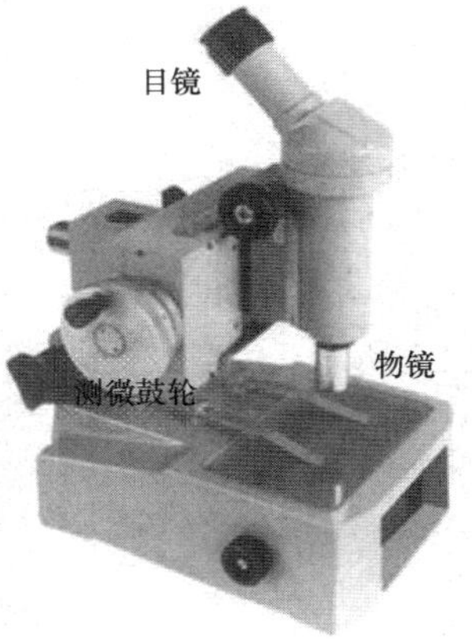

图 2.2.26　读数显微镜实物图

图 2.2.26 是实验室中常用的读数显微镜实物图。读数显微镜用来测量微小距离或微小距离变化，其构造分为机械部分和光学部分。读数显微镜的机械部分是根据螺旋测微器原理制造的。一个螺距为 1mm 的、与丝杆联动的测微鼓轮的刻度圆盘上有 100 个等分格，因此其分度值是 0.001cm。光学部分是一个长焦显微镜，装在一个由丝杆带动的滑动台上，滑动台安装在一个大底座上。滑动台连同显微镜可按不同方向安装：可对准前方左右移动，或对准下方左右移动。

4．常用光源

实验室常用的光源有卤钨灯、钠灯、汞灯、氢放电灯（氢灯）、氦氖激光器等，下面简单介绍其中的部分光源。

（1）卤钨灯。

卤钨灯是一种在灯内充入惰性气体和微量卤素的钨丝白炽灯。卤钨灯通电后，钨丝发热并产生白炽光。在高温下，钨丝逐渐蒸发，形成钨蒸气。灯内充有惰性气体和卤素（如碘、溴等），因此钨蒸气会与卤素发生化学反应，生成卤化钨。卤化钨具有较高的蒸气压，在灯丝附近温度较高的区域会分解成钨和卤素，钨会重新沉积在灯丝上，而卤素则继续参与循环反应，这个循环可有效地防止钨丝在高温下蒸发后沉积在灯泡内壁上，保持灯泡的透明度，延长灯泡的使用寿命。同时，由于钨丝上的钨不断得到补充，卤钨灯可在更高的温度下工作，进而提高光效和亮度。

（2）钠灯与汞灯。

图 2.2.27 所示为高压汞灯及其工作电路，其工作原理是以金属（Na 或 Hg）蒸气在强电场中发生的电离放电现象为基础的弧光放电。

在额定供电电压（220V）下的钠光灯发出波长为 589.0nm 和 589.6nm 的两种单色黄光，这两种波长常称为钠双线。钠光灯做一般性光

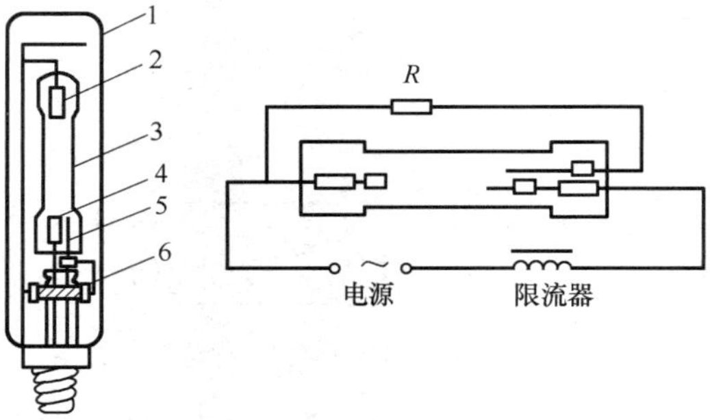

图 2.2.27　高压汞灯及其工作电路

源应用时，常以它们的平均值 589.3nm 作为钠灯发光的波长值。

低压汞灯电源工作电压为 220V，管端工作电压为 20V。正常发光时发出青紫色光，其中主要包括 5 种单色光，它们的波长分别是 579.0nm（黄）、577.0nm（黄）、546.0nm（绿）、435.8nm（蓝）、404.7nm（紫）。使用时，灯管必须与一定规格的镇流器（限流器）串联后才能接通电源，接通电源后一般要等待 3～4 分钟灯管发光才能稳定。

表 2.2.3 给出了几种实验室常用光源的技术参数。

表 2.2.3　几种实验室常用光源的技术参数

名　称	电源电压/V	管端电压/V	工作电流/A	功率/W	光谱特性/nm
钠灯	220	15+5	1～1.3	20	589.0，589.6
汞灯	220	20	1.3	20	404.7，435.8，546.0，577.0，579.0

（3）氦氖激光器。

氦氖激光器是 1961 年美国科学家发明的一种气体激光器。氦氖激光器具有单色性好、亮度大和方向性好等优点。常用氦氖激光器发出的光波波长为 632.8nm，输出激光功率在几毫瓦到十几毫瓦之间。图 2.2.28 为实验室常用的内腔式氦氖激光器结构图。激光放电管内的气体在一定的电压及电流作用下，电子从负极高速向正极运动。电子在运动过程中与工作物质内的氦原子碰撞，将能量传递给氦原子，使基态氦原子跃迁到亚稳态的高能级。处于亚稳态的氦原子与处于基态的氖原子碰撞时，将能量传递给氖原子，使氖原子从基态跃迁到高能级的激发态，而氦原子又回到基态。由于放电管上所加的高电压，连续不断供给工作电流，使得原子不断地碰撞。产生激光必须具备的基本条件是氖原子高激发态能级与低激发态能级的粒子数反转分布，即氖原子从高激发态能级向低激发态能级跃迁，受激辐射而产生激光。发生受激辐射时，可发出波长为 339.0nm、632.8nm 和 1530nm 的三种激光。在激光器的两端有两个由平面镜构成的光学谐振腔，其作用是选择激光频率、控制传播方向和放大光的强度，最终只输出波长为 632.8nm 的激光。由于激光管两端加有高压，操作时应严防触电。激光管射出的激光束，其光波能量集中，因此切勿迎着激光束直接观看，以免对视网膜造成损伤。

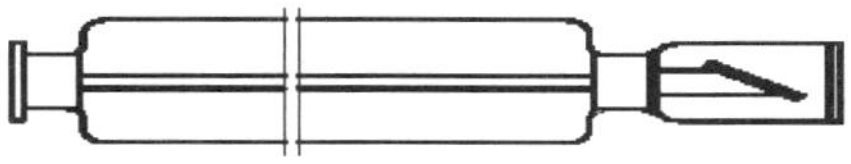

图 2.2.28　内腔式氦氖激光管结构图

2.3　基本操作技术

在物理实验中，实验仪器调整和操作技术十分重要，正确的调整和操作不仅可将系统误差减小到最低限度，还对提高实验结果的准确度有直接影响。有关实验调整和操作技术的内容相当广泛，需要通过一个个具体的实验训练逐渐积累。每个实验的内容和方法仅具有启发性意义，而没有绝对普遍性意义，熟练的实验技术和实验能力只能来源于具体的实验实践。

下面介绍一些最基本的、具有一定普遍意义的实验操作技术，其他的调整、操作技术将在各有关的实验中介绍。

2.3.1　零位调整

当待测物理量为零时，仪器的示读数称为零读数，示数的位置称为零位。仪器或量具的零位是否为零，对测量数据的准确性有很大影响。有人以为仪器或量具的零位在出厂时已被校准为零，但实际情况并非如此。由于环境的变化或经常使用而引发磨损等原因，仪器的零位往往发生变化，因此在实验前必须检查和校准仪器的零位，否则将人为地引入系统误差。

根据仪器的结构不同，零位调整的方法主要有两种。

（1）零位校准器调整。有的测量仪器自带零位校准器，如力学类测量仪器弹簧测力计、电子天平；电学实验中的各种电表——电压表、电流表，万用表等，应通过调整校准器，使仪器在测量前测量值为零时处于零位。

对电子天平，开启电源预热后，要确保仪器水平，当显示的数值不为零时，可多次按校准按钮来看是否能回到零点。对指针式电表，在测量前通过调整调零螺丝，将电表的指示值调到零；用万用表测电阻前，需要将两个测量表笔短接，再调节零位调节器，将指示值调到零。对热电偶温度计，可将热电偶的测量端置于已知温度为0℃的冰水混合物中，通过调节测量仪器上的调零旋钮或设置选项，使显示温度为0℃。

（2）零点示值修正。对未进行零位校正的仪器，如端点磨损的米尺或螺旋测微器、游标卡尺等，应在测量前先记下初读数，然后在测量结果中加以修正。

2.3.2 水平、铅直调整

实验中，经常要对使用的仪器进行水平和铅直调整。例如，调平台的水平或支柱的铅直，这种调整可借助悬锤或水平仪。几乎所有需要调整水平或铅直状态的实验装置都在底座上装有 3 个调节螺丝，3 个螺丝的连线成等边三角形或等腰三角形，图 2.3.1 所示为调整螺丝。使用气泡水平仪调整时，要使气泡居中。

(a)分光计载物台调整螺丝

(b)牛顿环调整螺丝

图 2.3.1　调整螺丝

使用悬锤调整铅直时，下悬的锤尖与底座上的座尖对准即可。一般一说，水平与铅直调整可相互转化，互为补充。

2.3.3 共轴调整

几乎所有的光学仪器都要求内部各个光学元件的主光轴重合。为此，在实验测量前要对各光学元件进行共轴调整。共轴调整一般分成粗调和细调两步。

（1）粗调：用目测法判断，使各元件所在平面基本上相互平行，将各光学元件和光源的中心调到基本上垂直于自身所在平面的同一直线上。这样，各光学元件的光轴就大致接近重合，然后进行细调。

（2）**细调**：依据光学的基本规律来调整，通常利用光学系统自身或者借助其他光学仪器来进行调整。例如，依据透镜成像规律，用自准直法和二次成像法调整。具体操作方法是移动光学元件，使像没有上下左右的移动，这时细调就算完成。

2.3.4 消视差

在实验测量中，经常遇到读数标线（指针、叉丝）和标尺平面不重合的情况。例如，电表的指针和标度面总是分开一定距离的，因此当移动眼睛在不同位置观察时，读得的指示值会有差异，这就是视差。有无视差可根据观测时眼睛相对观察基线左右稍稍移动，标线与标尺刻度是否有相对运动来判断。下面用眼睛直接观察物体为例来加以说明。设 A 点和 B 点代表两个不重合的物点，如图 2.3.2(a)所示，人眼（假设用一只眼）在左、中、右三个不同的位置观察时，会得出不同的结论；在中间观察时，A 与 B 重合；在左面观察时，认为 A 在左、B 在右；在右面观察时，认为 B 在左、A 在右。因此，当眼睛左右稍稍移动时，就会观察到 A、B 有相对运动，即存在视差。若 A、B 两点重合，如图 2.3.2(b)所示，则无论眼睛在什么位置上进行观察都不会出现视差。

为了消除测量读数时的视差，应做到正面垂直观察。例如，用米尺测量物体长度时，在如图 2.3.3 所示的正确位置从上向下看时，读数才是正确的。又如，对于电表读数，应垂直于表面正视，使指针与刻度槽下面平面镜中的像重叠时，读出标尺上无视差的读数才是正确的。

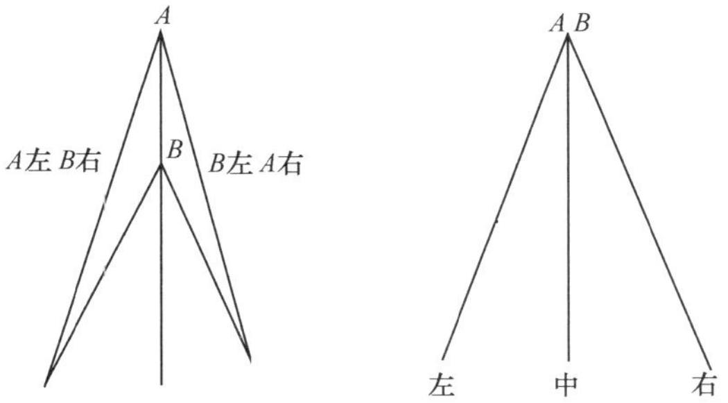

(a) A、B 不重合　　(b) A、B 重合

图 2.3.2　视差与消视差

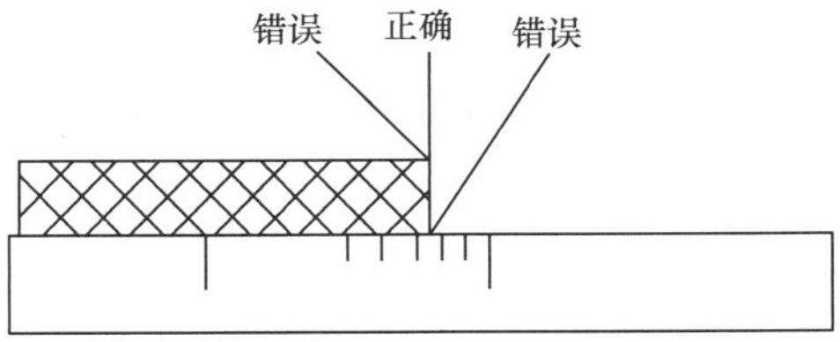

图 2.3.3　用米尺测量长度时眼睛向下看的方向

下面分析光学仪器读数时的视差问题。当用光学仪器进行非接触式测量时，常用到带有叉丝的测微目镜、望远镜或读数显微镜。望远镜和读数显微镜的共同特点是，在目镜焦平面内侧附近装有一个十字叉丝（或带有刻度的玻璃分划板）。若被观察物经物镜后所成的像落在叉丝位置，则眼睛经目镜看到叉丝与物体的最后虚像都在明视距离处的同一平面上，这样就不会有视差。

要消除视差，需要仔细调节目镜（连同叉丝）与物镜之间的距离，使被观察物体经物镜后成像在叉丝所在的平面内。一般来说，要一边仔细调节，一边稍稍移动眼睛，看看两者是否有相对运动，直到基本上不再有相对运动。

2.3.5 逐次逼近调整

任何仪器的调整几乎都不是一次就能完成的，而要经过反复调节。调节过程中简便且有效的常用技巧是逐次逼近调整。例如，在分光计调整实验中，就要采用逐次逼近调整法来调整载物台的转轴，使其与望远镜的主轴相互垂直。

物理实验中仪器的正确调整是测量结果准确、可靠的前提。实验过程一般采取“先定性，后定量”的原则进行实验。在定量测量前，先定性地观察实验变化的全过程，了解实验规律，然后着手进行定量测量。

2.4 物理实验操作规范

2.4.1 实验操作规范总则

（1）正确安装实验设备和仪器。根据实验要求，正确安装实验设备和仪器。安装过程中应注意设备和仪器的安装位置、安装方向和安装牢固程度。对于一些复杂的实验设备和仪器，应按照说明书进行安装，并在安装完成后进行调试和校准。

在实验过程中，应严格按照实验设备的使用说明进行操作。对于复杂的实验设备，应在实验前进行培训，确保能够正确使用设备。

（2）规范操作实验设备和仪器。实验者应按照实验计划中的操作步骤进行实验，不得随意更改实验步骤。在实验过程中，要注意操作的顺序和方法，操作实验设备和仪器时，应按照操作规程进行操作，并注意设备和仪器的使用限制与注意事项。同时，应在实验过程中密切观察设备和仪器的运行状态，及时发现并处理异常情况。

（3）准确测量实验数据。测量实验数据时，应使用合适的测量仪器和方法，并严格按照测量仪器的使用说明进行操作，准确读取有效数字，正确记录实验数据。

（4）注意实验安全。不同类型的物理实验存在不同类型的安全风险，实验前应了解可能存在的安全问题，实验中应严格遵守安全操作规程，确保自身和他人的安全。

（5）整理实验设备和材料。实验结束后，应及时整理实验设备和材料，将实验设备归位，清理实验台面。对于损坏的设备和材料，应及时标注并报告实验室，以进行维修或更换。

2.4.2 力学、热学实验操作规范

1. 长度测量仪器操作规范

（1）米尺。使用米尺测量长度时应该注意以下问题：

① 避免视差。应使米尺刻度贴近被测物体，读数时，视线应垂直所读刻度，以避免因视线方向改变而产生的误差。

② 避免因米尺端点磨损带来的误差，测量时起点可以不从端点开始。

③ 避免因米尺刻度不均匀带来的误差，可取米尺的不同位置作为起点进行多次测量。

（2）游标卡尺。游标卡尺的使用方法如下：

① 量程和精度选择。根据待测物的外径、内径、长度、宽度、深度等的不同和测量精度要求，选择相应的游标卡尺。

② 检查游标卡尺。在使用游标卡尺前，应先检查主尺和游标尺的刻度是否清晰，游标是否能灵活滑动。同时，检查测量爪是否有磨损或损坏，如有问题应及时更换或修理。

③ 正确握持游标卡尺。用手握住游标卡尺的尺身，拇指放在游标上，轻轻推动游标，使测量爪与被测物体接触。

④ 测量方法。测量时要使量爪或测量杆与待测物的对应边紧密接触，不留缝隙。

⑤ 正确读数。读数时眼睛正视游标与主尺的对齐线，游标零刻度线前为毫米数，毫米以下从游标上根据分度值正确读取。

⑥ 使用完毕后，将游标卡尺放回盒子并盖上，以免长期暴露在空气中导致锈蚀。

（3）螺旋测微器（千分尺）。螺旋测微器的使用方法如下：

① 量程和精度选择。根据待测物的大小和测量精度的要求，选择相应的千分尺。

② 检查千分尺。在使用千分尺之前，应先旋转微分筒看测微螺杆能否正常移动，再使测微螺杆端面与固定测砧轻微接触，然后旋动棘轮，听到“格、格、格”的声音时应停止转动。若上述过程中有问题，则应及时更换或修理。

③ 读取零点示值。在步骤②操作测微螺杆与固定测砧接触时，读取零点示数。

④ 测量方法。测量时旋转微分筒，当测微螺杆与待测物表面将要接触时，改为旋动棘轮，听到“格、格、格”的声音时停止转动。

⑤ 正确读数。读数时，眼睛要正视微分筒上的刻度线，微分筒边界线前从主尺读数（注意是否过半刻度线），半毫米以下从微分筒上读取，最后一位要估读。

⑥ 使用完毕后，在测微螺杆端面与固定砧端面之间要留有空隙，以免材料热胀冷缩造成挤压变形，然后放回盒子里。

（4）电子秤。电子秤的使用方法如下：

① 量程和精度选择。根据待测物的质量和测量精度的要求，选择相应的电子秤及挡位。

② 检查电子秤。检查电子秤的显示屏是否清晰、按键是否灵敏、电池电量是否充足。若是有线电子秤，则要检查电源线是否连接良好。

③ 放置水平。电子秤放置在平稳、坚固的水平面上，避免放置在振动或倾斜的地方。

④ 校准。在使用电子秤之前，应进行校准。校准方法通常是按照电子秤的说明书，使用标准砝码进行校准。若电子秤具有自动校准功能，则可按照说明书进行操作。

⑤ 正确测量。将待测物轻放在电子秤的秤盘上，等待电子秤稳定后读取数值。

⑥ 使用完毕后，将待测物取走，并关闭电子秤的电源。

（5）温度计。温度计的使用方法如下：

① 量程和精度选择。根据待测物的类型和温度范围，选择合适的温度计。

② 检查温度计。仔细观察温度计的量程、分度值和零刻度线，确保所测温度在温度计的量程范围内，了解分度值以便准确读数。

③ 正确读数。待温度计示数稳定后进行读数。读数时，视线应与刻度线相平，避免因视角问题产生读数误差。

④ 注意安全。当测量过低或过高温物体的温度时，要注意避免过冷或过热物体直接接触皮肤。

2.4.3 电学实验操作规范

1. 注意安全

电学实验使用的电源通常是 220V 的交流电和 0～24V 的直流电，但有的实验电压高达几万伏。一般情况下，人体接触 36V 以上的电压时就会有危险，因此在做电学实验的过程中要特别注意人身安全，谨防触电事故发生。电学实验过程要注意的事项如下：

（1）接、拆线路时，必须在断电状态下进行，以免损坏仪器或造成人身伤害事故。

（2）在操作过程中，人体不能接触仪器的高压带电部位。

（3）高压带电部位的接线柱或导线一般用红色标志，以示危险。

2．正确接线，合理布局

（1）仪器布局要合理。根据正确的线路图，将经常要操作的仪器放在近处，例如开关一定要放在最易操纵的地方。将要读数的仪器放在眼前，以方便读数。

（2）按回路接线法接线和查线。先分析电路图中共有几个回路，一般从电源的正极开始，按从高电势到低电势的顺序接线。若有支路，则应将第一个回路完全接好后，再接另一个回路。查线要采用同样的方法。

（3）预置安全位置。接通电源前，电源输出电压和分压器输出电压均应置于最小值处，限流器的接入电路部分的电阻值则要置于最大值处。电表要选择合理的量程，电阻箱阻值一般先置于较大值。

3．接通电源做瞬态实验

电路接好后，要仔细自查，确保无误后，经教师复查同意，方能接通电源进行操作。合上电源开关时，要密切注意各仪表是否正常工作，若有反常，则要立即切断电源，排除出现的故障后，再开启电源进行实验。

4．正确测量和记录实验过程

正式开始实验后，按照实验要求设置各仪器的物理参数。改变各参数时，电流值、电压值不得超过仪表的量程。要注意观察实验现象，如实记录实验数据。出现异常时，应立即断电检查。

5．断电拆线，整理仪器

实验数据经检查合格后，实验操作结束。这时，可以拆除电路。拆线时，应先切断电源，严防电源短路。最后要将仪器整理、还原，导线整齐摆放。

2.4.4　光学实验操作规范

1．光源的使用

光学实验离不开各种光源，包括激光、钠灯、汞灯、卤钨灯等。不同光源的工作电压不同、发出的光功率和频率分布不同，使用过程中要按照光源的工作条件正确开启。

（1）激光。实验室常用的氦氖激光器的激光管两端加有高电压，使用时要严防触电。由于激光束能量集中，操作过程中不能让激光对准眼睛。

（2）钠灯和汞灯。由于灯管与镇流器相接，开启电源后灯管会闪烁，要预热几分钟才能稳定发光，在闪烁过程中不能断电，以免损坏光源。使用后，如果要关闭光源，那么要等待几分钟后才能再次开启光源。另外，实验过程中不要长时间注视光源，以免对眼睛造成伤害。

（3）卤钨灯。卤钨灯在安装和使用过程中，应尽量避免受到振动和冲击，确保安装牢固。卤钨灯工作时会产生较高的温度，需要良好的散热条件。在使用过程中，应避免频繁开关灯，以免影响灯的寿命。

2．光学元器件的保护

光学实验是“清洁的实验”，对光学仪器和元件应注意防尘，保持干燥以防发霉，不能用手或其他硬物触碰、擦拭光学元件的光学表面，也不能对着它呼气；必要时，可用蘸有酒精或乙醚溶液的脱脂棉或擦镜纸轻擦，方法如下：蘸有酒精或乙醚溶液的脱脂棉或擦镜纸以全湿但挤不出液体为宜；对光学平面，可从左至右单方向擦，不可来回擦；对圆形透镜，从中心开始螺旋线向外擦。如一次未擦干净，可取新的纸擦第二遍。擦时不能太用力，以免擦除镜片表面的镀膜层。光学元器件一般都是玻璃制品，是易碎品，在使用过程中要注意轻拿轻放，防止打碎。

3．对机械部分操作要轻、稳

光学仪器的机械可动部分很精密，操作时动作要轻，不能超过其行程范围，否则会大大降低其准确度。使用完毕后，必须松开所有的定位螺丝。

4．先粗调后细调

光学仪器调焦原则上先粗调后细调，一般要先将待测物置于物镜中心，再在目镜中仔细调节，找到物体的像。

5．注意眼睛安全

在光学实验中，一方面要了解光学仪器的性能，保证正确安全地使用仪器；另一方面，光学实验中使用眼睛的机会很多，要注意对眼睛的保护，不要让过分疲劳。对于激光光源，更要注意，绝不允许用眼睛直接观看激光束，以免灼伤视网膜。

内容拓展：伽利略的斜面实验——史上十大最美物理实验之一

17 世纪初，伽利略运用几何方法数学上论证了自由落体运动（他称其为自然均匀加速的运动）下落距离与时间的关系式 $s=\frac{1}{2}at^2$，但是该公式的正确与否需要通过实际的运动过程来验证，因此伽利略需要准确地测量自由下落距离和下落时间。我们现在知道这个时间只有短短数秒，而当时的计时水平很有限，无法计量 1h 以下的准确时间。

伽利略想到的办法是将时间拉长到当时可测量的范围，首先，他将小球沿光滑斜面滚动来类比自由落体运动，并让斜面的倾角非常小（只有 1.7°）；接着，他将水注满一个大水桶，并在水桶下方侧部开一个可滴水的小孔，让水滴入下方的一个水杯，水杯侧面标上刻度线。据后人估计，这样计时的误差小于 1.64s。接下来的问题是如何确定相等时间间隔内的小球位置。伽利略又想到一个充满诗意的办法：从打节拍中得到灵感，在小球滚落的斜面上间隔一定距离的位置固定一些小纸片，当小球碰到小纸片时会发出咔嗒声，调整小纸片的位置，使连续两次听到的咔嗒声都经过相等的节拍，这样小纸片之间的间距就是相等时间间隔内小球运动的路程。

伽利略在科学史上首次使用自己设计制作的精巧实验装置，较为准确地用实验数据说明了自由落体运动公式的正确性，开创了科学实验的先河。爱因斯坦评价道：人的思维创造出一直在改变的一个宇宙图景。伽利略对科学的贡献在于毁灭了直觉，而用新的观点代替。这就是伽利略的发现的重要意义。

长度测量
基本仪器

质量测量
基本仪器

第 3 章　基础物理实验

基础物理实验泛指实验内容主要为基本物理量的测量、基本实验仪器的使用、基本实验技能和基本测量方法、误差与不确定度及数据处理的理论与方法等，此类实验是适应各专业的普及性实验。基础物理实验涵盖的知识领域包括力学、热学、电磁学、光学等，实验方法所用的技术既广泛应用于物理实验及工程技术的各个方面，又是后续物理实验经常涉及的基础。

本章选编了力学、热学、电磁学和光学四大知识模块中较典型的 14 个实验项目，内容包括杨氏模量、转动惯量、电阻、电势差（电压）、磁场、电场、折射率、光波长等的测量。相关的实验方法有比较法、转换法、放大法、模拟法、补偿法、平衡法、干涉法和衍射法等。基础物理实验涉及长度测量仪器、计时仪器、测温仪器、变阻器、电表、交/直流电桥、通用示波器、低频信号发生器、分光仪、电源和光源等常用仪器。进行的实验基本训练主要有零位调整、水平/铅直调整、光路的共轴调整、消视差调整、逐次逼近调整、根据给定的电路图正确接线、简单的电路故障检查与排除等。

3.1　拉伸法测量杨氏模量

力学是关于运动的科学，它的任务是以完备而又简单的方式描述自然界中发生的运动。

——基尔霍夫

杨氏弹性模量是描述金属材料抗形变能力的重要物理量，它是选定机械构件材料的依据之一，是工程技术中常用的参数。

测量杨氏模量的方法一般有拉伸法、梁弯曲法、振动法、内耗法等，利用光纤位移传感器、莫尔条纹、电涡流传感器和波动传递技术（微波或超声波）等实验技术和方法也可测量杨氏模量。本实验采用光杠杆装置来测量钢丝的杨氏弹性模量。光杠杆装置是一种用光放大原理来测量被测微小长度变化的装置，其特点是直观、简便、精度高。目前，光杠杆原理已被广泛用在其他测量技术中，光杠杆装置也被许多高灵敏度的测量仪器（如光点检流计和冲击电流计等）用来显示小角度的变化。

3.1.1　实验目的

（1）掌握用光杠杆装置测量微小长度变化的原理和方法。

（2）学会测量金属杨氏弹性模量的一种方法。

（3）初步了解并掌握简单望远镜的调整方法。

3.1.2　实验仪器

杨氏模量仪、光杠杆、望远镜及标尺、螺旋测微器、游标卡尺、钢卷尺、砝码、待测钢丝。

1．杨氏模量仪

图 3.1.1 所示为杨氏模量仪的示意图，3、7 为钢丝两端的螺栓夹，7 的下端挂有重物托

盘 9，调整底座螺栓 11 可使钢丝架垂直，即钢丝与平台 6 相垂直，并使螺栓夹 7 刚好在平台 6 的圆孔中央。

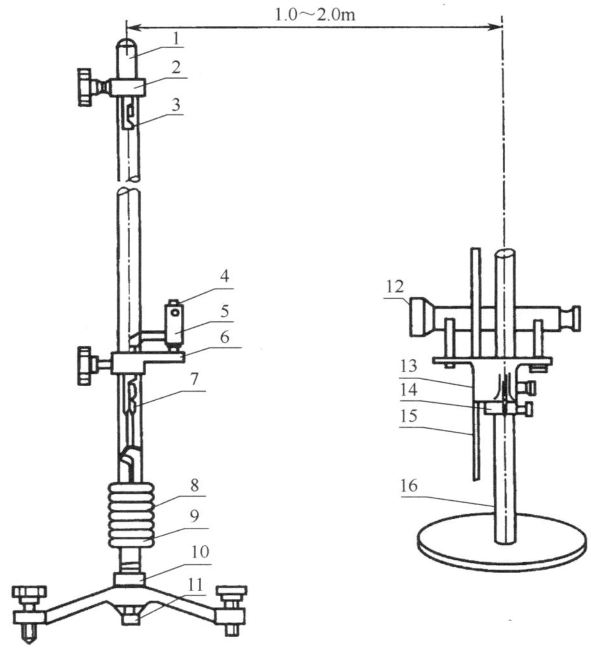

图 3.1.1　杨氏模量仪的示意图

2．光杠杆

光杠杆是测量微小长度变化的装置。如图 3.1.2 所示，将平面镜 M 固定在丁字形的支架上，在支架的下部安置 DD'金属片和足尖 C，金属片 DD'与镜面平行，这一组合称为光杠杆。测量时将金属片 DD'放在固定平台 6 前沿的槽内，足尖 C 搁在螺栓夹 7 上端面上，用望远镜及标尺 15 测量平面镜的角偏移就能求出钢丝的伸长量。

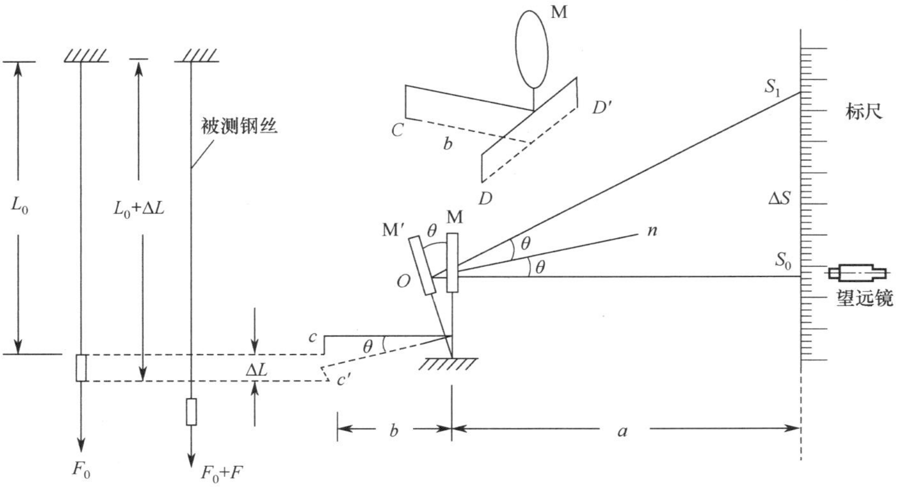

图 3.1.2　光杠杆

3.1.3　实验原理

将光杠杆和望远镜按图 3.1.1 所示放置好（平面镜至标尺的距离为 1.0～2.0m），按仪器调整顺序调好全部装置后，就可在望远镜中看到经 M 反射的标尺像。设开始时平面镜 M 的法线 OS_0 在水平位置，标尺上与望远镜同一高度的刻度 S_0 的像与望远镜叉丝横线重合，即光线 S_0O 被平面镜反射后沿原路进入望远镜。挂上重物使钢丝伸长后，光杠杆后足随同螺栓夹 7 一起下降ΔL，平面镜转过角度θ。根据光的反射定律，S_0 发出的光将被反射至 S_1。由光的可逆性，从 S_1 发出的光被平面镜反射后进入望远镜而被观察到。由图 3.1.2 可知

$$\tan\theta = \frac{\Delta L}{b}, \qquad \tan 2\theta = \frac{\Delta S}{a}$$

式中，b 为光杠杆后足尖到金属片 DD'的垂直距离；a 为镜面到标尺的距离；ΔS 为挂重物前、后标尺的读数差值，由于偏转角 θ 很小（$\Delta L \ll b$，$\Delta S \ll a$），近似地有

$$\theta \approx \frac{\Delta L}{b}, \qquad 2\theta \approx \frac{\Delta S}{a}$$

两式合并后，可得挂重物后钢丝的伸长量为

$$\Delta L = \frac{b\Delta S}{2a} \tag{3.1.1}$$

上式表明，ΔL 原是难测量的微小长度变化，但取 $a \ll b$ 后，经过光杠杆转换的量ΔS 却是较大的量，可用望远镜从标尺上直接读得。若以$\Delta S/L$ 为放大率，则光杠杆系统的放大倍数为 $2a/b$。在实验中，b 通常为 4～8cm，a 通常为 1.0～2.0m，放大倍数可达 25～100，可见光杠杆装置确实为本实验提供了测量微小长度变化的可能和便利。

在外力作用下，固体发生的形状变化称为形变，它可分为弹性形变和范性形变两类。外力撤除后物体能完全恢复原状的形变称为弹性形变。若加在物体上的外力过大，以致外力撤除后物体不能完全恢复原状而留下剩余形变，则称为范性形变。在本实验中，只研究弹性形变，因此应当控制外力的大小，保证外力撤除后物体能恢复原状。

设一钢丝长为 L，截面积为 A，受到沿长度方向的外力 F 作用时伸长量为ΔL，根据胡克定律，在弹性限度内，弹性体内的相对伸长（胁变）$\Delta L/L$ 与外施胁强 F/A 成正比，即

$$\frac{F}{A} = Y\frac{\Delta L}{L} \tag{3.1.2}$$

式中，Y 称为该金属的杨氏弹性模量，单位为 $\mathrm{N\cdot m^{-2}}$，它在数值上等于产生单位胁变（$\Delta L/L$）的胁强（F/A）。

设钢丝的直径为 D，将 $A = \frac{1}{4}\pi D^2$ 代入式（3.1.2）并整理得

$$Y = \frac{4FL}{\pi D^2 \Delta L} \tag{3.1.3}$$

上式表明，当长度为 L、直径为 D 且外力 F 相同时，杨氏弹性模量大的伸长量ΔL 小，而杨氏弹性模量小的伸长量ΔL 大，所以杨氏弹性模量描述了材料抵抗外力产生拉伸（或压缩）形变的能力。

根据式（3.1.3）测量杨氏弹性模量时，F、D 和 L 都比较容易测量，而ΔL 是一个微小的变化量，很难用一般测量长度的仪器测准。因此，本实验中用来测量杨氏弹性模量的仪器主

要是为能方便且准确地测量微小伸长量ΔL 而设计的。

将式（3.1.1）代入式（3.1.3），得

$$Y = \frac{8FLa}{\pi D^2 b \Delta S} \tag{3.1.4}$$

这就是本实验所依据的原理公式。

3.1.4 实验内容与步骤

1. 仪器的调整

按图 3.1.1 放好光杠杆，将光杠杆金属片 DD'置于平台 6 前沿的槽内，将后足尖置于螺栓夹 7 的端面上，使平面镜与钢丝平行，将望远镜置于光杠杆前 1.0～2.0m 处。

（1）为了使待测钢丝处于铅直位置，观察钢丝螺栓夹 7 挂上 5g 砝码后是否在平台 6 的圆孔中央，并自由上下滑动而不产生转动，否则调整杨氏模量仪器底脚螺栓 11 使其两支柱铅直。

（2）在钢丝下端的砝码钩上先挂一定质量（3kg）的初负载（该砝码不计入所加作用力 F 之内），拉直钢丝。

（3）使标尺与钢丝平行，将望远镜调至与平面镜 M 位于同一高度，并对着镜面，平面镜应大致与平台垂直。

（4）将望远镜瞄准镜面，从望远镜正上方沿镜筒轴线方向观察平面镜中标尺的像。如未看到，应向左或向右移动望远镜支架，直到在平面镜中看到标尺的像。

（5）调整望远镜。

① 调整目镜使叉丝最清晰。

② 调整目镜直到能清楚看到标尺刻度的像。

③ 消除视差。眼睛上下移动，观察望远镜中的标尺刻度与水平叉丝间是否有相对的位置移动，若无移动，则称为*无视差*；若有移动，则称为*有视差*，此时，要仔细调整物镜与目镜的相对距离，直到视差被消除为止。

2. 数据测量

（1）记录开始时望远镜与水平叉丝重合的标尺刻度为初读数 S_0（S_0应在标尺“0”刻度附近，否则转动平面镜角度直到 S_0 在标尺“0”刻度附近）。

（2）每次增加相同质量的砝码（1kg 或 2kg），依次记录相应的读数 $S_1, S_2, \cdots, S_5$，然后逐次减去相同质量的砝码（1kg 或 2kg），依次记录 $S_4', S_3', \cdots, S_0'$。每减一次砝码，要等待半分钟以上才能读数。

（3）取下光杠杆，用游标卡尺测出 C 到 DD'连线的垂直距离 b。

（4）用米尺测量标尺到平面（平台 6 槽沟）的距离 a 和钢丝的原长 L。

（5）用螺旋测微器测量钢丝的直径 D，选不同的位置测 3 次后取平均值 $\overline{D}$。

3. 注意事项

（1）米尺、游标卡尺和螺旋测微器要按照正确的操作规范使用。

（2）在开始读数之前，应加上初负载（3kg）。

（3）开始正式读数后，不得碰撞实验装置，加、减砝码时要轻放轻取。

（4）每加减一次砝码，都要等待一段时间（30～60s）才能读数。

（5）采用作图法处理数据。估算杨氏模量的不确定度，并用标准形式表示实验结果。

3.1.5 数据处理

（1）用作图法计算杨氏模量。画出 $F \sim \overline{\Delta S}$ 关系曲线，利用图线求出该直线的斜率 K，由实验原理公式即式（3.1.4）求得钢丝的杨氏模量 $Y = K\frac{8La}{\pi D^2 b}$（$\mathrm{N \cdot m^{-2}}$）。

（2）不确定度估算，实验结果的表达。估算杨氏模量实验结果的不确定度，并用标准形式写出实验结果。

3.1.6 思考题

（1）利用光杠杆测量微小伸长量有什么优点？

（2）本实验的若干长度量为什么采用不同的测量方法？

（3）实验中哪几个量的测量误差对测量结果的影响最大？如何减小它们的测量误差？

（4）本实验为什么要在测量前先加初负载拉直钢丝？这样做会不会影响测量结果？

3.1.7 实验拓展

动力学共振法也称*动态法*或*声频法*，包括弯曲（横向）共振法、纵向共振法和扭转共振法，它使用激振、拾振及测频装置测量金属棒的杨氏模量。动态法测量结果稳定，理论与实验吻合度好，适用于各种金属及非金属（脆性）材料的测量，也适用于高温下的测量。

任何物体都有其固有的振动频率，这个固有振动频率取决于物体的振动模式、边界条件、弹性模量、密度以及物体的几何尺寸与形状。只要从理论上建立了振动模式、边界条件和物体固有频率及其他参量之间的关系，就可通过测量物体的固有频率、质量和几何尺寸来计算弹性模量。

杨氏模量的测量方法有多种，动力学共振法相较于其他方法（如静态拉伸法）具有更多优势。静态拉伸法常用于常温下的大形变测量，但由于载荷大、加载速度慢及有弛豫过程，不能真实地反映材料内部结构的变化，既不适合测量脆性材料，又不能测量材料在不同温度下的杨氏模量。动力学共振法不仅克服了这些缺陷，还有更大的实用价值。总体而言，动力学共振法是一种准确、可靠且广泛应用的材料杨氏模量测量方法。

杨氏模量

3.2 扭摆法测量转动惯量

给我一个支点，我将撬动地球。

——阿基米德

转动惯量是表征物体在转动中的惯性大小的物理量，其数值决定于物体的质量、质量分布和转轴位置。物体对某定轴的转动惯量，是该物体中每个单元质量的大小乘以其到该定轴的距离平方后的总和。复合物体的转动惯量等于该物体各部分的转动惯量之和。如果物体形状简单且质量分布均匀，那么可直接计算出它绕特定轴的转动惯量。对于形状复杂、质量分布不均匀的物体，通常采用实验方法来测量其转动惯量。测量特定物体的转动惯量对某些研究工作具有重要意义，如飞轮设计、发动机叶片设计、炮弹及卫星外形设计等。

转动惯量的测量，一般都是使物体以一定的形式运动，通过表征这种运动特征的物理量与转动惯量的关系进行转换测量的。测量物体绕特定轴的转动惯量有多种方法，如动力法、扭摆法和复摆法等。本实验用扭摆法使刚体做扭转摆动，由摆动周期及其他参数的测量计算出刚体绕定轴的转动惯量。

3.2.1 实验目的

（1）理解扭摆法测量转动惯量的原理。

（2）掌握扭摆的调整和使用，掌握利用光电门测量周期的方法。

（3）用两种方法测量几种不同形状物体的转动惯量，并进行比较。

（4）验证转动惯量的平行轴定理。

3.2.2 实验仪器

扭摆、转动惯量测试仪、数字天平、游标卡尺、待测物体（金属圆筒、实心圆柱体、球体、金属细杆、金属滑块等）。

3.2.3 实验原理

1. 测量原理

扭摆的构造如图 3.2.1 所示，在垂直轴 1 上装有一根薄片状的螺旋弹簧 2，用以产生恢复力矩。在垂直轴的上方可以装上各种待测物体。垂直轴与支座间装有轴承，以使摩擦力矩尽可能降低。3 为水平仪，可通过底座调整螺丝使气泡居中。

扭转弹簧将物体在水平面内转过角度 θ 后，在弹簧的恢复力矩作用下，物体开始绕垂直轴做往复扭转运动。根据胡克定律，弹簧因扭转产生的恢复力矩 M 与转过的角度 θ 成正比：

$$M=-K\theta \tag{3.2.1}$$

式中，K 为弹簧的扭转常数。根据转动定律有

$$M=I\beta \tag{3.2.2}$$

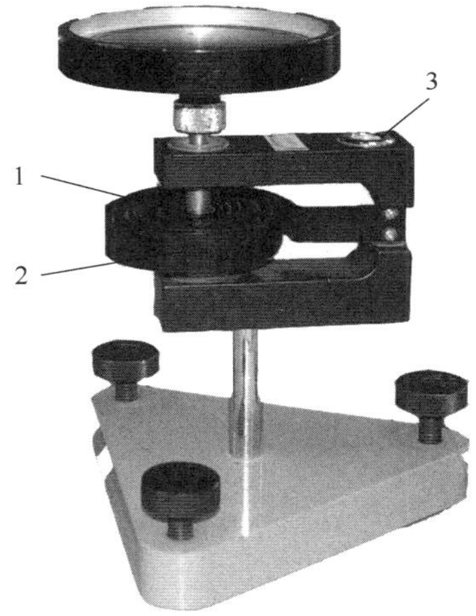

图 3.2.1 扭摆的构造

式中，I 为物体绕转轴的转动惯量，β 为角加速度。

令 $\omega^2=K/I$，忽略轴承的摩擦阻力矩，由式（3.2.1）和式（3.2.2）得

$$\beta=\frac{\mathrm{d}^2\theta}{\mathrm{d}t^2}=-\frac{K}{I}\theta=-\omega^2\theta$$

上述方程表示扭摆运动具有角谐振的特性，角加速度和角位移成正比，且方向相反。方程的解为

$$\theta = \theta_0 \cos(\omega t + \phi)$$

式中，θ_0 为谐振动的角振幅，ω 为谐振的圆频率，φ 为初相位。该谐振的周期为

$$T = \frac{2\pi}{\omega} = 2\pi\sqrt{\frac{I}{K}} \tag{3.2.3}$$

由式（3.2.3）可知，只要实验测得摆动周期 T，且 I 和 K 之一已知，即可计算出另一个量。若已知 K，则可得转动惯量 I 为

$$I = \frac{KT^2}{4\pi^2} \tag{3.2.4}$$

本实验先在转轴上装金属载物圆盘，设该系统的初始转动惯量为 I_0，测出其摆动周期为 T_0，再在载物圆盘上放置转动惯量为 I_1 的塑料圆柱体［转动惯量 I_1 的数值可由圆柱体的质量 m_1 和外径 D_1 算出（$I_1 = m_1 D_1^2/8$）］，载物系统的总转动惯量为 $I_1 + I_0$，摆动周期为 T_1。由式（3.2.3）可得

$$\frac{T_0}{T_1} = \frac{\sqrt{I_0}}{\sqrt{I_0 + I_1}}，\quad I_0 = \frac{m_1 D_1^2}{8} \cdot \frac{T_0^2}{T_1^2 - T_0^2}$$

则弹簧的扭转常数为

$$K = 4\pi^2 \frac{I_0}{T_0^2} = \frac{\pi^2}{2} \cdot \frac{m_1 D_1^2}{T_1^2 - T_0^2} \tag{3.2.5}$$

在 SI 制中，扭转常数 K 的单位为 $\text{kg} \cdot \text{m}^2 \cdot \text{s}^{-2}$。

要测量其他形状物体的转动惯量，只需将待测物体放在仪器顶部的各种夹具上，测量其摆动周期，由式（3.2.4）即可算出该物体绕转轴的转动惯量。设载物盘上放金属圆筒时的摆动周期为 T_2，转轴直接套上球体时的摆动周期为 T_3，套上细杆时的摆动周期为 T_4，则对金属圆筒有

$$I_2 = \frac{m_1 D_1^2}{8} \cdot \frac{T_2^2 - T_0^2}{T_1^2 - T_0^2}$$

对球体有

$$I_3 = \frac{m_1 D_1^2}{8} \cdot \frac{T_3^2}{T_1^2 - T_0^2}$$

对金属细杆有

$$I_4 = \frac{m_1 D_1^2}{8} \cdot \frac{T_4^2}{T_1^2 - T_0^2}$$

理论分析证明，若质量为 m_0 的物体绕过质心的轴的转动惯量为 I_{0C}，则当转轴平行移动距离 x 时，该物体对新转轴的转动惯量变为 I，由转动惯量的平行轴定理有

$$I = I_{0C} + m_0 x^2 \tag{3.2.6}$$

由式（3.2.3）可知转动惯量与摆动周期的平方成正比，即 $I \propto T^2$，因此有 $I \propto T^2 \propto x^2$。在直角坐标纸上作 $T^2 \sim x^2$ 曲线，若是一条直线，则可验证平行轴定理。

2．仪器工作原理

转动惯量测试仪由主机和光电传感器两部分组成。

主机采用新型单片机作为控制系统，用于测量物体转动和摆动的周期以及旋转体的转速，能自动记录、存储多组实验数据，并且能够精确地计算多组实验数据的平均值。

光电传感器主要由红外发射管和红外接收管组成，它将光信号转换为脉冲电信号，并送入主机工作。眼睛无法直接观察仪器工作是否正常，但可用遮光物体往返遮挡光电探头发射的光束通路，检查计时器是否开始计数和到预定周期数时是否停止计数。为防止过强光对光电探头的影响，光电探头不能放在强光下，实验时要用窗帘遮光，确保计时准确。

仪器的使用方法如下：

（1）调整光电传感器在固定支架上的高度，使被测物体上的挡光杆能自由地往返通过光电门，再将光电传感器的信号传输线插入主机输入端（位于测试仪背面）。

（2）转动惯量测试仪主机面板图如图 3.2.2 所示。开机后，“摆动”指示灯亮，“参量指示”为“P1”，“数据显示”为“----”。情况异常（死机）时，按“复位”键可恢复正常。

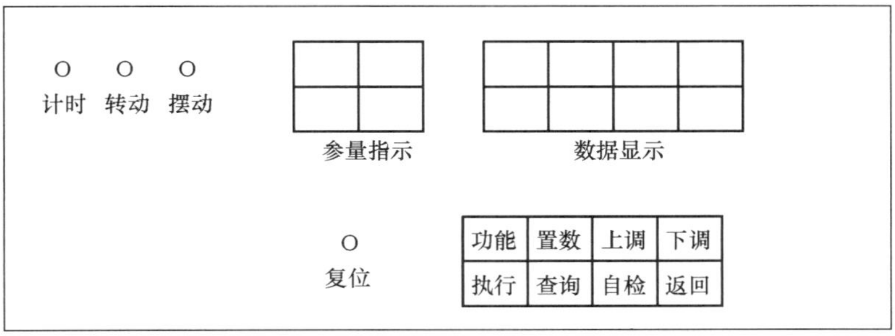

图 3.2.2 转动惯量测试仪主机面板图

按“功能”键，可以选择扭摆、转动两种功能（开机及复位默认为扭摆）。

本机默认扭摆的周期数为 10，按“置数”键，显示“$n=10$”。如要更改，可按“下调”键或“上调”键，在 1～20 范围内重新设置，再按“置数”键确认，显示“F1 end”或“F2 end”。更改后的周期数不具有记忆功能，切断电源或按“复位”键，便恢复原来的默认周期数。

按“执行”键，仪器显示“P1 000.0”，表示仪器已处在待测状态。当被测往复摆动物体上的挡光杆首次通过光电门时，由“数据显示”给出累计时间，同时仪器自行计算周期 C_1 并予以存储，以供查询和做多次测量求平均值。至此，P1（第一次测量）测量完毕。

再按“执行”键，仪器显示“P2 000.0”，仪器处在第二次待测状态，本机设定重复测量的最多次数为 5 次，即 $P1, P2, \cdots, P5$。

按“查询”键，可知各次测量的周期值 C_i（$i=1,2,\cdots,5$）及它们的平均值 C_A。

按“返回”键，可清除当前状态所有执行的数据，回到最初状态，但不改变预置周期数。

按“自检”键，仪器依次显示“$n=N-1$”“$2n=N-1$”“SC GOOD”，并自动复位到“P1 000.0”，表示单片机工作正常。

3.2.4 实验内容与步骤

（1）测出塑料圆柱体的外径、金属圆筒的内径和外径、球体直径、细杆长度及各物体的质量（各测三次）。

（2）测量扭摆弹簧的扭转常数 K。

① 调整扭摆基座的底脚螺丝，使水平仪的气泡居中。

② 在转轴上装对该轴的转动惯量为 I_0 的金属载物圆盘，调整光电探头的位置，使载物盘上的挡光杆处于其缺口中央且能遮住发射、接收红外光线的小孔。测量 10 个摆动周期所需的时间三次。

③ 将塑料圆柱体放在载物圆盘上，测量摆动 10 个周期所需的时间三次。

（3）分别将金属圆筒、球体、细杆放在装置上，测量摆动 10 个周期所需的时间。

（4）验证转动惯量平行轴定理。

将金属滑块对称地放在细杆两边的凹槽内，此时滑块质心到转抽的距离 x 分别为 5.00cm、10.00cm、15.00cm、20.00cm 和 25.00cm，测量对应的 10 个摆动周期的时间各三次。

（5）注意事项。

① 挡光杆摆动时要通过光电探头间隙内的两个小孔。光电探头应放在挡光杆的平衡位置。

② 机座应保持水平状态。

③ 弹簧有一定的使用寿命和强度，不可随意玩弄弹簧。

④ 弹簧的扭转常数 K 与摆动角度略有关系。为了降低实验时由于摆动角度变化过大带来的系统误差，测量摆动周期时，摆动角度不宜变化过大，摆动角度为±90°左右即可。

⑤ 载物圆盘要插入转轴，并将螺丝旋紧，使其与弹簧组成牢固的体系。如果发现转动数次后便停下，那么原因在于螺丝未旋紧。

⑥ 将塑料圆柱体和金属圆筒放在载物圆盘上时，必须放正，不能倾斜。

⑦ 在称金属细杆与木球的质量时，要将木球下面的支架和细杆的夹具取下，否则会带来较大的误差。

3.2.5 数据处理

（1）利用式（3.2.5）计算弹簧扭转常数 K。

（2）根据式（3.2.4）分别计算金属圆筒、球体和细杆对转轴的转动惯量（计算球体的转动惯量时应扣除支架的转动惯量），并与理论值比较，求出相对误差。

（3）在坐标纸上作 $T^2 \sim x^2$ 曲线，验证转动惯量的平行轴定理。

3.2.6 思考题

（1）数字计时仪的仪器误差为 0.01s，实验中为什么要测量 10 个周期？

（2）如何用本装置测量任意形状物体绕特定轴的转动惯量？

3.2.7 实验拓展

实验背景：空间站舱体转动惯量是进行姿态控制和姿态稳定的重要参数。通过精确计算和调整转动惯量，可以优化姿态控制系统的设计，提高空间站的稳定性和操作精度。

计算步骤如下：

（1）模块分解。将空间站分解为多个模块，如居住舱、实验舱、对接舱等，每个模块均可视为一个独立的刚体（见图 3.2.3）。

（2）计算单个模块的转动惯量。对于规则形状的模块，可以使用标准公式计算其转动惯量。例如，对于一个长方体模块，绕其质心轴的转动惯量可以表示为$I=\frac{1}{12}m(l^2+w^2)$，其中 l 和 w 分别是长方体的长和宽。对于不规则形状的模块，可以通过数值方法或实验方法来确定其转动惯量。

图 3.2.3　空间站组合体

（3）组合转动惯量。使用平行轴定理调整每个模块的转动惯量，使其相对于空间站的质心轴计算。平行轴定理的公式为$I=I_{cm}+md^2$，其中 I_{cm} 是模块绕其质心轴的转动惯量，m 是模块的质量，d 是模块质心到空间站质心的距离。将所有模块调整后的转动惯量相加，就可得到空间站组合体的总转动惯量。

转动惯量

3.3　电子束实验

发明是百分之一的灵感，加上百分之九十九的血汗。

——爱迪生

带电粒子在电场和磁场中运动是在近代科学技术应用的许多领域中经常遇到的一种物理现象。本实验研究电场对电子的加速及电子束在均匀横向电场作用下的偏转，并测量其相应的偏转灵敏度，清晰地理解电子在电场和磁场中的运动规律。同时研究电子束的磁聚焦现象，以加深对电子运动规律的理解，并获得一种测量电子荷质比的方法。

3.3.1　实验目的

（1）掌握用外加电场、磁场使电子束聚焦与偏转的原理和方法，加深对电子在电场、磁场中运动规律的理解。

（2）了解电子束磁聚焦的基本原理。

（3）用磁聚焦法测量电子的荷质比 e/m。

3.3.2　实验仪器

电子束实验仪。

3.3.3　实验原理

（1）示波管结构。

示波管是电子示波器的主要部件，在近代科学技术中有着广泛的应用。研究示波管中电子的运动，不仅可以进一步了解电子在电场、磁场中的运动规律，还有助于了解示波器的工作原理。

电子示波管由电子枪、偏转系统、荧光屏三部分组成。

① 电子枪的作用是发射电子，将电子加速到一定速度并聚焦成细束。

② 偏转系统由两对互相垂直的平板电极构成。一对上下放置的是 Y 轴偏转板或垂直偏转板，另一对左右放置的是 X 轴偏转板或水平偏转板。

③ 荧光屏是显示电子束打到示波管端面的装置。

以上各部件都密封在一个玻璃壳中，玻璃壳内抽成高度真空，以避免电子与空气分子发生碰撞而引起电子束散射。

电子枪的内部结构如图 3.3.1 所示，电子源是阴极板 K，它是一个金属圆筒，里面装有一根加热用的钨丝，两极之间用陶瓷套绝缘。当灯丝通电（6.3V 交流电）时，将阴极加热到很高的温度；圆筒端部涂有钡和锶的氧化物，这种材料中的电子由于加热得到足够的能量而能逸出表面，并能在阴极周围的空间中自由运动，这个过程称为*热电子发射*。与阴极共轴布置有 4 个筒状电极，中间是带有小孔的隔板。电极 G 称为*控制栅*，正常工作时相对于阴极 K 有 5～20V 的负电压。它产生一个电场，将阴极发射出来的电子推回阴极，改变控制栅极的电位可限制穿过 G 上小孔出去的电子数量，进而控制电子束的强度（辉度调整）。示波管的电极 A_2' 与 A_2''（图中用括号标记）连在一起，统称*加速电极* A_2，两者相对于 K 加有同一个电压 V_2，一般是几百伏到几千伏的正电压。

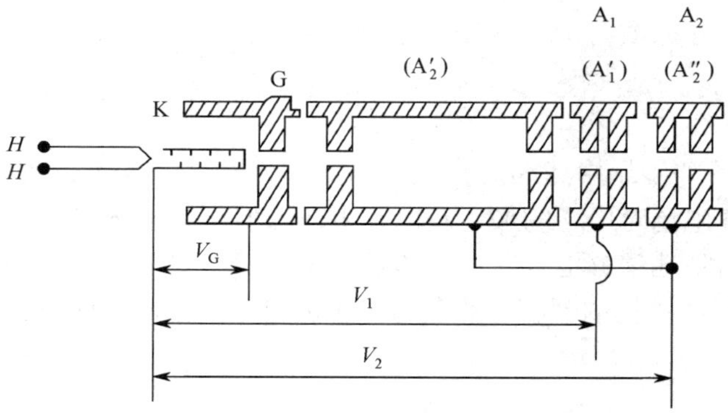

图 3.3.1　电子枪的内部结构

它产生一个很强的电场，使电子沿电子枪轴线方向加速。电极 A_1 记为 A_1'，称为*聚焦电极*，它与阴极 K 之间的电压为 V_1，介于 K 和 A_2 的电位之间，在 A_2' 和 A_1' 之间及在 A_1' 和 A_2'' 之间形成的电场用来将电子束会聚成一束很细的电子流，并让电子流打到荧光屏上形成一个很小的光斑，光斑的聚焦程度主要取决于 V_1 或 V_2 的大小（聚焦调整）。

（2）电子束的电偏转。

图 3.3.1 中显示了阴极共轴布置的 4 个圆筒状电极。下面建立一个直角坐标系来研究电子的运动，令 z 轴沿阴极射线管的管轴方向，从荧光屏看 x 轴为水平方向，y 轴为竖直方向。

电子是带负电荷的粒子，电子从阴极发射出来，初速度为 0，管中阳极 A_2 相对于阴极 K 有几百到几千伏的正电位 V_2，它产生的电场使得从阴极 K 发射出来的电子沿轴向加速。忽略电子离开阴极时有限的初动能，电子的速度从 0 加速到 v_z，电子从 A_2 射出的动能由下式决定：

$$\frac{1}{2}mv_z^{\ 2} = eV_2 \tag{3.3.1}$$

现在来看另一种情况。如果电场方向和电子运动方向垂直，那么电子在该电场的作用下将发生横向偏移。图 3.3.2 显示了电子在横向电场作用下的偏转情况。

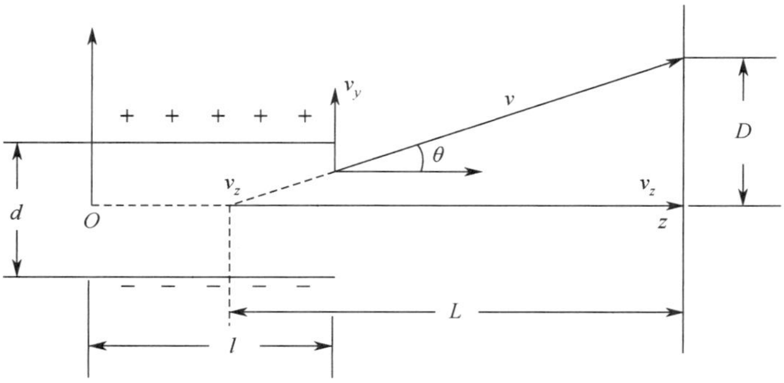

图 3.3.2　电子在横向电场作用下的偏转情况

电子在偏转板之间穿过后，如果两个偏转板之间的电位差为 0，那么电子笔直穿过偏转板，打到荧光屏中央后形成一个亮斑。若偏转板长度为 l，两电极间的距离为 d，在垂直偏转板（或水平偏转板）电极上加偏转电压 V_d，则电子通过偏转板时将受到一个横向力 f_y（或 f_x）的作用，$f_y = eE = e\frac{V_d}{d}$；在该力作用下，电子得到一个横向速度 v_y，但不改变轴向速度 v_z。当电子从偏转板穿出时，其运动方向与 z 轴成 θ 角，且满足下面的关系式：

$$\tan\theta = \frac{v_y}{v_z}$$

若在电极之间穿过所需的时间 Δt 内，电子受横向力 f_y 的作用，则横向动量增量为 mv_y，它应等于 f_y 的冲量，即

$$mv_y = f_y\Delta t = e\frac{V_d}{d}\Delta t$$

则有

$$v_y = \frac{e}{m}\cdot\frac{V_d}{d}\Delta t$$

又因为

$$\Delta t = \frac{l}{v_z}$$

所以有

$$v_y = \frac{e}{m}\cdot\frac{V_d}{d}\cdot\frac{l}{v_z}$$

因此

$$\tan\theta = \frac{v_y}{v_z} = \frac{eV_d l}{mdv_z^2}$$

将式（3.3.1）代入得

$$\tan\theta=\frac{V_d}{V_2}\cdot\frac{l}{2d}$$

当电子从偏转板穿出后，就沿直线运动，直线的倾斜角方向就是电子穿出偏转区后的速度方向。若电子打到荧光屏上时 y 轴偏离的距离为 D，则 $D=L\tan\theta$ 。L 为该直线与 y 轴的交点至荧光屏的距离，它应从偏转板中间算起，到荧光屏为止。因此，

$$D=L\frac{V_d}{V_2}\cdot\frac{l}{2d} \tag{3.3.2}$$

上式表明，偏转量 D 与 L、V_d、l 成正比，而与 V_2 与 d 成反比。这是因为 L 增大，电子通过 L 的时间增长，使偏转量增大；V_d 增大使偏转电场加强；l 加长使偏转电场作用时间增长，导致偏转量增大。但 d 增大会使给定的电位差产生的偏转电场减小；V_2 增大时，v_z 增大，偏转电场作用的时间减少，导致电子的偏转量减小。

对一个具体的示波管来说，L、l 与 d 都是固定的，在实验中要研究偏转量 D 与偏转电压 V_d 及加速电压 V_2 的关系，并测量出示波管的电偏转灵敏度 S_v，即

$$S_v=\frac{D}{V_d}=\frac{Ll}{2dV_2} \tag{3.3.3}$$

（3）电子束的磁偏转。

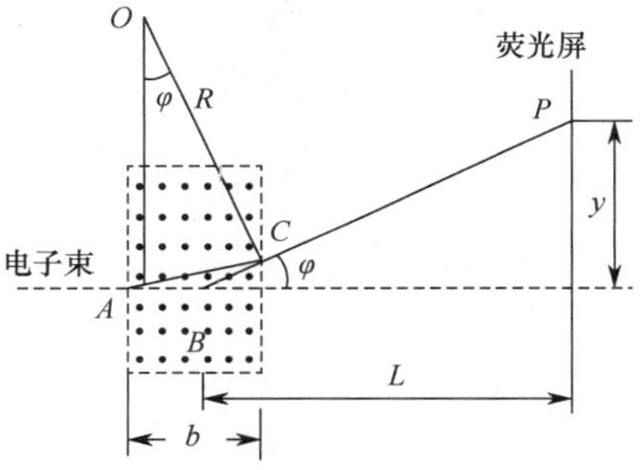

图 3.3.3　电子束的磁偏转

当电子束通过磁场时，在洛伦兹力的作用下发生偏转。如图 3.3.3 所示，设虚线方框内有均匀的磁场，磁感应强度大小为 B，方向与纸面垂直，由纸面指向外，在方框外 $B=0$。电子以速度 V_z 垂直射入磁场，受洛伦兹力 ev_zB 的作用，在磁场区域内做匀速圆周运动，轨道半径为 R。电子沿弧 AC 穿出磁场后，变为做匀速直线运动，最后打到荧光屏的点 P 上，光点的位移为 y。

由牛顿第二定律有 $f=ev_zB=m\frac{v_z^2}{R}$ ，得 $R=\frac{mv_z}{eB}$ 。假设偏转角不大，近似地有

$$\tan\varphi\approx\frac{b}{R}=\frac{y}{L} \tag{3.3.4}$$

由上式得磁偏转位移 $y=\frac{ebL}{mv_z}B$，再由式（3.3.4）消去 v_z 得

$$y=\sqrt{\frac{e}{2mV_2}}bLB \tag{3.3.5}$$

式（3.3.5）表明，光点的偏转位移 y 与磁感应强度 B 呈线性关系，与加速电压 V_2 的平方根成反比。这一点与电偏转的情况不同，因为磁场本身又与速度有关。

那么偏转磁场 B 如何获得呢？可将紧贴示波管管颈两侧的两个螺线管线圈串联后通过电流得到，如图 3.3.4(a)所示。虽然螺线管端面的磁力线有些发散，但中间磁场 B 是较均匀的，只要线圈位置固定不动，产生的磁感强度 B 就与电流强度 I_S 及线圈的匝数 N 成正比，可用 $B=KNI_S$ 来表示，常数 K 由线圈的结构参数及磁环物质的磁性常数决定。将 $B=KNI_S$ 代入式（3.3.5）可得到磁偏转灵敏度为

$$S_B = \frac{y}{I_S} = \sqrt{\frac{e}{2mV_2}}KbLN$$

对特定的示波管和偏转线圈，当加速电压 V_2 固定时，S_B 为常数，改变加速电压 V_2，则 S_B 与 $\sqrt{V_2}$ 成反比。

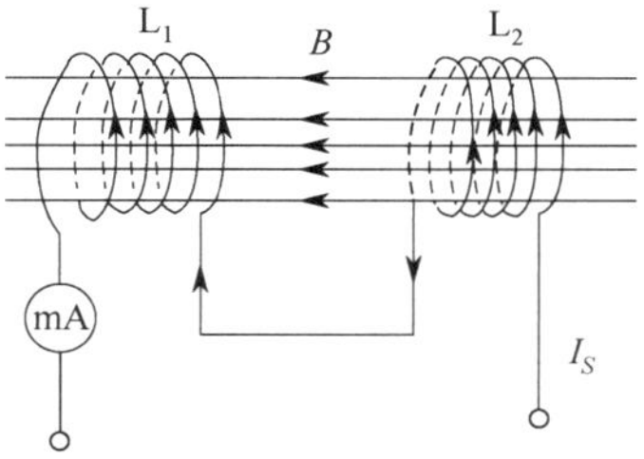

(a) 磁偏线圈

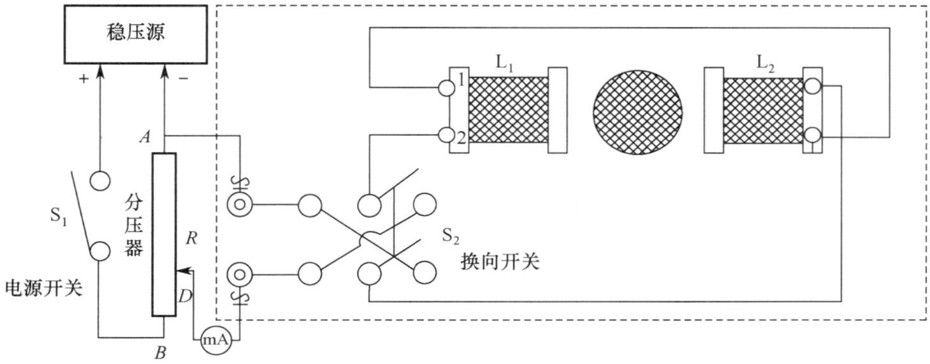

(b) 磁偏电路

图 3.3.4　磁偏线圈和磁偏电路

（4）电子束的磁聚焦（测量电子荷质比）。

在一个通电螺旋管内平行地放置一个示波管，沿示波管轴线方向有一个均匀分布的磁场，其磁感应强度大小为 B。在示波管的阴极 K 和阳极 A 之间加有直流高压 V_2，经阳极小孔射出的细电子流沿轴线做匀速直线运动。电子运动方向与磁场方向平行，故磁场对电子运动不产生影响。电子流的轴向速率为

$$V_{//} = \sqrt{2eV_2/m} \tag{3.3.6}$$

式中，e、m 分别为电子的电荷量和质量。若在一对偏转极板 D 上加一个幅值不大的交变电压，则电子流通过 D 后就获得一个与管轴垂直的速度分量 $V_{\perp}$。若暂不考虑电子轴向速度分量 $V_{//}$ 的影响，则电子在磁场的洛伦兹力（该力垂直于 $V_{\perp}$）的作用下，在垂直于轴线的平面上做圆周运动，即该力起向心力的作用，$F = eV_{\perp}B = mV_{\perp}^2/R$，由此可以得到电子运动的轨道半径 $R = mV_{\perp}/eB$，$V_{\perp}$ 越大，轨道半径就越大。电子运动一周所需的时间（周期）为

$$T = \frac{2\pi R}{V_{\perp}} = \frac{2\pi m}{eB} \tag{3.3.7}$$

这说明电子的旋转周期与轨道半径 R 及速度 $V_{\perp}$ 无关，若再考虑 $V_{//}$ 的存在，则电子的运动轨

迹应为一螺旋线。

在一个周期内，电子前进的距离（称为螺距）为

$$h = V_{//}T \tag{3.3.8}$$

由于不同时刻电子速度的垂直分量$V_{\perp}$不同，在磁场作用下，各个电子将沿不同半径的螺旋线前进。然而，由于它们的速度的轴向分量$V_{//}$均相同，经过距离 h 后，它们又重新相交。适当改变B的大小，当$B = B_C$时，可使电子束的焦点刚好落在荧光屏 S 上（称为一次聚焦）。这时，螺距h等于电子束交点C到 S 的距离L。于是，在式（3.3.7）、式（3.3.8）和式（3.3.9）中消去$V_{//}$，得

$$\frac{e}{m} = \frac{8\pi^2}{{L_0}^2{B_C}^2} \tag{3.3.9}$$

式中，B_C、V及I均可测量，于是可算得电子的荷质比。示波管在聚焦线圈（长直线圈）的中间部位，故有

$$B = \frac{4\pi N I_0 \times 10^{-7}}{\sqrt{D^2 + L^2}}$$

将上式代入式（3.3.9）得

$$\frac{e}{m} = \frac{KV_2}{I_0^2} \tag{3.3.10}$$

3.3.4　实验内容与步骤

1．电子束偏转实验

（1）开启电源开关，将“电子束–荷质比”功能选择开关S_1及S_2拨到“电子束”位置，适当调整亮度旋钮，使示波管的辉度适中，然后调整聚焦，使示波管荧光屏上的光点聚成一细点。注意：光点不能太亮，以免烧坏荧光屏。

（2）光点调零，用导线将“X偏转板”插孔与“电偏转电压测量”插孔相连（电源负极内部已连接），调整“X电压”旋钮，使电压表的指示为“零”，再调整“X调零”旋钮，将光点移动到示波管的垂直中线上。同“X调零”操作一样，通过“Y调零”旋钮，可使光点位于示波管的中心（坐标原点）。

（3）测量光点移动距离D随偏转电压V_{dx}大小的变化（X轴）：调整“阳极电压”旋钮，使阳极电压约为V_2 = 700V。改变并测量偏转电压V_{dx}和对应光点的位移D，每隔一大格D值，就在自拟表格中记录一个V_{dx}。然后，将阳极电压调整到V_2 = 1100V 左右，重复以上实验步骤。

（4）同X轴一样，只要将“电偏转电压测量”插孔改接到“Y偏转板”插孔，就可测量Y轴方向光点的位移与电偏转电压的关系，即D～V_{dy}的变化规律，并将数据记录到自拟表格中。

2．磁偏转实验

（1）开启电源开关，将“电子束–荷质比”功能选择开关拨至“电子束”位置，适当调整辉度，并调整聚焦，使荧光屏上的光点聚焦成一个细点。注意：光点不能太亮，以免烧坏荧光屏。

（2）光点调零。当磁偏转输出电流为零时，调整“X调零”和“Y调零”旋钮，使光点位于Y轴的中心（坐标原点）。

（3）测量偏转量y随磁偏电流I的变化，调整阳极电压到$V_2 = 600\text{V}$左右，连接励磁电流到磁偏转电流输入线，按下“电流选择”按钮，旋转“磁偏电流调整”旋钮（改变磁偏电流的大小），每增加一格y值，就在自拟表格中记录一个磁偏电流I_S。然后，改变阳极电压到$V_2 = 800\text{V}$、1000V左右，重复以上步骤。

3．电子的螺旋运动及电子荷质比测量

（1）将励磁电流接入励磁电流的接线柱，将“励磁电流调整”旋钮逆时针方向旋到底（为零）。

（2）开启电子束测试仪电源开关，将“电子束–荷质比”转换开关S_1向上置于“荷质比”位置，此时荧光屏上出现一条直线，将阳极电压调到$V_2 = 700\text{V}$。

（3）开启励磁电流电源，松开“电流选择”按钮，逐渐加大电流使荧光屏上的直线一边旋转一边缩短，直到变成一个小光点，立即读取该电流值$I_{\text{正向}}(\text{A})$。然后将电流调为零，再将“聚焦电流换向”开关（在励磁线圈下面）拨至另一方，从零开始增大电流，使荧光屏上的直线反方向旋转并缩短，直到再次得到一个小光点，读取电流值$I_{\text{反向}}(\text{A})$。

（4）调整阳极电压为$V_2 = 1000\text{V}$，重复步骤（3），记录该阳极电压下的$I_{\text{正向}}(\text{A})$、$I_{\text{反向}}(\text{A})$。

（5）实验结束，将“励磁电流调整”旋钮逆时针方向旋到底。

4．注意事项

（1）接通电源，打开开关，如果电源指示不亮，请检查电源连接线是否有电，是否连接好。如果发现异常，请立即断电。

（2）螺线管不要长时间通以大电流，以免线圈过热。

（3）示波管接有高压电源，实验时要谨防触电。

（4）改变加速电压后，亮点的亮度会改变，应重新调整亮度。勿使亮点过亮，否则容易损坏荧光屏，聚焦好坏也不易判断。调整亮度后，加速电压值也可能发生变化，再调到规定的电压值即可。

（5）正式测量前需将光点调整到坐标原点，此时偏转电压应为0.00V。

5．仪器的相关常数

仪器的相关常数为

$$K = \frac{(D^2 + L^2) \times 10^{14}}{2{L_0}^2 N^2}$$

式中，D为螺线管线圈的平均直径，$D = 0.090\text{m}$；L为螺线管线圈长度，$L = 0.234\text{m}$；N为螺线管线圈匝数，$N = 526$；L_0为电子束从栅极G至荧光屏的距离，即电子束在均匀磁场中聚焦的焦距，$L_0 = 0.145\text{m}$。

3.3.5　数据处理

（1）分别在不同的坐标纸上作$D \sim V_{dx}$、$D \sim V_{dy}$、$Y \sim I_S$关系曲线，求出不同V_2时S_{vx}、S_{vy}、S_B的大小，分别比较并对结论进行分析说明。

（2）实验时要求 V_2 分别取两个不同的值，记录每个 V_2 值实现一次聚焦的正反向电流，求出平均值，计算出测量的荷质比 e/m，并与公认值 $e/m = 1.757\times10^{11}$C/kg 进行比较，求出相对误差。

3.3.6 思考题

（1）若在示波管的 Y 轴偏转板上加交变电压，则光点将如何运动？

（2）接通电源后，若找不到光点，则可能有哪些原因？如何处理？

（3）假设电子不带负电荷而带正电荷，示波管中要做哪些改善？这时的正电子束在磁场中如何偏转？

（4）为什么速度各不相同的电子经过一个螺距后能聚焦到一点？

3.3.7 实验拓展

在当今科技领域中，电子束有着非凡的应用。在材料加工方面，电子束能够实现高精度的焊接和切割。在医疗领域，电子束放疗成为治疗癌症的有效手段之一。在半导体制造中，电子束光刻技术能够制作出极小尺寸的芯片图案，因此推动了集成电路的不断发展，使得电子设备更加智能和高效。例如，对于先进的处理器芯片，其特征尺寸不断缩小，目前已进入纳米工艺节点。电子束光刻可以精确地制造出微小的电路结构，如晶体管、互连线等，有助于提高芯片的集成度和性能。

电子束

3.4 单臂电桥测量中值电阻

不要固执于任何习俗，以至于以牺牲真理来崇拜它。

——乔治·西蒙·欧姆

电桥是一种比较式的测量仪器。根据使用电源的不同，电桥可分为直流电桥和交流电桥两大类。当电桥采用直流电源供电时，为直流电桥，可用于测量中值或低值电阻；当电桥采用交流电源供电时，为交流电桥，可用于测量电学元件的交流电阻、电容、互感等参数。

直流电桥又可分为单臂电桥和双臂电桥。单臂电桥也称惠斯通电桥，主要用于精确测量中值电阻。当电桥处于平衡状态时，将待测电阻与标准电阻进行比较可确定其阻值。由于标准电阻误差小，电桥测量法具有精确、灵敏和使用方便的特点，因此被广泛用于电工技术和非电量的测量中。本实验使用 QJ36 型单双臂两用直流电桥，作为单臂电桥使用时可以测量阻值为 10^2～$10^6\Omega$ 的电阻。

3.4.1 实验目的

（1）掌握单臂电桥测量电阻的原理和方法。

（2）了解电桥灵敏度的概念。

3.4.2 实验仪器

QJ36 型单双臂两用直流电桥、电源、复射式光点检流计、被测电阻盒。

3.4.3 实验原理

1. 单臂电桥测量电阻原理

要测量未知电阻 R_x 的值，可以采用伏安法，即测出流过电阻的电流 I 和电阻两端的电压 U，如图 3.4.1 所示。

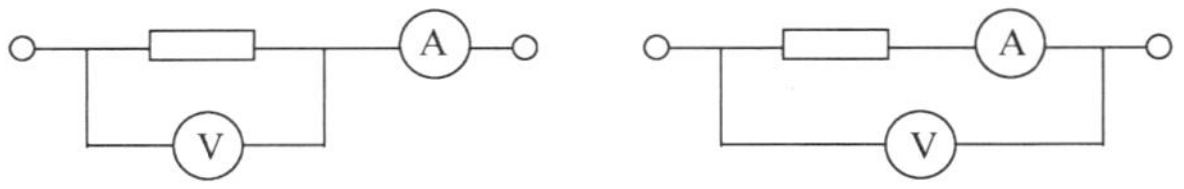

(a) 外接法　　(b) 内接法

图 3.4.1　伏安法测未知电阻示意图

利用欧姆定律 $R_x = U/I$ 得出 R_x 值。但用这种方法测量时，由于受电表内阻的影响，不能同时准确测得 U 和 I 值，即有系统误差存在。要使电表内无电流通过，保证 R_x 值的准确性，只能采用平衡电桥电路。

单臂电桥等效电路如图 3.4.2(a)所示。当电阻箱的电阻 R_s 改变时，可使 C、D 间的电流改变。当 $R_s = R_{s1}$ 时，两点之间的电位 $U_C > U_D$，电流从 C 流向 D，检流计 G（复射式检流计）的光斑左（右）偏，当 $R_s = R_{s2}$ 时，$U_C < U_D$，电流从 D 流向 C，检流计 G 的光斑右（左）偏。当 $R_{s1} < R_2 < R_{s2}$ 时，恰好使 $U_C = U_D$，检流计 G 中无电流通过，光斑指向零，即电桥平衡，此时有 $U_{AC} = U_{AD}$，$U_{CB} = U_{DB}$，即 $I_1R_1 = I_2R_2$，$I_xR_x = I_sR_s$。

因为检流计 G 中无电流，所以 $I_1 = I_x$，$I_2 = I_s$，得到

$$\frac{R_1}{R_x} = \frac{R_2}{R_s} \tag{3.4.1}$$

$$R_x = \frac{R_1}{R_2} \cdot R_s \tag{3.4.2}$$

式（3.4.1）为电桥平衡条件，式（3.4.2）中的 R_1、R_2 为电桥比率臂电阻；R_s 为电桥比较臂电阻。已知 R_1、R_2 时，改变 R_s 的值，使检流计 G 中无电流，记下 R_s 的值，即可用式（3.4.2）算得 R_x。QJ36 型单双臂直流电桥作为单臂电桥使用时，其工作线路如图 3.4.2(b)所示。

2. 单臂电桥灵敏度

单臂电桥测量电阻的误差主要由桥臂电阻的误差和电桥灵敏度决定。式（3.4.2）在电桥平衡条件下才成立，因此判断电桥平衡是测量结果的误差来源之一。电桥是否平衡的判断标准是观察检流计的光斑是否偏转，若通过检流计的电流很小，光斑偏转角度非常小，实验者

仍认为电桥平衡，则会给测量结果带来误差。例如，当电桥平衡时，R_s 改变了ΔR_s，若检流计的电流小到实验者观察不到光斑的偏转，由式（3.4.2）得 $R_x = \frac{R_1}{R_2}(R_s + \Delta R_s)$，则会带来测量误差 $\Delta R_x = \frac{R_1}{R_2}\Delta R_s$，该测量误差的大小取决于电桥灵敏度。

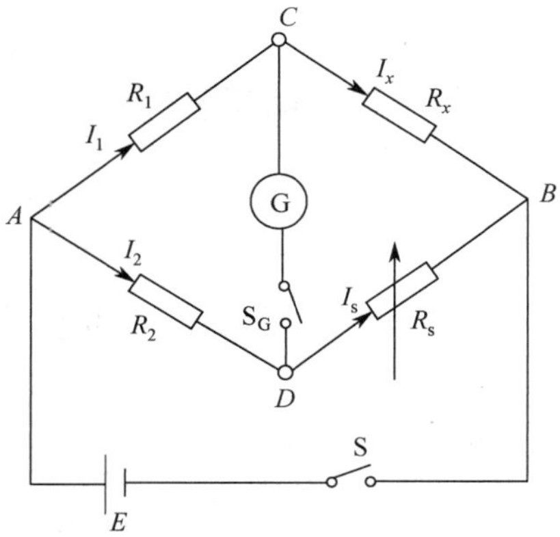

(a) 单臂电桥等效电路

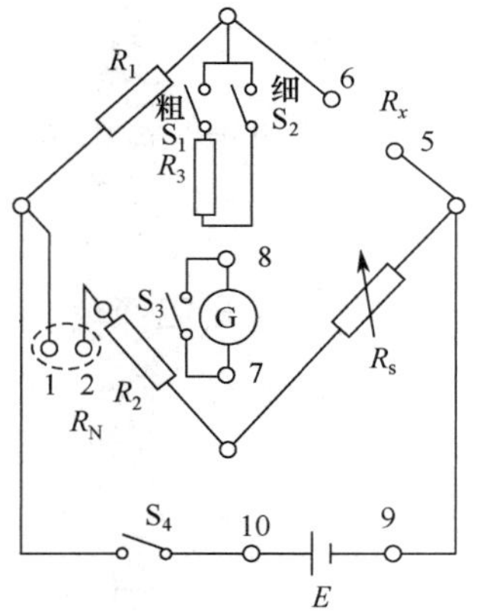

(b) 单臂电桥工作电路

图 3.4.2　QJ36 型单双臂直流电桥作为单臂电桥使用时的电路原理图

对于已调整平衡的电桥，调整电阻 R_s 改变ΔR_s时，检流计的光斑偏转Δn 格，定义电桥灵敏度 S 为

$$S = \frac{\Delta n}{\Delta R_s / R_s} \tag{3.4.3}$$

式中，$\Delta R_s/R_s$ 为电阻的相对变化量。电桥灵敏度 S 反映了电桥对电阻的相对变化的分辨能力。改用高灵敏度的检流计和提高工作电压，都可提高电桥的灵敏度，电桥灵敏度 S 越大，对电桥平衡的判断就越灵敏，进而提高测量精度。但电桥灵敏度过高会造成检流计的光斑偏转过大，导致无法判断电桥是否平衡，因此实验过程中要选用合适的工作电压和检流计灵敏度。

3.4.4　实验内容与步骤

（1）如图 3.4.3 所示，用短路片将端钮 1、2 短路；未知电阻 R_x 接 5、6 端钮；检流计接 7、8 端钮；电源接 9、10 端钮；需要注意的是，实验前要先对检流计调零。

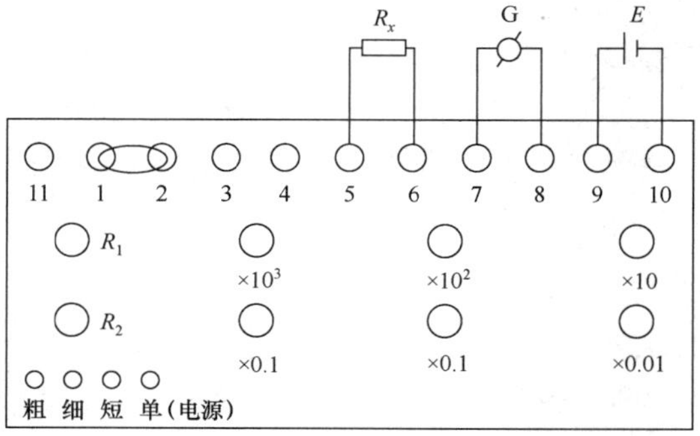

图 3.4.3　单臂电桥电路接线图

（2）根据 R_x 的估计值，按表 3.4.1 选择比率臂电阻 R_1、R_2 和电源电压 E。

表 3.4.1　单臂电桥参数选择表

R_x/Ω		比率臂电阻/Ω		电源电压 E/V
从	到	R_1	R_2	
10^2	10^3	100	1000	6
10^3	10^4	1000	1000	8
10^4	10^5	1000	100	10
10^5	10^6	10000	100	20

（3）测量 R_x 的阻值。先按下电桥面板上“电源”按钮，接通电源；再按下“粗”按钮接通检流计（接通检流计前要调整检流计零点），转动读数臂电阻 R_s 的值（共 6 挡）使电桥平衡（即检流计指零）；按下“细”按钮，再次调整 R_s，使检流计重新指零。记录读数臂电阻 R_s 的值，用式（3.4.2）计算 R_x 的阻值。

（4）注意事项如下：

- 单臂电桥测电阻时 1 端和 2 端短路（可用导线连接）。
- 连线时，不能接通直流稳压电源。
- 测量时，先“粗”调，后“细”调，采用跃接法。

3.4.5　数据处理

用单臂电桥测量中值电阻，将相应的阻值填入表 3.4.2。

表 3.4.2　测量中值电阻的阻值

被测电阻	比率臂电阻			R_s/Ω	测量值 R_x/Ω	电源电压 E/V
R_x	R_1/Ω	R_2/Ω	R_1/R_2			
R_{x_1}						
R_{x_2}						
R_{x_3}						
$R_{x_1}+R_{x_3}$						
$R_{x_1}//R_{x_3}$						

3.4.6　思考题

（1）电桥由哪几部分组成？电桥的平衡条件是什么？

（2）电桥平衡时，若互换电源与检流计的位置，则电桥是否仍保持平衡？试证明。

（3）电桥线路连接无误，调整比较臂电阻 R_s，无论如何调整，检流计光斑始终向一个方向偏转，分析是什么原因造成的。

3.4.7　实验拓展

在测量杨氏模量的实验中（见 3.1 节），钢丝在纵向拉力作用下变长，钢丝的电阻值发生变化，但钢丝的电阻率不随应力变化。建立长度变化和电阻变化之间的关系，利用单臂电桥精确测量钢丝拉伸时的阻值变化，可以设计一种实验精度较高且操作简单的测量钢丝杨氏弹性模量的方法。

电桥

3.5 双臂电桥测量低值电阻

物理定律不能单靠“思维”来获得，还应致力于观察和实验。

——安德烈·玛丽·安培

电桥测量法是常用的电阻测量方法之一。平衡电桥用比较法进行测量，即在平衡条件下将待测电阻与标准电阻进行比较以确定其阻值。由于标准电阻误差小，电桥测量法具有精确、灵敏和使用方便的特点，因此被广泛用于电工技术和非电量的测量中。

直流电桥分为单臂电桥和双臂电桥。双臂电桥也称开尔文电桥，适用于测量低值电阻。本实验使用 QJ36 型单双臂两用直流电桥，作为双臂电桥使用时可以测量阻值为 0.0001～0.001Ω 的电阻。

3.5.1 实验目的

（1）掌握用双臂电桥测量低值电阻的原理。

（2）了解单臂电桥和双臂电桥的联系与区别。

（3）掌握箱式双臂电桥测量金属导体电阻的方法。

（4）测量金属导体的电阻率。

3.5.2 实验仪器

QJ36 型单双臂两用直流电桥、电源、复射式光点检流计、标准电阻、滑线变阻器、被测导体等。

3.5.3 实验原理

用单臂电桥测电阻时，未考虑各桥臂之间的连线电阻和各接线端钮的接触电阻，因为被测电阻和各桥臂电阻都比较大，导线电阻和接触电阻（以下称附加电阻）很小，对测量结果的影响可忽略不计。附加电阻约为$10^{-2}\Omega$量级，测量低值电阻时不能忽略。

直流双臂电桥使用一种特殊线路来消除连线电阻和接触电阻，可使低值电阻的测量结果更精确。

直流双臂电桥电路如图 3.5.1(a)所示，电路中的 R_x 为待测电阻，R_N 为比较用的标准电阻。R_1、R_2、R_3、R_4 组成电桥双臂电阻，阻值较大（≥10Ω）。与图 3.4.2(a)所示的单臂电桥等效电路相比较，不同点如下：

① 桥的一端 B 连接附加电路 $C_2R_2BR_4C_3$，R_1、R_2 和 R_3、R_4 并列，因此称为双臂电桥。

② C_1、C_2 之间为标准电阻 R_N，C_3、C_4 之间为待测低值电阻 R_x，连接时均要用四个接头 C_1、C_2、C_3、C_4，称为电流接头，在电桥电路外；P_1、P_2、P_3、P_4 称为电压接头，在电桥电路内。测量的是 P_3 和 P_4 两点间的电阻 R_x。

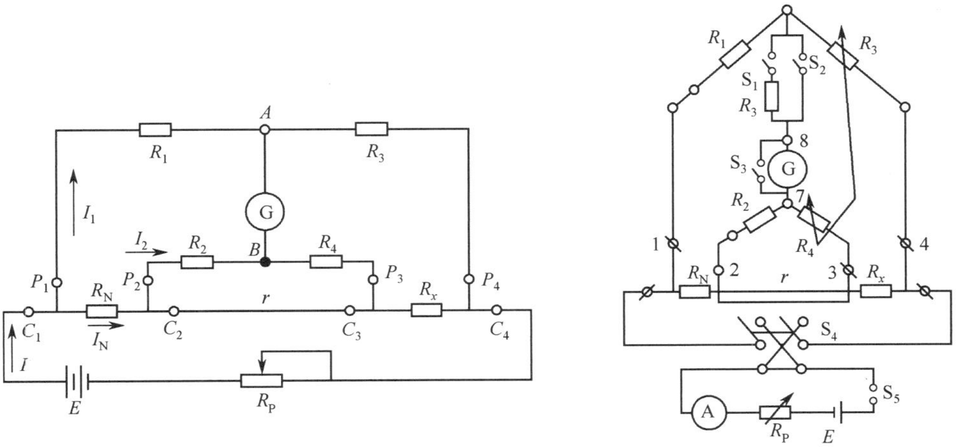

(a) 直流双臂电桥等效电路　　(b) 双臂电桥工作电路

图 3.5.1　QJ36 型单双臂直流电桥作为双臂电桥使用时的电路原理图

调整电桥平衡的过程就是调整 R_1、R_2、R_3、R_4 和 R_N 使检流计 G 中的电流 $I_g=0$ 的过程。此时，通过 R_1 和 R_3 的电流 I_1 相等，R_2 与 R_4 内流过的电流 I_2 相等，通过 R_N 和 R_x 的电流 I_N 也相等。分析电流、电压关系可得

$$\begin{cases} I_1R_1 = I_NR_N + I_2R_2 \\ I_1R_3 = I_NR_x + I_2R_4 \\ (I_N - I_2)r = I_2(R_2 + R_4) \end{cases} \tag{3.5.1}$$

解方程组得

$$R_x = \frac{R_3}{R_1}\cdot R_N + \frac{rR_3}{r+R_2+R_4}\cdot\left(\frac{R_2}{R_1} - \frac{R_4}{R_3}\right) \tag{3.5.2}$$

制造电桥时，常用机械联动转换开关使电桥在调整平衡的过程中保持 $R_2/R_1 = R_4/R_3$。取 $R_2 = R_1$，有 $R_4 = R_3$，式（3.5.2）中包含电阻 r 的部分总为 0。因此，被测电阻 R_x 就由式（3.5.2）右边的第一项决定：

$$R_x = \frac{R_3}{R_1}\cdot R_N = \frac{R_4}{R_2}\cdot R_N \tag{3.5.3}$$

式中，R_4 为调整电桥平衡时转动臂所读取的测量值。QJ36 型单双臂直流电桥作为双臂电桥使用时，其工作电路如图 3.5.1(b)所示。

双臂电桥电路为什么能测量低值电阻呢？

① R_N、R_x 与电源连线的电阻及 C_1、C_4 的接触电阻只影响总工作电流 I，与电桥平衡无关，对测量结果无影响。

② 电压接头 P_1、P_2、P_3、P_4 的接触电阻和连线电阻都包含在相应的桥臂支路内，而桥臂电阻 R_1、R_2、R_3、R_4 均在 10Ω 以上，接触电阻、连线电阻带来的影响可忽略不计。

③ R_N 与 R_x 间的连线电阻及电流接头 C_2、C_3 的接触电阻包含在电阻 r 支路内。只要保

证 $R_2/R_1 = R_4/R_3$，无论 r 的阻值如何，式（3.5.2）右边的第二项都为 0，不影响 R_x 的测量值。但在实际中，因为受检流计灵敏度的限制，不可能绝对保证 $R_2/R_1 = R_4/R_3$，所以应尽可能采用阻值小的粗导线（$r \leqslant 0.001\Omega$），以减少对测量结果的影响。

一段导体的电阻与该导体材料的物理性质及几何形状有关。导体的电阻 R 与其长度 L 成正比，与其横截面积 S 成反比，即

$$\rho = R \cdot \frac{\pi d^2}{4L} \tag{3.5.4}$$

式中，ρ 为导体的电阻率，表示导电材料的导电性质。用双臂电桥测出导体的阻值 R，并测量导体的长度 L、直径 d，最后按式（3.5.4）计算出 ρ 值。

3.5.4　实验内容与步骤

（1）按图 3.5.2 连接好线路（端钮 1、2 处的短路片应拆除）。将 R_P 置于最大阻值位置。检查后合上开关，调整电源电压到 20V 左右，调整 R_P，使电路中的电流约为 2A。

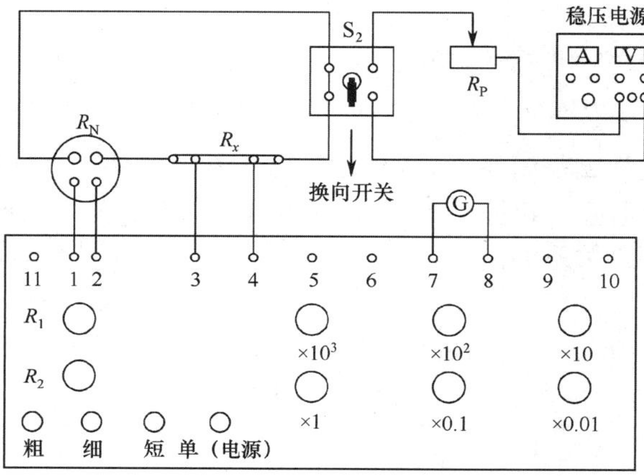

图 3.5.2　双臂电桥接线图

（2）按表 3.5.1 选择 R_1、R_2 和 R_N 的值。根据铜棒或钢棒的电阻为 0.002～0.006Ω，选择 $R_1 = R_2 = 1000\Omega$，$R_N = 0.001\Omega$。

表 3.5.1　双臂电桥参数选择表

R_x/Ω		R_N/Ω	$R_1 = R_2/\Omega$	调换 R_x 和 R_N 的位置时			
				R_x/Ω		R_N/Ω	$R_1 = R_2/\Omega$
从	到			从	到		
10	100	10	1000	10^{-4}	10^{-3}	10^{-3}	1000
1	10	1	1000	10^{-5}	10^{-4}	10^{-3}	100
0.1	1	0.1	1000	10^{-6}	10^{-5}	10^{-3}	10
0.01	0.1	0.01	1000				
0.001	0.01	0.001	1000				

（3）按下“粗”按钮，调整转动臂读取 R_4 的阻值，使检流计 G 指零。再按下“细”按钮，调整 R_4 使检流计 G 重新指零。记录 R_4 的阻值。

（4）改变电流方向（将 S_2 开关扳到另一侧），重复步骤 3，测出 R_4' 的阻值。

（5）用式（3.5.3）计算待测电阻 R_x 的值，并用钢卷尺测量铜棒或钢棒的长度 L，用游标卡尺测量铜棒或钢棒的直径 d（在不同位置测 5 次）。

（6）计算铜棒或钢棒的电阻率 ρ、标准误差 σ_ρ 及相对误差 E_ρ。注意，当被测电阻 $R_x < R_N$ 时，应调换 R_N 和 R_x 的位置，即 3、4 端钮接 R_N，1、2 端钮接 R_x，并按 $R_x = \frac{R_2}{R_4}R_N$ 计算。

（7）注意事项如下：

- 接线前，应清洁被测导体的表面，连接用导线应短而粗，各接头要干净、接牢，避免接触不良。
- 钢棒电阻为 0.002～0.006Ω，当比率臂电阻取值较大时可能检测不到电流，但不能证明桥路已平衡，可适当减小比率臂电阻或更换标准电阻。
- 连线时，不能接通直流稳压电源。
- 测量时，先“粗”调，后“细”调，采用跃接法。

3.5.5 数据处理

（1）将双臂电桥测量的低值电阻值填入表 3.5.2。

表 3.5.2 导体铜棒电阻的测量

电流方向	R_4/Ω	R_2/Ω	R_N/Ω	R_x/Ω
正　向				
反　向				

① $\overline{R_4} = \frac{R_4+R_4'}{2}$，$\Delta_{R_4} =$ ______，$\sigma_{R_4} = \Delta_{R_4}/\sqrt{3} =$ ______。

电桥准确度等级 $a = 0.02$，Δ_{R_4} 为 R_4 的最小步进值，若为×1Ω 挡，则 $\Delta_{R_4} = 1\Omega$，测量结果为

$$R_4 = \overline{R_4} \pm \sigma_{R_4} = \_\_\_\_\_\_,\ R_x = \frac{\overline{R_4}}{R_2}R_N = \_\_\_\_\_\_,\ \sigma_{R_x} = \frac{R_N}{R_2}\sigma_{R_4} = \_\_\_\_\_\_。$$

② 测量结果表达式 $R = R_x \pm \sigma_{R_x} =$ ________。

（2）将导体棒直径的测量值填入表 3.5.3。

表 3.5.3 导体棒直径的测量 单位：cm

d_1	d_2	d_3	d_4	d_5	$\overline{d}$

① $\Delta_{d_{仪}} =$ ____，$\sigma_{d_{仪}} = \Delta_{d_{仪}}/\sqrt{3} =$ ____，$\sigma_{\overline{d}} = \sqrt{\sum v_{d_i}^2 / n(n-1)} =$ ____。

② 测量结果表达式 $d = \overline{d} \pm \sigma_{\overline{d}} =$ ____。

（3）导体棒长 $L =$ ____ ± ____ cm，$\Delta_{L_{仪}} =$ ____ cm，$\sigma_{L_{仪}} =$ ____ cm。

（4）计算导体的电阻率：

$$\rho_{测} = R_x \cdot \frac{\pi \overline{d}^2}{4L} = \_\_\_\_$$

（5）计算导体电阻率的相对误差：

$$E_\rho=\sqrt{\left(\frac{\sigma_{R_x}}{R_x}+a\%\right)^2+\left(\frac{2\sigma_{\bar{d}}}{d}\right)^2+\left(\frac{\sigma_L}{L}\right)^2}=\_\_\_\_$$

（6）计算导体的标准误差：

$$\sigma_\rho=\rho_{测}E_\rho=\_\_\_\_$$

（7）实验结果表达式：

$$\rho=\rho_{测}\pm\sigma_\rho=\_\_\_\_$$

3.5.6 思考题

（1）双臂电桥平衡的条件是什么？

（2）双臂电桥是怎样消除连线电阻、接触电阻的影响的？

（3）四端电阻的电流端和电压端是如何区分的？

（4）用图 3.5.2 所示的双臂电桥测量时，若被测低值电阻的两个电压端的引线电阻较大（如被测电阻远离双臂电桥，所用引线过细和过长），则对测量的准确度有无影响？

3.5.7 实验拓展

双臂电桥特别适合测量低值电阻，且能更准确地测量金属电阻的温度系数。采用变温法，利用直流双臂电桥测量并绘制铜丝的电阻-温度特性曲线，通过最小二乘法可以得到铜丝的电阻温度系数。

双臂电桥可通过测量两个未知电阻或电容之比来获得物理量的大小。在实际应用中，由于环境温度的变化可能影响双臂电桥的测量结果，需要对电桥进行温度补偿。温度补偿原理是基于金属电阻温度系数的变化来实现的。通过串联校准电阻与测量电阻，调整校准电阻的阻值来抵消温度变化引起的误差，可以保证双臂电桥的测量结果在不同温度下的稳定性。

3.6 静电场的模拟

玳瑁吸衣若。

——中国最早关于静电记录的文献《春秋·考异邮》

在工程技术上，常常需要知道由电极系统决定的电场分布情况。例如，为了研究电子束在示波管中的聚焦和偏转，需要知道示波管中的电场分布情况。一般来说，静电场的分布情况可用解析法、数值求解法或模拟实验法求得。

规则带电体的对称性电场分布可由高斯定理（解析法）求得，但在实际工作中，这种由规则带电体构成的电场往往是很少的。对电极边界可用数学方式描述但难以用解析法求得的电场分布，原则上可依据一定的计算程序用计算机求近似解。对某些难以再现和难以直接观察或测量的物理过程，模拟法通过另一种相似的物理过程来再现其类似的性质。模拟法分为几何模拟、数学模拟和物理模拟。几何模拟是指外观形态上的模拟，如 DNA 分子的双螺旋结构。数学模拟要求模拟量与原型有相似的数学形式。物理模拟要求模型与原型有相同的物理性质，它们服从同一物理规律，并用相同的数学关系描述。

对于复杂带电体的电场分布，利用电压表直接测量静电场的电势是不可能的，因为电压表或其他探测器放在电场中时，因静电感应必然会使原场源电荷分布发生变化，进而使电场发生严重畸变。因此，要选择模拟法进行方便而有效的研究。尽管静电场的直接测量是难以进行的，但可测量电流场的电位分布来模拟静电场中的电位分布，虽然模拟法精度不是很高，但对一般工程设计而言已基本满足要求。

3.6.1 实验目的

（1）学习用稳恒电流场模拟静电场的原理和方法。

（2）加深对电场强度和电位概念的理解。

（3）测绘点状电极、同心圆电极、平行板电极的电场分布情况。

3.6.2 实验仪器

电场测绘电源、同心圆水槽电极、平行板水槽电极等。

3.6.3 实验原理

带电体的形状较复杂，其周围的静电场的分布情况很难用理论方法进行计算。同时，仪表（或其探头）放入静电场时，总会使被测场的原有分布状态发生畸变，不可能用实验手段直接测绘真实的静电场。本实验采用模拟法，通过点状电极、同心圆电极、平行板电极产生的稳恒电流场分别模拟两点电荷、同轴柱面带电体、平行板电极形状的带电体产生的静电场。

1. 模拟的理论依据

为了克服直接测量静电场的困难，可以仿造一个与待测静电场分布完全一样的电流场，用容易直接测量的电流场去模拟静电场。

静电场与稳恒电流场本是两种不同的场，但两者之间在一定条件下具有相似的空间分布，即两种场遵守的规律在数学形式上相似。对于静电场，电场强度 $\boldsymbol{E}$ 在无源区域内满足以下 积分关系：

$$\oint \boldsymbol{E}\,\mathrm{d}\boldsymbol{S}=0, \qquad \oint \boldsymbol{E}\,\mathrm{d}\boldsymbol{l}=0$$

对于稳恒电流场，电流密度矢量 $\boldsymbol{J}$ 在无源区域内也满足类似的积分关系：

$$\oint \boldsymbol{J}\,\mathrm{d}\boldsymbol{S}=0, \qquad \oint \boldsymbol{J}\,\mathrm{d}\boldsymbol{l}=0$$

由此可见，$\boldsymbol{E}$ 和 $\boldsymbol{J}$ 在各自的区域内遵从的物理规律有同样的数学表达形式。当稳恒电流场空间均匀且充满电导率为 σ 的不良导体时，不良导体内的电场强度 $\boldsymbol{E}'$与电流密度矢量 $\boldsymbol{J}$ 之间遵循欧姆定律：

$$\boldsymbol{J}=\sigma\boldsymbol{E}'$$

因此，$\boldsymbol{E}$ 和 $\boldsymbol{E}'$在各自的区域内也满足同样的数学规律。在相同的边界条件下，由电动力学的理论可以严格证明：具有相同边界条件的相同方程，解的形式也相同。因此，可以用稳恒电流场来模拟静电场。

2．模拟长同轴圆柱形电缆的静电场

利用稳恒电流场与相应的静电场在空间形式上的一致性，只要保证电极形状一定，电极电位不变，空间介质均匀，则在任何一个考察点均应有“$U_{稳恒}=U_{静电}$”或“$E_{稳恒}=E_{静电}$”。下面以同轴圆柱形电缆的静电场和相应的模拟场——稳恒电流场为例来讨论这种等效性。

如图 3.6.1(a)所示，在真空中有一个半径为 r_a 的长圆柱形导体 A 和一个内径为 r_b 的长圆筒形导体 B，它们同轴放置，分别带等量的异号电荷。由对称性可知，在垂直于轴线的任意一个截面 S 内，都有均匀分布的辐射状电场线，这是一个与轴向坐标无关而与径向坐标有关的二维场。若取二维场中的电场强度 $\boldsymbol{E}$ 平行于 xy 平面，则其等位面为一簇同轴圆柱面。因此，只需研究任何一个垂直横截面上的电场分布即可。距轴心（O）r 处［见图 3.6.1(b)］，各点的电场强度为

$$\boldsymbol{E}=\frac{\lambda}{2\pi\varepsilon_0 r}\boldsymbol{r}_0$$

式中，λ 为 A（或 B）的电场线密度，其电位为

$$U_r=U_a-\int_{r_a}^{r}\boldsymbol{E}\,\mathrm{d}\boldsymbol{r}=U_a-\frac{\lambda}{2\pi\varepsilon_0}\ln\frac{r}{r_a} \qquad (3.6.1)$$

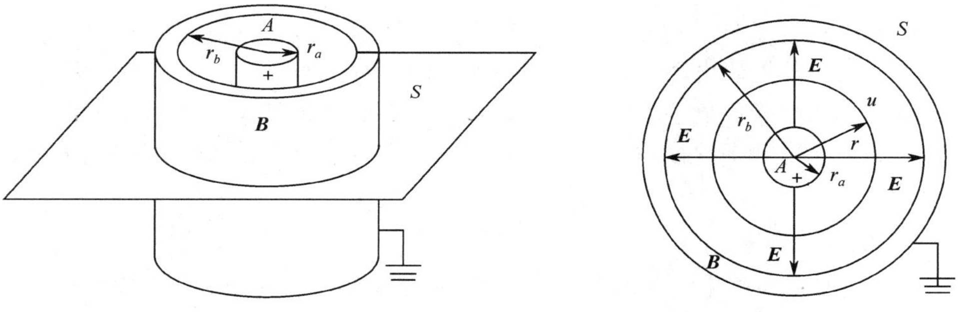

(a)　　　　(b)

图 3.6.1　同轴电缆及静电场分布

若 $r=r_b$ 时 $U_r=U_b=0$，则有

$$\frac{\lambda}{2\pi\varepsilon_0}=\frac{U_a}{\ln(r_b/r_a)}$$

代入式（3.6.1）得

$$U_r=U_a\cdot\frac{\ln(r_b/r)}{\ln(r_b/r_a)} \qquad (3.6.2)$$

距中心 r 处的电场强度大小为

$$E_r=-\frac{\mathrm{d}U_r}{\mathrm{d}r}=\frac{U_a}{\ln(r_b/r_a)}\cdot\frac{1}{r} \qquad (3.6.3)$$

若上述圆柱形导体 A 与圆筒形导体 B 之间不是真空，而是均匀地充满了一种电导率为 σ 的不良导体，且 A 和 B 分别与直流电源的正负极相连（见图 3.6.2），则在 A 和 B 间将形成径

向电流，并建立一个稳恒电流场 E_r'。可以证明，不良导体中的稳恒电流场 E_r' 与原真空中的静电场 E_r 是相同的。

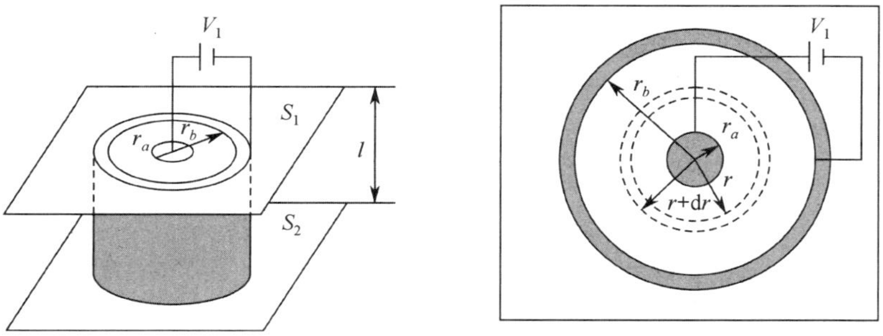

(a) (b)

图 3.6.2　同轴电缆的模拟模型

取高度为 t 的圆柱形同轴不良导体片来研究。设材料的电阻率为 ρ（$\rho=1/\sigma$），则从半径为 r 的圆周到半径为 $r+\mathrm{d}r$ 的圆周之间的不良导体薄片的电阻为

$$\mathrm{d}R=\frac{\rho}{2\pi t}\frac{\mathrm{d}r}{r}$$

半径 r 和 r_b 之间的圆柱片的电阻为

$$R_{rr_b}=\frac{\rho}{2\pi t}\int_r^{r_b}\frac{\mathrm{d}r}{r}=\frac{\rho}{2\pi t}\ln\frac{r_b}{r}$$

由此可知，半径 r_a 和 r_b 之间圆柱片的电阻为

$$R_{r_ar_b}=\frac{\rho}{2\pi t}\ln\frac{r_b}{r_a}$$

设 $U_b=0$，则径向电流为

$$I=\frac{U_a}{R_{r_ar_b}}=\frac{2\pi tU_a}{\rho\ln(r_b/r_a)}$$

距中心 r 处的电位为

$$U_r=IR_{rr_b}=U_a\frac{\ln(r_b/r)}{\ln(r_b/r_a)} \tag{3.6.4}$$

则稳恒电流场 E_r' 为

$$E_r'=-\frac{\mathrm{d}U_r'}{\mathrm{d}r}=\frac{U_a}{\ln(r_b/r_a)}\cdot\frac{1}{r} \tag{3.6.5}$$

可见式（3.6.4）与式（3.6.2）具有相同的形式，说明稳恒电流场与静电场的电位分布函数完全相同，即柱面之间的电位 U_r 与 $\ln r$ 均为直线关系，且 U_r/U_a 即相对电位仅是坐标的函数，而与电场电位的绝对值无关。显然，稳恒电流场 $\boldsymbol{E}'$ 与静电场 $\boldsymbol{E}$ 的分布也是相同的。

3．模拟条件

用稳恒电流场模拟静电场的条件可归纳为如下三点。

（1）稳恒电流场中的电极形状应与被模拟静电场中的带电体的几何形状相同。

（2）稳恒电流场中的导电介质应是不良导体，其电导率分布均匀，且满足电极的 σ 远大于导电质的 σ 才能保证电流场中的电极（良导体）的表面也近似为一个等位面。

（3）模拟所用电极系统与被模拟静电场的边界条件相同。

4．仪器工作原理

（1）描绘仪电源。

描绘仪电源可提供交流 0～20V 的连续可调电压。

（2）水槽电极。

水槽电极将不同形状的金属电极固定在由有机玻璃制成的水槽内，金属电极上有一对接线孔，可与电源的两极相连。有机玻璃水槽底部贴有坐标纸。本实验使用平行板电极、同心圆电极。

5．仪器使用方法

（1）在水槽中装适量的自来水后，放在实验台上（要求放正、放平）。然后接好电源与电极、电源与探针之间的连线。注意，电源输出电压的两个接线端分别与电极接线孔相接，输入接线端接孔与探针接线柱相接。

（2）在打开描绘仪电源前，要将“测量选择”开关旋到输出电压端，然后打开电源开关并调整“电压调整”旋钮，使电压表的示数达到 12.00V。

3.6.4　实验内容与步骤

1．熟悉仪器

熟悉电极、电场测绘电源等仪器的使用方法。

2．测量

（1）选取待测电场分布的电极板，为减小介质不均匀造成的误差，要求放置电极板时要水平。可在电极板槽中先加入少量水，将电极板垫平后，加水至电极高度的 1/2。

（2）将静电场电源输出接线孔“+”（红色）接到水槽电极接到线孔一，将“–”（黑色）接水槽电极接到线孔二。将探针接线端插入电源输入“+”（红色）接线孔。

（3）打开静电场电源开关，调整“电压调整”旋钮，使输出为 12.00V，此时导电介质中就建立了模拟电场。

（4）在记录坐标纸上依据电极板内电极的坐标位置画出待测电极等比例的平面图（自带制图工具）。

（5）用探针测量电位为 2.00V、4.00V、6.00V、8.00V、10.00V 时的等位线（平行板电极可选择测量电位为 3.00V、6.00V、9.00v 时的等位线）。对于每条等位线，用探针在电极板内选取 8 个电位相同的点。测量时，探针要与水面垂直；读数时，视线要与探针重合。读取探针所指的坐标，在记录纸上记录对应的点，过这八个点的线就是该电位的等位线轨迹。作等位线时，不必通过每一点，要兼顾曲线光滑，作等位线后要标注该等位线的电位值。然后，移动探针，找出其他电位的等位线轨迹。利用所绘的等位线，绘出电场线，就可得到电场分布图。

（6）关闭电源，拆除连接线，整理实验台。

3．注意事项

（1）两电极间的电压调为 12.00V 后，在测量过程中要保持不变。

（2）水槽电极放置时位置要端正、水平，避免等位线失真。

（3）使用探针时，应轻移轻放，避免变形，不致使探测点与描绘点不对应。

（4）实验结束后，将水槽中的水倒掉并将其倒扣放置，避免电极氧化生锈。

3.6.5 数据处理

（1）理想情况下，在同心圆电极坐标纸上绘出的等位线应是以轴线为中心的同心圆，但因为电极与介质的接触电阻各处不可能完全相等，圆心会偏离真值，所以只能找出实验得到的圆心和半径。可用下述方法寻找：首先根据测量点的分布，用几何方法寻找一个位置合适的点为圆心，然后用米尺量圆心到各点的距离，并对相同电位的各测量点求出距离的平均值和标准差（均方根差）。如果测量的标准差不大于实验室给出的上限，那么平均值就是该等位线的半径。否则，重新找圆心，直到结果满意为止。

（2）以 $X = U_r$ 为横坐标、以 $Y = \ln r$ 为纵坐标作图，得到的是一条直线，求出直线的截距和斜率，进而求出 r_a、r_b，再与实际电极的半径相比较，分析误差来源。

（3）根据电场线与等位线正交的关系，画出同心圆电极、平行板电极的电场线。

3.6.6 思考题

（1）实验中为何要选用水介质？理想状态应选择怎样的水介质（自来水、纯净水、蒸馏水等）？

（2）为减少作图误差，测量时应注意些什么？

（3）当同轴柱面两个电极间的电压增大时，等位线与电场线的形状是否发生变化？电场强度和电位是否改变？为什么？

（4）影响测量结果的因素有哪些？

3.6.7 实验拓展

模拟法是科学研究和工程技术上很重要的实验方法。例如，对于风洞模拟实验，模拟法是在风洞中安置飞行器或其他物体模型，研究气体流动及其与模型的相互作用，进而了解实际飞行器或其他物体的空气动力学特性的一种空气动力实验模拟方法。

风洞是地面上的人造天空。任何飞行器和现代化兵器在进行实弹发射前，必须进行大量的风洞实验，有了可靠的实验数据后，才能进行试飞和发射。2023 年，我国在北京怀柔科学城建成了 JF-22 超高速风洞实验室，它是世界上最先进的风洞实验室，全长 167 米，可实现 30 马赫的超高速气流。

静电场

3.7 直流电位差计测量热电偶温差电动势

独立思考能力是科学研究和创造发明的一项必备才能。

——华罗庚

直流电位差计是依据补偿原理设计制造的精密测量仪器。它不仅用来精确测量电动势、电压、电流、电阻等，还用来校准精密（如 0.2 级和 0.1 级）电表和直流电桥等直读式仪表，在非电量（如温度、压力、位移和速度等）的电测法中也占有重要地位。

使用直流电位差计进行测量时，要将一个未知电压（电动势）与电位差计（经过校准）上的已知电压进行比较，使被测未知电压回路无电流通过，进而测出未知电压。测量结果仅依赖于精度极高的标准电池、标准电阻和高灵敏度检流计。由于测量精度可达 0.01%以上，电位差计在精密测量中得到了广泛应用。

3.7.1 实验目的

（1）掌握直流电位差计的工作原理（补偿原理）。

（2）学会调整和使用直流电位差计的方法。

（3）了解热电偶原理及热电偶温度计的应用，并且测量不同温差的电动势。

（4）掌握采用作图法求物理参量的方法。

3.7.2 实验仪器

UJ-31 型电位差计、FB204A 型标准电势与待测电势、指针式直流检流计、DHT-2 型多挡恒流控温实验仪等。

3.7.3 实验原理

1. 热电偶原理

将两种不同金属（导体）连接成闭合回路（点焊接或熔接），即构成一个热电偶，如图 3.7.1 所示。将它们的两个接点分别置于温度为 T_2 和 T_1（$T_2>T_1$）的环境中，回路内就会产生热电动势。这种现象称为*热电效应*或*温差电效应*。热电偶就是基于这种效应来测量温度的。

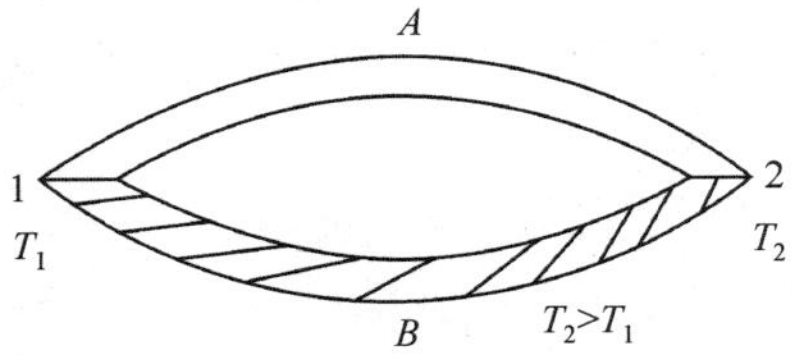

图 3.7.1 热电偶

当两种不同金属 A 和 B 接触时，由于它们的电子逸出电势 u_A、u_B 和自由电子数密度 n_A、n_B 不同，电子发生相向迁移，在一种金属中电子过剩，而在另一种金属中电子不足，使得接触面两边出现电位差。按理论计算，接触电位差 V_{AB}（假设 $u_B>u_A$、$n_A>n_B$）为

$$V_{AB}=u_B-u_A+\frac{kT}{e}\ln\frac{n_A}{n_B} \tag{3.7.1}$$

式中，k 为玻尔兹曼常数，e 为电子电量，T 是接触点的热力学温度。

当将热电偶的两个接触点置于相同的温度下时，两个接触面（点）之间的接触电位差等值而反向，因此闭合回路中的电位差总和（代数和）等于 0。当两个接触点的温度不同时，两个接触面（点）之间的电位差虽然反向但不等值，因此闭合回路中的总电位差不等于 0。由式（3.7.1）可知

$$V_{AB}^{(1)} = u_B - u_A + \frac{kT_1}{e}\ln\frac{n_A}{n_B}$$

$$V_{AB}^{(2)} = u_B - u_A + \frac{kT_2}{e}\ln\frac{n_A}{n_B}$$

则回路中的温差电动势 ε_T 为

$$\begin{aligned}\varepsilon_T &= V_{AB}^{(2)} - V_{AB}^{(1)} = u_B - u_A + \frac{kT_2}{e}\ln\frac{n_A}{n_B} + u_A - u_B - \frac{kT_1}{e}\ln\frac{n_A}{n_B} \\ &= \frac{kT_2}{e}\ln\frac{n_A}{n_B} - \frac{kT_1}{e}\ln\frac{n_A}{n_B} \\ &= \frac{k}{e}\ln\frac{n_A}{n_B}\left(T_2 - T_1\right)\end{aligned} \tag{3.7.2}$$

由此可见，在温差变化不大的情况下（不同的热电偶有不同的变化范围），温差电动势 ε_T 与两个接触点的温差 $T_2 - T_1$ 成正比。C 称为温差电系数（或电偶常数），它只与两种金属的性质有关，数值上等于两个接触点温度为 1℃时产生的温差电动势，单位一般为毫伏/度。热电偶是一种传感器，它可将非电量参数温度转换为电量参数电动势。热电偶是自动检测温度（热电偶温度计）的重要仪器。用热电偶检测温度的前提是，热电偶产生的温差电动势 ε_T 与温差 $T_2 - T_1$ 的关系已经确定。这时，只要使一个接触点的温度 T_1 为定值（0℃或室温），另一个接触点放到待测温度处，测出相应的温差电动势 ε_T，就可根据 $\varepsilon_T \sim \Delta T$ 曲线查出相应的待测温度 T_2，或者用电子毫伏表直接显示 ε_T 的值，并在仪表上直接读出相应的待测温度；也可将 ε_T 直接输入计算机进行温度自动控制。

2. 补偿原理

当用电压表测量电源电动势时，测量结果只是端电压，而不是电动势。将电压表并联到电源两端时，有电流 I 通过电源内部。电源有内阻 r，电源内部存在电压降 Ir，因此电压表的指示值仅是电源端压（$u = E_x - Ir$）的大小，它小于电动势。显然，仅当 $I = 0$ 时，电源的端电压 u 才等于电动势 E_x。

怎样才能使电源内部没有电流通过而又能测量电源的电动势呢？

设有一个电动势可以连续调整的标准（已知）电源 E_0，将它与待测电源 E_x 的正极和正极相连、负极和负极相连，在回路中串联一个高灵敏度检流计 G，如图 3.7.2 所示。检流计 G 用于检测电源回路是否有电流通过（或判别电流方向）。在任意状态下，可能出现如下三种情况之一。

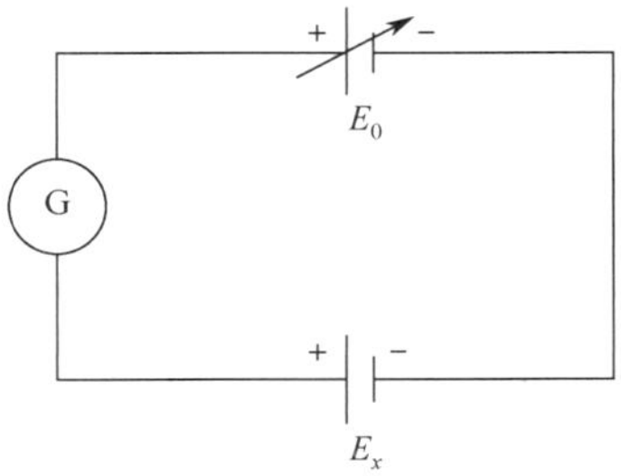

图 3.7.2　补偿原理

① 当 $E_0 > E_x$ 时，G 中有从上向下流动的电流（光点向一侧偏转）。

② 当 $E_0 < E_x$ 时，G 中有从下向上流动的电流（光点向另一侧偏转）。

③ 当 $E_0 = E_x$ 时，两个电源的电动势大小相等，互为补偿。电路中无电流通过，即检流计光点不偏转，电路达到平衡，待测电源的电动势 E_x 已被可调标准电源的电动势 E_0“补偿”。在这种“补偿”状态下，若已知 E_0 的大小，就可确定 E_x 的大小。这种测量电源电动势的方法称为补偿法（其原理称为补偿原理）。

实际的电位差计通过如图 3.7.3 所示的电位差计电路获得连续可调（已知）的标准电源 E_0。将稳定的电源 E 与变阻器 R_P、电阻丝 AB 连成一个回路（称为辅助回路）。当有电流 I 通过回路时，就在电阻丝 AB 上产生一个均匀且稳定的电位差。调整变阻器 R_P 可以改变回路中电流 I 的大小，进而改变电阻丝 AB 两端的电位差。现在的关键是要准确标定 AB 上的电位差。

首先将开关 S_2 倒向 1，于是标准电池 E_s 通过检流计 G 及 C、D 接触点与工作回路连成补偿回路。C、D 是可在电阻丝 AB 上任意滑动的接触点。调整 C、D，使检流计的指示值为 0，则有 $u_{CD} = E_s$。假设这时 C 和 D 之间的电阻为 R_s，得出 C 和 D 之间单位电阻上的电位差为 E_s/R_s（电位差计的工作电流 I）。接着将开关 S_2 倒向 2，接入待测电池 E_x，调整 C、D 的位置（这时不可调整电阻器 R_P，否则电位差计的工作电流不等于 E_s/R_s）。当接触点位于 C'、D'（设 $C'D'$间的电阻为 R_x）时，检流计的指示值为 0，待测电池的电动势 E_x 为

$$E_x = IR_x = \frac{E_s}{R_s} \cdot R_x \tag{3.7.3}$$

由式（3.7.3）可知，若电位差计中的电阻 R_s 与 R_x 都用 E_s/R_x（单位电阻值的电压降，即工作电流 I）来标定，且标定值刻在电位差计相应的旋钮上，则测量时只要调到平衡状态（补偿状态），就可直接从电位差计上的相应旋钮读出 E_x 的值。

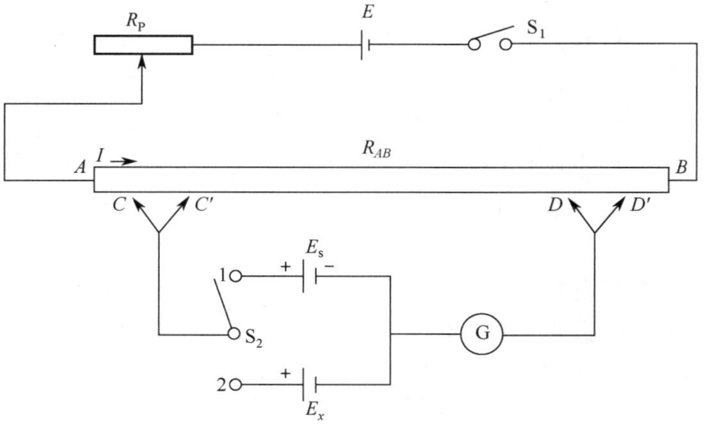

图 3.7.3　电位差计电路

3. 仪器工作原理

UJ31 型电位差计是一种低电位、双量程的箱式电位差计，是根据补偿原理设计制造的，是专门用于测量电位差或电动势的精密仪器，其测量范围为 0～171mV。配用直流标准电阻，可以测量电流和电阻，配用各种换能器还可进行非电量测量。UJ31 型电位差计使用 5.7～6.4V

的直流稳压电源，总工作电流为 10mA（10mA/Ω），测量准确度等级为 0.05。UJ31 型电位差计的工作原理图如图 3.7.4 所示。

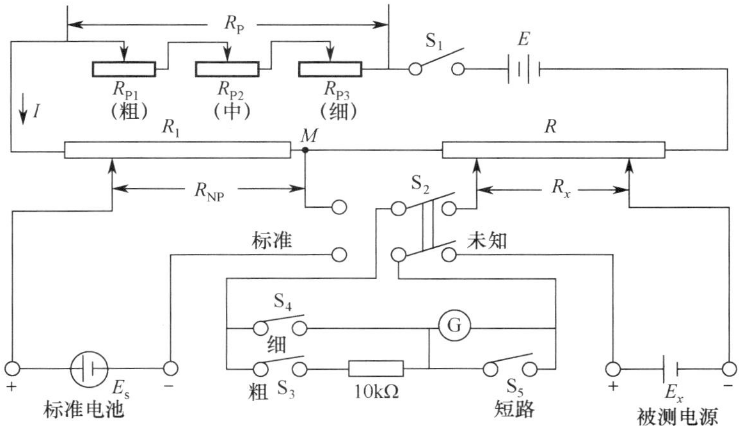

图 3.7.4　UJ31 型电位差计的工作原理图

图中，E_s 为标准电池的电动势，E_x 为被测电动势，R_P 为工作电流调整（盘）电阻，R_{NP} 为调定电阻（标准电阻），R_x 为读数盘电阻，E 为工作电源，S_1 为电源及量程转换开关，S_2 为检流计转换开关，I 为工作电流，G 为检流计。UJ31 型电位差计主要由三部分组成：

① 工作电流调整回路，主要由 E、S_1、R_P、R、R_1 组成。

② 校正工作电流回路，主要由 E_s、R_{NP}、G、S_2～S_5 组成。

③ 待测回路，主要由 E_x、G、R_x、S_2～S_5 组成。

这三部分是一个有机的整体，缺少任何一部分都无法测量电动势或电压等。

要直接从电位差计上读出待测电动势 E_x 或电压 U_x，需要事先使用标准电池的电动势来校准电位差计的工作电流，其实质是将电位差计内部的电压降校准到与外部旋钮的标值电压一致。例如，假设测量时的室温为 t（℃），温度修正后得标准电池的电动势为 1.0183V，则在标准电阻 R_1 上选取 R_{NP} 为 101.83Ω（选取 R_{NP} 旋钮标值读数为 1.0183V），接通开关 S_1，然后将 K_2 拨到校准位置，并且分别按下“粗”和“细”按钮，再仔细调整 R_P（粗、中、细）直至检流计不再偏转为止。显然，这时工作电流回路中的电流大小为

$$I_0 = \frac{E_s}{R_s} = \frac{1.0183}{101.83} = 0.010000\ \text{A}$$

且保持不变（工作电流标准化）。因此，待测回路中精密电阻箱 R 上的电压降 $U = 0.010000R$ 伏，每欧姆上的压降为 0.010000V（10.000mV/Ω），在待测回路中调整 R_x 的测量盘 A_1、A_2、B 上的读数就是根据 10.000mV/Ω 刻度标出的，因此当待测回路处于完全被补偿的状态时，可直接从测量旋钮电压标值读出待测的电动势或电压。

3.7.4　实验内容与步骤

（1）按图 3.7.5 连接线路，将热电偶的冷端放入冰水混合物，记录热电偶冷端的水温 T_1（冰水混合物的温度为 0℃）。

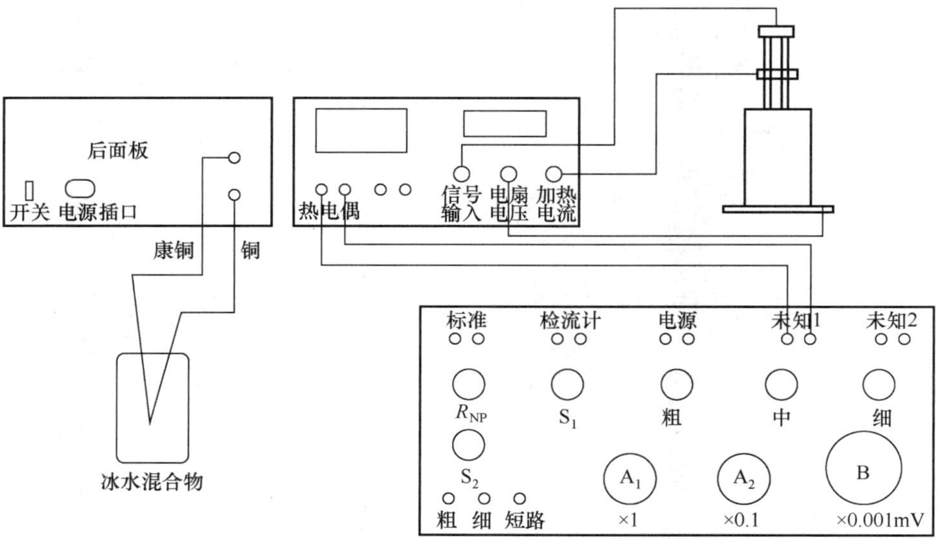

图 3.7.5　实验装置实物图

（2）标准电势和电源用“FB204A 型标准电势与待测电势”，标准电势的值一般选为 1.0186V（仪器上的标准电势值对准位置 60），电源选为 6V。

（3）用标准电池校正电位差计。开关 S_2 旋至“标准”挡，开关 S_1 置于“×1”挡，将旋钮 R_{NP} 旋至 E_1 值（1.0186V）位置。用“跃试法”按下 S_3 的“粗”开关，接通检流计（接通校正回路），根据指针偏转方向与速度适当调整 R_{P1}（粗）、R_{P2}（中），使检流计指针指零，再按下“细”开关，调整 R_{P3}（细），使检流计再次指零；此时，电路达到平衡状态（补偿状态），回路中的工作电流标准化，电位差计内部电路的电压降与外部旋钮的刻度完全一致，完全可用旋钮的示值来测量未知电动势（电压）。

（4）将开关 S_2 置于“未知”挡。接通 DHT-2 型多挡恒流控温实验仪，开始加温。此时按下“粗”开关，调整测量盘 A_1、A_2，使检流计指零，再按下“细”开关，仔细调整测量盘 A_2、B，使检流计再次指零。此时，测量盘 A_1、A_2、B 的读数总和为 T_2 时的温差电动势 ε_T 的值。

（5）分别测出不同温度时的温差电动势。每隔 5℃左右测量一次，每次测量时要记录 T_2 和对应的 ε_T 值，一直测量到 100℃左右，要求不低于 95℃和不超过 100℃。

（6）注意事项。

① 热学仪开机后，打开“加热电流”开关，调整“加热电流”电位器，就可正常进行实验，不要更改参数设置。

② 连线时要注意正负极线不能接反。

③ 对于带“电计”开关的检流计，实验时要将该开关按下。

3.7.5　数据处理

（1）以 ε_T 为纵坐标、以 T_2-T_1 为横坐标在坐标纸上作出定标曲线。

（2）用作图法求出温差电系数 C 的值。

3.7.6 思考题

（1）使用电位差计时，为何要用标准电池来校准工作电流？标准电池的电动势不准确（偏大或偏小）对测量结果有何影响？

（2）电位差计可实现高精度测量的依据是什么？

（3）简述电位差计中控制检流计工作的开关“粗”“细”和“短路”的作用与操作方法。

3.7.7 实验拓展

电位差计可用于测量电阻。使用电位差计、电阻箱和直流稳压电源和开关等常见电学实验仪器，设计测量未知电阻的电路。提示：如图 3.7.6 所示，R_x 为待测电阻，R_N 标准电阻，E 为电源，R_P 为滑线电阻器。闭合开关 S 后，流经 R_x 和 R_N 的电流相等。若能测出 R_x 和 R_N 两端的电压 U_x 和 U_N，则可求得待测电阻为

$$R_x = \frac{U_x}{U_N} \cdot R_N$$

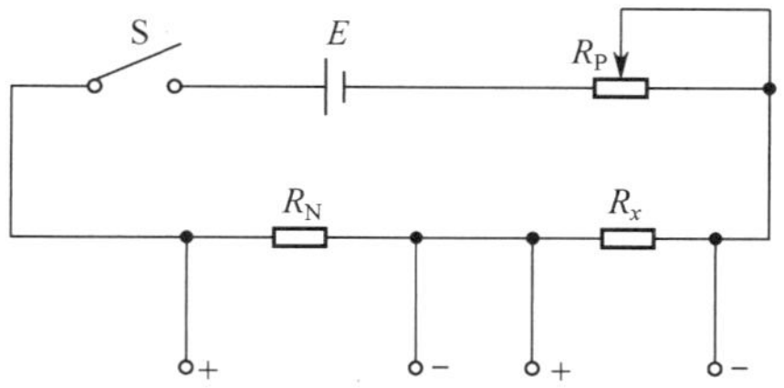

图 3.7.6 电位差计测电阻参考图

3.8 示波器的调整及应用

想象远比知识重要，知识有涯，而想象能怀抱整个世界。

——爱因斯坦

电子示波器是一种应用广泛的电子仪器，它既可形象地显示各种电信号的波形图，又可通过变换器（或传感器）将各种非电量（温度、压力、位移、湿度、光强或磁场等）转换成电学量并显示。电子射线的惯性极小，示波器扫描发生器的频率较高（最高可达几百兆赫兹），y 轴和 x 轴放大器的增益很大，输入阻抗高，因此示波器最适合观察与测量短时间内发生的现象（信号）的细微过程，对被测试系统影响小。它显示的图形具有很好的直观性、真实性与瞬时性。本实验通过调整示波器，观察信号波形、测量信号幅度及信号频率等内容，初步了解示波器的构造、原理、调整及使用方法。

3.8.1 实验目的

（1）初步了解示波器的构造及其原理。

（2）初步掌握示波器的调整和使用，学会使用函数信号发生器的基本方法。

（3）掌握使用示波器观察交变电压信号的波形、测量幅值/频率以及使用李萨如图形测量频率的方法。

（4）掌握使用示波器测量两个相同频率简谐信号相位差的原理与方法。

3.8.2 实验仪器

双踪示波器、信号发生器、移相器等。

3.8.3 实验原理

电子示波器的种类繁多，根据示波器性能和结构的不同，可分为通用示波器、多束示波器、采样示波器、记忆存储示波器等，其中，通用示波器的应用最广泛。示波器显示波形的基本原理简述如下。

1. 电子射线示波管的结构

电子射线示波管是示波器显示图形的重要器件，是一个抽成高真空的玻璃泡，如图 3.8.1 所示。玻璃泡内各部件按功能分为三个组成部分。

（1）*电子枪*。由灯丝（H）、阴极（K）、栅极（G）、第一阳极（A_1）和第二阳极（A_2）组成，主要功能是发射一束强度可以调整且经过聚焦的高速电流。

（2）*偏转板*。在电子枪的正前方安置两对互相垂直的偏转板，当在偏转板上加电压 U 时，极板建立的电场会使电子束偏转，荧光屏上的光点位置会发生偏移。

（3）*荧光屏*。示波管的显示部分，当高速电子流打到荧光屏上时，荧光屏上涂覆的荧光物质会发亮，显示光点的轨迹。

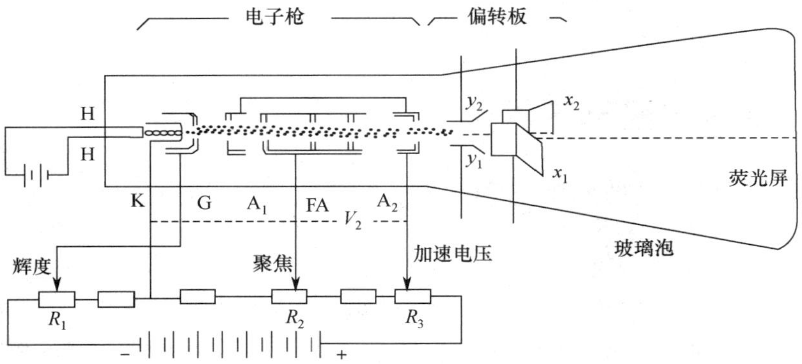

图 3.8.1 电子射线示波管的结构图

2. 图形显示的基本原理

使用示波器显示的图形分为两种：一种是随时间变化的信号，另一种是任意两个变量 x 与 y 的关系图。示波器的作用是显示随时间变化的图形（时域分析）以及扫描和整步。

（1）扫描的概念。

在示波管垂直偏转板 y_1-y_2 上加交变电压 $U_y = U_0\sin\omega t$ 时，电子只在荧光屏垂直方向获得一条竖直的亮线，这显然不能反映 U_y 的变化规律。在水平偏转板 x_1-x_2 上加一个扫描电压 $U_x = Kt$（K 为常数），即 U_x 是一个随时间线性增大（或减小）的电压时，电子束同时在水平方向上获得与时间成正比的偏转。于是，光点在荧光屏上的位置变为由 U_x 与 U_y 的大小和相位关系（它们的合成图形）来决定。

如图 3.8.2 所示，与线性电压 U_x 的 $0\to8'$ 相对应，在荧光屏上显示出 $0\to8''$ 的图形。由于 U_x 线性电压的作用，将 U_y 电压随时间变化的规律显示在荧光屏上。该线性电压称为*扫描电压*。扫描电压的作用和特点是：当扫描电压从起点（开始）线性增大时，荧光屏上的光点从左端开始线性向右端扫描（称为*正扫描*），当扫描电压达到最大值（光点到达最右端）时，又从右端迅速返回左端（称为回扫描），这就完成了一次扫描过程，之后不断重复同样的过程，扫描电压波形如图 3.8.3 所示，其形状像锯齿，故称锯齿波电压。

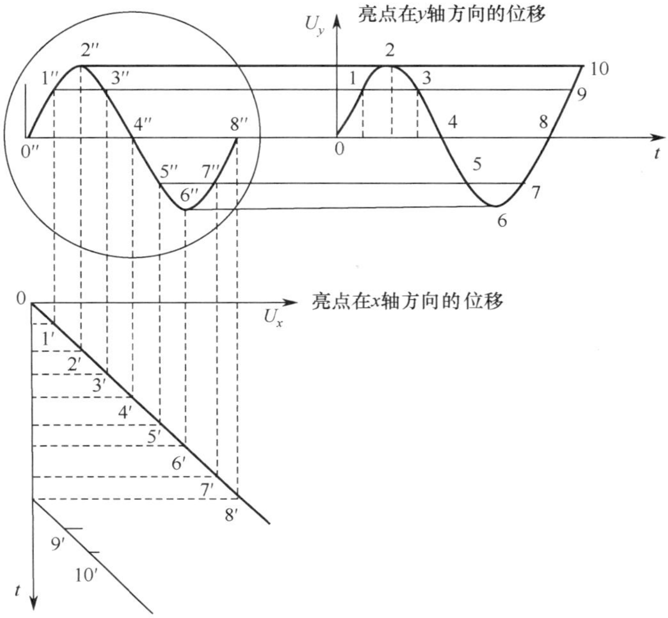

图 3.8.2　采用扫描观察正弦波图形

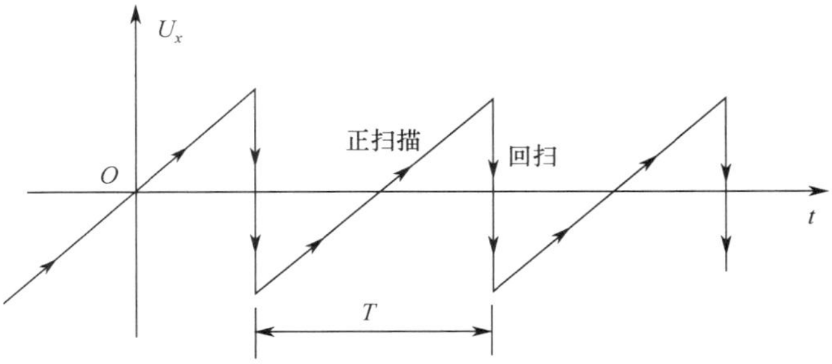

图 3.8.3　扫描电压波形（理想锯齿波）

要观察与分析图形，首先要得到一个稳定的图形，但如何获得稳定的图形呢？从上面的分析可知，当正弦电压 U_y 的周期 T_y 和扫描电压的周期 T_x 相同时，光点在扫描一个完整的正弦后，立即返回到初始位置，然后沿原来的轨迹重新描绘。于是，在荧光屏上将看到一条稳定的正弦曲线。当 $T_x = 2T_y$ 时，不难看出此时荧光屏上将显示两个完整的正弦波。当

$$T_x = nT_y \tag{3.8.1}$$

时，荧光屏上将显示 n 个完整且稳定的正弦波。当式（3.8.1）用频率表示时，可记为

$$f_y = nf_x \tag{3.8.2}$$

显然，仅当 T_x 与 T_y（或 f_x 与 f_y）的关系严格满足式（3.8.1）[或式（3.8.2）] 时，才能使光点在每个周期内的相应时刻与荧光屏上对应的位置严格重合，即每次扫描都从 U_y 波形

的同一相位点开始（初相位相同），才能使每次扫描出现的图形完全重合并保持稳定。否则，图形将乱七八糟或者前后“跑动”。

为了观察各种频率的信号，扫描频率必须连续可调。但是，将扫描频率 f_y 与 f_x 调成整数倍后，由于它们是独立的信号源，如果它们的频率有些微小变化，图形的稳定性就会被破坏。要消除这种现象，就要在待测电压与扫描电压之间建立某种联系。为此，示波器一般采取整步方法，即把待测信号分出一部分作为整步电压（内整步）加到扫描发生器上，强迫电压振动频率与整步电压频率保持某个整数倍关系，进而使图形稳定。另一种方法是采用触发扫描来确保每次扫描均在被观察信号波形的同一相位点开始，进而获得稳定的图形。

（2）信号与扫描电压的同步。

当扫描电压的周期 T_n 是被观察信号周期的整数倍时，扫描的一个周期描绘的波形与前一周期的完全相同，荧光屏上得到清晰而稳定的波形，这称为*信号与扫描电压同步*。

图 3.8.4 所示为扫描电压与被测信号同步的情况。图中 $T_n = 2T_n$，在时间 8 扫描电压由最大值回到零，这时被测电压恰好经历了两个周期。当荧光点沿轨迹 8→9→10 移动时，重复上一扫描周期光点沿轨迹 0→1→2 移动的轨迹，得到稳定的波形。

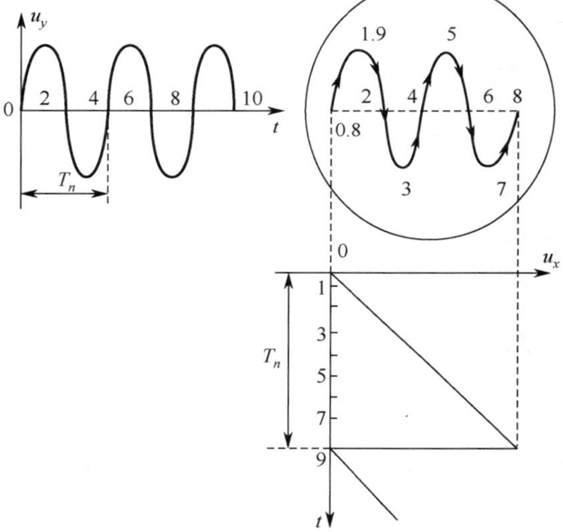

图 3.8.4　扫描电压与被测信号同步的情况

如果没有这种稳定的同步关系，那么后一扫描周期描绘的图形与前一扫描周期描绘的图形不重合，如图 3.8.5 所示。在图 3.8.5 中，$T_n = \frac{5}{4}T_z$，第一个扫描周期开始，光点沿轨迹 0→1→2→3→4→5 移动，扫描结束后，光点迅速从 5 回到 0′，接着开始第二个扫描周期，光点沿轨迹 0′→6→7→8→9→10 移动，即不能与第一次扫描的轨迹重合。这样，每次看到的波形就如图中的实线所示，而第二次看到的波形则如图中的虚线所示，感觉波形正在从右向左移动，也就是说，显示的波形不再稳定。可见，保证扫描电压周期是被观察信号周期的整数倍（保证同步关系）非常重要。

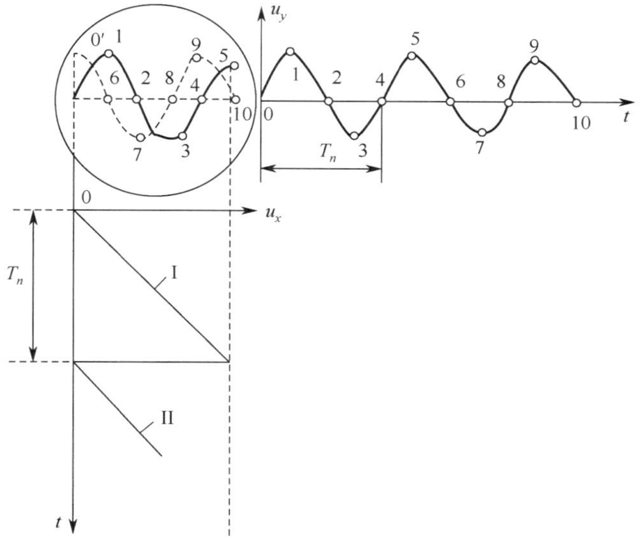

图 3.8.5　扫描电压与被测电压不同步的情况

实际上，扫描电压由示波器本身的时基电路产生，而与被测信号无关。为此，常用被测信号产生一个同步触发信号，以控制示波器时基电路中的扫描发生器，迫使它同步；也可使用外加信号产生同步触发信号，但该外加信号的周期应与被测信号有一定的关系。

（3）连续扫描和触发扫描。

以上所述为观察连续信号的情况，这时扫描电压也是连续的。所谓连续扫描，是指扫描电压是周期性的锯齿波电压，其重复周期为T_n。连续扫描的特点是产生锯齿波电压的扫描发生器是连续工作的。在这个扫描电压作用下，光点在荧光屏上连续扫描，也就是说，即使没有外加信号，在荧光屏上也能显示一条时间基线。

在时域测量中，连续扫描主要用来观察连续信号的波形（获得稳定图形的条件是扫描电压周期T_n等于信号电压周期的整数倍）。观察脉冲过程时，往往感到连续扫描不再适用，在研究脉冲持续时间与重复周期之比（占空比τ/T_s）很小的脉冲过程中，问题更加突出。

利用触发扫描可解决脉冲波形示波测量难的问题。触发扫描的特点是仅在被测脉冲到来时才扫描一次，因此工作在触发扫描方式下的扫描发生器平时处于等待工作状态，仅当送入触发脉冲时才产生一个扫描电压，且二次起始扫描点都在被测信号的同一相位点上。

3. 使用李萨如图形测量频率

当x轴与y轴输入的电压U_x与U_y都是正弦波时，光点在水平方向与垂直方向的运动都是简谐振动，光点运动扫出的轨迹是两个互相垂直振动的合成图形，称为李萨如图形。使用李萨如图形测量频率的方法是一种比较法，它是通过比较已知标准频率f_x与被测频率f_y来进行测量的。被测频率的大小可由荧光屏所示图形的形状来确定。图 3.8.6 所示为由扫出$f_y=2f_x$的两个正弦信号合成的李萨如图形。

当f_y与f_x成整数倍时，李萨如图形会稳定，否则会翻动。图 3.8.7 描绘了几种频率比的李萨如图形，若在李萨如图形的边缘分别作一条水平切线和一条垂直切线，并且分别读出它们的切点数，则可证明

$$\frac{\text{被测频率}f_y}{\text{标准频率}f_x}=\frac{\text{水平线切点数}m}{\text{垂直线切点数}n}$$

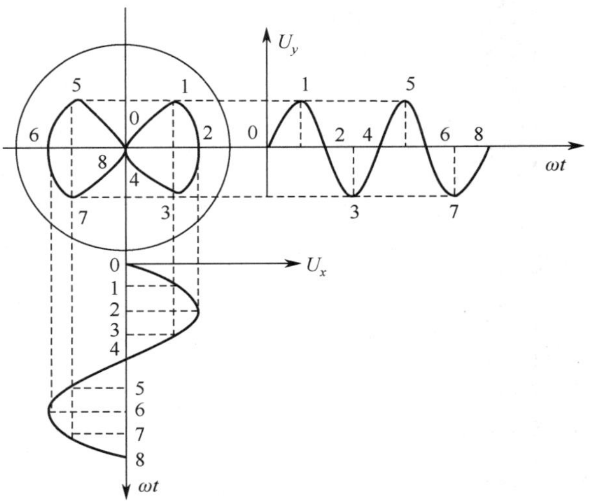

图 3.8.6　由扫出 $f_y = 2f_x$ 的两个正弦信号合成的李萨如图形

切点的求法如图 3.8.7 所示。注意，当直线只与图形的一个端点（不是图形的弯曲极点）相切时，只能算半个切点。

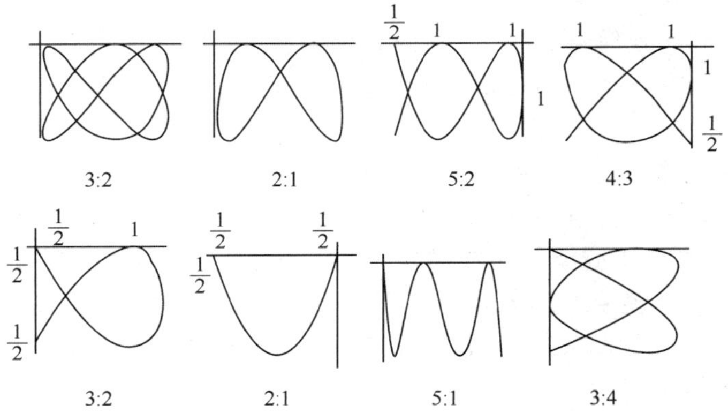

图 3.8.7　切点的求法

4．相位测量

在示波器测量中，常常需要同时观测几个信号。例如，比较电路中若干点间信号的幅度、相位和时间关系，观察信号通过网络后的相移和失真等。这些都需要在一个荧光屏上同时显示几个波形。为此，常见的方法有多线显示和双扫描显示等。本实验使用线性扫描法测量相位差是多踪显示的应用。

与多线示波器不同，多踪示波器的组成与普通示波器的类似，但电路中多了一个电子开关，且有两个垂直通道。电子开关在不同的时间分别将两个垂直通道的信号轮流接至 y 轴转板，因此在荧光屏上可以显示多路波形。

下面以双踪示波器为例加以说明。双踪示波器的通道工作原理图如图 3.8.8 所示，电子开关轮流接通 A 门和 B 门，A 通道和 B 通道的输入信号 u_A 和 u_B 按一定的时间分别轮流接到垂直转板上，于是图形就会在荧光屏上显示。

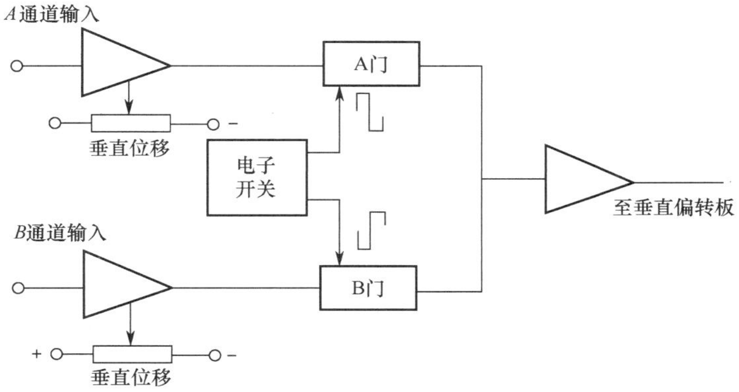

图 3.8.8　双踪示波器的通道工作原理图

根据开关信号的转换速率不同，有两种不同的时间分割方式，即交替方式和断续方式。

利用示波器测量信号之间相位差的方法很多，下面介绍两种实用而简单的方法。

（1）线性扫描法。

利用示波器的多波形显示是测量信号间相位差的最直观、最简单的方法。例如，在线性扫描情况下，利用双踪示波器可在荧光屏上直接显示如图 3.8.9 所示的波形，并且比较得出两个信号间的相位差 ϕ：

$$\phi = \frac{A}{B} \times 360° \tag{3.8.3}$$

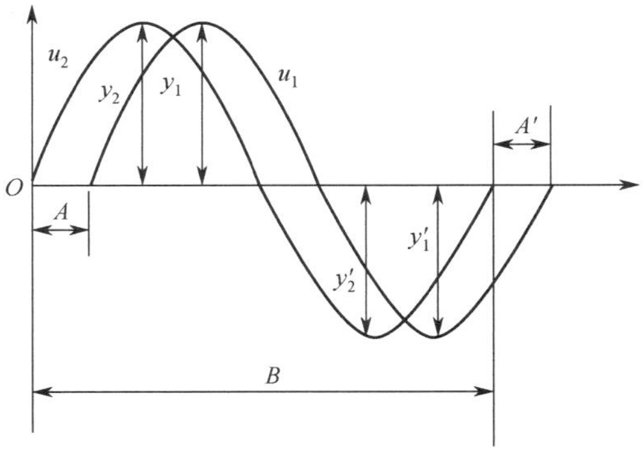

图 3.8.9　两个信号间的相位差

使用这种法测相位差时，要注意只能使用其中一个波形去触发各路信号，而不能使用多个信号分别去触发信号，以便提供统一的参考点进行比较，且要调整 y 轴的位置使得 $y_1 = y_1'$ 和 $y_2 = y_2'$。此外，考虑到扫描可能产生的非线性，可以将 A 与 A' 的平均值代入式（3.8.3）。

（2）使用李萨如图测量相位。

假设两个频率相同、相位不同的正弦波电压为

$$u_y = u_{ym} \sin(\omega t + \phi)$$
$$u_x = u_{xm} \sin \omega t$$

将 u_x、u_y 分别接至本示波器的 y_1、y_2 输入端，利用仪器的 y-x 特性调整相应的控件，可得到如图 3.8.10 所示的合成图形。于是，电子射线的坐标为

$$y = A\sin(\omega t + \phi)$$
$$x = B\sin\omega t$$

式中，A、B 分别为电子射线在 y 轴和 x 轴上的最大偏转振幅。

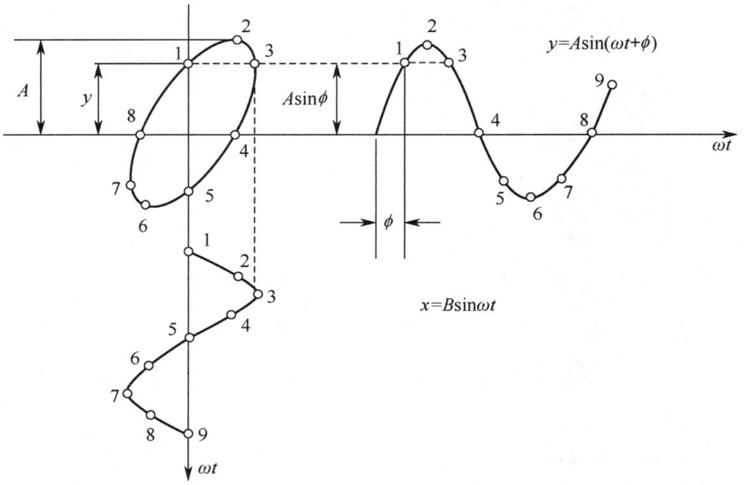

图 3.8.10　合成图形

变换得

$$y = \frac{A}{B}(x\cos\phi + \sin\phi\sqrt{B^2 - x^2}) \tag{3.8.4}$$

当 $\phi = 0°$ 或 $180°$ 时，式（3.8.4）变为

$$y = \pm\frac{A}{B}x \tag{3.8.5}$$

其图形是与坐标轴斜交的一条直线。

当 $\phi = 90°$ 或 $270°$ 时，式（3.8.4）变为

$$\frac{x^2}{B^2} + \frac{y^2}{A^2} = 1 \tag{3.8.6}$$

这是椭圆方程。当 $A = B$ 时，得到半径为 A（或 B）的圆的方程，即

$$x^2 + y^2 = A^2 \tag{3.8.7}$$

在任意相位差下，椭圆的两个半轴是不与坐标轴重合的，而是倾斜的椭圆，如图 3.8.10 所示。求出椭圆与纵轴（或横轴）的交点后，可得相位差 ϕ 为

$$\phi = \arcsin(y/A) \tag{3.8.8}$$

或

$$\phi = \arcsin(x/B) \tag{3.8.9}$$

要指出的是，当 y/A（或 x/B）有一个数值时，将有 4 个不同的相位差，具体取决于椭圆的主轴在哪个象限中。若主轴在 1、3 象限中，则 ϕ 为 $0 \sim \pi/2$（或 $3\pi/2 \sim 2\pi$）；若主轴在 2、

4 象限中，则ϕ为$\pi/2\sim\pi$（或$\pi\sim3\pi/2$）。然后，根据示波器光束的旋转方向，可确定所求相位差的数值。当光束顺时针方向旋转时，相位差ϕ为$\pi\sim2\pi$（本实验无法确定光束旋转方向，但可用线性扫描法来确定相位关系）。

3.8.4 实验内容与步骤

1. 示波器调整

打开示波器电源，调整辉度并聚焦，将示波器各旋钮置于适当位置。连接同轴Q_9馈线，将 DDS 函数信号发生器通道 A 信号输入双踪示波器的Y_1通道，将 DDS 函数信号发生器通道 B 信号输入Y_2通道。打开 DDS 函数信号发生器电源，同时正确设置 A、B 两通道信号。

2. 电压测量

使用直接测量法进行测量。所谓直接测量法，是指从示波器荧光屏上量出被测电压波形的高度，然后换算出电压。

（1）将示波器衰减旋钮Y_1（或Y_2）旋至“校准”位置，调整示波器衰减旋钮Y_1（或Y_2）至适当的衰减值P（V/格），使图形在示波器荧光屏上居中显示。

（2）读出被测信号幅度在示波器荧光屏y轴上格值的读数H（格），则被测电压为

$$V = H\text{（格）}\times P\text{（V/格）}= HP\text{（V）} \tag{3.8.10}$$

（3）改变 DDS 函数信号发生器通道 A 信号幅度三次，分别记录对应的波形幅度H（格）和示波器衰减旋钮Y_1（或Y_2）的指示值P（V/格）。

3. 频率测量

在电子技术领域，频率是一个最基本的参数，它与其他电参量的测量方案、测量结果关系密切。因此，频率的测量显得尤为重要。本实验采用两种方法测量电信号的频率。

（1）周期测频法。

周期测频法利用示波器测出一个稳定交变信号的周期T，然后求出待测频率f，

$$f = 1/T \tag{3.8.11}$$

方法如下：

① 将被测信号（由 DDS 函数信号发生器提供）接至y轴输入端，调整示波器有关调整部件，在该信号获得稳定同步后，测量信号一个周期的水平方向距离（格数），乘以“时间/格”旋钮的指示值即可得到周期T。

② 若被测信号的频率较高，则在荧光屏上显示的波形较密，为了提高测量精度，可求出该信号的多个波形（如 10 个）的总长度，然后求出周期的平均值T，再求出频率f，记录所测数据。

（2）李萨如图形测频法。

将示波器的y_1和y_2输入接口分别接入 DDS 函数信号发生器的 A、B 两个信号输出接口（或两个信号发生器的电压输出端），调整信号源的频率（一般固定f_y而调整f_x）及输出幅度，调整示波器的有关旋钮，使荧光屏上出现稳定和大小适宜的李萨如图形，记录图形的形状并求出切点数m、n，记下标准频率f_x，求出f_y：

$$f_y = \frac{m}{n} f_x \tag{3.8.12}$$

不改变未知频率，再按上述方法分别获取 3 个不同频率比的李萨如图形，并记录相应的已知频率 f 和对应的李萨如图形。

4. 相位测量

图 3.8.11 所示是简单的相位测量连接图，接上交变信号（正弦电压）后，由于电容器 C 的位移电流要超前于其两端的交变电压一个相位角（因为电容两端的电压不能跃变），但位移电流在电阻 R 上的压降又是同相位的，所以移相器中的 2 和 3 两点就有相位角 ϕ，且 ϕ 的大小与电路的阻抗和信号源频率 f 有关。分别用线性扫描法和李萨如图形法测出相应的相位差。

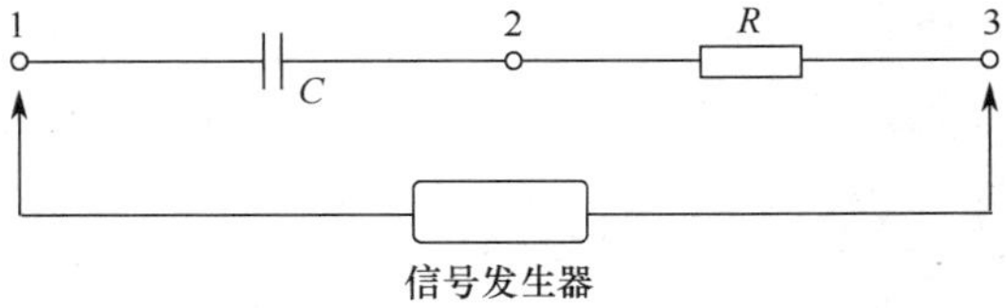

图 3.8.11　相位测量连接图

将信号源输出的正弦波信号接入移相器的 1 端和 3 端，将示波器的 Y_1 和 Y_2 输入端接入 1 端和 2 端以及 1 端和 3 端。

5. 注意事项

（1）在用示波器测量幅度和频率的过程中，扫描时间、衰减旋钮的“非校正”红灯应处于关闭状态，否则实验数据会出现错误。

（2）当用李萨如图形法测量相位差时，要将示波器扫描时间的“时间/格”旋钮调到 X-Y 挡。

（3）在相位测量中，要注意将黑接线夹接入 1 端共地，红、黑接线夹不得接在一起，以免短路烧毁信号源。

3.8.5　数据处理

（1）利用式（3.8.10）计算所测得的信号电压的幅度。

（2）利用式（3.8.11）、式（3.8.12）计算所测得的周期 T 和对应的频率 f 。

（3）利用多次测量公式计算李萨如图形测频率 f 的平均值及其标准差。

（4）利用式（3.8.3）和式（3.8.8）计算测得的相位差 ϕ。

3.8.6　思考题

（1）当用示波器观察波形时，获得稳定图形的条件是什么？如何实现这个条件？

（2）扫描电压是一种线性电压，其线性变坏时会给观察图形带来什么影响？画图说明。

（3）当用示波器观察某正弦电压时，在荧光屏上看到的波形如图 3.8.12(a)～(d)所示，形成它们的原因分别是什么？

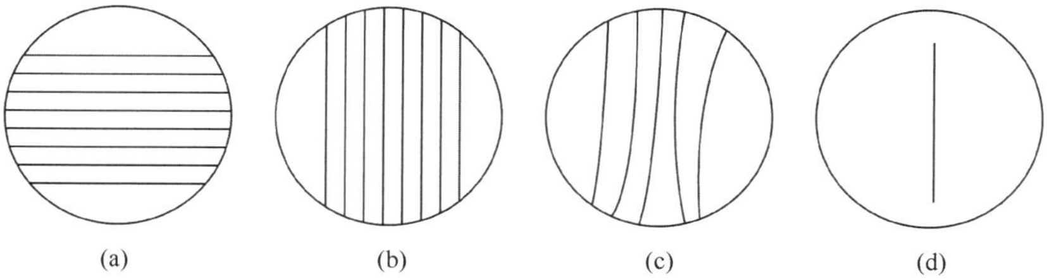

图 3.8.12　各种波形图

（4）如果示波器的扫描频率为 1000Hz，将扫描长度调整为 5cm，那么每厘米代表的时间为_______，扫描频率的周期为_______；若此时输入周期为 0.2ms 的三角波，则在荧光屏上可看到_______个波形，每个周期的长度为_______。

（5）用线性扫描法测量相位差时，若扫描电压线性不好（扫描为非线性），则对测量结果是否有影响？为什么？

3.8.7　实验拓展

示波器是多功能电子测量仪器，广泛用于电路故障排除、信号分析、电子产品开发与测试、教学与科研、汽车电子等。在物理实验中试用双踪示波器、函数型号发生器等仪器观测二极管的伏安特性曲线、晶体管放大倍数 β（U_{be}～U_{ce}）曲线、电容的充放电曲线等（提示：示波器置于 X-Y 挡，用九孔板设计组合电路将电流转换成电压信号）。

示波器调节

3.9　整流、滤波电路的特性

科学很大一个作用是满足人的好奇心，这是人和动物的最大区别。

——丁肇中

电网提供的交流电的电压（或电流）随时间做周期性变化，而各种电学装置都需要直流电。整流、滤波电路是将交流电转变成直流电的电学基本电路之一。由整流器件组成的整流电路将工频交流电转换为具有直流成分的脉动直流电。滤波电路将脉动直流电中的交流成分滤除。滤波电路直接连接在整流电路后面，通常由电容器、电感器和电阻等按照一定的方式组合而成，作用是将脉动直流电变为单一频率的直流电供给负载。在实际应用中，往往根据电路的功能及具体要求，在设计整流、滤波电路时充分考虑各元件的电学参数。本实验通过合理选择不同元件、测量电路、实验仪器，分析整流、滤波电路的特性，设计最佳的实验方案。整流、滤波电路框图如图 3.9.1 所示。

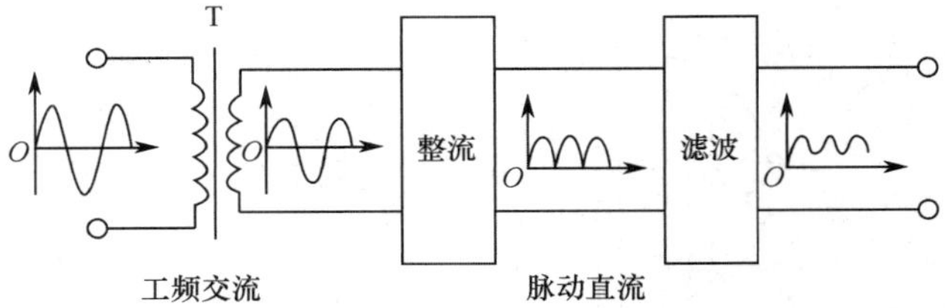

图 3.9.1　整流、滤波电路框图

3.9.1　实验目的

（1）熟悉整流、滤波电路的连接方法。

（2）学习整流、滤波电路的测试方法。

（3）深入理解整流、滤波电路的作用和特性。

3.9.2　实验仪器

AC 电源，示波器，实验用九孔插件方板，二极管 4 个，1kΩ 电阻、10kΩ 电位器、10μF 和 470μF 电容各一个，短接桥和连接导线若干。

3.9.3　实验原理

1．交流电的描述及整流电压的平均值

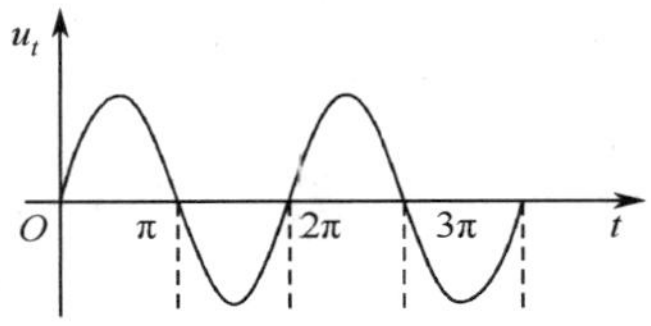

图 3.9.2　正弦交流电

一般市电为正弦交流电，如图 3.9.2 所示，其表达式为

$$u(t)=U_P\sin(\omega t+\varphi)$$

式中，U_P为电压幅值或最大值。

（1）平均值。

$u(t)$表示随时间变化的交流电压，其平均值为

$$\overline{u(t)}=\frac{1}{T}\int_0^T U_P\sin(\omega t+\varphi)\,\mathrm{d}\,t=0$$

式中，T 是周期。平均值实际上是交流信号中直流分量的大小，因此图 3.9.2 所示的正弦交流电的平均值为 0。

（2）有效值。

在实际应用中，交流电路中电流或电压的大小往往用有效值而非幅值来表示。许多交流电流或电压测量设备的读数均为有效值。在相同的电阻上分别通以直流电流和交流电流，经过一个交流周期的时间，若它们在电阻上损失的电能相等，则将该直流电压（电流）的大小作为交流电压（电流）的有效值。有效值采用如下定义：

$$u=\left[\frac{1}{T}\int_0^T U_P^2\sin^2(\omega t+\varphi)\mathrm{d}t\right]^{1/2}=\frac{U_P}{\sqrt{2}} \tag{3.9.1}$$

一般所说的交流电压值指的都是有效值。

（3）整流电压的平均值。

图 3.9.3 所示正弦输入信号电压 u_2 经半波整流后的输出电压平均值可按如下方式计算：

$$u_o = \frac{1}{T}\int_0^{T/2} U_P \sin(\omega t + \varphi)\mathrm{d}t = \frac{U_P}{\pi} = \frac{\sqrt{2}}{\pi}u_2 \approx 0.45u_2 \tag{3.9.2}$$

式中，u_2是原正弦电压的有效值。

图 3.9.4 所示全波整流后的输出电压平均值为

$$u_o = 2\frac{1}{T}\int_0^{T/2} U_P \sin(\omega t + \varphi)\mathrm{d}t = \frac{2U_P}{\pi} \approx 0.9u_2 \tag{3.9.3}$$

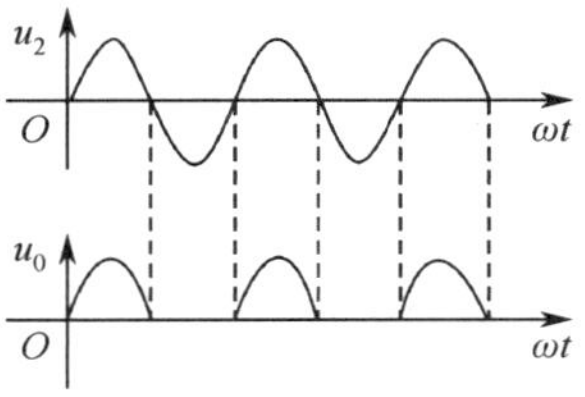

图 3.9.3　半波整流波形

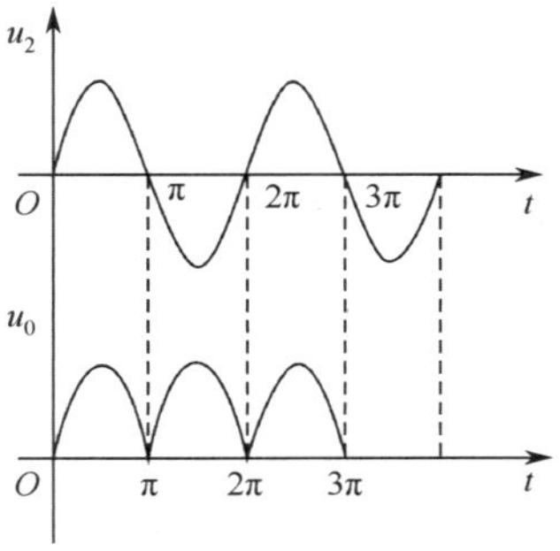

图 3.9.4　全波整流波形

2．整流电路设计

整流电路有半波整流、全波整流和桥式整流三种形式，分别如图 3.9.5(a)、(b)和(c)所示。

整流电路通常利用二极管的单向导电性。图 3.9.5(c)所示桥式整流电路的分析如下：u_2为变压器次级的交流电压，在 u_2 的正半周期，变压器次级为“上正下负”，二极管 D_1、D_4正偏导通，电流由变压器上端流出，经 D_1、R_L和 D_4回到变压器下端，在负载上得到“上正下负”的电压；此时，D_2和 D_3因反偏而截止，波形如图 3.9.4 所示。

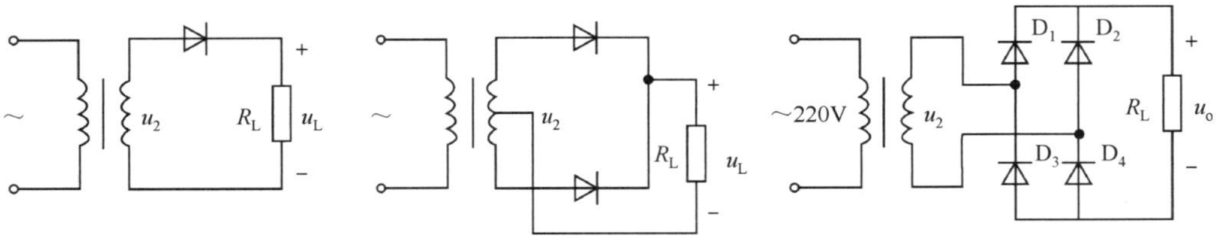

(a) 半波整流　(b) 全波整流　(c) 桥式整流

图 3.9.5　整流电路

在 u_2的负半周期，变压器次级为“上负下正”，二极管 D_3、D_2导通，二极管 D_1、D_4截止，电流由变压器下端流出，经 D_3、R_L和 D_2回到变压器上端，在负载上得到的仍是“上正下负”的电压，可见在 u_2的整个周期内 D_1、D_4和 D_2、D_3各工作半个周期，两组轮流导通，于是在负载上总是得到“上正下负”的单向脉动直流电压，其波形变化如图 3.9.4 所示。

3．滤波电路设计

交流信号经整流后输出的直流电的脉动成分较大，因此要对整流输出的电压采取一定的措施，尽量降低输出电压中的脉动成分，同时尽量保存输出电压中的直流成分，使输出电压接近较理想的直流电，这样的电路就是滤波电路。常用的滤波电路有无源滤波电路和有源滤波电路两大类。无源滤波的主要形式有电容滤波、电感滤波和复式滤波。有源滤波的主要形式是有源 RC 滤波，也称电子滤波器。本实验使用的是 RC 滤波电路，如图 3.9.6 所示。

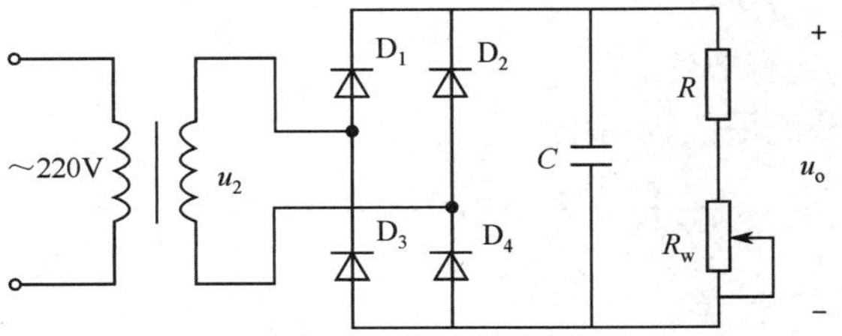

图 3.9.6　RC 滤波电路

当 u_2 为正半周且幅值大于电容两端的电压 u_C 时，二极管 D_1 和 D_4 导通，二极管 D_2 和 D_3 截止，电流一路流经负载电阻 R_L，另一路对电容 C 充电。当 $u_C > u_2$ 时，D_1 和 D_4 反向偏置而截止，电容通过负载电阻 R_L 放电，u_C 按指数规律缓慢下降。

当 u_2 为负半周且幅值变化到恰好大于 u_C 时，二极管 D_2 和 D_3 因为加正向电压变为导通状态，u_2 再次对 C 充电，u_C 上升到 u_2 的峰值后，又开始下降；下降到一定数值时，D_2 和 D_4 变为截止，C 对 R_L 放电，u_C 按指数规律下降；放电到一定数值时，D_1 和 D_3 变为导通，重复上述过程，如图 3.9.6 所示。当电容器的值 $C \geqslant (3\sim5)T/2R_L$ 时（其中 T 为电源周期，$R_L = R + R_w$），输出电压为 $u_o = (1.1\sim1.2)u_2$。

电容器放电时间常数为 $\tau = R_L C$，因为电阻 R_L 较大，放电时间常数远大于充电时间常数，所以滤波效果取决于放电时间常数。

3.9.4　实验内容与步骤

1．桥式整流电路

按图 3.9.5(c)接线，检查无误后进行通电测试。用示波器测出变压器的输出电压 u_2（用示波器直流挡，但测量前要先调零）；整流级输出电压测量值为 u_o。将通过示波器观察到的变压器副边电压波形和整流级电压绘于图中。

使用示波器测量正弦波时，要注意有效值和最大值的关系。

2．整流、滤波电路

按图 3.9.6 连接整流、滤波电路，检查无误后进行通电测试。用示波器测出变压器的输出电压 u_2，度将观察到的波形绘于图中。

3．观察电容滤波特性

① 测量负载不变（$R_L = 1\text{k}\Omega$）时滤波级输出电压 u_o 随滤波电容 $C = 10\mu\text{F}$、$C = 470\mu\text{F}$ 的改变而变化的数值。观察输出电压数值和波形的变化情况并绘于图中。

② 测量滤波电容不变（$C = 470\mu\text{F}$）时滤波级输出电压 u_o 随负载 $R_L = (1 + 10)\text{k}\Omega$、$R_L = \infty$的改变而变化的数值。观察输出电压数值和波形变化情况并绘于图中。

3.9.5　数据处理

（1）用坐标纸分别画出整流、滤波的六个波形图，并标注相关的电压值。

（2）通过坐标纸上的各个波形图计算出各个波形电压的有效值或平均值，说明改变电容 C 和电阻 R_L 对滤波电路输出波形的影响。

3.9.6 思考题

（1）分析估算值与测量值产生误差的原因。

（2）分析测试记录与响应的波形，可得到什么结论？

（3）在图 3.9.5(c)所示的整流电路中，若观察到输出电压波形为半波，则电路中可能存在什么故障？

（4）在图 3.9.6 所示的 RC 滤波电路中，若观察到输出电压波形为全波，则电路中可能存在什么故障？

3.9.7 实验拓展

二极管能够实现单向导电的特性主要源于其内部的 PN 结构和半导体材料的特性。

PN 结的形成。二极管由 P 型半导体和 N 型半导体组成。P 型半导体中掺杂有三价元素，形成多数载流子空穴；N 型半导体中掺杂有五价元素，形成多数载流子电子。当 P 型和 N 型半导体结合在一起时，在交界处形成 PN 结。在 PN 结附近，由于扩散作用，P 型半导体中的空穴向 N 型半导体扩散，N 型半导体中的电子向 P 型半导体扩散，形成一个内建电场，如图 3.9.7 所示。

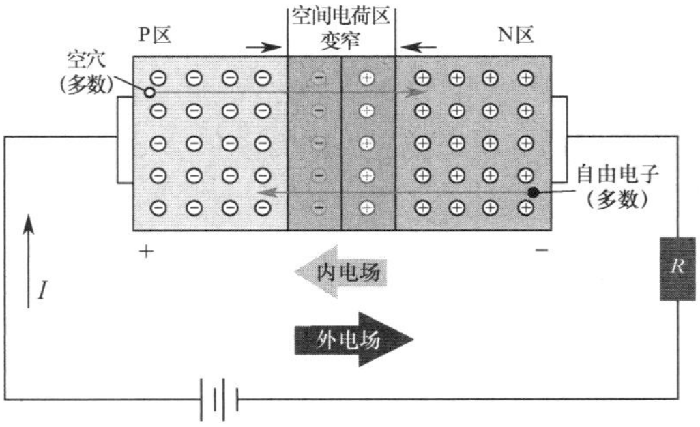

图 3.9.7　PN 结内建电场的形成

内建电场的作用。内建电场的方向从 N 型区指向 P 型区，阻碍了多数载流子的进一步扩散。当外部电压使 P 型区相对于 N 型区为正电压时，称为正向偏置。此时，外部电场与内建电场方向相反，降低了内建电场的强度，使得多数载流子（空穴和电子）能够顺利通过 PN 结，形成电流。当外部电压使 P 型区相对于 N 型区为负电压时，称为反向偏置。此时，外部电场与内建电场的方向相同，增大了内建电场的强度，使得多数载流子难以通过 PN 结，电流几乎为零。

单向导电特性。通过这种 PN 结构和内建电场的作用，二极管实现了单向导电特性，因此在整流电路、开关电路等应用中具有重要作用。

整流滤波

3.10 铁磁材料的磁滞回线

万有引力、电的相互作用和磁的相互作用，可以在很远的地方明显地表现出来，因此用肉眼就可以观察到；但也许存在另外一些相互作用力，它们的距离如此之小，以致无法观察。

——艾萨克·牛顿

在各类磁介质中，应用最广的是铁磁物质。20 世纪初期，铁磁材料主要用在电机制造业和通信器件中，如发电机、变压器和电表磁头。自 20 世纪 50 年代以来，随着电子计算机和信息科学的发展，应用铁磁材料（如磁带、磁盘）进行信息存储和记录，不仅可以存储数字信息，还可以存储随时间变化的信息，且已发展成为引人注目的一系列新技术，预计新的应用还将不断得到发展。因此，对铁磁材料性能的研究，无论是在理论上还是在实用上都有很重要的意义。

磁滞回线和基本磁化曲线反映了铁磁材料磁性的主要特征。本实验仅用交流电对铁磁材料样品进行磁化，测绘的 B～H 曲线称为*动态磁滞回线*。测量铁磁材料动态磁滞回线的方法很多，使用示波器测绘动态磁滞回线具有直观、方便、迅速及能在不同磁化状态下（交变磁化和脉冲磁化等）进行观察和测绘的独特优点。

3.10.1 实验目的

（1）认识铁磁物质的磁化规律，比较两种典型铁磁物质的动态磁化特性。

（2）掌握铁磁材料磁滞回线的概念。

（3）学会用示波器测绘动态磁滞回线的原理和方法。

（4）测量样品的基本磁化曲线，作 μ～H 曲线。

（5）测量样品的 H_C、B_r、H_m 和 B_m 等参数。

（6）测绘样品的磁滞回线，估算其磁滞损耗。

3.10.2 实验仪器

智能磁滞回线测试仪、示波器等。

3.10.3 实验原理

1. 铁磁材料的磁滞特性

铁磁物质是一种性能特异、用途广泛的材料。铁、钴、镍及其众多合金，以及含铁的氧化物（铁氧体），均属于铁磁物质。铁磁物质的特性之一是在外磁场作用下能被强烈磁化，因此磁导率 $\mu = B/H$ 很高。另一个特征是磁滞，铁磁材料的磁滞现象是反复磁化过程中磁场强度 H 与磁感应强度 B 之间关系的特性，即磁场作用停止后，铁磁物质仍保留磁化状态。图 3.10.1 所示为铁磁物质 B 与 H 的关系曲线。

将一块未被磁化的铁磁材料放在磁场中进行磁化，图 3.10.1 中的原点 O 表示磁化之前铁磁物质处于磁中性状态，即 $B = H = 0$，当磁场强度 H 从零开始增加时，磁感应强度 B 随之从零缓慢上升，如曲线 Oa 所示，继之 B 随 H 迅速增长，如曲线 ab 所示，其后 B 的增长又趋缓慢，当 H 增至 H_S 时，B 达到饱和值 B_S，这个过程的 $OabS$ 曲线称为起始磁化曲线。如果在达到饱和状态后使磁场强度 H 减小，那么磁感应强度 B 的值也减小。图 3.10.1 表明，当磁场从 H_S 逐渐减小至零时，磁感应强度 B 并不沿起始磁化曲线恢复到 O 点，而是沿另一条新曲线 SR 下降，对应的 B 值比原先的值大，说明铁磁材料的磁化过程是不可逆的。比较线段 OS 和 SR 可知，H 减小，B 相应也减小，但 B 的变化滞后于 H 的变化，这种现象称为磁滞。磁滞的明显特征是当 $H=0$ 时，磁感应强度 B 并不等于 0，而是保留一定大小的剩磁 B_r。

当磁场反向从 O 逐渐变为 $-H_D$ 时，磁感应强度 B 消失，说明要消除剩磁，可施加反向磁场。当反向磁场强度等于某一定值 H_D 时，磁感应强度 B 才等于 0，H_D 称为矫顽力，其大小反映了铁磁材料保持剩磁状态的能力，曲线 RD 称为退磁曲线。若再增大反向磁场的磁场强度 H，则铁磁材料又可被反向磁化到反方向的饱和状态，逐渐将反向磁场的磁场强度减小至 0 时，B 减小为 $-B_r$。这时，若再施加正向磁场，则 B 逐渐减小至 0 后又逐渐增大至饱和状态。

图 3.10.1 还表明，当磁场按顺序 $H_S \to O \to -H_D \to -H_S \to O \to H_{D'} \to H_S$ 变化时，相应的磁感应强度 B 则沿闭合曲线 $SRDS'R'D'S$ 变化，可以看出磁感应强度 B 的变化总是滞后于磁场强度 H 的变化，这条闭合曲线称为磁滞回线。当铁磁材料处于交变磁场（如变压器的铁芯）中时，将沿磁滞回线反复被磁化→去磁→反向磁化→反向去磁。磁滞是铁磁材料的重要特性之一，研究铁磁材料的磁性时，必须知道它的磁滞回线。不同铁磁材料有不同的磁滞回线，主要表现为磁滞回线的宽窄不同和矫顽力的大小不同。

铁磁材料在交变磁场作用下反复磁化时会发热，要消耗额外的能量，因为反复磁化时磁体内分子的状态会不断改变，所以分子振动加剧，温度升高。使分子振动加剧的能量是产生磁场的交流电源供给的，并且以热的形式从铁磁材料中释放，反复磁化过程中的这种能量损耗称为磁滞损耗。理论和实践证明，磁滞损耗与磁滞回线所围的面积成正比。

要说明的是，用由弱到强的交变磁场强度依次磁化初始状态为 $H=B=0$ 的铁磁材料，可以得到面积从小到大向外扩张的一簇磁滞回线，如图 3.10.2 所示，这些磁滞回线顶点的连线称为铁磁材料的基本磁化曲线。

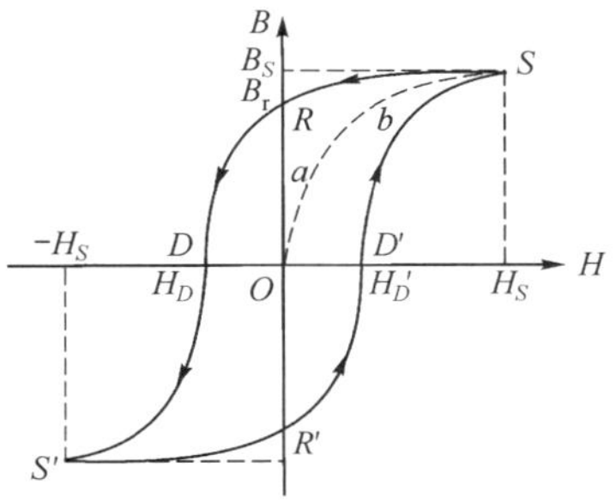

图 3.10.1 铁磁物质 B 与 H 的关系曲线

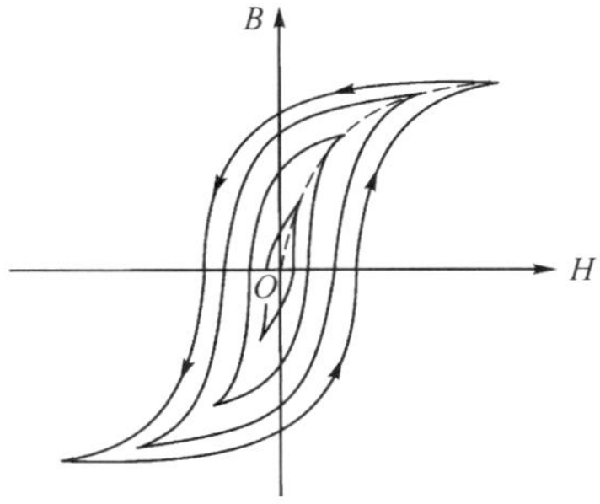

图 3.10.2 铁磁材料的基本磁化曲线

基本磁化曲线上点与原点连线的斜率称为磁导率，于是可近似确定铁磁材料的磁导率 $\mu=B/H$，它表征给定磁场强度条件下单位磁化强度 H 所激励的磁感应强度 B，直接表示材料磁化性能的强弱。由磁化曲线可以看出，因为 B 和 H 都是非线性的，铁磁材料的磁导率 μ 不是常数，而是随 H 变化的，如图 3.10.3 所示。当铁磁材料处于磁饱和状态时，磁导率减小较快。曲线起始点对应的磁导率称为*初始磁导率*，磁导率的最大值称为*最大磁导率*，这两者都反映了 $\mu \sim H$ 曲线的特点。另外，铁磁材料的相对磁导率 $\mu_0 = B/B_0$ 可高达数千乃至数万，这一特点是它用途广泛的主要原因之一。

磁化曲线和磁滞回线是铁磁材料分类与选用的主要依据，图 3.10.4 所示为两种典型的磁滞回线，其中软磁材料的磁滞回线狭长，矫顽力小（小于 10^2A/m），剩磁和磁滞损耗均较小，磁滞特性不显著，可近似地用其起始磁化曲线来表示其磁化特性，这种材料容易磁化，也容易退磁，是制造变压器、继电器、电机、交流磁铁和各种高频电磁元件的主要材料。硬磁材料的磁滞回线较宽，矫顽力大（大于 10^2A/m），剩磁强，磁滞回线所围的面积大，磁滞特性显著，因此硬磁材料被磁化后仍能保留很强的剩磁，且这种剩磁不易消除，可用于制造永磁体。

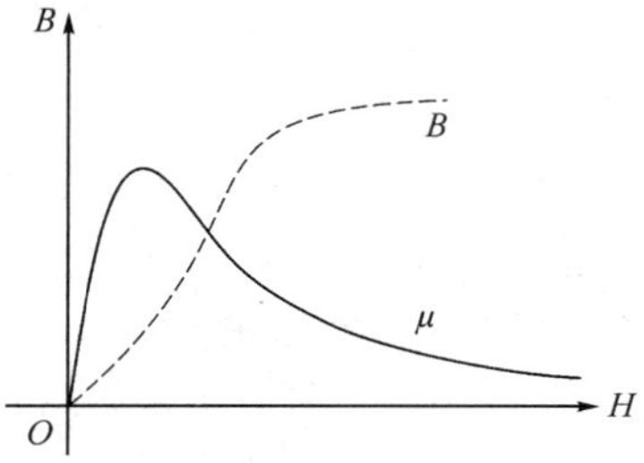

图 3.10.3　铁磁材料 μ 与 H 的关系曲线

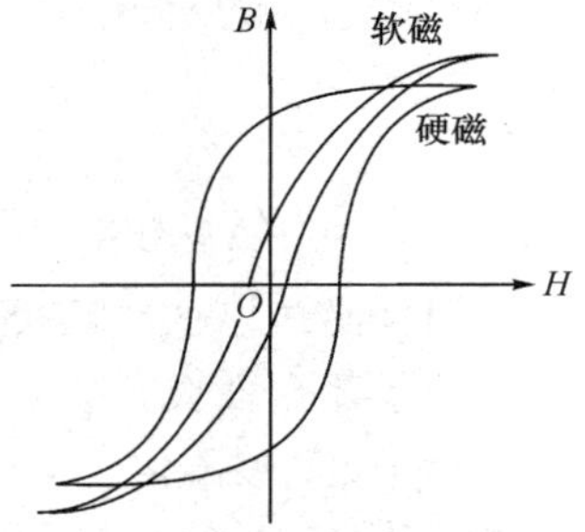

图 3.10.4　两种典型的磁滞回线

2．示波器测绘磁滞回线原理

待测样品为 EI 型矽钢片，N 为励磁绕组，n 为用来测量磁感应强度 B 而设置的绕组，R_1 为励磁电流采样电阻。设通过 N 的交流励磁电流为 i，根据安培环路定律，样品的磁场强度为

$$H = \frac{Ni}{L}$$

式中，L 为样品的平均磁路。

观察和测量磁滞回线和基本磁化曲线的线路如图 3.10.5 所示。

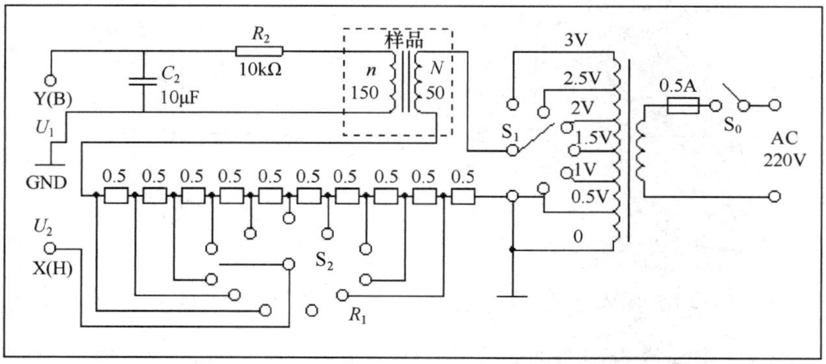

图 3.10.5　观察和测量磁滞回线和基本磁化曲线的线路

由 $i = U_1/R_1$ 有

$$H = \frac{N}{LR_1} \cdot U_1 \tag{3.10.1}$$

式中，N、L、R_1 均为已知常数，磁场强度 H 与示波器 X 的输入 U_1 成正比，因此由 U_1 可以求出 H。

在交变磁场下，样品的磁感应强度瞬时值 B 是由测量绕组 n 和 R_2C_2 电路确定的。根据法拉第电磁感应定律，由于样品中磁通量 ϕ 的变化，在测量线圈中产生的感应电动势的大小为 $\varepsilon_2 = n\,\mathrm{d}\phi/\mathrm{d}t$，得 $\phi = \frac{1}{n}\int \varepsilon_2\,\mathrm{d}t$，从而有

$$B = \frac{\phi}{S} = \frac{1}{nS}\int \varepsilon_2\,\mathrm{d}t \tag{3.10.2}$$

式中，S 为样品的横截面积。

考虑到测量绕组 n 较小，若忽略自感电动势和电路损耗，则回路方程为

$$U_n = i_2R_2 + U_2$$

式中，i_2 为感生电流，U_2 为积分电容 C_2 两端的电压。设在 Δt 时间内，i_2 向电容 C_2 的充电电量为 Q，则有

$$U_2 = \frac{Q}{C_2}, \qquad \varepsilon_2 = i_2R_2 + \frac{Q}{C_2}$$

若选取足够大的 R_2 和 C_2 使得 $i_2R_2 \gg \frac{Q}{C_2}$，则上式可以近似改写为

$$\varepsilon_2 = i_2R_2, \quad i_2 = \frac{\mathrm{d}Q}{\mathrm{d}t} = C_2\frac{\mathrm{d}U_2}{\mathrm{d}t}$$

$$\varepsilon_2 = C_2R_2\frac{\mathrm{d}U_2}{\mathrm{d}t} \tag{3.10.3}$$

式（3.31.3）两边对时间 t 积分后，代入式（3.10.2）得

$$B = \frac{C_2R_2}{nS} \cdot U_2 \tag{3.10.4}$$

式中，C_2、R_2、n 和 S 均为已知常数。磁场强度 B 与示波器 Y 的输入 U_2 成正比，所以由 U_2 可以求出 B。

在交流磁化电流变化的一个周期内，示波器的光点将描绘出一条完整的磁滞回线，并在以后的每个周期都重复该过程。这样，在示波器的荧光屏上就可以看到稳定的磁滞回线。综上所述，将图 3.10.5 中的 U_1 和 U_2 分别加到示波器的"X 输入"和"Y 输入"便可观察到样品的 B～H 曲线；若将 U_1 和 U_2 加到测试仪的信号输入端，则可测量样品的饱和磁感应强度、剩磁、矫顽力、磁滞损耗和磁导率 μ 等参数。

3．仪器工作原理

磁滞回线实验组合仪分为实验仪和测试仪两部分。

（1）实验仪。

实验仪由励磁电源、铁磁材料样品、电路板及实验接线示意图等部分组成。

励磁电源：由 220V、50Hz 的市电经变压器隔离、降压后供试样磁化。电源输出电压共分 11 挡，各挡的电压通过安置在电路板上的波段开关实现切换。

铁磁材料样品：尺寸相同而磁性不同的两个 EI 型铁芯，励磁绕组匝数 N，磁感应强度 B

的测量绕组匝数 n，即 $N = 50$，$n = 150$，$L = 60\text{mm}$，$S = 80\text{mm}^2$。

电路板：印制电路板上装有电源开关、样品 1 和样品 2、励磁电源“U 选择”和测量励磁电流（磁场强度 H）的采样电阻“R_1 选择”，以及为测量磁感应强度 B 所设的积分电路元件 R_2、C_2 等。以上各元器件（除电源开关外）均已通过电路板与其对应的锁紧插孔连接，采用专用导线即可实现电路连接。此外，还设有电压 U_B（正比于磁感应强度 B 的信号电压）和 U_H（正比于磁场强度 H 的信号电压）的输出插孔，用以连接示波器，观察磁滞回线波形和连接测试仪，作定量测试用。

实验接线示意图如图 3.10.6 所示。

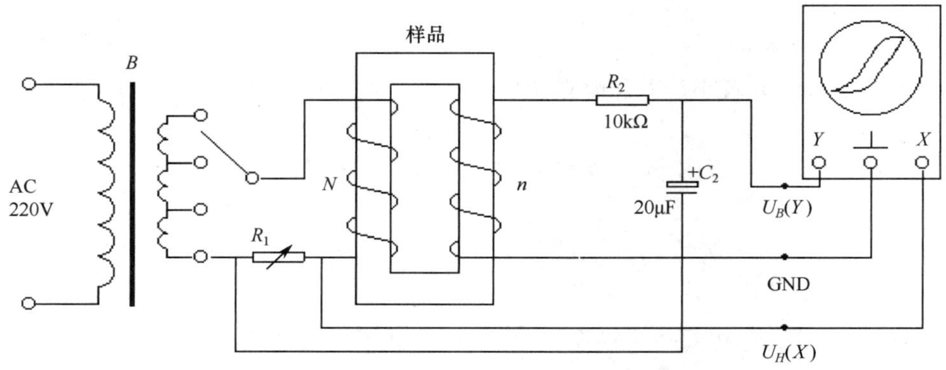

图 3.10.6　实验接线示意图

（2）测试仪。

图 3.10.7 为智能磁滞回线测试仪原理框图，测试仪与实验仪配合使用，能定量、快速测量铁磁性材料在反复磁化过程中的 H 和 B，并能给出剩磁、矫顽力、磁滞损耗等多种参数。

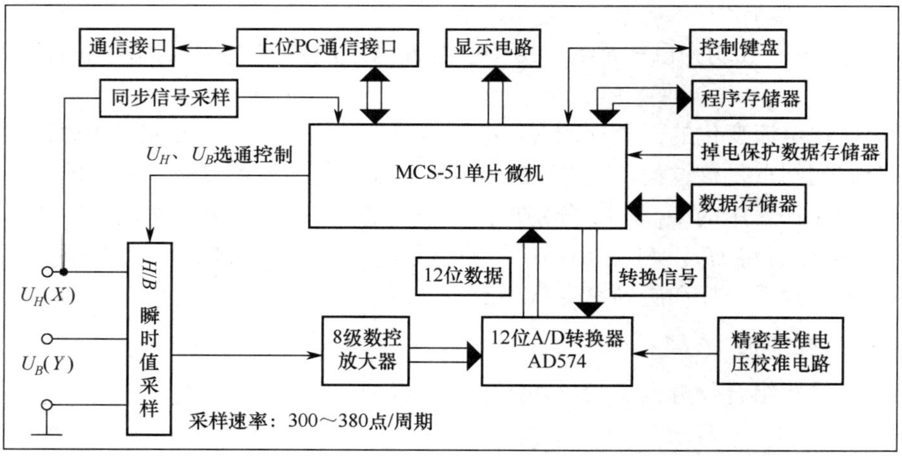

图 3.10.7　智能磁滞回线测试仪原理框图

智能磁滞回线测试仪面板如图 3.10.8 所示。

R_1 为励磁电流 i_H 采样电阻，阻值为 0.5～5Ω。U_H 正比于 H 的有效值电压，供调试用，电压范围为 0～1V。U_B 正比于 B 的有效值电压，供调试用，电压范围为 0～1V。

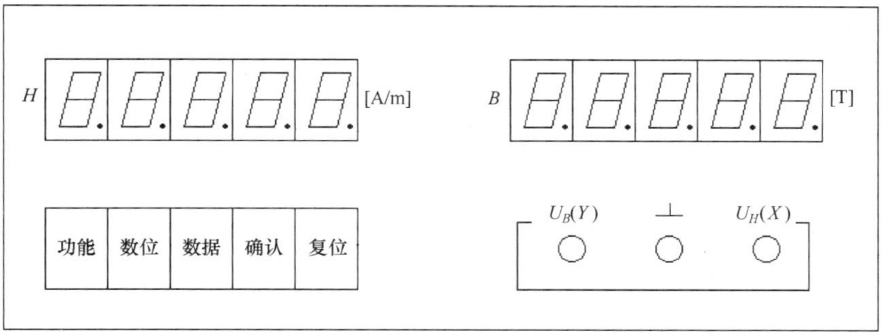

图 3.10.8　智能磁滞回线测试仪面板

瞬时值 H 与 B 的计算公式如下：

$$H=\frac{NU_H}{LR_1},\quad B=\frac{U_BR_2C_2}{nS}$$

测量准备：先在示波器上显示磁滞回线，然后开启测试仪电源，连接测试仪和实验仪之间的信号连线。

测试仪按键功能说明：

①“功能”键：用于选取不同的功能，每按一次键，在数码显示器上显示相应的功能。

②“确认”键：选定某一功能后，按下此键即可进入此功能的执行程序。

③“数位”键：选定某一位数码管为数据输入位后，连续按动此键，使小数点右移至所选定的数据输入位处，此时小数点呈闪动状。

④“数据”键：连续按动此键，可在有小数点闪动的数码管输入相应的数字。

⑤“复位”键：开机后，显示器将依次循环显示信号 P…8…P…8…，表明测试系统已准备就绪。在测试过程中，当由于外来的干扰而出现死机现象时，应按此键使仪器进入或恢复正常工作。

（3）测试仪操作步骤。

① 所测样品的 N 与 L 值。按“复位”键后，当 LED 显示 P…8…P…8…时，按“功能”键，显示器将显示

H	N.	0	0	5	0	B	L.	0	6	0.	0
		千位	百位	十位	个位			百位	十位	个位	十分位

所示的 $N=50$ 匝、$L=60\text{mm}$ 是仪器事先设定的值（要改写上述参数，可参阅⑤）。

② 所测样品的 n 与 S 值。按“功能”键，将显示

H	n.	0	1	5	0	B	S.	0	8	0.	0
		千位	百位	十位	个位			百位	十位	个位	十分位

所示的 $n=150$ 匝、$S=80\text{mm}^2$ 是仪器事先设定的值（要改写上述参数，可参阅步骤⑤）。

③ 电阻 R_1 值和 H 与 B 值的倍数代号。按“功能”键，将显示

H	N.	0	0	5	0	B	L.	0	6	0.	0

1Ω 0.1Ω 0.01Ω　　　　H 与 B 值的倍数代号

所示的 $R_1=2.5\Omega$、H 与 B 值的倍数代号 3 是仪器事先设定的值（要改写上述参数，可参阅

步骤⑤）。

注意，H 与 B 值的倍数指的是其显示值需要乘以的倍数：

	倍数代号	倍数及单位
H 值的倍数	1	×10 A /m
	2	$\times 10^2$ A /m
	3	$\times 10^3$ A /m
	4	$\times 10^4$ A /m
	5	$\times 10^5$ A /m

	倍数代号	倍数及单位
B 值的倍数	1	$\times 10^{-1}$T
	2	×1T
	3	×10T
	4	$\times 10^2$T
	5	$\times 10^3$T

④ 电阻 R_2、电容 C_2 的值。按“功能”键，将显示

H	R	2.	1	0.	0	B	C	2.	2	0.	0
			10kΩ	1kΩ	0.1kΩ				10μF	1μF	0.1μF

所示的 $R_2 = 10\Omega$、$C_2 = 20\mu F$ 是仪器事先设定的值（要改写上述参数，可参阅步骤⑤）。

注意，N、L、n、S、R_1、R_2、C_2、H 与 B 值的倍数代号等参数可根据不同要求进行改写，并且可通过 SEEP 操作存入串行 EEROM 中，掉电后数据仍可保存。

⑤ 定标参数显示（仅做调试用）。按“功能”键，将显示

H		U.	H	C		B		U.	B	C	

按“确认”键，将显示电压值 U_{HC} 和 U_{BC}。

注意，无输入信号时禁止操作该功能键。显示值不能大于 1.0000，否则要减小输入信号。

⑥ 显示每周期采样的总点数和测试信号的频率。按“功能”键，将显示

H		n.				B		F.			

按“确认”键，显示每周期采样的总点数 n 和测试信号的频率 F。

⑦ 数据采样。按“功能”键，将显示

H		H.		B.		B	t	e	s	t	

按“确认”键后，仪器将按步骤⑥确定的点数对磁滞回线进行自动采样，显示器显示

H	.	.	.	.	.	B	.	.	.	.	.

若测试系统正常，则稍等片刻后显示器将显示 GOOD，表明采样成功，可进入下一步程序操作。

若显示器显示 BAD，则表明系统有误，查明原因并修复后按“功能”键，程序将返回到数据采样状态，重新进行数据采样。

⑧ 显示磁滞回线采样点的 H 与 B 值。连续按两次“功能”键，将显示

H	H.	S	H	O	W.	B	B.	S	H	O	W.

每按两次“确认”键，将显示曲线上一点的 H 与 B 值（第一次显示采样点的序号，第二次显示该点的 H 和 B 值），采样总点数参照步骤⑤，H 与 B 值的倍数参照步骤③。显示点的顺序，按磁滞回线的第 4、1、2 和 3 象限的顺序进行，否则说明数据出错或采样信号出错。

若在步骤⑦中只按“功能”键而未按“确认”键，则表明未完成数据采样就进入步骤⑧，此时将显示 NO DATA，表明系统或操作有误。

⑨ 显示磁滞回线的矫顽力 H_c 和剩磁 B_r。按“功能”键，将显示

H		H	c.			B		B	r.		

按“确认”键，将按步骤③确定的倍数显示 H_c 与 B_r 值。

⑩ 显示样品的磁滞损耗。按“功能”键，将显示

H			A.	=		B		H.	B.		

按“确认”键，将按步骤③确定的单位显示样品磁滞回线面积。磁滞损耗的计算公式为 $W=\int_S H\,\mathrm{d}B$，单位为 $H\times B\times 10^3\mathrm{J/m^3}$（单位参照步骤③）。

⑪ 显示 H 与 B 的最大值 H_m 与 B_m。按“功能”键，将显示

H	Hm.					B	Bm.				

按“确认”键，将按步骤③确定的倍数显示 H_m 与 B_m 值。

⑫ 显示 H 与 B 的相位差。按“功能”键，将显示

H		P	H	R.		B					C

按“确认”键后，如显示

H		2	5.	5	0	B		H.	—	—	B.

则表示 H 与 B 的相位差是 25.5°，相位上 U_H 超前于 U_B。

⑬ 与 PC 联机测试操作。按“功能”键，将显示

H		P.	C.	—	—	B	S	H	O	W.	

按“确认”键，进入联机状态。

⑭ U_{HC} 电压校准操作（调试时用）。按“功能”键，将显示

H			H.			B	C	H	E	C.	

⑮ U_{BC} 电压校准操作（调试时用）。按“功能”键，将显示

H			B.			B	C	H	E	C.	

⑯ SEEP 操作（数据存入 EEPROM-93C46）。按“功能”键，将显示

H						B		S	E	E	P.

方法：在 H 显示器的最高两位写入存入码“96”；按“确认”键片刻后，回显“85”，说明数据已存入 EEPROM。

⑰ 程序结束。按“功能”键，将显示

H		0				B					

（4）注意事项。

① 若按仪器事先设定的值输入 N、L、n、S、R_1、R_2、C_2、H 与 B 的倍数代号等参数，则不必按“确认”键；要改写上述参数，改写后要按“确认”键才能将数据输入。

② 按常规操作至步骤①（显示 H 与 B 的相位差）后，磁滞回线采样数据将自动消失，必须重新进行数据采样。

③ 若测试过程中如显示器显示 COU 字符，则表示应继续按“功能”键。

（5）“数位”键和“数据”键操作。

要改写样品的某项参数，如将 $N=50$，$L=60$mm 改写为 $N=100$，$L=80$mm，可按如下步骤进行。按“功能”键，显示器将显示

H	N.	0	0	5	0
		千位	百位	十位	个位

B	L.	0	6	0.	0
		百位	十位	个位	分位

① 将 N 由 50 改写为 100。按“数位”键，使位于 B 窗口数据框内“个毫米”处的小数点右移至“分毫米”处；再按“数位”键，使小数点渐次移入 H 窗口“百匝”（数据输入位）处：

H	N	0	0.	5	0

按“数据”键，将小数点位处数码管的数字“0”改写为“1”：

H	N	0	1.	5	0

再按“数位”键，使小数点右移一位至“十匝”处（数据输入位）：

H	N	0	1	5.	0

按“数据”键，将小数点位处的数码管数字“5”改写为“0”：

H	N	0	1	0.	0

再按“数位”键，使小数点右移一位至“个匝”处：

H	N	0	1	0	0.

至此，样品匝数已由 50 改写为 100。

② 将 L 由 60mm 改写为 80mm。操作方法同上。

连续按“数位”键，使小数点由 H 窗口的“个匝”处右移至 B 窗口的“十毫米”处（数据输入位）：

B	L	0	6.	0	0

按“数据”键，将小数点位处的数码管数字“6”改写为“8”：

B	L	0	8.	0	0

再按“数位”键，使小数点右移一位至“个毫米”处：

B	L	0	8	0.	0

至此，样品平均磁路长度 L 已由 60mm 改写为 80mm。

③ 按“确认”键，当显示器显示“1”时，表明修改后的 N、L 值已输入。

④ 要将改写后的数据存入 EEPROM，可参阅前面的操作步骤⑯。

3.10.4 实验内容与步骤

（1）电路连接。选择样品 1 并按实验仪上所给出的电路图连接线路，令 $R_1=2.5\Omega$，将“U 选择”置于 0 位。U_H 和 U_B（U_1 和 U_2）分别接示波器的“Y_1 通道”和“Y_2 通道”，此时“时间/格”旋钮应该旋至“x-y”处，插孔“⊥”为公共端。

（2）样品退磁。开启实验仪电源，对试样退磁，即顺时针方向转动"U选择"旋钮，令 U 从 0 增至 3V，然后逆时针方向转动旋钮，将 U 从最大值降为 0，目的是消除剩磁，确保样品处于磁中性状态，即 $B = H = 0$，如图 3.10.9 所示。

（3）观察磁滞回线。开启示波器电源，调整示波器，让光点位于荧光屏坐标网格中心，令 $U = 2.2\text{V}$，分别调整示波器 Y_1 和 Y_2 通道的信号衰减旋钮，使荧光屏上出现图形大小合适的磁滞回线[当图形顶部出现编织状的小环时（见图 3.10.10），可降低励磁电压 U 予以消除]。

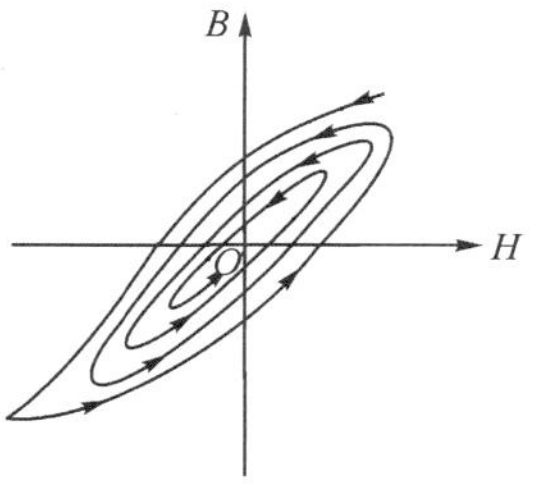

图 3.10.9　退磁示意图

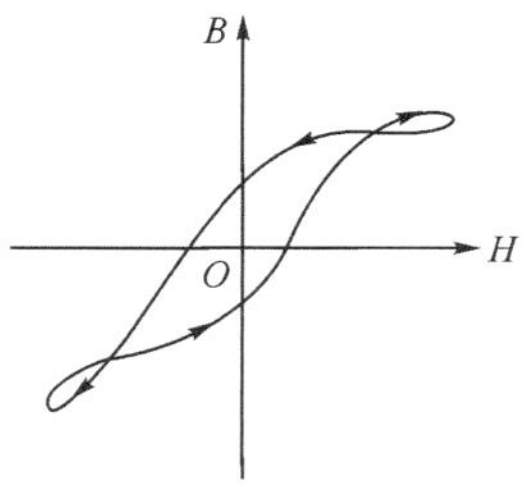

图 3.10.10　U_2 和 B 的相位差等因素引起的畸变

（4）观察基本磁化曲线，按照步骤（2）对样品退磁，从 $U = 0$ 开始，逐挡提高励磁电压，在荧光屏上得到面积从小到大的一个套一个的一簇磁滞回线。这些磁滞回线顶点的连线就是样品的基本磁化曲线，借助长余辉示波器便可观察到该曲线的轨迹。

（5）观察、比较样品 1 和样品 2 的磁化性能。

（6）注意事项。

① 按照实验原理连接实验装置导线并检查后，打开电源开关。

② 注意最大电流及电压的设置方法。

③ 实验时将示波器的水平与垂直轴调整到荧光屏的中心。

以上磁滞回线基本实验内容均可由智能磁滞回线实验组合仪完成，智能磁滞回线实验组合仪除可完成磁滞回线基本实验内容外，还具有与 PC 数据通信的功能。使用串行通信线将测试仪后面板上的 RS-232 串行输出口与 PC 的一个串行口相连，在 PC 中运行 PCCOM.EXE 程序，计算机就可读取测试仪采集的数据信号，将实验数据保存到硬盘是，并可在计算机显示屏上显示磁滞回线和其他曲线。详细使用说明请参见智能磁滞回线实验组合仪的工作原理。

3.10.5　数据处理

（1）测绘 $\mu \sim H$ 曲线。仔细阅读测试仪的使用说明，连接实验仪和测试仪之间的信号线。开启电源，对样品退磁，依次测量 $U = 0.5\text{V}, 1.0\text{V}, \cdots, 3.0\text{V}$ 时的 10 组 H_m 和 B_m 值，作 $\mu \sim H$ 曲线。

（2）令 $U = 3.0\text{V}$，$R_1 = 2.5\Omega$，测量样品 1 的 H_c、B_r、H_m、B_m 等参数。

（3）取步骤（2）中的 H 值及相应的 B 值，用坐标纸绘制 $B \sim H$ 曲线（如何取数及取多少组数据请读者自行考虑），并估算曲线所围的面积。

3.10.6　思考题

（1）为什么有时磁滞回线图形顶部出现编织状的小环？如何消除？

（2）测绘磁滞回线和基本磁化曲线时，为何要先退磁？不退磁对测绘结果有何影响？

3.10.7 实验拓展

该实验在交变（动态）磁场状态下测量铁磁材料的磁特性，铁磁材料处于交变磁场中有铁芯损耗，而处于恒定（静态）磁场中没有铁芯损耗，铁损主要是因为交变磁场在铁芯中产生交变电流引起的损耗，直流磁场没有变化，不会产生这种损耗。如何在实验条件下粗略计算铁芯磁损？计算公式为

$$P_{Fe} = K_{Fe}B^2fV$$

式中，P_{Fe}是铁损耗（单位为 W），K_{Fe}是铁损耗系数（单位为 W/m³），B 是铁芯中的磁感应强度（单位为 T），f 是频率（单位为 Hz），V 是铁芯体积（单位为 m³）。

3.11 冲击电流计测量磁滞回线

电和磁的实验中最明显的现象是，处于彼此距离相当远的物体之间的相互作用。因此，把这些现象化为科学的第一步就是确定物体之间作用力的大小和方向。

——麦克斯韦

磁性材料分为硬磁材料和软磁材料两类。硬磁材料（如铸钢）的磁滞回线宽，剩磁和矫磁力较大（120～2000A/m），因此磁感应强度能保持，适合制作永磁铁。软磁材料（如硅钢片）的磁滞回线窄，矫顽力小（小于 120A/m），但其磁导率和饱和磁感应强度大，容易磁化和去磁，常用作动态工作条件下的磁性器件，如变压器、电磁铁。可见，铁磁材料的磁化曲线、磁滞回线是该材料的重要特性，也是设计电磁机构或仪表的依据之一。

本实验介绍用冲击法测磁感应强度的原理和方法。使用数字冲击电流计测量铁磁介质的磁滞回线及其相关参数具有直观、方便的特点。

3.11.1 实验目的

（1）了解冲击电流计的使用方法。

（2）掌握冲击法测磁感应强度的原理。

（3）测绘铁磁介质的磁滞回线。

3.11.2 实验仪器

磁滞回线实验仪、冲击电流计、直流电源、电阻箱、标准互感器等。

3.11.3 实验原理

1. 冲击电流计

冲击电流计用来测量短时间内脉冲电流所迁移的电量。它还可用来测量与此有关的其他电磁学量，如磁感应强度、电阻、电容、互感系数等。本实验采用的冲击电流计是一种由大规模 MOS 集成电路设计的高性能运算放大器等电子元件组装而成的数字式冲击电流计，面板设有电源开关、输入“+”端和“−”端、调零旋钮和两挡量程选择开关。使用时接通电源开关，数码管亮，选择量程调零后即可开始测量。若显示“±1”，则表示仪器过载，应更换大挡量程重新调零测量。输入端不得加入大于 50V 的电压和大于 40mA 的电流。

2．测绘铁磁介质磁滞回线

本实验取未磁化的铁磁材料钢圆环，在外面密绕线圈，测量接线图如图 3.11.1 所示。当流过线圈 L_1 的电流 I 从 0 逐渐增大时，钢圆环中的磁感应强度随磁场强度 H 的变化如图 3.11.2 中的 Oa 曲线所示。Oa 曲线称为起始磁化曲线。当 H 达到 H_m 后，逐渐减小（减小磁化电流 I），B 也相应减小，但并不沿 Oa 曲线下降，而沿 ab 曲线下降，当 $H=0$ 时，$B=B_r$。B 随 H 变化的全过程为 $0 \to B_m \to B_r \to 0 \to -B_m \to -B_r \to 0 \to B_m$。上述变化的封闭曲线 $abca'b'c'a$ 称为磁滞回线。

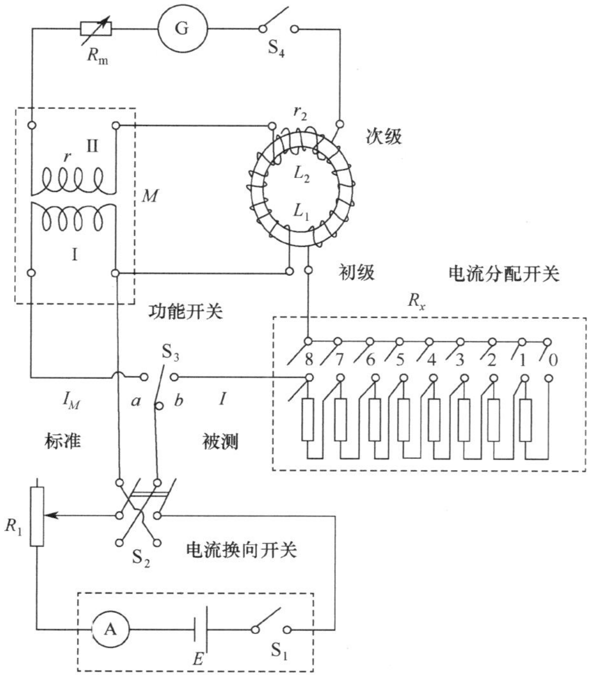

图 3.11.1　测量接线图

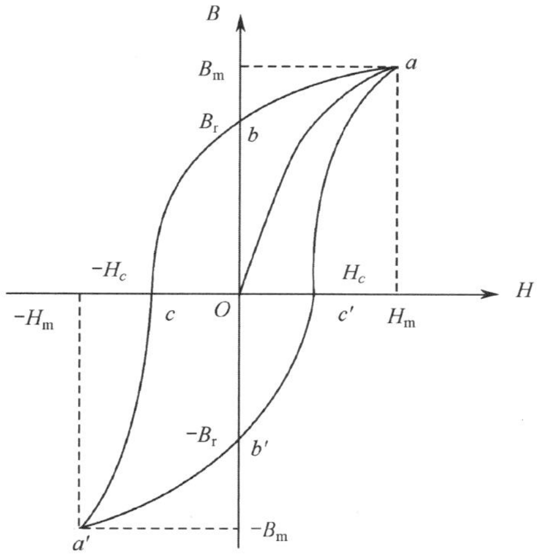

图 3.11.2　磁滞回线图

由图 3.11.2 可以看出：

（1）当 $H=0$ 时，$B \neq 0$，铁磁材料还保留一定的磁感应强度 B_r，称 B_r 为铁磁材料的剩磁。

（2）要消除剩磁 B_r，需要加一个反向磁场 H_c，H_c 称为铁磁材料的矫顽力。

3．磁场强度 *H* 和磁感应强度 *B* 的测量

如图 3.11.1 所示，铁芯上密绕线圈，匝数为 N_1，若通过的电流为 I，则线圈内部磁场强度为

$$H = \frac{N_1}{L_1} \cdot I \quad (\text{A/m}) \tag{3.11.1}$$

式中，$L_1 = \pi D_1$，L_1 为钢圆环轴线的周长，D_1 为其直径。

在 H 的作用下，磁化后的铁芯中的磁感应强度 B 可通过副线圈 L_2 用冲击电流计测出。在由副线圈 L_2（电阻 r_2）、冲击电流计 G（内阻 R_g）、标准互感器 M 的副线圈（电阻 r）和临界阻尼电阻 R_m 组成的回路中，总电阻为

$$R = r_2 + R_g + R_m + r$$

当原线圈 L_1 通有电流时，穿过副线圈 L_2（匝数为 N_2）的磁通量为

$$\Phi = BN_2S_2$$

式中，S_2 为铁芯的横截面积，$S_2 = \pi D_2^2/4$，D_2 为钢圆环横截面的直径。

原线圈电流的变化使得铁芯中磁感应强度的变化量为ΔB，于是磁通量的变化量为

$$\Delta\Phi = \Delta BN_2S_2$$

从而在冲击电流计中产生的感应电量为

$$q = \frac{\Delta\Phi}{R} = \frac{N_2S_2}{R}\cdot\Delta B$$

$$\Delta B = \frac{R}{N_2S_2}\cdot q = \frac{R}{N_2S_2}\cdot C_q d \tag{3.11.2}$$

式中，d 为冲击电流计读数，C_q 为冲击电流计电量常数，$C_q = q/d$ 表示冲击电流计单位读数所对应的副电路产生的感应电量。

令 $K = RC_q/N_2S_2$，于是有 $\Delta B = Kd$。测出每次电流变化时对应的冲击电流计读数 d，即可计算出ΔB，

$$\Delta B_1 = Kd_1,\quad \Delta B_2 = Kd_2,\ \cdots,\quad \Delta B_i = Kd_i$$

于是有

$$\begin{aligned}
B_1 &= 0 + \Delta B_1 = Kd_1 \\
B_2 &= B_1 + \Delta B_2 = Kd_1 + Kd_2 = K(d_1 + d_2) \\
B_3 &= B_2 + \Delta B_3 = K(d_1 + d_2 + d_3) \\
&\vdots \\
B_i &= B_{i-1} + \Delta B_i = K(d_1 + d_2, \cdots, d_i) = K\sum_{i=1}^{i} d_i
\end{aligned} \tag{3.11.3}$$

4．电量常数 C_q 的测量

由式（3.11.2）和式（3.11.3）可知，要测量 B，首先就要测量出 C_q。C_q 通常用标准互感器来测量，其接线图如图 3.11.1 所示。M 为标准互感器，它由两组线圈组成。当初级线圈上的电流变化为 $\mathrm{d}I$ 时，会在次级线圈上产生感应电动势，其大小为

$$\varepsilon = -\frac{\mathrm{d}\Phi}{\mathrm{d}t} = -M\frac{\mathrm{d}I}{\mathrm{d}t}$$

因为次级回路中的总电阻为 R（$R = r_2 + R_g + R_s + r$），所以次级线圈回路中的感应电流为

$$i = \frac{\varepsilon}{R} = -\frac{M}{R}\frac{\mathrm{d}I}{\mathrm{d}t}$$

如果突然之间使电流反向（扳动电流换向开关 S_2），初级回路中的电流从 I_M 变为 $-I_M$，冲击电流计的读数为 d_M，则在次级回路中通过的总电量 q_M 为

$$q_M = C_q d_M = \int_0^{\tau} i\,\mathrm{d}t = \int_0^{\tau} -\frac{M}{R}\frac{\mathrm{d}I}{\mathrm{d}t}\mathrm{d}t = \int_{I_M}^{-I_M} -\frac{M}{R}\mathrm{d}I = \frac{2M}{R}\cdot I_M$$

因此电量常数 C_q 为 $C_q = 2MI_M/Rd_M$，得

$$K = \frac{RC_q}{N_2S_2} = \frac{2MI_M}{d_M N_2 S_2} \tag{3.11.4}$$

3.11.4 实验内容与步骤

1. 测量铁磁介质的磁滞回线

（1）按图 3.11.1 连接线路，将功能开关 S_3 指向 b（被测）。选择 R_m。

（2）接通冲击电流计电源开关，选择量程和调零后，等待测量。

（3）本实验的直流电源采用可调式直流稳压电源，其输出电压在范围 0～30V 内连续可调，电流在范围 0～3A 内连续可调，有电流限制保护功能。当输出发生短路时，应立即关掉电源，并排除故障。若开机后电流显示为 3.20A，而电压显示为 0.00V，则说明电源处于短路状态，应立刻关掉电源，否则为过载状态。

将电源电压调到约 28V，将滑线变阻器 R_1 接到最大值，并为接通电流分配第 8 个开关，然后接通电源开关，调整 R_1，使通过原线圈的电流强度不超过 3A。

（4）按顺序 $Oa \to ab \to bca' \to a'b' \to b'c'a$ 分别接通开关 0→8，对应为 Oa 段，分别断开开关 8→0，对应为 ab 段，电流换向开关 S_2 反向，再分别接通开关 0→8，对应为 bca'段，分别断开开关 8→0，对应为 $a'b'$段，电流换向开关 S_2 再次反向，分别接通开关 0→8，对应为 $b'c'a$ 段。观察冲击电流计的读数是否有变化，若无变化，则调整 R_m 的数值直至读数有变化。

（5）按从 8→0 的开关顺序将电流分配的开关全部断开。取下环形螺线管到交流线路处退磁。退磁线路如图 3.11.3 所示。退磁方法如下：调压器从 0V 开始逐渐升高，使电流表的读数为 3A。然后将电压再逐渐降低为 0V，这样反复调整两次，最后使电流为 0.00A，取下退磁后的螺线管接回原处，此时电流分配开关都应在断开的位置。

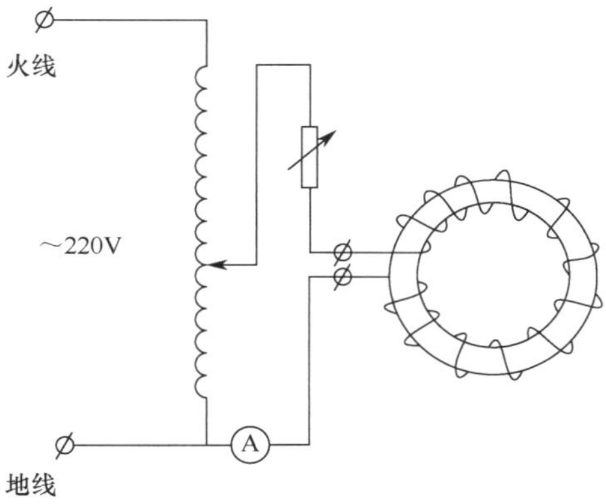

图 3.11.3 退磁线路

（6）测量图 3.11.2 中的 Oa 段：合上磁滞回线实验仪的开关 0，此时有电流 I_0 通过 L_1，在 L_2 副线圈回路中有感应电流通过冲击电流计，冲击电流计的读数为 d_0；依次合上开关 1, 2,⋯, 8，L_1 中的电流依次变为 $I_1, I_2, \cdots, I_8$，此时冲击电流计的读数为 $d_1, d_2, \cdots, d_8$。

（7）测量 ab 段：按逆序 8→0 依次断开电流分配开关 R_x，记录电流 $I_8, I_7, \cdots, I_0$ 和对应冲击电流计感应电量的读数 $d_8, d_7, \cdots, d_0$。

（8）测量 bca'段：将电流换向开关 S_2 反向，变 I 为 $-I$（变 H 为 $-H$），重复步骤（6），记下相应的 I_i 值和 d_i 值。

（9）测量 $a'b'$段：重复步骤（7），记下对应的 I_i 值和 d_i 值。

（10）测量 $b'c'a$ 段：电流换向开关 S_2 再反向，变 $-I$ 为 I（变 $-H$ 为 H），按步骤（6）测出对应的 I_i 值和 d_i 值。

2. 电量常数 C_q 的测量

（1）调整电源电压到小于 10V，将功能开关 S_3 指向 a（标准），R_m 保持原电阻值，调整 R_1 使互感器中通过的电流不超过其额定值（I_M 约为 1.00A）。

（2）迅速将电流换向开关 S_2 反向，电流 I_M 变为 $-I_M$，通过互感器次级线圈的磁通变化，

读出冲击电流计的读数 d_M，电流换向开关 S_2 再次反向，读出冲击电流计的读数 $-d_M$，取 $d_M=(d_M+|-d_M|)/2$ 为最终 d_M 值。

（3）记下 I_M、d_M、M 等，由式（3.11.4）算出常数 K。由式（3.11.1）算出 H，由式（3.11.3）算出 B。

3．注意事项

（1）按照实验原理图连接导线并检查无误后才能打开电源开关。

（2）最大电流 I_m 设为 2.8A 左右，电源电压调整为 28V 左右。

（3）次级限流电阻选为 1000Ω 左右。

（4）使用冲击电流计测量前应调零，并了解测量电量与冲击电流计读数的关系。

（5）根据电流测量方向记录数据。

3.11.5 数据处理

（1）按测量顺序 $Oa \to ab \to bca' \to a'b' \to b'c'a$ 分别记录五段的 I_i 值与 d_i 值，算出 $\sum d_i$，记录螺旋管初级匝数 N_1、次级匝数 N_2、钢圆环直径 D_1、钢圆环横截面直径 D_2、互感系数 M，以及电量常数测量时的 I_M 和 d_M。

注意事项如下：

- Oa 段、ab 段、$b'c'a$ 段的电流 I_i 取正值；bca'段、$a'b'$段的电流 I_i 取负值。Oa 段、$a'b'$ 段、$b'c'a$ 段的 d_i 取正值；ab 段、bca'段的 d_i 取负值。
- $\sum d_i$ 应按测试方向进行计算。
- 直流磁滞回线的修正方法：对冲击电流法测量铁磁介质磁滞回线实验的误差进行分析与研究，采用退磁电路、串态干扰修正、冲击电流计积分电路修正、实验数据取值修约（计算结果只保留 3 位有效数字）、冲击电流计零点修正等方法和手段（考虑到直流磁滞回线的对称性，可以采用正反向加上相同的较大励磁电流对螺旋管初级进行励磁，冲击电流计获得的读数应数值相等、符号相反。数据不相等时，就要调整冲击电流计的调零电位器，直至数据相等为止，或者在励磁电流相同的情形下，对 2、4 段与 3、5 段的电量读数取平均值，以修正直流磁滞回线图形的不对称）。在实验所作的磁滞回线中，仅当矫顽力、剩磁、最大饱和磁场、最大饱和磁感应强度等参数都具有对称性时，才能达到应用冲击法测量铁磁介质直流磁滞回线的实验要求。

（2）对上述测试数据，根据式（3.11.1）和式（3.11.3）分别算出 H_i、B_i，以 H_i 为横坐标、B_i 为纵坐标作起始磁化曲线和磁滞回线，即 B～H 图，并算出图中 a、b、c 三点的 H 值和 B 值。

（3）测绘磁滞回线图形时，也可用 Excel 作图或用 MATLAB 编程，并打印磁滞回线图。

3.11.6 思考题

（1）冲击电流计的读数 d 之和应沿着怎样的方向累加？

（2）如果所作磁滞回线图不封闭，原因是什么？

（3）冲击电流计读数如果不变或溢出，对测试结果有什么影响？如何消除？

（4）计算出的 H_c 与 $-H_c$、B_r 与 $-B_r$ 数值不相等时，原因是什么？

3.11.7 实验拓展

当从初始状态 $H=0$，$B=0$ 开始周期性地改变磁场强度的幅值时，在磁场由弱到强的单调增加过程中，可以得到面积由大到小的一簇磁滞回线，如图 3.11.4 所示。其中最大面积的磁滞回线称为极限磁滞回线。

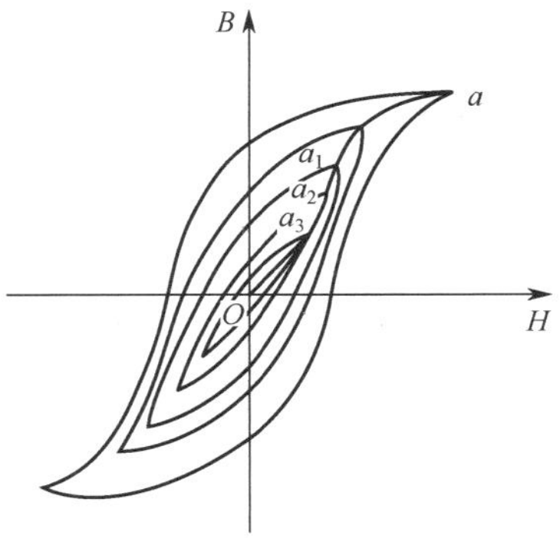

图 3.11.4　磁滞回线

在图 3.11.4 中，原点 O 和各磁滞回线顶点的连线称为铁磁性材料的基本磁化曲线。铁磁材料不同，其基本磁化曲线也不同。为了重现样品的磁特性，即测得的基本磁化曲线都从原始状态（$H=0$，$B=0$）开始，测量前要进行退磁，以消除样品中的剩余磁性。

磁滞回线

3.12　分光计的调整与使用

德国科学家夫琅禾费从最初的玻璃工匠成长为光学技术大师，且被人们称为光谱学之父。没有夫琅禾费，我们甚至不能“看清”星星和太阳。

分光计是精确测量光线偏转角度的仪器，也称测角仪。它通过棱镜或光栅等分光元件将复色光分解为不同角度出射的单色光，并可精确测量出其偏转角度。光学中的许多基本量如波长、折射率等都可直接或间接地表现为光的偏转角，因此用它可测量波长、折射率，还能精确地测量光学平面间的夹角等。分光计的基本部件和调整原理与其他更复杂的光学仪器（如棱镜光谱仪、光栅光谱仪、分光光度计、单色仪等）有许多相似之处。因此，分光计是光学实验的基本仪器之一，学习和使用好分光计能为今后使用更精密的光学仪器打下良好基础。使用分光计时，要经过一系列精细调整才能得到准确的结果，分光计的调整技术是光学实验中的基本技术之一，必须正确掌握。本实验的目的是着重训练分光计的调整技术和技巧，并用它来测量三棱镜顶角以及复色光通过三棱镜后的偏转角。

3.12.1　实验目的

（1）了解分光计的结构，学会正确调整和使用分光计的方法。

（2）掌握分光计读数装置的使用，学会读取和计算角度。

（3）掌握利用分光计测量三棱镜顶角的方法。

（4）掌握利用分光计测量三棱镜最小偏转角的方法。

3.12.2 实验仪器

JJY 型分光计、平面反射镜、三棱镜、双面镜、汞灯等。

3.12.3 实验原理

1. 分光计的结构

如图 3.12.1 所示，分光计主要由平行光管、望远镜、载物台、读数度盘和三角底座等部分组成，各部分的详细结构与基本原理如下。

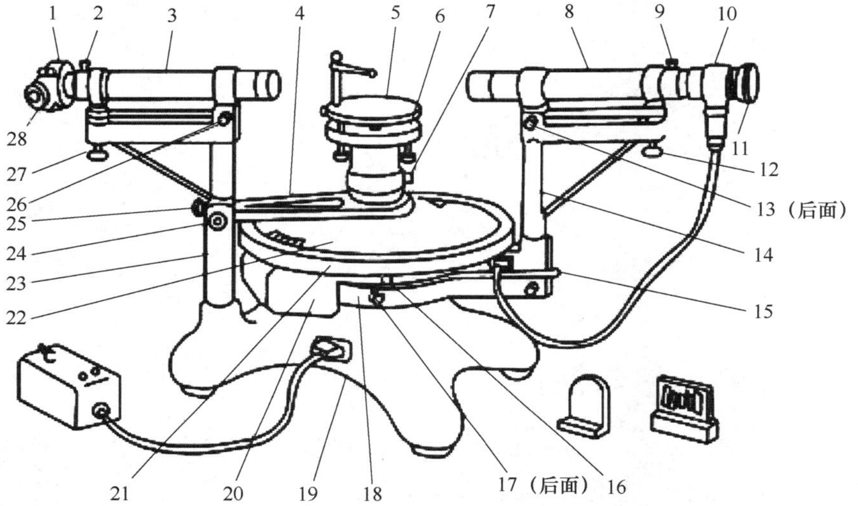

1. 狭缝装置；2. 狭缝装置锁紧螺钉；3. 平行光管部件；4. 制动架（一）；5. 载物台；6. 载物台调平螺钉（3 个）；7. 载物台升降锁紧螺钉；8. 望远镜部件；9. 目镜锁紧螺钉；10. 目镜；11. 目镜视度调整手轮；12. 望远镜光轴高低调整螺钉；13. 望远镜光轴水平调整螺钉；14. 支臂；15. 望远镜微调螺钉；16. 转座与度盘止动螺钉；17. 望远镜止动螺钉；18. 制动架（二）；19. 底座；20. 转座；21. 度盘；22. 游标盘；23. 立柱；24. 游标盘微调螺钉；25. 游标盘止动螺钉；26. 平行光管光轴水平调整螺钉；27. 平行光管光轴高低调整螺钉；28. 狭缝宽度调整手轮

图 3.12.1 分光计构造图

（1）平行光管。

平行光管结构如图 3.12.2(a)所示，它由金属圆筒、宽度可调整的狭缝装置和会聚透镜三部分组成。狭缝装置固定在一个可伸缩的套筒上，松开狭缝装置锁紧螺钉 2（序号与图 3.12.1 对应）就可以调整狭缝装置的位置；转动狭缝宽度调整手轮 28 就可调整狭缝的宽度；27 是平行光管光轴高低调整螺钉，用于调整平行光管的俯仰角；26 是平等光管光轴水平调整螺钉，用于调整平行光管在水平方向的左右偏转程度。

平行光管的作用是产生平行光，其原理如图 3.12.2(b)所示。改变狭缝到透镜的距离，当狭缝恰好处于透镜的焦平面位置时，从狭缝中出射的光就被透镜汇聚为平行光，因此该装置称为平行光管。

（2）阿贝式自准直望远镜。

分光计中的望远镜结构如图 3.12.3(a)所示，它由物镜、目镜和叉丝分划板组成。三者都安装在套筒内，它们之间的距离可以调整。叉丝分划板的套筒中装有照明小绿灯，松开目镜锁紧螺钉 9（序号与图 3.12.1 对应）就可调整目镜和叉丝分划板的位置；12 为望远镜光轴高低调整螺钉，用于调整望远镜的俯仰角；13 为望远镜光轴水平调整螺钉，用于调整望远镜在水平方向的左右偏转程度。

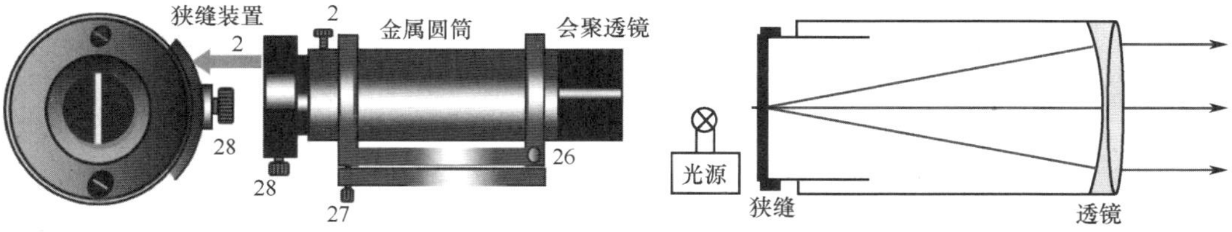

(a) 平行光管结构　　(b) 平行光管原理

图 3.12.2　平行光管

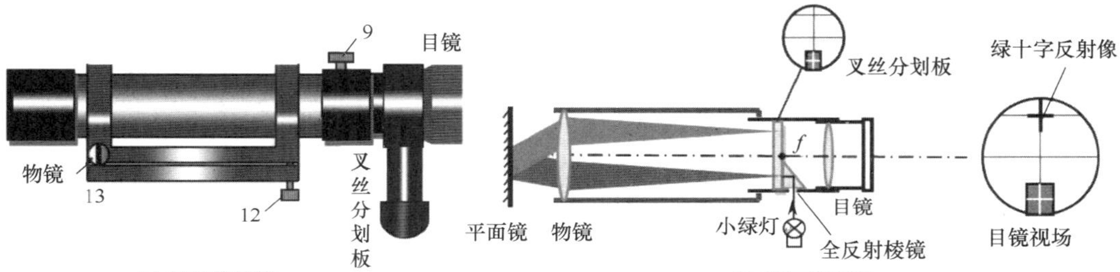

(a) 望远镜结构　　(b) 望远镜原理

图 3.12.3　望远镜结构

分光计中的望远镜用于观测被散射的各单色平行光，物镜则将接收到的平行光在焦平面上会聚成像。若叉丝分划板恰好处于物镜的焦点 f，则在分划板上成像，再由目镜放大成像，这时可以观察到平行光管中狭缝清晰的像。为了保证分划板恰好位于物镜的焦点 f，望远镜原理如图 3.12.3(b)所示。分划板上刻有丰形叉丝；下方放有一个等腰直角形全反射棱镜，棱镜与划分板相贴的直角面上涂有不透光薄膜，薄膜上划一个十字形透光窗口，且物镜前放有一个平面镜。小绿灯发出的光经小棱镜反射到与分划板接触的直角面上，照亮划分板上的十字形窗口，调整分划板的位置，当它恰好处于物镜的焦平面上时，从分划板十字窗口发出的绿光经物镜折射为平行光，再由平面镜反射回物镜，最后由物镜在分划板上会聚成像。如果能在目镜视场中观察到清晰的丰形叉丝和绿色十字像，就说明叉丝分划板恰好处于物镜的焦平面上，此时望远镜已调焦至无穷远处，适合观察平行光。

（3）载物台。

载物台用于放置平面镜、棱镜等光学元件（见图 3.12.4）：台面上有三条互成 120°角的刻槽，台面下有三个调平螺钉（A、B、C），可以提起使载物台上的刻槽恰好压在台面下的三个螺钉上。调整这三个螺钉的高低位置即可调整台面的倾斜角度，平台的高度可旋松载物台升降锁紧螺钉 7（序号与图 3.12.1 对应），调到合适位置再锁紧螺钉即可将载物台锁定在该位置。

（4）读数圆盘。

读数圆盘由可绕仪器公共轴转动的度盘和游标盘组成，它位于载物台的下方。转动游标盘，载物台也会随之转动。

度盘是外侧有刻度的银色圆盘，其上刻有 720 等分刻线，格值为 30′。游标盘是内侧的黑色圆盘，游标盘对称方向设有两个角游标。图 3.12.5 所示为其中一个游标的示数情况。分光计的读数方法与游标卡尺的相似，游标上的 30 格与刻度盘上的 29 格所对的角度相等。读数时，以游标零刻线为准，读出刻度盘上的度值，再找到游标上与刻度盘上刚好重合的刻线，读数即为所求角度的分值。若游标零线落在半度刻线之外，则读数应加上 30′。例如，图 3.12.5 中所示位置应读作 242°53′。

图 3.12.4　载物台

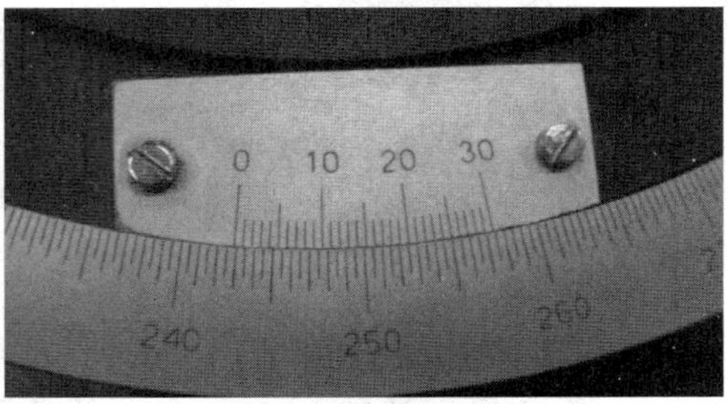

图 3.12.5　分光计刻度盘

分光计采用双游标读数的目的是消除刻度盘中心与仪器中心轴不重合而引起的偏心误差。测量时，读出两个游标处的值后取平均，即可消除偏心差。分光计偏心差消除原理如图 3.12.6 所示。刻度盘中心为 O_1，游标盘中心为 O_2，两个游标在初始位置的读数分别为 $\theta_{左1}$ 和 $\theta_{右1}$。若刻度盘中心 O_1 与游标盘中心 O_2 不重合（为了方便说明和理解，图中夸大了这个偏离量），则当游标盘转过角度 α 后，游标盘两个游标的读数分别为 $\theta_{左2}$ 和 $\theta_{右2}$。于是，从两个游标读出的转角分别为 $\alpha_{左}=\left|\theta_{左1}-\theta_{左2}\right|$ 和 $\alpha_{右}=\left|\theta_{右1}-\theta_{右2}\right|$。

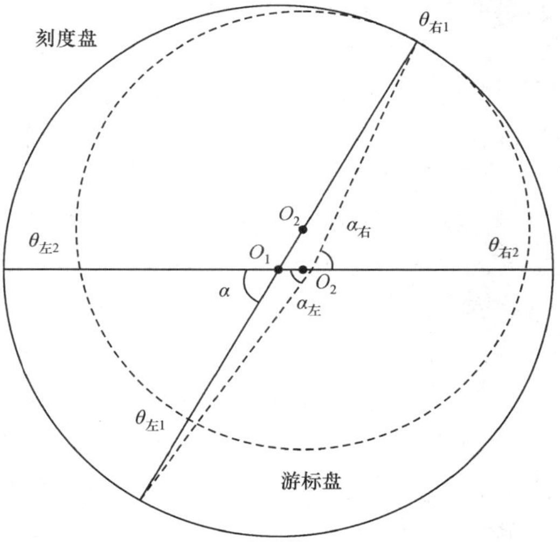

图 3.12.6　分光计偏心差消除原理

由平面几何知识很容易证明，实际转角为

$$\alpha=\frac{1}{2}\left(\alpha_{左}+\alpha_{右}\right)=\frac{1}{2}\left(\left|\theta_{左1}-\theta_{左2}\right|+\left|\theta_{右1}-\theta_{右2}\right|\right)$$

2．分光计的调整原理和方法

在调整分光计前，要先明确对分光计调整的目标要求。分光计的调整内容如下：

（1）调整平行光管发出平行光，且与分光计转轴垂直。

（2）调整载物台平面与分光计的转轴垂直（保证光学元件的光学面和转轴平行，使得反射、折射光与分光计转轴垂直）。

（3）使望远镜适合接收和观察平行光，且与分光计转轴垂直。

调整的方法和步骤如下：

- 目测粗调。首先用眼睛直接粗略估计，调整望远镜和平行光管的光轴高低位置调整螺钉，使二者的光轴大致水平；调整载物台下面的 3 个螺钉（A、B 和 C），使载物台大致水平。这一粗调很重要，做好了可降低后面细调的盲目性。
- 细调。分光计的细调比较复杂，通常首先调整望远镜，然后调整载物台，最后调整平行光管。下面按照这个调整顺序进行介绍。

（1）调整望远镜。

这一步实际上是用自准法将望远镜调焦于无穷远，具体步骤如下：

① 调整目镜。适当旋转目镜调焦手轮，改变目镜到分划板的距离，直至看清分划板上的双十字叉丝（$\pm$）。

② 接通小绿灯电源，按图 3.12.7 中的位置（镜面平行于 C 螺钉所对应的刻槽）将小双面镜放在载物台上。轻缓移动游标盘，带动载物台，同时从望远镜外侧观察并跟踪从望远镜中射出且经平面镜反射的绿光。该光来自目镜中的小灯，可从平面镜中看到不大清晰的绿色亮十字或光斑。当平面镜逐渐趋近并正对望远镜时，若眼睛跟踪反射光恰好趋于目镜位置，则表明反射光能返回望远镜；若眼睛需要跟踪到目镜的上方（或下方）才能看到反射光，则表明粗调未调好，平面镜相对于望远镜有仰角（或倾角）。此时，可目测望远镜和载物台的倾斜度，并适当调整望远镜光轴高低调整螺钉和载物台调平螺钉中的 A 和 B，使反射光能够进入望远镜。这时，可从望远镜中观察到一个不清晰的十字像或光斑，否则就要重复上述步骤。

③ 望远镜调焦。看到模糊的绿色亮斑后，松开目镜锁紧螺钉，前后移动目镜可以改变分划板与物镜间的距离，使光斑在分划板上变成一个清晰的绿色小十字像。然后，眼睛在目镜前稍微左右晃动，若分划板上的$\pm$形叉丝与绿色小十字像之间无相对位移，即说明无视差。若有相对位移，则说明有视差，这时要稍微往复移动目镜，直至无视差为止。这样，望远镜就适合接收平行光，即望远镜调焦于无穷远处（此时分划板与成像平面重合于物镜焦平面）。望远镜调焦完成后观察到的像如图 3.12.8 所示。

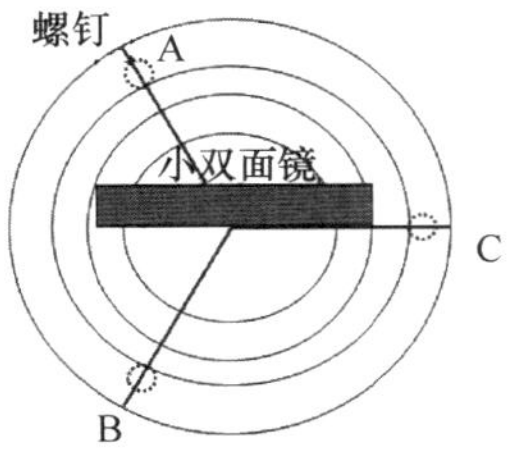

图 3.12.7　双面镜初始放置位置 I

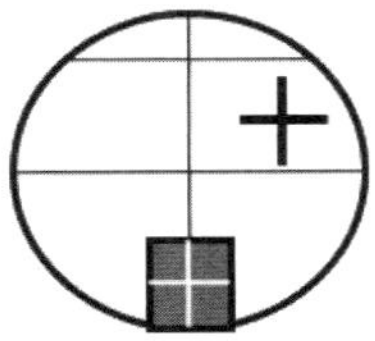
图 3.12.8　望远镜调焦完成后观察到的像

④ 调整目镜中的竖叉丝到与分光镜转轴平行。这一步是以后测量过程中的读数要求，读数的标准是竖叉丝和观察到的某条光线重合。如果竖叉丝与转轴不平行，就不能保证叉丝与光线重合，读数就不准。达到这一目的具体方法如下：转动望远镜或载物台，看到十字像的轨迹不和水平叉丝平行，如图 3.12.9(a)所示，松开目镜锁紧螺钉，轻微转动目镜筒（不可前后移动目镜筒位置），在转动望远镜或载物台的过程中使十字像的轨迹和水平叉丝平行，如图 3.12.9(b)所示。此时，目镜的竖直叉丝就与分光计转轴平行，最后只需锁紧望远镜目镜筒。

(a)叉丝方向不正确　　(b)叉丝方向正确

图 3.12.9　目镜叉丝方向调整

⑤ 调整平面镜到与分光计转轴平行。在上述步骤的基础上旋转载物台，使平面镜绕中心轴转 180°，若从望远镜中仍能看到亮十字像，但正反两面反射光先后成像的位置高低不同，则表明平面镜与分光计中心轴不平行，但夹角不大，此时需要调整载物台面下方前后两个螺钉（A 和 B），使亮十字像移动前后的高度不变（显然，只有二者平行时，载物台转 180°后平面镜的法线和反射光的方向才不变，成像位置也就不变）。若平面镜随载物台旋转 180°后从望远镜中看不到亮十字像，则观察者可在望远镜外的上方或下方直接从平面镜中看到亮十字像，并判断镜面的倾斜度，调整载物台调平螺钉 A 和 B 使反射光射入望远镜；若估计正反两次十字像的平均位置仍在望远镜外，则要适当改变望远镜的仰角（调整望远镜光轴水平调整螺钉），使正反两次亮十字像都进入望远镜视场，再按上述方法调整，使平面镜与分光计中心轴平行。

⑥ 使望远镜光轴与分光计中心轴垂直。当平面镜正反两面的反射光都能返回望远镜，且两次成像位置一样高时，表明平面镜已平行于中心轴。若亮十字像尚未与准直叉丝重合（注意，准直叉丝不是中心叉丝，而是上半部的黑十字线，它与下半部的透光小十字关于中心点对称），则表明望远镜光轴尚未垂直于平面镜。此时，应调整望远镜的倾仰角螺丝，使亮十字像与准直叉丝重合，然后反复旋转平面镜的正反面，并反复调整螺钉 A 或 B 及望远镜光轴水平调整螺钉，直到无论平面镜哪面正对望远镜，反射回来的亮十字像都能如图 3.12.10 所示的那样与准直叉丝重合。这时，望远镜光轴就与分光计中心轴垂直。

（2）调整载物台。

这一步调整的目的是使载物台平面与分光计中心轴垂直。以上调整还不能决定载物台平面垂直于中心转轴，还需要将平面镜从原来垂直于 A、B 连线的位置 I 改放到平行于 A、B 连线的位置 II（转过 90°，如图 1.13.11 所示）。调整螺钉 C，使反射的亮十字像与分划板叉丝的水平准线重合（注意此时不能再调螺钉 A、B 及望远镜光轴水平调整螺钉）。这样，载物台平面就与分光计中心轴垂直，此后可撤去平面镜。

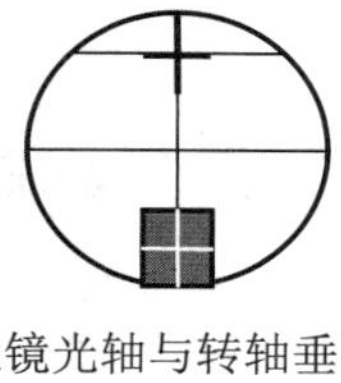

图 3.12.10　望远镜光轴与转轴垂直后观察到的像

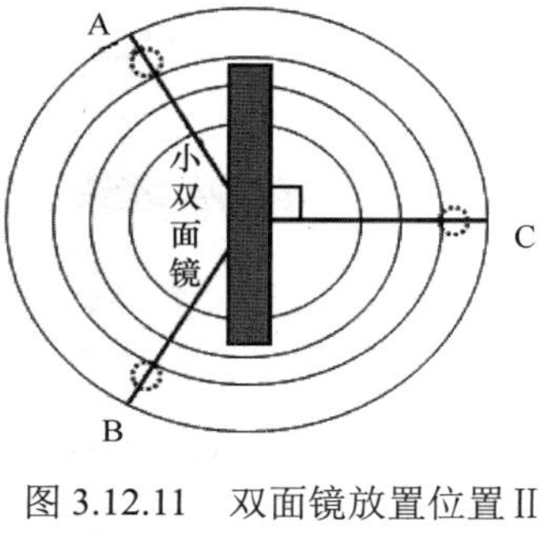

图 3.12.11　双面镜放置位置 II

调整望远镜和载物台的技巧补充如下。

当在上述调整过程中出现一些问题时，原因是什么？应调整什么？应如何调整？例如，是调载物台还是调望远镜？调到什么程度？

① 载物台倾角未调好的表现和调整方法。假设望远镜光轴已垂直于仪器主轴，但载物台倾角未调好，如图 3.12.12 所示。平面镜 A 面反射光偏上，载物台转 180°后，B 面反射光偏下。在目镜中看到的是 A 面反射像在 B 面反射像的上方。显然，调整方法是调整载物台螺钉 A 或 B，将 A 面像（或 B 面像）向上（向下）调到两像点距离的一半，使镜面 A 和 B 的像落在分划板上的同一高度。

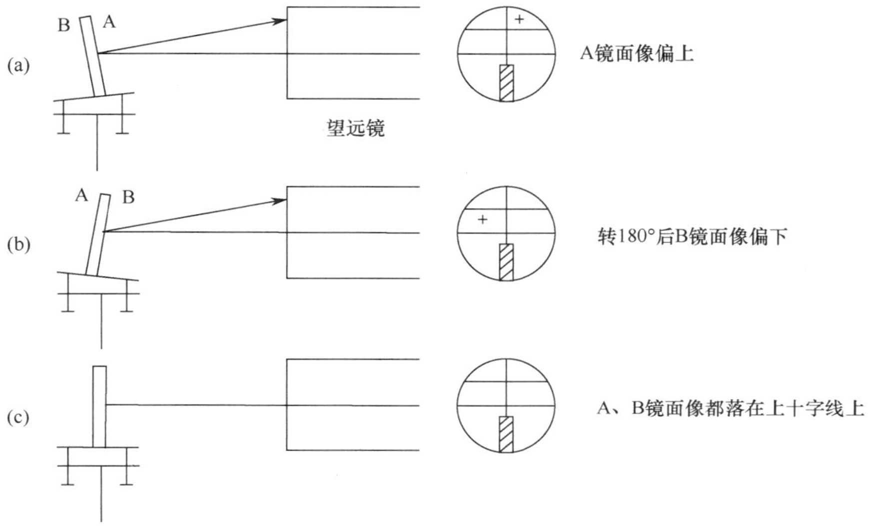

图 3.12.12　载物台倾角未调好的表现和调整方法

② 望远镜光轴未调好的表现和调整方法。假设载物台已调好，但望远镜光轴不垂直仪器主轴，如图 3.12.13 所示。在图 3.12.13(a)中，无论是平面镜 A 面还是 B 面，反射光都偏上，反射像落在分划板上十字线的上方。在图 3.12.13(b)中，镜面反射光都偏下，反射像都落在上十字线的下方。显然，调整方法是调整望远镜仰角调整螺钉，使像位于上十字线的上方。

③ 载物台和望远镜光轴都未调好的表现和调整方法。表现是两个镜面反射像一上一下，并且到上叉丝的距离不同。这时，采用各半调整法，对一个面反射回来的像，先调整载物台下方的有效螺钉，使反射像向上叉丝回归一半的距离，再调整望远镜仰角调整螺钉，将像调到上叉丝线的上方，如图 3.12.13(c)所示。转动载物台，找另一面反射回来的十字像，做同样的调整。反复几次后，即可调整成功。

（3）调整平行光管。

① 调整平行光管发出平行光并与望远镜共轴。调整方法如下：取下载物台上的平面镜并关闭目镜照明光源，打开汞灯，将狭缝对准光源，使望远镜转向平行光管方向。松开狭缝锁紧螺丝，在目镜中观察狭缝像，沿轴向移动狭缝筒，直到狭缝的像最清晰。这表明光管已发出平行光。此时，可以调整狭缝宽度手轮，改变狭缝像到 1mm 左右的宽度（这个宽度不是狭缝的实际宽度，而是狭缝像的宽度）。

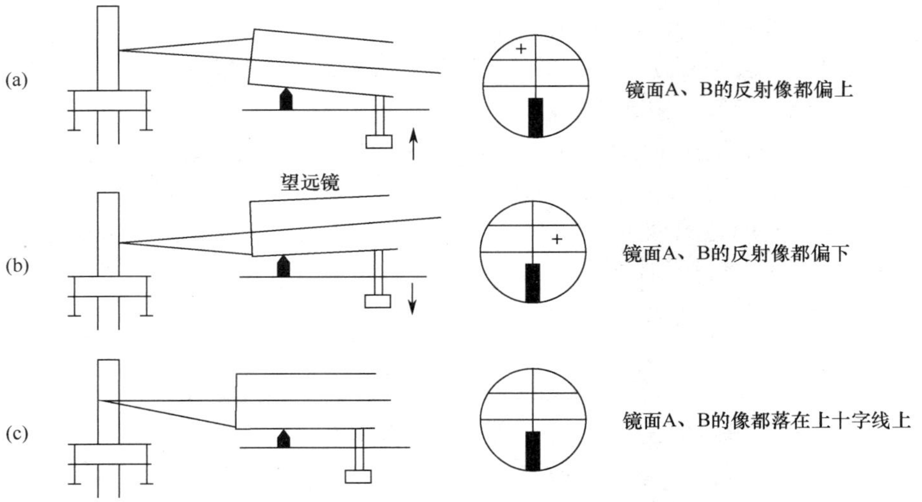

图 3.12.13　望远镜光轴未调好的表现和调整方法

② 调整平行光管到与望远镜共轴。实现这一目的的方法有两种。方法一：调整平行光管光轴水平调整螺钉，使狭缝像的中点位于水平叉丝处。这是因为狭缝的中点恰好位于平行光管的主轴上，但是由于对狭缝像中点的估计会引入人为误差，这是比较粗略的调整方式。方法二：松开狭缝锁紧螺丝，将狭缝转向横向，调整平行光管的水平调整调整螺钉，将像调到中心横线上，如图 3.12.14(a)所示。这表明平行光管光轴已与望远镜光轴共线，因此也垂直仪器主轴。再将狭缝调成垂直，如图 3.12.14(b)所示，锁紧螺钉，平行光管调整完毕。这种方法比第一种方法更准确。

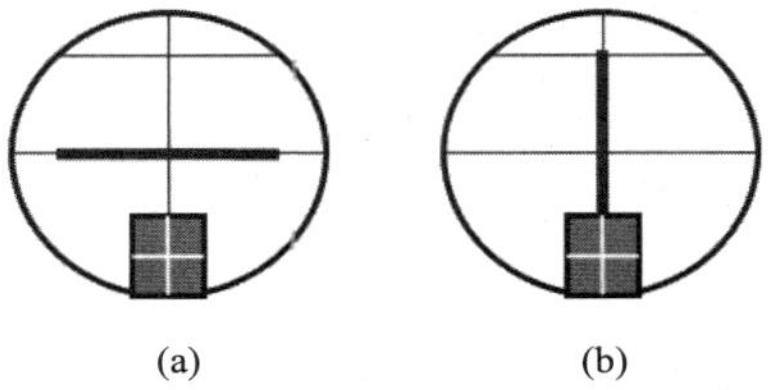

图 3.12.14　平行光管与望远镜共轴

（4）测量角度。

利用分光计测量角度时，要将望远镜和度盘相对固定（锁紧图 3.12.1 中的望远镜止动螺钉 17），根据测量需要固定游标盘（锁紧图 3.12.1 中的游标盘止动螺钉 25）或度盘（转座与度盘止动螺钉 16），然后根据游标的示数读取角度，否则读取的角度没有意义。

3．测量原理和方法

（1）三棱镜顶角的测量。

三棱镜是光学棱镜的一种，外观呈三角形状，是常用的分光元件。实验室中常用的三棱镜是底面为等边三角形的三棱柱（见图 3.12.15），上下两个底面制成毛面，侧面的一个面为毛面，另外两个面光洁，作为光学面。通过这两个光学面可对复色光进行分解。这两个光学面间的夹角称为顶角。在测量过程中，禁止用手或仪器接触棱镜的光学面，因为这样做可能会损坏光学面。在实验测量计算中，需要知道三棱镜顶角的具体角度，利用分光计可在不接触三棱镜的光学面的情况下测出顶角。

三棱镜顶角的测量方法有两种。

① 自准法测三棱镜顶角。如图 3.12.16 所示，固定望远镜和度盘，转动载物台，首先使棱镜 *AB* 面反射的绿十字像与叉丝重合（望远镜光轴与三棱镜的 *AB* 面垂直），记下两个游标处的方位角读数 θ_1 和 θ_2。然后，转动望远镜使 *AC* 面反射的十字像与叉丝重合（望远镜光轴

与三棱镜的 AC 面垂直），记下读数 θ_1' 和 θ_2'（注意 θ_1' 和 θ_2' 不能颠倒），两次读数的差就是三棱镜顶角 A 的补角 φ，有 $A = 180° - \varphi$，即

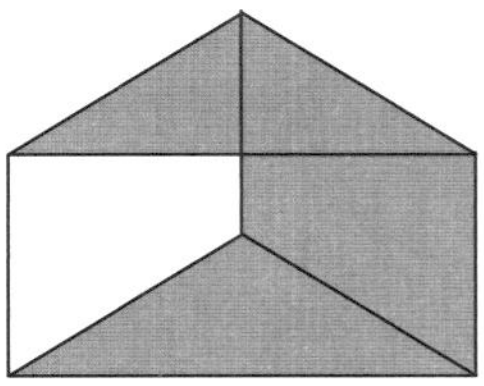

图 3.12.15　三棱镜

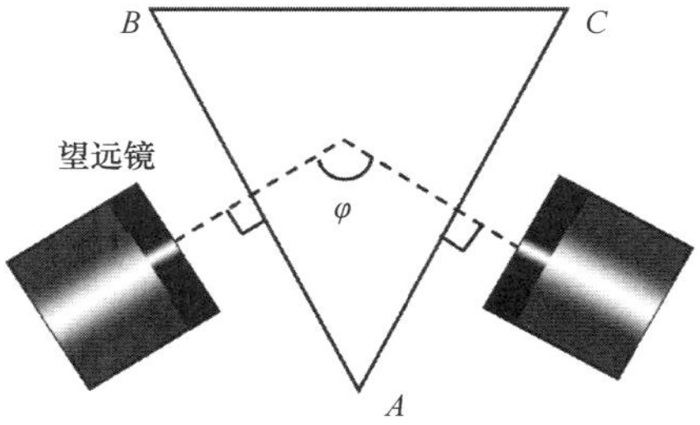

图 3.12.16　自准法测三棱镜顶角

$$\angle A = 180° - \frac{1}{2}(\varphi_1 + \varphi_2) = 180° - \frac{1}{2}\left(\left|\theta_1' - \theta_1\right| + \left|\theta_2' - \theta_2\right|\right) \qquad (3.12.1)$$

② 用平行光法（也称反射法/分裂光束法）测三棱镜顶角。如图 3.12.17 所示，让平行光管射出的光照射到三棱镜的一个光学面上，将望远镜转到一侧（如左边）的反射方向，使望远镜的叉丝对准狭缝像，此时读出两个游标的方位角 θ_1 与 θ_2，再将望远镜转到另一侧，使叉丝对准狭缝像后，读出 θ_1'和 θ_2'。于是，三棱镜顶角为

$$A = \frac{1}{2}\varphi = \frac{1}{4}\left(\left|\theta_1' - \theta_1\right| + \left|\theta_2' - \theta_2\right|\right) \qquad (3.12.2)$$

（2）用最小偏向角法测三棱镜对不同谱线的折射率。

如图 3.12.18 所示，一束单色光以 i_1 角入射到 AB 面上，经棱镜两次折射后，从 AC 面射出，出射角为 i_2'。入射光和出射光之间的夹角 δ 称为*偏向角*。当棱镜顶角 A 一定时，偏向角 δ 的大小随入射角 i_1 的变化而变化。当 $i_1 = i_2'$ 时，δ 最小（证明略）。这时的偏向角称为*最小偏向角*，记为 $\delta_{\min}$。

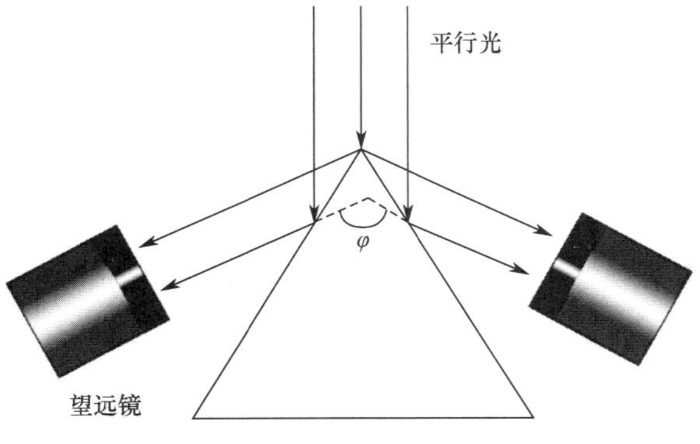

图 3.12.17　反射法测三棱镜顶角

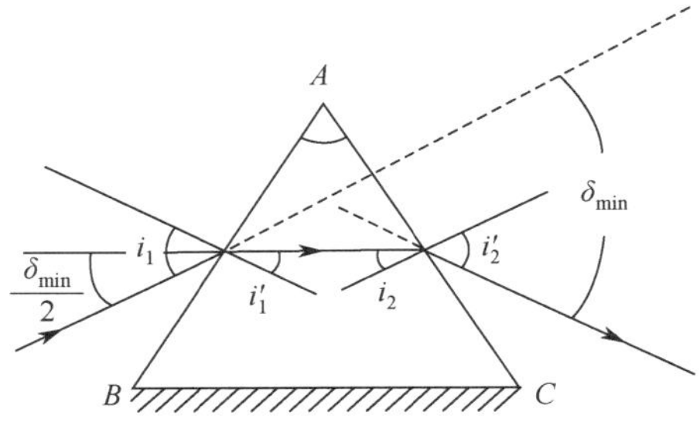

图 3.12.18　三棱镜最小偏向角原理

由图 3.12.18 可以看出，这时有

$$i_1' = A/2 \text{，} \quad \frac{\delta_{\min}}{2} = i_1 - i_1' - \frac{A}{2} \text{，} \quad i_1 = \frac{1}{2}(\delta_{\min} + A)$$

设棱镜材料的折射率为 n，则有

$$\sin i_1 = n\sin i_1' = n\sin\frac{A}{2}$$

故有

$$n = \frac{\sin i_1}{\sin\frac{A}{2}} = \frac{\sin\frac{\delta_{\min}+A}{2}}{\sin\frac{A}{2}} \tag{3.12.3}$$

由此可知，要求得棱镜对不同谱线的折射率 n，就要测出其顶角 A 和最小偏向角 $\delta_{\min}$。

3.12.4 实验内容与步骤

1. 调整分光计

要求与调整方法见原理部分。

2. 使三棱镜光学侧面垂直望远镜光轴

（1）调整载物台面到与台面大致平行，将棱镜放到平台上，使棱镜三边与台下三螺钉的边线所成的三边互相垂直，如图 3.12.19 所示。试分析这样放置的好处。

（2）接通目镜照明光源，遮住来自平行光管的光。转动载物台，在望远镜中观察从侧面 AC 和 AB 反射回来的十字像，只调整载物台下的三个螺钉，使反射像都落到上十字线处，如图 3.12.20 所示，调整时，切莫动望远镜光轴高低调节螺钉 12。（为什么？）

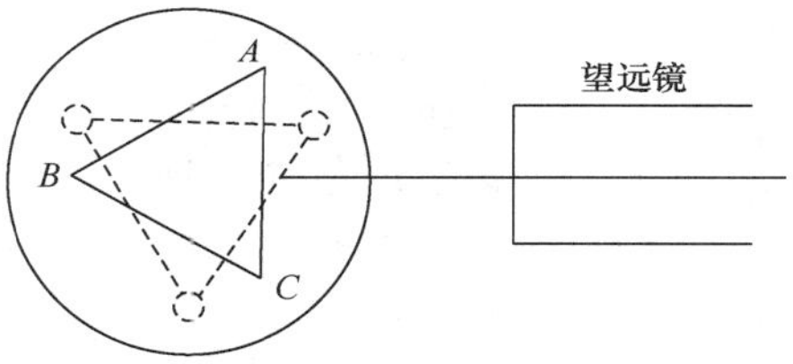

图 3.12.19　三棱镜在载物台上的正确方法

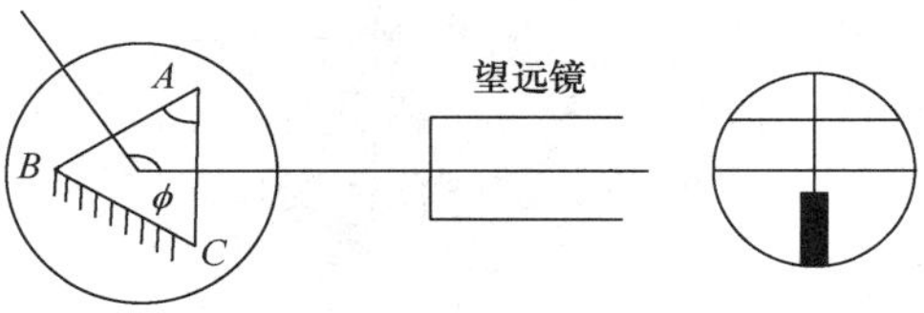

图 3.12.20　测棱镜顶角 A

注意：每个螺钉的调整要轻微，要同时观察它对各侧面的反射像的影响。调好后的棱镜，其位置不能再动。

3. 测棱镜顶角 A

对两个游标做适当的标记，如游标 1 和游标 2，切勿颠倒。从以下两种方法中任选一种方法测三棱镜顶角。

（1）*自准法*。旋紧刻度盘下的螺钉 16 和 17，望远镜和刻度盘固定不动。转动游标盘，使棱镜的 AB 面正对望远镜，如图 3.12.19 所示。记下游标 1 的读数 θ_1 和游标 2 的读数 θ_2。再转动游标盘，使 AC 面正对望远镜，记下游标 1 的读数 θ_1' 和游标 2 的读数 θ_2'。同一游标两次读数之差 $|\theta_1'-\theta_1|$ 或 $|\theta_2'-\theta_2|$ 就是载物台的转角 ϕ，而 ϕ 是角 A 的补角，即

$$A = \pi - \frac{1}{2}\left(|\theta_1'-\theta_1| + |\theta_2'-\theta_2|\right)$$

（2）*反射法*。将三棱镜的顶角正对平行光管，锁紧螺钉 25 以固定游标盘和载物台。锁紧螺钉 16 将望远镜与度盘相对固定，转动望远镜，找到 AB 面上的狭缝像，让叉丝对准狭

缝像，读出两个游标的方位角 θ_1 和 θ_2；再将望远镜转到 AC 面，让叉丝对准狭缝像后读出 θ_1' 和 θ_2'。于是，三棱镜顶角为

$$A=\frac{1}{4}\left(\left|\theta_1'-\theta_1\right|+\left|\theta_2'-\theta_2\right|\right)$$

4．测三棱镜的最小偏向角

（1）让平行光管狭缝对准前方汞灯光源。

（2）旋松转盘与度盘止动螺钉 16 和游标盘止动螺钉 25，将载物台和望远镜转至如图 3.12.23 所示的位置 1，再左右微微转动望远镜，找出棱镜出射的各种颜色的汞灯光谱线（各种波长的狭缝像）。

（3）轻轻转动载物台（改变入射角 i_1），在望远镜中将看到谱线跟着转动。改变 i_1，使谱线向 δ 减小的方向移动（向顶角 A 的方向移动）。望远镜要跟踪光谱线转动，直到棱镜继续转动而谱线开始反向移动（偏向角反而变大）。这个反向移动的转折位置就是光线以最小偏向角射出的方向。固定载物台（锁紧游标盘止动螺钉 25），再使望远镜微动，使其分划板上的中心竖线对准其中的一条谱线。

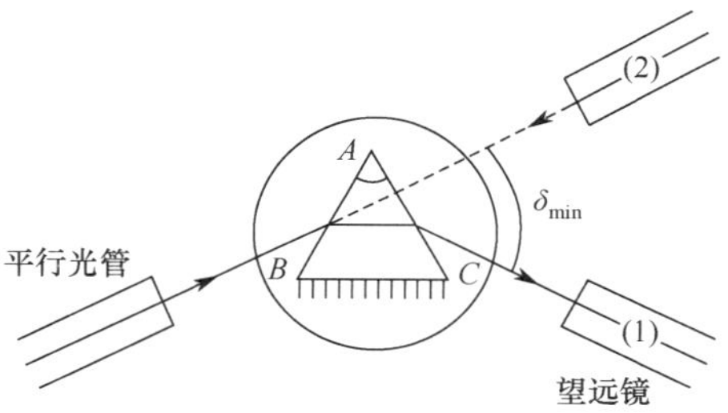

图 3.12.21　测最小偏向角方法

（4）测量数据。记下此时两游标处的读数 θ 和 θ'，共五条谱线，分别读出各颜色谱线的 θ 和 θ'。取下三棱镜（载物台不动），转动望远镜对准平行光管，即图 3.12.21 中的位置 2，以确定入射光的方向，再记下两游标处的读数 θ_0 和 θ_0'。此时，各谱线的最小偏向角为

$$\delta_{\min}=\frac{1}{2}\left(\left|\theta-\theta_0\right|+\left|\theta'-\theta_0'\right|\right)$$

将 $\delta_{\min}$ 值和棱镜顶角 A 的平均值代入上式，即可计算 n。

（5）作图。以波长 λ 为横坐标，以折射率 n 为纵坐标，作色散曲线并给出分析。

3.12.5　注意事项

（1）转动载物台是指转动游标盘带动载物台一起转动。

（2）狭缝宽度以 1mm 左右为宜，宽了测量误差大，窄了光通量小。狭缝易损坏，要尽量少调，调整时要边看边调，动作要轻，切忌两缝离得太近。

（3）光学仪器螺钉的调整动作要轻柔，锁紧螺钉时锁住即可，不可用力过大，以免损坏器件。

（4）平面镜表面镀有铝膜，不得用手触摸。要注意爱护玻璃三棱镜，要轻拿轻放，以免损坏。

3.12.6　思考题

（1）已调好望远镜的光轴垂直于主轴。将平面镜取下后又放到载物台上（放的位置与拿下前的位置不同），发现两镜面不再垂直于望远镜光轴，为什么？是否说明望远镜的光轴还未调好？

（2）使用什么方法使反射十字像水平线与分划板上部十字线的水平线重合？

（3）假设已调整望远镜到适合接收平行光，再调整平行光管时，若狭缝的像不清楚，应怎样调整？是否需要调整望远镜的目镜筒来看清狭缝像？

（4）当棱镜使某一波长的谱线处于最小偏向角位置时，其他谱线是否也处于最小偏向角位置？

（5）对有任意顶角 A 的棱镜，是否可用测量小偏向角的方法来测量其材料的折射率？

3.12.7 实验拓展

分光计作为一种基础光学仪器，不仅可以测量棱镜的折射率，还可以测量和研究其他光学性质，如测量溶液的吸光度、研究物质的荧光性质和散射性质等。

在大学物理实验中，测量三棱镜折射率的方法主要有四种：(a)最小偏向角法；(b)掠射法；(c)垂直底边入射法；(d)布儒斯特角法。四种测量三棱镜折射率方法的原理如图 3.12.22 所示。

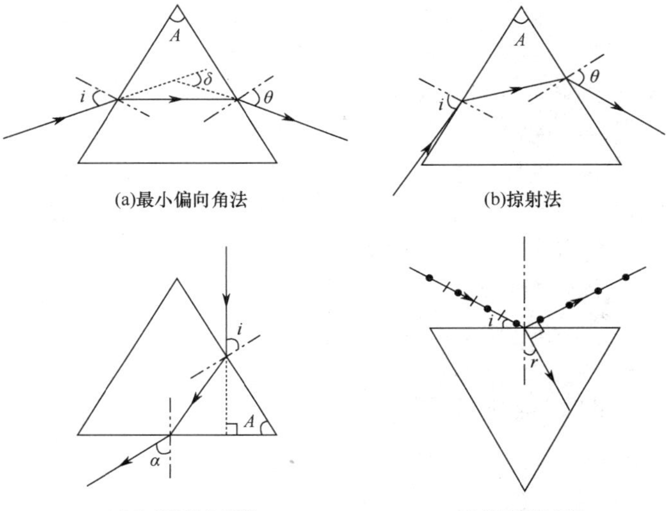

(a)最小偏向角法　(b)掠射法

(c)垂直底边入射法　(d)布儒斯特角法

图 3.12.22　四种测量三棱镜折射率方法的原理

本次实验采用的方法是最小偏向角法，折射率计算的公式见式（3.12.3）；对于掠射法，当入射角 $i = 90°$时，出射角 θ 最小，折射率为

$$n = \sqrt{\left(\frac{\sin\theta + \cos A}{\sin A}\right)^2 + 1}$$

对于垂直底边入射法，折射率为

$$n = \sqrt{\sin^2\alpha + (1 + \sin\alpha\cot A)^2}$$

利用偏振片使出射光线消失且判定布儒斯特角后，三棱镜的折射率为

$$n = \tan i \cdot n_0$$

式中，n_0 为空气折射率，其取值为 1。有兴趣的读者可利用实验室设备尝试一下。

分光计

3.13 等厚干涉

如果说我对世界有些微贡献的话，那不是由于别的，只是由于我的辛勤耐久的思索所致。

——牛顿

光干涉是指满足相干条件（频率相同、振动方向相同、相位差恒定）的两束光相互叠加时所出现的光强按空间周期性重新分布的光学现象。由于原子、分子的自发辐射具有随机性，一般来说，来自不同光源或同一光源不同部分的两束光是不相干的。在光的干涉实验中通常采用分波阵面法或分振幅法来获取相干光。

本实验采用分振幅法，即利用两光学玻璃表面之间形成的厚度不等的空气层的上下两个界面对入射光的反射，将同一束光分解成若干子光束，子光束经过不同路径后再叠加。由于相互叠加的反射子光束之间的光程差与反射处空气层的厚度有关，干涉条纹的分布与空气层厚度的分布相对应，故称等厚干涉。

3.13.1 实验目的

（1）学习读数显微镜的使用方法。

（2）观察牛顿环的干涉条纹，测量牛顿环的曲率半径。

（3）观察劈尖干涉现象，利用劈尖干涉测量微小尺度。

3.13.2 实验仪器

读数显微镜、牛顿环装置、劈尖装置、钠光灯。

3.13.3 实验原理

1. 牛顿环测平凸透镜的曲率半径

当曲率半径很大的平凸透镜的凸面放在一平面玻璃上时，会在透镜的凸面与平面玻璃之间形成一个从中心 O 向四周逐渐增厚的空气层，如图 3.13.1 所示。当一束单色光垂直照射时，由空气层上下两个表面反射的光束 1 和光束 2 在上表面相遇时产生干涉。因为光程差相等的地方是以 O 点为中心的同心圆，所以等厚干涉条纹是一组以 O 点为中心的明暗相间的同心圆环。当入射光是复色光时，干涉条纹是一组同心彩色圆环。在同级多色干涉圆环中，波长越短，条纹越靠近中心。这一干涉现象最早是由英国科学家牛顿于 1675 年在制作天文望远镜时，偶然将望远镜的物镜放在平板玻璃上发现的，因此也称牛顿环。由于从下表面反射的光多走了两倍空气层厚度的距离，且下表面的光从光疏介质（空气）进入光密介质（玻璃）时发生反射，因此存在半波损失。空气折射率 $n \approx 1$，光束 1 和光束 2 的光程差为

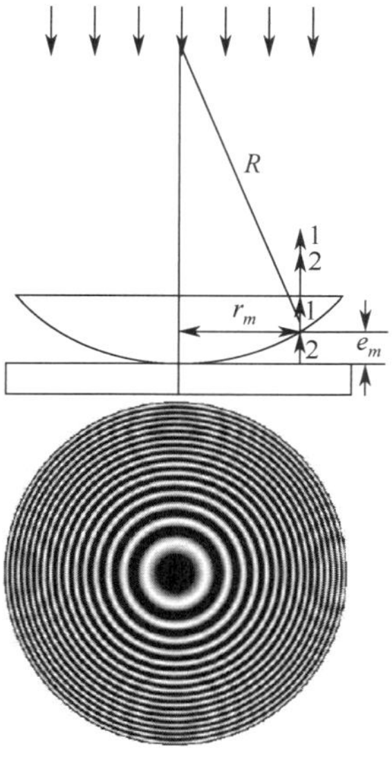

图 3.13.1　牛顿环干涉

$$\delta = 2e + \frac{\lambda}{2} \tag{3.13.1}$$

式中，λ 为入射光的波长，e 是空气层厚度。第 m 级暗环满足

$$\delta_m = 2e_m + \frac{\lambda}{2} = (2m+1)\frac{\lambda}{2},\ \ m = 0,1,2,3,\cdots$$

因此有

$$e_m = m \cdot \frac{\lambda}{2} \tag{3.13.2}$$

根据图 3.13.1 中的几何关系有

$$R^2 = r_m^2 + (R - e_m)^2 = r_m^2 + R^2 - 2Re_m + e_m^2$$

实际测量时空气层厚度远小于所用平凸透镜的曲率半径 R，即 $e_m \ll R$，因此可略去上式中的二阶小量 e_m^2，故有

$$r_m^2 = 2Re_m \tag{3.13.3}$$

联立式（3.13.2）和式（3.13.3）得

$$r_m^2 = mR\lambda \tag{3.13.4}$$

上式表明，若测得第 m 级暗环的半径 r_m，便可根据已知的入射光波长 λ 计算待测透镜的曲率半径 R；反之，也可根据已知的透镜曲率半径 R 求入射光的波长 λ。但是，在实际测量中，由于存在接触形变，透镜凸面与平面玻璃的点接触并不理想，导致实际观测到的牛顿环中心不再是理论上的暗点，而是不规则的暗斑，所以圆心位置很难确定，环的半径 r_m 也不易测准。为此，将式（3.13.4）两边同时乘以 4 得

$$D_m^2 = 4mR\lambda \tag{3.13.5}$$

实验中可通过测量距中心较远又较清晰的某级干涉暗条纹的直径 D_m 来计算透镜曲率半径 R。

同时，因玻璃表面附着的尘埃会引入附加光程差，使实验中观测的干涉级数未必等于真实的干涉级数。为此，实验通过测量距中心较远又较清晰的某两级干涉暗条纹的直径 D_m 和 D_{m+n} 来计算透镜曲率半径 R。对第 $m+n$ 级暗条纹，有

$$D_{m+n}^2 = 4(m+n)R\lambda \tag{3.13.6}$$

式（3.13.6）减去式（3.13.5），整理得

$$R = \frac{D_{m+n}^2 - D_m^2}{4n\lambda} \tag{3.13.7}$$

可见，测得第 m 级暗环及第 $m+n$ 级暗环的直径后，就可由式（3.13.7）计算透镜的曲率半径 R。经过上述公式变换，避开了难以测量的牛顿环半径 r_m 和条纹级数 m，提高了测量精度，这是物理实验中经常采用的方法。

2. 劈尖干涉测纸片厚度

将待测纸片放在两块平板玻璃之间的一端，形成劈尖形空气薄膜，如图 3.13.2 所示。当用单色光垂直照射时，如前所述，会在空气层的上表面形成干涉条纹，因为光程差相等的地方是平行于两玻璃片交线的直线，所以干涉条纹是一组平行于棱镜的明暗相间的等间距直条纹。

设入射光的波长为λ，则由式（3.13.2）得第 m 级暗条纹处空气劈尖的厚度为

$$d_m \approx m\frac{\lambda}{2} \qquad (3.13.8)$$

由此可知 $m=0$ 时，$d=0$，即在两玻璃片的交线处是零级暗条纹。若在纸片处呈现 $m=N$ 级暗条纹，则待测纸片的厚度为 $d=N\lambda/2$。

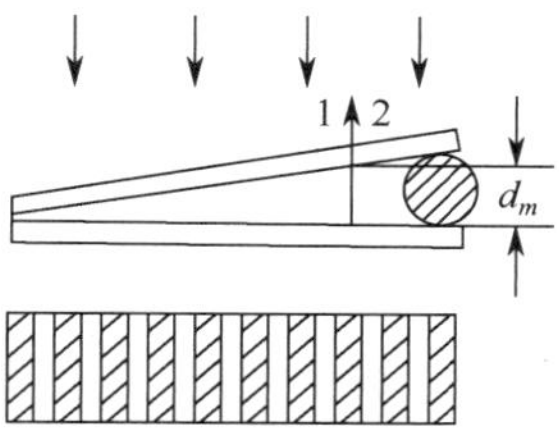

图 3.13.2　劈尖干涉

利用劈尖干涉条纹能够检验玻璃表面是否平整，方法通常是将光学样板（平面平晶）放在被测平面上，在样板的标准平面与待测平面之间形成一个空气薄膜。当单色光垂直照射时，通过观测空气膜上的等厚干涉条纹，即可判断被测光学表面的面形。

图 3.13.3(a)中的干涉条纹是等距离的平行直条纹，表明被测平面是精确的平面；而图 3.13.3(b)中的干涉条纹则表明待测表面中心沿 AB 方向有一柱面形凹痕。因为凹痕处的空气膜的厚度较其两侧的平面部分厚，所以干涉条纹在凹痕处弯向膜层较薄的 A 端。

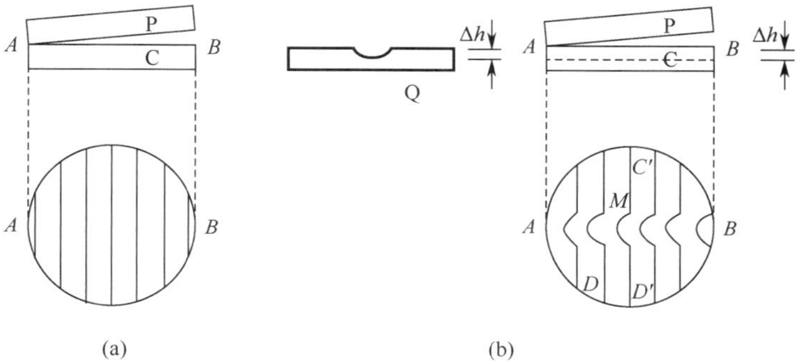

图 3.13.3　平面面形的干涉条纹

3. 读数显微镜工作说明

读数显微镜主要是用来测量微小距离或微小距离变化的仪器（见图 3.13.4），它由两个主要部件组成：一是用来观看被测物体的放大像的显微镜；二是用来读数的螺旋测微器，主要用于精确测量微小或不能用夹持仪器（游标卡尺、螺旋测微器等）测量的物体的尺度。转动读数显微镜测微鼓轮，显微镜镜筒可在水平方向上左右移动，移动的位置由标尺读出，目镜中装有带有十字叉丝、作为读数时对准待测物体的标线。使用时，要先将待测物体置于毛玻璃片上，与处于垂直位置的显微镜筒大致正对（有时被测物体平面处于垂直平面内，此时应调整镜筒使其处于水平位置）。旋转目镜，调整目镜到叉丝分划板的距离，直到通过目镜能看到清晰的叉丝。转动调焦手轮，调整待测物体到物镜的距离，直到物镜所成物像与分划板完全重合，通过目镜能同时看到清晰且无视差的物像。所谓视差，是指在光学实验的测量过程中，随着眼睛的晃动（观察位置稍微改变），标尺与被测物体之间产生相对移动，造成难以进行准确测量的一种现象。视差产生的原因是度量标尺（分划板）与被测物体（像）不共面。消除方法是，在显微镜目镜前左右晃动眼睛并观察，若叉丝与物像之间有相对移动，则调整目镜焦距并重复观察，反复多次调整，使物像恰好落在分划板上，叉丝与物像之间不再产生相对移动，即可完全消除视差。

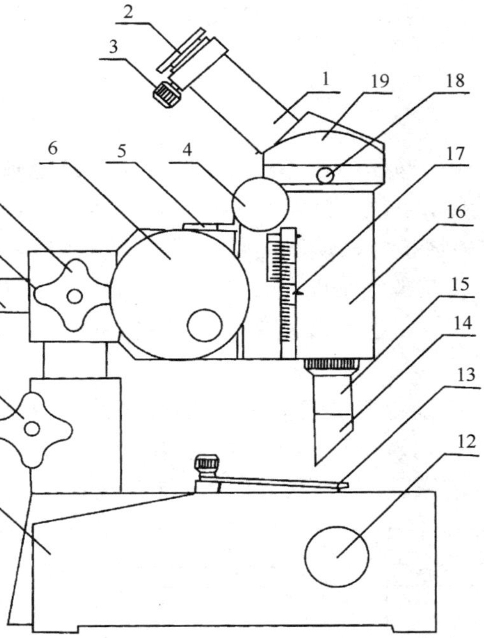

1．目镜接筒；2．目镜；3．锁紧螺钉；4．调焦手轮；5．标尺；6．测微鼓轮；7．锁紧手轮 I；8．接头轴；9．方轴；10．锁紧手轮 II；11．底座；12．反光镜旋轮；13．压片；14．半反射组；15．物镜组；16．镜筒；17．刻尺；18．锁紧螺钉；19．棱镜室

图 3.13.4　读数显微镜构造图

显微镜读数方法和螺旋测微器的相同，主尺上的刻线范围是 0～50mm，每小格数值为 1mm，测微刻度轮圆周等分为 100 小格，刻度轮转一周，带动叉丝在主尺上移动 1mm，如刻度轮转动一小格，叉丝移动 0.01mm。读数时，毫米以上的整数根据指标在主尺上读出，毫米以下的小数从测微刻度轮上读取，精确到 0.01mm，另需估计到 0.001mm。具体测量时，先转动测微螺旋，使叉丝刻线与待测物体相切于某点 A，记录读数 x_A，再沿同一方向转动测微螺旋，使叉丝刻线与待测物体相切于另一点 B，记录读数 x_B，两次读数之差 $|x_A - x_B|$ 为点 A 和点 B 之间的距离。实际测量时，每组数据都要在测微鼓轮往同一方向转动的过程中逐个读取，以消除读数显微镜系统存在的空回误差（也称空程差），即测微螺旋正转途中突然反转时，滑动部件并不立即随之反向移动的现象，它是由连接测微螺旋的旋转螺杆和连接滑动部件的滑动螺母耦合时存在空气间隙导致的（见图 3.13.5）。

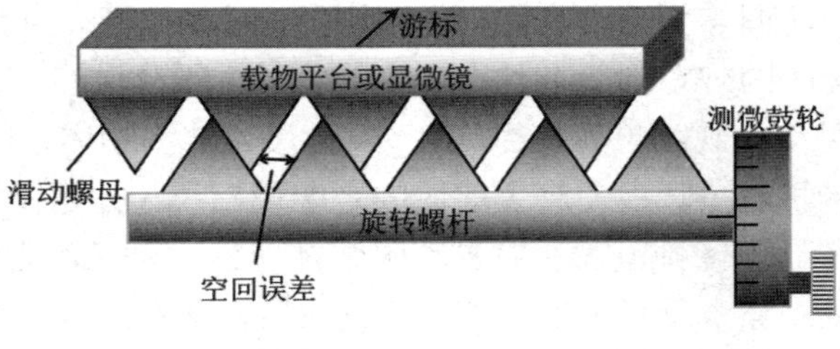

图 3.13.5　空回误差示意图

3.13.4　实验内容与步骤

1．测平凸透镜的曲率半径

（1）点燃钠光灯，将牛顿环装置按图 3.13.6 所示放置在读数显微镜镜筒和入射光调整支架的半反玻璃片的下方，支架上的透镜要正对钠光灯窗口。

（2）调整半反射玻片，使通过显微镜目镜观察时的视场最亮，此时半反射玻片的倾斜角约为 45°。

（3）调整显微镜目镜，直到通过目镜能够看到清晰的叉丝刻线。

（4）从显微镜外侧观察，旋转调焦螺旋使显微镜的半反射玻片尽量靠近牛顿环装置(不可接触，以免损坏)，然后缓慢上升镜筒并通过目镜观察，直至观察到干涉条纹，再微调半反玻片角度及显微镜，使条纹清楚且达到最佳观测效果。

（5）适当移动牛顿环装置，使显微镜的十字叉丝交点与牛顿环中心接近重合，并使水平方向的叉丝与标尺平行（与显微镜筒移动方向平行）。

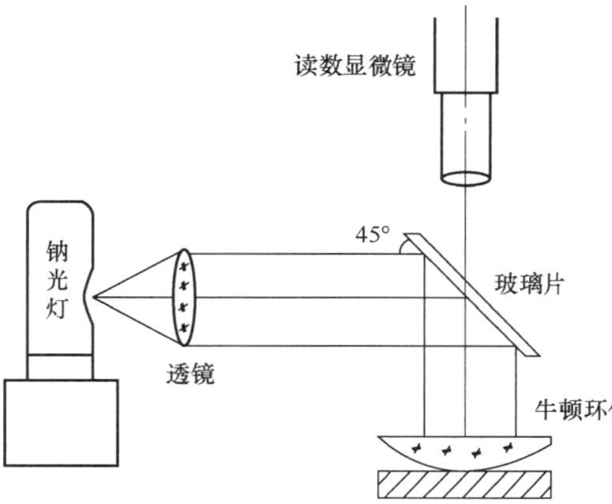

图 3.13.6　观测牛顿环实验装置

（6）转动显微镜测微鼓轮，使显微镜筒沿一个方向移动，同时计数十字叉丝竖丝移过的暗环（中央暗斑为零级暗条纹），直到竖丝与第 35 级暗环相切为止。

（7）反向转动测微鼓轮，当竖丝与第 30 级暗环相切时，记录读数显微镜上的位置读数 d_{30}，然后继续同向转动测微鼓轮，使竖丝依次与第 25, 20, 15, 10, 5 级暗环相切，依次记下读数 $d_{25}, d_{20}, d_{15}, d_{10}, d_5$。

（8）继续转动测微鼓轮，越过中央暗斑中心，依次记录竖丝与另一侧第 5, 10, 15, 20, 25, 30 级暗环相切时的读数 $d'_5, d'_{10}, d'_{15}, d'_{20}, d'_{25}, d'_{30}$。

2．测纸片厚度

（1）将劈尖盒放在曾放置牛顿环的位置，按前面的方法调整，直至观察到干涉条纹，使条纹最清晰。

（2）调整显微镜及劈尖盒的位置，转动测微鼓轮使镜筒移动时，十字叉丝的竖丝要保持与条纹平行。

（3）在劈尖玻璃面的三个不同部分，测出 20 条暗条纹的总长度 Δl，测三次求其平均值及单位长度的干涉条纹数 $n = 20/\Delta l$。

（4）测劈尖两玻璃片交线处到所夹纸片最近一端的总长度 L，测三次并求平均值。

3．检查玻璃表面面形并做定性分析

在标准表面和受检表面正式接触之前，必须先用酒精清洗，再用抗静电的小刷子刷去清洗后残留的灰尘。将待测玻璃放在黑绒上，受检表面要朝上，然后轻轻放上平面平晶。在单色光或汞灯垂直照射下，观察干涉条纹的形状，判断被检表面的面形。看不到干涉条纹时，

主要原因可能是两接触表面不清洁且残留有灰尘，应再次进行清洁处理。

4．注意事项

（1）读数显微镜的测微鼓轮在每次测量过程中只可沿同一方向转动，避免空回误差。

（2）实验观测时，镜筒要自下而上地缓缓调整，需要下降时，应从显微镜外侧观测，以免损伤物镜镜头或压坏 45°玻璃片。

（3）取牛顿环装置及劈尖时，切忌触摸光学平面，如有不洁，要用专用揩镜纸轻轻揩拭。

（4）钠光灯点燃后，要直到测试结束再关闭，中途不能随意开关，否则会降低钠光灯的使用寿命。

3.13.5 数据处理

（1）用绘图法或逐差法处理数据。

绘图法：以牛顿环直径 D_m 为纵坐标、以条纹级数 m 为横坐标绘图，拟合出一条直线，其斜率为 $4R\lambda$。钠光灯所发出光的波长为 $\lambda = 5893\text{Å}$，因此可以计算出透镜的曲率半径。

逐差法：第 30 级暗环的直径 $D_{30} = \left|d_{30} - d'_{30}\right|$，可同理求出 $D_{25}, D_{20}, \cdots, D_5$，取 $n = 15$，求出 $D_{m+15}^2 - D_m^2$，代入式（3.13.7）计算平透镜曲率半径 R 及其标准误差。

（2）由式（3.13.8）计算所夹纸片的厚度：

$$d = N \cdot \frac{\lambda}{2} = L \cdot n\frac{\lambda}{2} = L \cdot \frac{20}{\Delta l} \cdot \frac{\lambda}{2} \tag{3.13.9}$$

3.13.6 思考题

（1）参看图 3.13.7，从空气膜上下表面反射的光线相遇在 D 处并发生相干，光程差为 $\delta = AB + BC + CD - \quad AD + \lambda/2$。为什么式（3.13.1）要写成 $\delta = 2e + \lambda/2$？

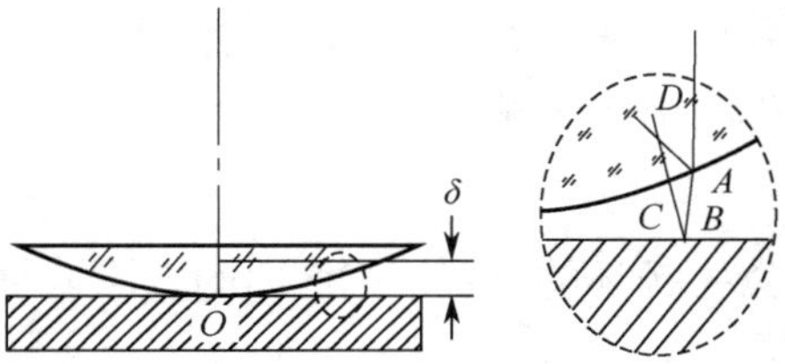

图 3.13.7　相干光的光程差

（2）如果牛顿环中心不是暗斑而是亮斑，原因是什么？对测量有无影响？

（3）为什么测量读数时，鼓轮只能沿一个方向转动而不能倒转？

（4）怎样使用牛顿环来测量单色光波的波长？

3.13.7 实验拓展

干涉现象在科学研究和工业技术领域有着广泛的应用：测量光波波长，精确测量微小长度、厚度和角度，检验试件表面的光洁度，计算液体的折射率。

下面以利用劈尖测量溶液的折射率为例加以说明。在图 3.13.8 中，当劈尖干涉区域内存在不同的介质时，测量同一劈尖夹角下气隙与液隙的干涉条纹间距比值 $n_1/n_2=\Delta x_2/\Delta x_1$，即可间接计算出待测溶液的相对折射率，因此消除了劈尖夹角测量对实验结果的影响。

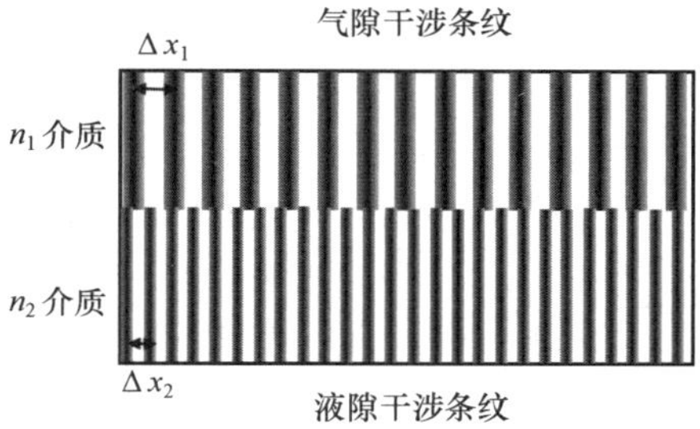

图 3.13.8 不同介质形成的干涉条纹

等厚干涉

3.14 透射光栅测量光波波长

自然科学的理论不能离开实验的基础。“劳心者治人，劳力者受制于人”这种重理论、轻实验的落后思想，对发展中国家的科学青年有很大的害处。

——丁肇中

光波波长的测量方法很多，本实验用衍射光栅来测量波长。衍射光栅是利用光的衍射现象制成的一种高分辨率分光元件，它能将含有各种波长的复色光在空间中展开成间隔较宽且按波长均匀排列的光谱，因此可以利用衍射光栅精确地测量光波的波长，制成光谱仪来研究复色光的组成（光谱分析）。用它制成的单色仪还可在空间中的某个特定位置获得所需波长的单色光。

光栅按几何结构可分为平面光栅、阶梯光栅和凹面光栅，按光学性能可分为透射光栅、反射光栅和闪耀光栅。本实验用的是由镀膜全息照相制成的平面透射光栅。

3.14.1 实验目的

（1）观察光波通过光栅后的衍射现象，理解光栅衍射的基本规律。

（2）进一步熟悉分光计的调节和使用，学会用分光计测光栅常数。

（3）测量汞灯在可见光范围内的几条谱线的波长。

3.14.2 实验仪器

JJY 型分光计、平面透射光栅、光源（汞灯）。

3.14.3 实验原理

平面透射光栅相当于一组数目极多、平行等距、紧密排列的等宽狭缝，当一束平行光垂直照射到光栅平面上时，通过每条狭缝的光因衍射而向各个方向传播，经透镜会聚，衍射角相同的光会聚在同一处而互相干涉，形成一系列明暗条纹。因此，光栅的衍射条纹应视为单缝衍射的光强分布对多光束干涉的光强分布的调制。

设光栅中每条狭缝的宽度用 a 表示，两缝间不透光部分的宽度为 b，则 $d = a + b$ 代表相邻两狭缝中心的间距，称为*光栅常数*。若光栅每厘米的刻痕数为 n，则 $d = 1/n$。当单色平行光垂直入射到衍射光栅上时，通过每条狭缝的光都将发生衍射，不同狭缝的光彼此干涉，当衍射角度满足光栅方程

$$d\sin\varphi_k = k\lambda, \quad k = 0, \pm1, \pm2, \cdots$$

时，光波加强，产生主极大。式中，λ 是单色光的波长，k 为光谱线的级数，φ_k 为 k 级光谱线的衍射角。$k = 0$ 的明条纹称为*中央明条纹或零级明条纹*；$k = \pm1$ 的明条纹在中央明条纹左右对称分布，称为*一级光谱*；$k = \pm2$ 的明条纹在离中央明条纹较远处左右对称分布，称为*二级光谱*；以此类推。若在光栅后加一会聚透镜，则在其焦平面上形成分隔开的、对称分布的细条纹，如图 3.14.1 所示。

如果光源是包含不同波长光波的复色光，那么经过光栅衍射后，对不同波长的光，除零级外，由于同一级主极大有不同的衍射角 φ_k，因此在零级主极大两边出现对称分布，按波长顺序排列形成彩色光谱，如图 3.14.2 所示，称为*光栅光谱*。

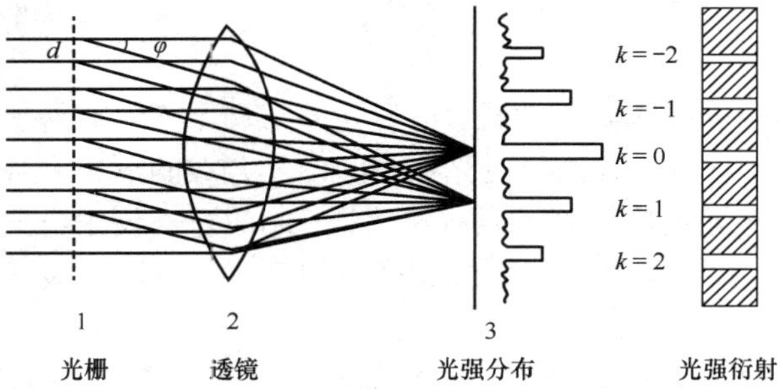

图3.14.1 单色光经光栅衍射原理

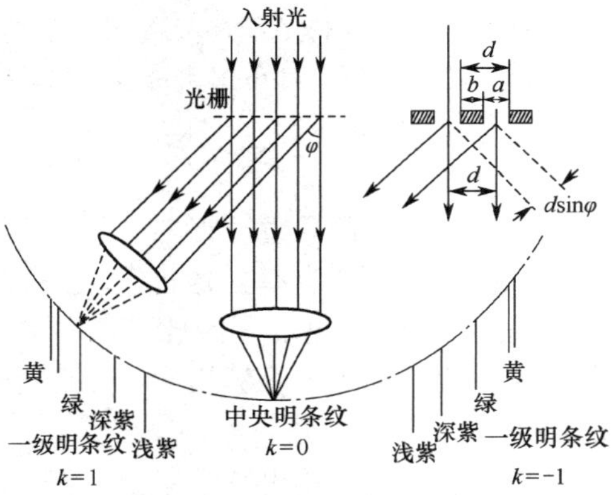

图3.14.2 复色光经光栅衍射原理

根据以上讨论，若用已知光栅常数的光栅进行分光，通过分光计测量各条谱线的衍射角，则能确定各条谱线的波长。反之，若已知所用单色光的波长，则可确定所用光栅的光栅常数。

3.14.4 实验内容和步骤

1. 调整分光计

（1）望远镜聚集于无穷远处（适合接收平行光）。

（2）望远镜轴线与分光计中心轴垂直。

（3）平行光管出射平行光，狭缝宽度为 1mm 左右，并使分划板上的叉丝竖线与狭缝平行，叉丝交点恰好在狭缝中点。调整好后固定望远镜。

2．放置光栅

（1）将光栅按图 3.14.3 所示的位置放在载物台上，先用目视法使光栅平面与平行光管大致垂直（注意，拿光栅时不要用手触摸光栅表面，只能拿光栅的边缘）。

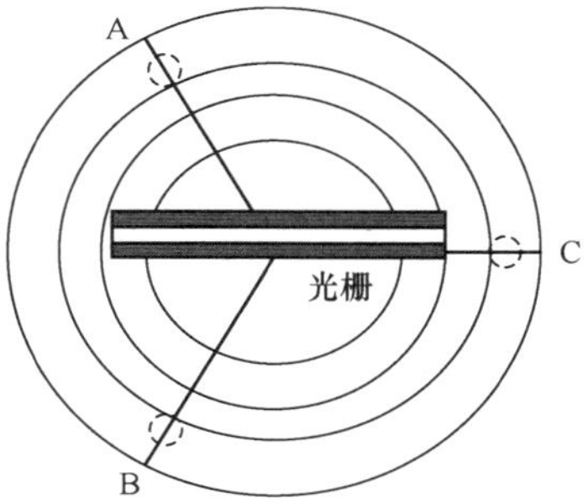

图 3.14.3　双面镜放置位置

（2）采用自准法调节光栅面，使之与平行光管光轴垂直，调节方法是：接上目镜照明器上的电源，从目镜中看光栅面反射回来的亮十字像是否与分划板上方的十字叉丝重合；若不重合，则旋转游标度盘，先使其纵线重合（注意，此时狭缝的中心线与亮十字像的纵线、分划板的纵线三者重合），再调节载物台调平螺钉 A 或 B 使横线重合（注意，望远镜已调好，不能再动），然后旋紧游标盘止动螺钉 25，固定游标盘，进而固定载物台。

（3）关掉目镜照明小灯，放松望远镜止动螺钉 17，推动支臂旋转望远镜，从目镜观察各级衍射光谱的分布情况。中间最亮的就是零级明条纹，在其两旁对称地分布着各级明条纹（谱线），一般可清楚地看到±3 级。每级谱线由 5 条不同的颜色谱线组成，它们分别对应着不同的波长，离零级明条纹由近到远分别为浅紫线、深紫线、绿线和两条黄线，其中两条黄线相互靠得很近，注意中央明条纹两侧的衍射光谱是否在同一水平线上，若有高低变化，则说明狭缝与光栅刻痕不平行，此时可调节载物台下方的调平螺钉 C，直到中央明条纹两侧的衍射光谱基本在同一水平线上为止。

3．测量一级光谱中各条谱线的衍射角

转动望远镜，依次从左向右测量 $k=\pm1$ 级谱线的衍射角，可以调节望远镜微调螺钉 15，为减小偏心度误差，应同时记下左右两角游标的读数 θ 和 θ'，将数据记入表格。

4．代入光栅方程，计算各谱线的波长 λ

光栅方程为

$$d\sin\varphi_k = k\lambda$$

5．注意事项

（1）光栅是精密光学元件，严禁用手触摸其光学表面，以免弄脏或损坏。

（2）零级谱线很强，长时间观察会伤害眼睛，观察时在狭缝前加一层白纸以减弱光强。

（3）汞灯的紫外线很强，不可直视。

（4）汞灯使用时不要频繁启闭，否则会减损其寿命。

3.14.5　数据处理

（1）按公式 $\varphi_k = \frac{1}{4}\left(\left|\theta_+ - \theta_-\right| + \left|\theta'_+ - \theta'_-\right|\right)$ 计算各条谱线的衍射角 φ_k（$k=1$）。

（2）将上述各谱线的衍射角代入光栅方程 $d\sin\varphi_k = k\lambda$（本实验所用光栅的光栅常数为 $d=1/600\text{mm}$），计算各条谱线的波长。

3.14.6　思考题

（1）利用本实验如何测量光栅常数？

（2）用光栅测量光波波长时，对分光计的调节有什么要求？

3.14.7 实验拓展

最早的光栅由德国科学家夫琅禾费用细钢丝密排而成，因形如栅栏而得名光栅。现代光栅是光刻机在玻璃或金属片上刻画而成的，其种类丰富，按光路分为投射光栅和反射光栅，按形状分为平面光栅和凹面光栅等。此外，还有全息光栅、正交光栅、相光栅、闪耀光栅、阶梯光栅等。实际上，我们可在生活中找到很多素材来制备光栅，例如，在不同角度以及拉力和压力的作用下，可在细密弹簧中观察到莫尔条纹，丝袜等弹性织物会在不同的拉力下形成不同性状和光栅常数的二维光栅。图 3.14.4 所示就是不同形状织物光栅下的衍射图样。

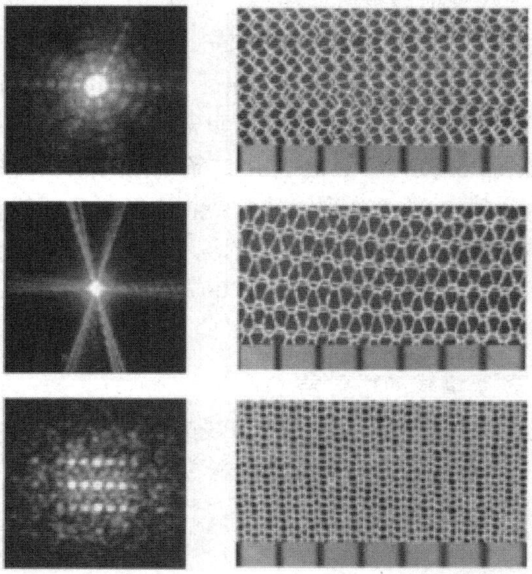

图 3.14.4　不同形状织物光栅下的衍射图样

第 4 章　综合性物理实验

4.1　迈克尔逊干涉仪

我总认为迈克耳逊是科学中的艺术家，其最大乐趣似乎来自实验本身的优美和所用方法的精湛，他从来不认为自己在科学上是个严格的“专家”，事实上的确不是，但始终是个艺术家。

——爱因斯坦

迈克尔逊干涉仪是 1883 年美国物理学家迈克尔逊和莫雷合作，为研究“以太”漂移而设计制造的精密光学仪器。它包含了极为丰富的实验思想，设计精巧，测量精度极高，且因其在物理学发展中的重大意义而获 1907 年诺贝尔物理学奖。迈克尔逊干涉仪是利用分振幅法产生相干光的装置，可以观察各种不同几何形状、不同定域状态的干涉条纹，研究光源的时间相干性，测量气体、固体的折射率，测量微小长度等，在近代物理和近代计量技术中，如在光谱线精细结构的研究和用光波标定标准米尺等实验中，都有着重要的应用。

4.1.1　实验目的

（1）了解迈克尔逊干涉仪的结构，学习其调节方法。

（2）观察等倾干涉条纹，测量氦氖激光的波长。

（3）观察非定域干涉、定域等倾干涉、等厚干涉及白光干涉现象。

4.1.2　实验仪器

迈克尔逊干涉仪、氦氖激光器、仪器架、扩束镜。

4.1.3　实验原理

迈克尔逊干涉仪的典型光路图如图 4.1.1 所示。图中 M_1 和 M_2 是两个平面反射镜，分别装在相互垂直的两臂上。M_1 位置固定而 M_2 可通过精密丝杆沿臂长方向移动。M_1 和 M_2 的倾角可通过背面的螺钉调节。G_1 和 G_2 是两块完全相同的玻璃板，G_1 的后表面上镀有半透明的银反射膜，能使入射光分为振幅相等的反射光和透射光，称为分光板或半透半反镜。G_1 和 G_2 与 M_1 和 M_2 成 45°角倾斜安装。由光源发出的光束被分光板 G_1 分成反射光束 1 和透射光束 2，分别射向 M_2 和 M_1，并各自被反射回 G_1 后到达观察屏 E 产生干涉条纹。G_2 称为补偿板，是为了使光束 2 也同光束 1 一样二次通过相同厚度的玻璃板，以保证两光束间在几何路程相同时光程差相同。

由于 G_1 上银膜的反射，在 M_2 附近形成 M_1 的一个虚像 M_1'，因此光束 1 和光束 2 的干涉可等效为由 M_2 和 M_1' 之间形成的空气薄膜产生的干涉。

1. 等倾干涉（定域干涉）测光波波长

如图 4.1.2 所示，波长为 λ 的光束 y 经间隔为 d 的上下两平面 M_1' 和 M_2 反射，反射后的光束分别为 y_1 和 y_2。

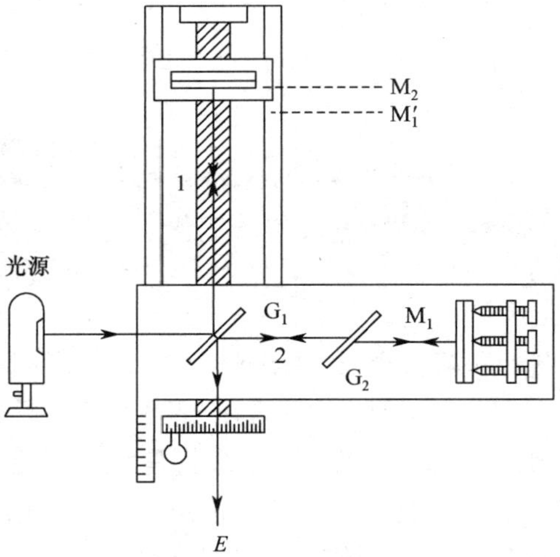

图 4.1.1　迈克尔逊干涉仪的典型光路图

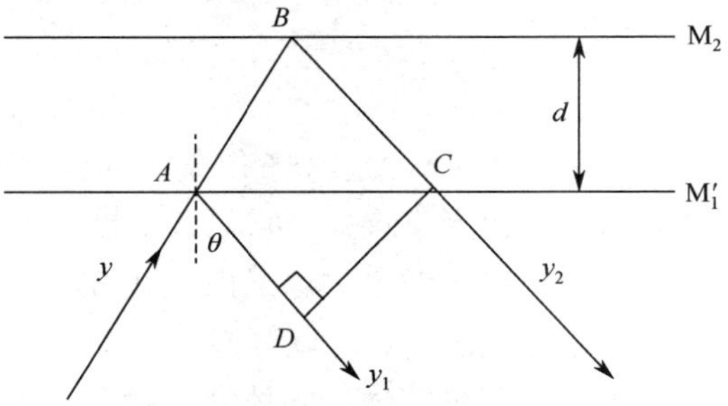

图 4.1.2　等倾干涉光路图

设 y_1 经过的光程为 l，y_2 经过的光程为 $l+\delta$，δ 即为这两束光的光程差：

$$\delta = AB + BC - AD$$

若入射角为θ，则可推出

$$\delta = 2d\cos\theta \tag{4.1.1}$$

可见当 d 一定时，光程差取决于入射角θ，当用透镜将此二光线会聚时，则在透镜的焦平面上产生圆环形的等倾干涉条纹。

当 $\delta = 2d\cos\theta = k\lambda$ 时，为干涉明条纹；当 $\delta = 2d\cos\theta = (2k+1)\frac{\lambda}{2}$ 时，为干涉暗条纹。其中 k 为整数，称为干涉级数，它与相应的干涉条纹对应。由式（4.1.1）可知，中心处$\theta = 0$，光程差最大，因此干涉级数最高，但干涉环半径小。反之，越靠边缘，θ 越大，光程差越小，干涉级数越低，干涉环半径越大。

移动 M_2，每增加或减少$\lambda/2$ 的距离，视场中心就会涌出一个环纹或淹没（吞进）一个环纹，视场中心干涉条纹变化或移过的数目 ΔN 与 M_2 移动距离 Δd 间的关系是

$$\Delta d = \Delta N \cdot \frac{\lambda}{2} \tag{4.1.2}$$

因此，只要测量出 M_2 移动的距离Δd 和中心处涌出或淹没的环纹数ΔN，由式（4.1.2）就可确定入射光的波长。

观察干涉圆环的环心，增大 d，k 也增大，环心的级次增大，环心不断涌出环纹，环纹增多、变密；减小 d，环心不断吞进环纹，条纹减少、变疏，如图 4.1.3(a)所示。

如果 M_2 和 M_1' 不严格平行，那么在 d 趋于零时能观察到等厚直条纹［有时微有弯曲，见图 4.1.3(b)］。这时如改用白光入射，则可观察到彩色的等厚干涉直条纹。

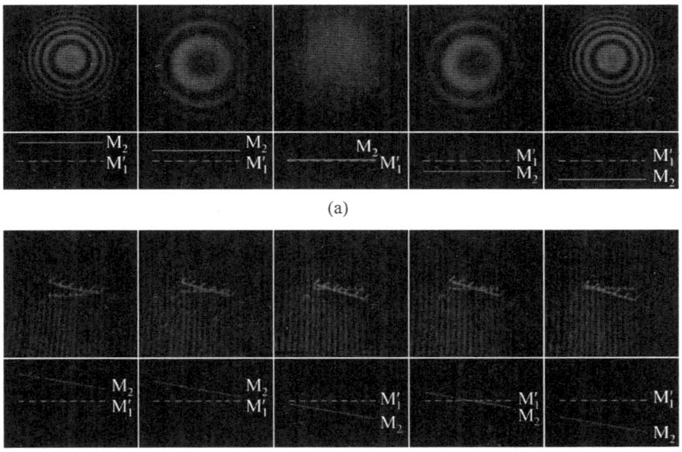

图 4.1.3　干涉条纹

2．非定域干涉

如图 4.1.4 所示，激光束经扩束透镜会聚后形成一个线度非常小、强度足够大的点光源 S。此点光源 S 经平面反射镜 M_1' 和 M_2 反射后，相当于从两个虚光源 S_1 和 S_2 发出的干涉光束，S_1 与 S_2 间的距离为 M_1 与 M_2 间的距离 d 的 2 倍，即 S_1S_2 等于 $2d$。图中所示虚光源 S_1 和 S_2 发出的球面波在它们相遇的空间处处相干。因此，将观察屏放入光场叠加区的任何位置，都可观察到干涉条纹，这种条纹称为非定域干涉条纹，相应的干涉现象属于非定域干涉。

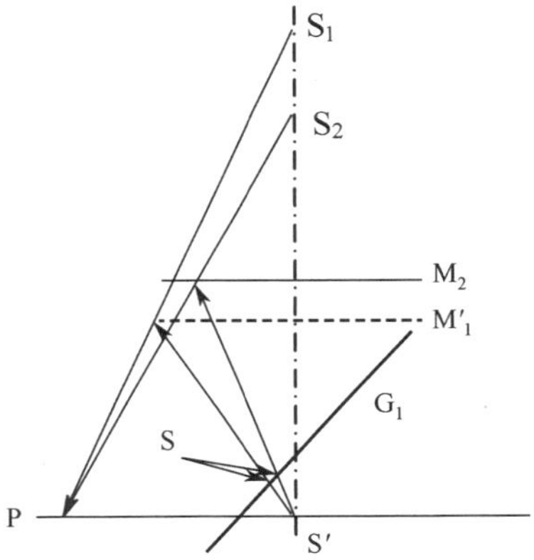

图 4.1.4　非定域干涉

3．测量钠光双线的波长差 $\Delta\lambda$

钠光的两条强谱线的波长分别为λ_1 = 589.0nm 和 λ_2 = 589.6nm。当用钠黄光入射干涉仪时，得到的是两种波长干涉叠加的条纹。移动 M_2，当满足对波长 λ_1 其光程差恰好为 λ_1 的整数倍，而同时对波长 λ_2 其光程差又为 λ_2 的半整数倍，即

$$k_1\lambda_1 = (k_2 + \tfrac{1}{2})\lambda_2$$

时，λ_1 光波生成亮环的位置恰好是 λ_2 光波生成暗环的位置。若两列光波的强度相等，则在此处干涉条纹的视见度应为零（条纹消失）。于是，干涉场中相邻的两次视见度为零时对应的光程差变化为

$$\Delta\delta = k\lambda_1 = (k+1)\lambda_2$$

式中，k 为一较大整数，由此得

$$\Delta\lambda = \lambda_1 - \lambda_2 = \frac{\lambda_1\lambda_2}{\Delta\delta} = \frac{\lambda^2}{\Delta\delta}$$

式中，λ 为 λ_1、λ_2 的平均波长。

对视场中心来说，设 M_2 在相继两次视见度为零时的移动距离为 Δd，则光程差的变化 $\Delta\delta$ 应等于 $2\Delta d$，所以有

$$\Delta\lambda = \frac{\lambda^2}{2\Delta d} \tag{4.1.3}$$

对钠光有 $\bar{\lambda} = 589.3\text{nm}$，若测出在相继两次视见度最小时 M_2 移动的距离 Δd，则可由式（4.1.3）求得钠光双线的波长差。

4.1.4 实验内容与步骤

1. 迈克尔逊干涉仪的调节

（1）使氦氖激光器大致垂直于 M_1。调节氦氖激光器的高低左右位置，使被 M_1 反射回来的光束按原路返回（尽可能回到激光器的出光口）。

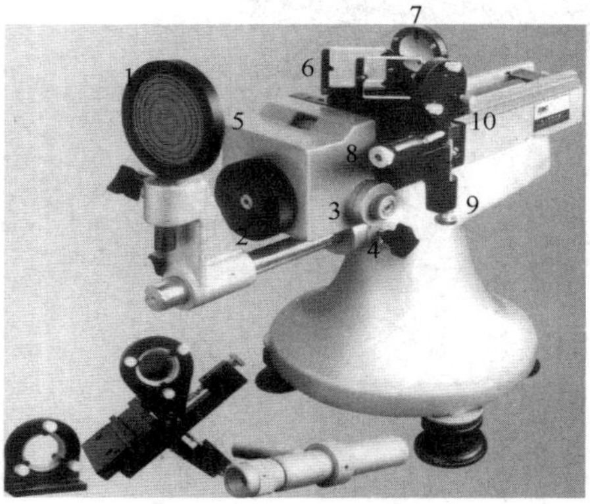

1．观察屏；2．粗调手轮；3．微调手轮；4．锁紧螺钉；5．刻度盘观察窗；6．分束镜；7．动镜 M_1；8．M_2 水平微调螺栓；9．M_2 竖直微调螺栓；10．M_2 及其调节螺栓

图 4.1.5 迈克尔逊干涉仪

（2）使 M_1 与 M_2 互相垂直。装上观察屏（见图 4.1.5），可看到分别由 M_1 和 M_2 反射至观察屏的两排光点，每排光点的中间两个较亮，旁边的亮度依次减弱。调节 M_1 和 M_2 背面的三个螺钉，使两排光点中对应亮度的光点一一重合，这时 M_1 与 M_2 就大致互相垂直。

（3）在氦氖激光器的实际光路中加入扩束镜（短焦距透镜），使扩束光照到 G_1 上，此时在观察屏上一般会出现干涉条纹，再缓慢调节 M_2 的水平和竖直微调螺栓，便能在观察屏上看到位置适中、清晰可辨的圆环状等倾干涉条纹。若未出现干涉条纹，则应移走扩束镜，从第（1）步开始重调。

（4）观察条纹变化，熟悉仪器的使用。转动干涉仪的粗调手轮，观察到条纹的“涌出”或“淹没”，便可判别 M_1' 与 M_2 之间的距离 d 是变大还是变小，观察条纹粗细、疏密情况，判断 d 是较大还是较小。

2. 测量氦氖激光的波长

（1）读数刻度基准线的调整。

转动微调手轮，使 0 刻度线对齐基准线，再仔细旋转粗调手轮，使刻度盘指示某一整数值。调整好读数刻度基准线后，粗调手轮不能再转动，而只能旋转微调手轮，直至观察到干涉条纹一个一个地涌出或淹没，才能进行测量。

（2）测量。

读出 M_1 的初位置 d_0，继续沿同一方向缓慢转动微调手轮，可以清晰地看到条纹一个一个地“涌出”或“淹没”，每当“涌出”或“淹没”100 个完整的条纹时，读取一次 M_1 的位置 d_i，连续测量 10 个 d_i 值。每测一个 d_i，就可以算出其与前一个位置的差 $\Delta d_i = |d_{i+1} - d_i|$，并及时检查测量结果是否正确。

3. 观察等厚干涉条纹

（1）转动粗调手轮，移动 M_2 使干涉条纹不断淹没，条纹变稀疏，直到 M_1' 与 M_2 大致重合，干涉条纹渐趋于直线。调节 M_1 的微调螺钉，使 M_1' 与 M_2 有一个很小的夹角，视场中出现干涉直条纹。直条纹的间距与 M_1'、M_2 之间的夹角大小成反比，夹角越大，条纹越密，甚至观察不到条纹。调节 M_1 后的微调螺钉，使条纹间距为 1mm 左右，再移动 M_2，观察条纹由直变弯，再由弯变直。

（2）在干涉条纹变直且条纹宽 2mm 的位置，换上白炽灯光源，缓慢地移动 M_2，在某一位置可看到彩色的条纹。条纹中心是 M_1' 与 M_2 的交线，此时 M_2 的位置准确地与 M_1' 重合。由于白光的相干长度短，因此干涉条纹只有有限几条，所以必须细致耐心地调节才能观察到，如果 M_2 移动太快，就会一晃而过。

4．测量钠双线的平均波长

（1）点燃钠光灯，使之与分光板 G_1 等高并且位于沿分光板和 M_1 的中心线上，转动粗调手轮，使 M_1 距分光板 G_1 的中心与 M_1 距分光板 G_1 的中心大致相等（主尺上的标志线在 32.0cm 位置）。

（2）在光源与分光板 G_1 之间插入针孔板，用眼睛透过 G_1 直视 M_2，可看到两组针孔像。细心调节 M_1 后面的 3 个调节螺钉，使两组针孔像重合。如果难以重合，可略微调节 M_2 后的 3 个螺钉。当两组针孔像完全重合时，去掉针孔板，换上毛玻璃，这时可看到明暗相间的干涉圆环。若干涉环模糊，可轻轻转动粗调手轮，使 M_2 移动位置，干涉环就会出现。

（3）再仔细调节 M_1 的拉簧螺钉，直到把干涉环中心调到视场中央，并且使干涉环中心随观察者的眼睛左右、上下移动而移动，但干涉环不出现“涌出”或“淹没”的现象，这时观察到的干涉条纹才是严格的等倾干涉条纹。

（4）测钠双线的平均波长 $\bar{\lambda}$。先调仪器零点，方法是：将微调手轮沿某一方向（如顺时针方向）旋至零，同时注意观察读数窗中刻度轮的旋转方向；保持刻度轮转动方向不变，转动粗调手轮，让读数窗口中的基准线对准某一刻度，使读数窗中的刻度轮与微调手轮的刻度轮相互配合。

（5）始终沿原调零方向细心转动微调手轮，观察并记录每“涌出”或“淹没”50 个干涉环时 M_1 的位置，连续记录 6 次。

5．测量钠双线的波长差

（1）以钠光为光源调出等倾干涉条纹。

（2）移动 M_2，使视场中心的视见度最小，记录 M_2 的位置；沿原方向继续移动 M_2，使视场中心的视见度从最小到最大直至又最小，再记录 M_2 的位置，连续测出 6 个视见度最小时 M_2 的位置。

6．注意事项

（1）激光器电源应平稳放置，因激光器使用高压电源，要避免触及其输出电极。

（2）因为激光光强很强，不要用眼睛直接观看激光，以免损坏视网膜。迈克尔逊干涉仪是精密光学仪器，绝对不能用手直接触摸各光学部件的表面，以免弄脏或损坏光学部件表面。

（3）调节 M_1 和 M_2 的背部螺钉及微动拉簧螺钉时均应缓缓旋转，并且在调节之前应将各个螺钉置于适中的位置。

（4）转动读数手轮，待干涉条纹的变化稳定后才能进行测量。测量一旦开始，读数手轮的转动方向就不能中途改变。微调手轮转动要缓慢、均匀。

（5）实验中，最好让 M_2 沿导轨向外移动，以免向内移动过多时被卡住。

4.1.5 数据处理

（1）列表记录 $d_0, d_1, \cdots, d_9$，将数据前后平分为两组，并用逐差法求出 Δd_i。

（2）根据式（4.1.2），分别算出 λ_i，求出波长的测量值 $\overline{\lambda}$，并求出不确定度，写出实验结果表达式。

（3）比较波长的测量值 $\overline{\lambda}$ 与标准值，计算百分误差。氦氖激光的波长公认值（或称标准值）为 632.8nm，百分误差计算公式为

$$E = \frac{|\text{公认值} - \text{测量值}|}{\text{公认值}} \times 100\%$$

（4）根据式（4.1.2）求出钠双线的平均波长，并与标准值进行比较。

（5）由式（4.1.3）求视场中心的视见度从最小到最大直至又最小时，动镜移动距离 Δd 的平均值，计算钠双线的波长差。

4.1.6 思考题

（1）结合实验调节过程中出现的现象，总结调节迈克尔逊干涉仪的要点及规律。

（2）调节迈克尔逊干涉仪时看到的亮点为什么是两排而不是两个？

（3）实验中如何利用干涉条纹测出单色光的波长？

（4）干涉仪读数系统如何“调零”？如何防止引入“空程差”？

4.1.7 实验拓展

LIGO（激光干涉引力波天文台）是借助于激光干涉仪来聆听来自宇宙深处引力波的大型研究仪器。LIGO 由两个干涉仪组成，每个干涉仪都有两个 4km 长的臂，形成 L 形结构。

LIGO 的工作原理基于激光干涉技术，使用的干涉仪是迈克尔逊干涉仪。一束激光被分成两束，沿着互相垂直的方向传播，引力波是加速中的质量于时空中产生的涟漪，通过激光干涉仪时，会改变两条臂的长度，导致激光束的干涉图案发生变化，进而推断出引力波的存在和特性。

LIGO 的实验本身代表了精密测量科学取得了重大进步。LIGO 的成功运行标志着人类首次直接探测到引力波，这一成就不仅验证了爱因斯坦的广义相对论，还让我们以全新的方式精确地检验了广义相对论，也为天体物理学的研究开辟了新窗口，使我们能够观测到宇宙中一些极端天体事件，如黑洞和中子星的合并。

迈克尔逊干涉仪

4.2 光电效应——普朗克常数的测量

> 提出一个问题往往比解决一个问题更重要，因为解决问题也许仅仅是一个教学上或实验上的技能。而提出新问题的新可能性，从新角度去看旧问题，都需要有创造性的想象力，而且标志着科学的真正进步。
>
> ——爱因斯坦

光电效应是指一定频率的光照射到金属表面时电子从金属表面逸出的现象。光电效应实验对于认识光的本质及早期量子理论的发展具有里程碑式的意义。

光量子理论创立后，在固体比热、辐射理论、原子光谱等方面都获得了成功，人们逐步认识到光具有波粒二象性。光子的能量 $E = h\nu$ 与频率有关，当光传播时，显示出光的波动性，产生干涉、衍射、偏振等现象；当光和物体发生作用时，它的粒子性又会突出。后来科学家发现波粒二象性是一切微观物体的固有属性，并发展了量子力学来描述和解释微观物体的运动规律，使人们对客观世界的认识前进了一大步。

4.2.1 实验目的

（1）了解光电效应的规律，加深对光的量子性的理解。

（2）测量普朗克常数 h。

（3）测量光电管的伏安特性。

4.2.2 实验仪器

实验仪器为 ZKY-GD-4 智能光电效应实验仪，它由汞灯及电源、滤色片、光阑、光电管、实验仪构成。仪器结构图如图 4.2.1 所示，实验仪的调节面板如图 4.2.2 所示。实验仪有手动和自动两种工作模式，具有数据自动采集、存储、实时显示采集数据、动态显示采集曲线（连接普通示波器，可同时显示在 5 个存储区中存储的曲线），以及采集完成后查询数据的功能。

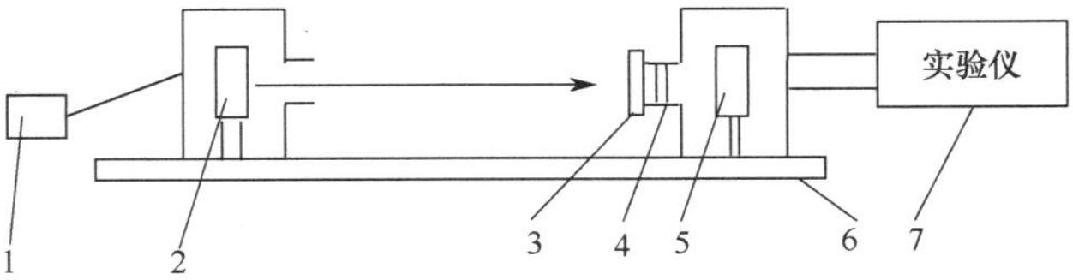

1. 汞灯电源；2. 汞灯；3. 滤色片；4. 光阑；5. 光电管；6. 基座；7. 实验仪

图 4.2.1 仪器结构图

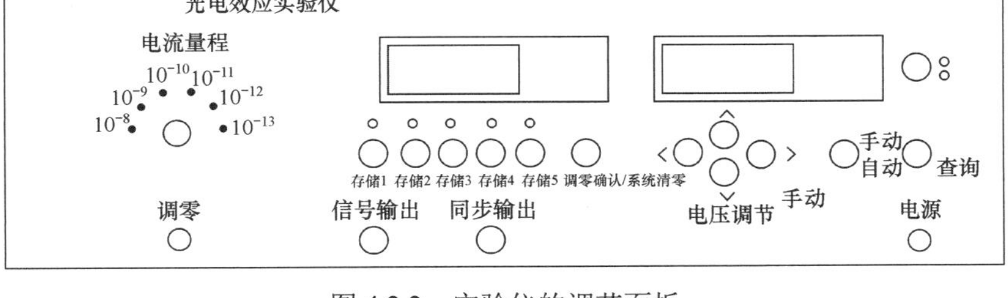

图 4.2.2 实验仪的调节面板

4.2.3 实验原理

按照爱因斯坦的光量子理论，光能并不像电磁波理论所想象的那样分布在波阵面上，而是集中在被称为光子的微粒上，但这种微粒仍然保持着频率（或波长）的概念，频率为 v 的光子具有能量 $E = hv$，其中 h 为普朗克常数。当光子照射到金属表面上时，一次性为金属中的电子全部吸收，而无须积累能量的时间。电子把该能量的一部分用来克服金属表面对它的吸引力，余下的就变为电子离开金属表面后的动能。按照能量守恒原理，爱因斯坦提出了著名的光电效应方程：

$$hv = \frac{1}{2}mv_0^2 + A \tag{4.2.1}$$

式中，A 为金属的逸出功，$\frac{1}{2}mv_0^2$ 为光电子获得的初始动能。

由式（4.2.1）可见，入射到金属表面的光的频率越高，逸出的电子动能越大，所以即使阳极电位比阴极电位低时也会有电子落入阳极形成光电流，直到阳极电位低于截止电压，光电流才为零，此时有关系

$$eU_0 = \frac{1}{2}mv_0^2 \tag{4.2.2}$$

阳极电位高于截止电压后，随着阳极电位的升高，阳极对阴极发射的电子的收集作用越强，光电流随之上升；当阳极电压高到一定程度，把阴极发射的光电子几乎全收集到阳极时，再增加外加电压 U_{AK} 时 I 不再变化，光电流出现饱和，饱和光电流 I_M 的大小与入射光的强度 P 成正比。

当光子的能量 $hv_0 < A$ 时，电子不能脱离金属，因此没有光电流产生。产生光电效应的最低频率（截止频率）是 $v_0 = A/h$。

将式（4.2.2）代入式（4.2.1）得

$$eU_0 = hv - A \tag{4.2.3}$$

上式表明截止电压 U_0 是频率 v 的线性函数，直线斜率 $k = h/e$，只要用实验方法得出不同的频率对应的截止电压，求出直线斜率，就可算出普朗克常数 h。

爱因斯坦的光量子理论成功地解释了光电效应规律。

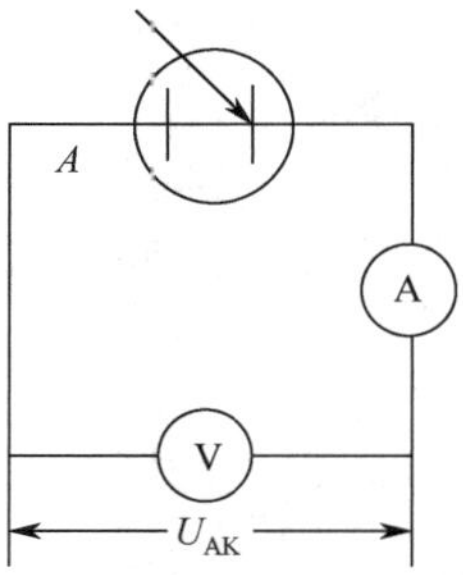

图 4.2.3 光电效应的实验原理

光电效应的实验原理如图 4.2.3 所示。入射光照射到光电管阴极 K 上，产生的光电子在电场的作用下向阳极 A 迁移构成光电流，改变外加电压 U_{AK}，测量出光电流 I 的大小，即可得出光电管的伏安特性曲线。

光电效应的基本实验事实如下：

（1）对应于某一频率，光电效应的 $I \sim U_{AK}$ 关系如图 4.2.4 所示。从图中可见，对一定的频率，有一电压 U_0，当 $U_{AK} \leqslant U_0$ 时，电流为零，这个相对于阴极的负值阳极电压 U_0 称为截止电压。

（2）当 $V_{AK} \geqslant U_0$ 时，I 迅速增加，然后趋于饱和，饱和光电流 I_M 的大小与入射光的强度 P 成正比。

（3）对于不同频率的光，其截止电压的值不同，如图 4.2.5 所示。

（4）作截止电压 U_0 与频率 v 的关系，如图 4.2.6 所示。U_0 与 v 成正比。当入射光频率低

于某极限值 ν_0（ν_0 随不同金属而异）时，不论光的强度如何，照射时间有多长，都没有光电流产生。

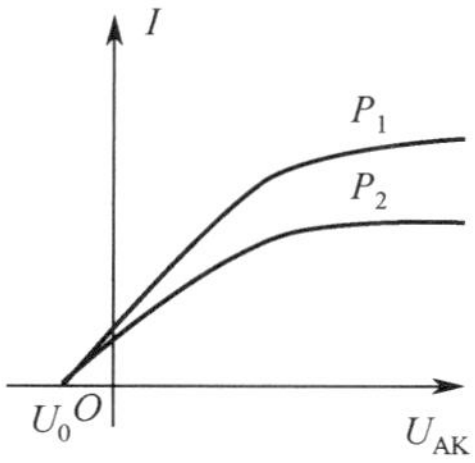

图 4.2.4 I～U_{AK} 关系

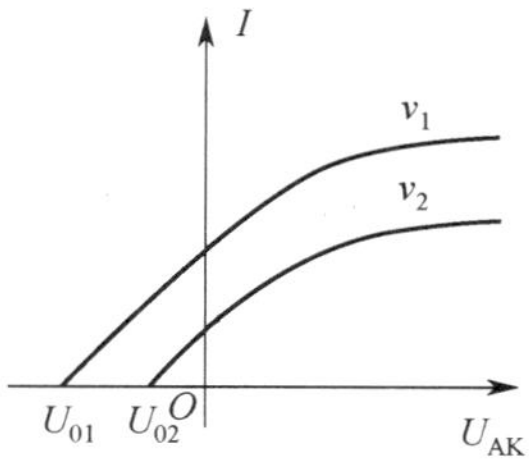

图 4.2.5 频率不同，截止电压不同

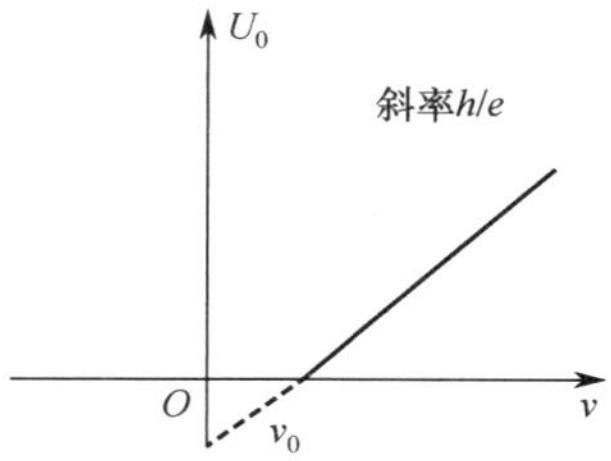

图 4.2.6 截止电压 U_0 与频率 ν 的关系

（5）光电效应是瞬时效应。即使入射光的强度非常小，只要频率大于 ν_0，在开始照射后就立即有光电子产生，所经过的时间至多为10^{-9} s 量级。

4.2.4 实验内容与步骤

1．测试前准备

将实验仪及汞灯电源接通（将汞灯及光电管暗箱遮光盖盖上），预热 20 分钟。调整光电管与汞灯的距离为 40cm 左右并保持不变。

用专用连接线将光电管暗箱电压输入端与实验仪电压输出端（后面板上）连接起来（红-红，蓝-蓝）。

将“电流量程”选择开关置于所选挡，进行测试前调零。实验仪在开机或改变电流量程后，都会自动进入调零状态。调零时应将光电管暗箱电流输出端 K 与实验仪微电流输入端（后面板上）断开，旋转“调零”旋钮使电流指示为 000.0。调好后，用匹配电缆将电流输入连接起来，按“调零确认/系统清零”键，系统进入测试状态。

若要动态地显示采集曲线，需将实验仪的“信号输出”端接至示波器的“Y”输入端，将“同步输出”端接至示波器的“外触发”输入端。将示波器“触发源”开关拨至“外”，将“Y 衰减”旋钮拨至约“1V/格”，将“扫描时间”旋钮拨至约“20μs/格”。此时示波器将用交替扫描的方式显示在 5 个存储区中存储的曲线，横轴代表电压 U_{AK}，纵轴代表电流 I。

2．测量普朗克常数 *h*

1）问题讨论及测量方法如下：

理论上，测出各频率的光照射下阴极电流为零时对应的 U_{AK}，其绝对值即该频率的截止电压，然而实际上由于光电管的阳极反向电流、暗电流、本底电流及极间接触电位差的影响，实测电流并非阴极电流，实测电流为零时对应的 U_{AK} 也非截止电压。

光电管制作过程中阳极往往被污染，沾上少许阴极材料，入射光照射阳极或入射光从阴极反射到阳极之后都会造成阳极光电子反射，当 U_{AK} 为负值时，阳极发射的电子向阴极迁移构成阳极反向电流。

暗电流和本底电流是热流产生的光电流与杂散光照射光电管产生的光电流，可以在光电管制作或测量过程中采取适当措施以减小它们的影响。

极间接触电位差与入射光频率无关，只影响 U_0 的准确性，不影响 $U_0 \sim \nu$ 直线的斜率，对测量 h 无大影响。

由于本实验仪器的电流放大器灵敏度高，稳定性好，因此光电管阳极反向电流、暗电流水平也较低。在测量各谱线的截止电压 U_0 时，可采用零电流法，即直接将各谱线照射下测得的电流为零时对应的电压 U_{AK} 的绝对值作为截止电压 U_0。此法的前提是阳极反向电流、暗电流和本底电流都很小，用零电流法测得的截止电压与真实值相差较小，且各谱线的截止电压都相差ΔU，对 $U_0 \sim \nu$ 直线的斜率无大的影响，因此对 h 的测量不会产生大的影响。

2）测量截止电压。

测量截止电压时，“伏安特性测试/截止电压测试”状态键应为截止电压测试状态。“电流量程”开关应处于10^{-13} A 挡。

（1）手动测量。

使“手动/自动”键处于手动模式。

将直径为 4mm 的光阑及直径为 365.0nm 的滤色片装在光电管暗箱光输入口上，打开汞灯的遮光盖。

此时电压表显示 U_{AK} 的值，单位为伏；电流表显示与 U_{AK} 对应的电流值 I，单位为所选择的“电流量程”。用电压调节键→、←、↑、↓可调节 U_{AK} 的值，其中→、←键用于选择调节，↑、↓键用于调节值的大小。

从低到高调节电压（绝对值减小），观察电流值的变化，寻找电流为零时对应的 U_{AK}，以其绝对值作为该波长对应的 U_0 值，并将数据记于表 4.2.1 中。为尽快找到 U_0 的值，调节时应从高位到低位，先确定高位的值，再依次向低位调节。

依次换上 404.7nm、435.8nm、546.1nm 和 577.0nm 的滤色片，重复以上测量步骤。

（2）自动测量。

将“手动/自动”键切换到自动模式。

此时电流表左边的指示灯闪烁，表示系统处于自动测量扫描范围设置状态，用电压调节键可设置扫描起始和终止电压。

对各条谱线，建议扫描范围大致如下设置：365nm，−1.90～−1.50V；405nm，−1.60～−1.30V；435.8nm，−1.40～−1.00V；546.1nm，−0.90～−0.50V；577.0nm，−0.65～−0.25V。

实验仪设有 5 个数据存储区，每个存储区可存储 500 组数据，并有指示灯表示其状态。灯亮表示该存储区已存有数据，灯不亮为空存储区，灯闪烁表示存储区为系统预选的存储区或正在存储数据的存储区。

设置好扫描起始和终止电压后，按相应的存储区按键，仪器将先清除存储区的原有数据，等待约 30s，然后按 4mV 的步长自动扫描，并显示、存储相应的电压、电流值。

扫描完成后，仪器自动进入数据查询状态，此时查询指示灯亮，显示区显示扫描起始电压和相应的电流值。用电压调节键改变电压值，就可查阅测试过程中扫描电压为当前显示值时相应的电流值。读取电流为零时对应的 U_{AK}，以其绝对值作为该波长对应的 U_0 值，并将数据记于表 4.2.1 中。

按“查询”键，查询指示灯灭，系统回到扫描范围状态，可进行下一次测量。

在自动测量过程中或测量完成后，按“手动/自动”键，系统回到手动测量模式，模式转换前工作的存储区内的数据将被清除。

若仪器与示波器连接，则可观察到 U_{AK} 为负值时各谱线选定扫描范围内的伏安特性曲线。

3．测量光电管的伏安特性曲线

此时，“伏安特性测试/截止电压测试”键应为伏安特性测试状态。“电流量程”开关应拨至10^{-10} A 挡，并重新调零。

将直径为 4mm 的光阑及所选谱线的滤色片装在光电管暗箱光输入口上。

测伏安特性曲线可选用“手动/自动”两种模式之一，测量的最大范围为 –1～50V，自动测量时步长为 1V，仪器功能及使用方法如前所述。

仪器与示波器的连接要求如下：

（1）可同时观察 5 条谱线在同一光阑、同一距离下的伏安饱和特性曲线。

（2）可同时观察某条谱线在不同距离（不同光强）、同一光阑下的伏安饱和特性曲线。

（3）可同时观察某条谱线在不同光阑（不同光通量）、同一距离下的伏安饱和特性曲线。

由此可验证光电管饱和光电流与入射光成正比。

4．注意事项

（1）必须认真阅读仪器使用说明，弄清仪器上的开关、部件等的作用与性能，认真预习实验后方可动手实验。

（2）更换滤光片时应避免污染，使用前用镜头纸擦净，以保证良好的透光性。

（3）更换滤光片时要先遮住光源出光孔，实验后用遮光罩盖住光电管暗盒进光窗，避免强光直接照射阴极。

（4）光电管入射窗口不要面对其他强光源。

（5）连线时务必要先接地线，后接信号线，切勿让电压输出端与地短路。

4.2.5 数据处理

（1）由表 4.2.1 中的实验数据，用图解法分别求出 U_0～v 直线的斜率 k，即可由 $h = ek$ 求出普朗克常数，并与 h 的公认值 h_0 比较，分别求出手动和自动测量的相对误差，并比较误差大小（$e = 1.602\times10^{-19}$ C，$h_0 = 6.626\times10^{-34}$ J·s）。

表 4.2.1 U_0～v 关系

光阑孔径 Φ = mm

波长 λ_i/nm		365.0	404.7	435.8	546.1	577.0
频率 v_i/($\times10^{14}$Hz)		8.214	7.408	6.879	5.490	5.196
截止电压 U_{0i}/V	手动					
	自动					

（2）将所测 U_{AK} 及 I 的数据记入表 4.2.2，在坐标纸上作对应于以上波长及光强的伏安特性曲线。

表 4.2.2　I～U_{AK} 关系

U_{AK}/V											
$I/(\times10^{-10}A)$											
U_{AK}/V											
$I/(\times10^{-10}A)$											

（3）当 U_{AK} 为 50V 时，将仪器设置为手动模式，测量并记录对同一谱线、同一入射距离，光阑分别为 2mm、4mm、8mm 时对应的电流值于表 4.2.3 中，验证光电管的饱和光电流与入射光强成正比。

表 4.2.3　I_M～P 关系

U_{AK} =　　　　V、λ=　　　　nm、L =　　　　mm

光阑孔径 Φ			
$I/(\times10^{-10}A)$			

（4）当 U_{AK} 为 50V 时，将仪器设置为手动模式，测量并记录对同一谱线、同一光阑时，光电管与入射光在不同距离如 300mm、400mm 等时对应的电流值于表 4.2.4 中，同样验证光电管的饱和电流与入射光强成正比。

表 4.2.4　I_M～P 关系

U_{AK} =　　　　V、λ =　　　　nm、Φ =　　　　mm

入射距离 L			
$I/(\times10^{-10}A)$			

4.2.6　思考题

（1）减小测量截止电压的误差时，实验中应该采取哪些措施？

（2）影响实验结果准确度的主要原因是什么？

4.2.7　实验拓展

光电倍增管是检测微弱光信号的重要设备。光电倍增管是依据光电子发射、二次电子发射和电子光学的原理制成的、透明真空壳体内装有特殊电极的器件。图 4.2.7 所示为光电倍增管结构原理图，光阴极在光子作用下发射电子，而这些电子则被外电场（或磁场）加速，聚焦于第一次极。这些冲击次极的电子能使次极释放更多的电子，它们再被聚焦于第二次极。这样，一般经过十次以上的倍增，放大倍数即可达到 10^8～10^{10}。最后，在高电位的阳极收集到放大的光电流。输出电流和入射光子数成正比。整个过程的时间约为 10^{-8} s。光电倍增管广泛应用于物理实验、天文观测等领域，为科学研究提供了重要的技术支持。

图 4.2.8 所示为中国大亚湾中微子实验探测器的光电倍增管阵列，它被用于探测中微子被俘获时所发出的光信号。

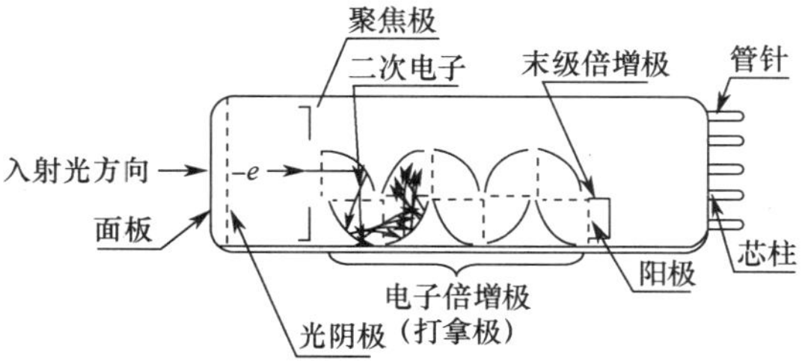

图 4.2.7　光电倍增管结构原理图

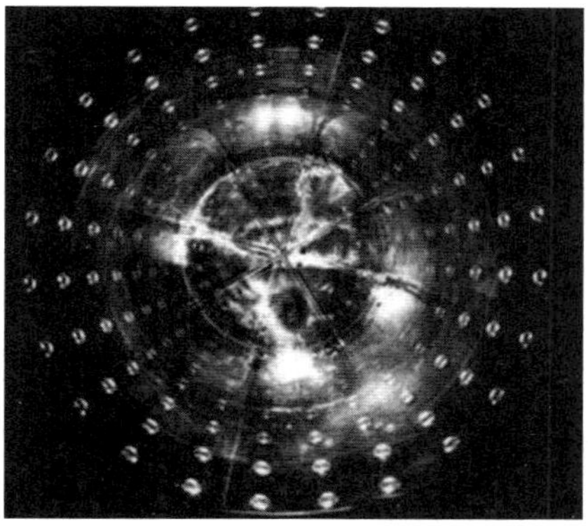

图 4.2.8　光电倍增管阵列

4.3　夫兰克-赫兹实验

> 科学的任务是揭示自然界的规律，而不是创造规律。
>
> ——赫兹

在原子物理学的发展中，丹麦物理学家玻尔（N. Bohr）因为在 1913 年发表了原子模型理论而获得了 1922 年度诺贝尔物理学奖。在玻尔发表原子模型理论的第二年，德国科学家夫兰克（J. Franck）和赫兹（G. Hertz）用慢电子与稀薄气体原子碰撞的方法，使原子从低能级激发到高能级。他们测量了原子的激发电位和电离电位，直接证明了原子能级的存在，即原子能量的量子化现象，也证明了原子发生跃迁时吸收或发射的能量是完全确定的、不连续的。因此，他们获得了 1925 年度诺贝尔物理学奖。

该实验在科学研究中至今仍是探索原子结构的重要手段之一，通过这个实验可以学习测量原子的激发电位和电离电位的一种方法，从中可了解微观粒子如何交换能量并证实原子能级的存在。

4.3.1　实验目的

（1）测量氩原子的第一激发电势，证明原子能级的存在，研究原子能量的量子化现象。

（2）学习测量原子激发电势的方法。

（3）学习用实验研究的方法来检验物理假说和验证理论的方法。

4.3.2　实验仪器

智能夫兰克-赫兹实验测试仪、双踪示波器。

4.3.3　实验原理

1．玻尔原子理论的要点

原子系统只能处于一系列具有分布且确定量值的稳定状态，即原子系统的定态，其相应的能量分别为 E_1、E_2、E_3 等。

原子从一个定态过渡到另一个定态称为跃迁，原因是原子吸收或辐射了一定的能量：

$$\Delta E = h\nu = E_m - E_n$$

式中，h 为普朗克常数，ν 为辐射频率。

2. 原子的跃迁、激发电势和能级差

原子在正常情况下处于低能态，即基态，当原子吸收电磁波或被其他粒子碰撞而发生能量交换时，可从基态跃迁到能量较高的激发态，所需的能量称为临界能量。

电子与原子碰撞时，若电子能量大于临界能量，则碰撞过程中电子将转移给原子跃迁所需的临界能量，其余能量仍由电子保留，此种碰撞称为非弹性碰撞。

初速度为零的电子在电势差为 U_0 的加速电场的作用下，获得能量 eU_0，当具有这种能量的电子与稀薄气体（如氩）的原子碰撞时就会发生能量交换，氩原子获得的能量为

$$\Delta E = E_2 - E_1 = eU_0$$

式中，E_1 为基态能量，E_2 为第一激发态能量。从而氩原子从基态跃迁到第一激发态。电势差 U_0 称为氩原子的第一激发电势，ΔE 称为第一能级差。

测量 U_0 就能得到氩原子系统的基态和第一激发态之间的能量差，也称能级差。由此方法还可测量其他元素的第一激发电势和能级差，如表 4.3.1 所示。

表 4.3.1 第一激发电势和能级差

元素名称	钠（Na）	钾（K）	锂（Li）	镁（Mg）	氖（Ne）
第一激发电势 U_0/V	2.12	1.63	1.84	3.20	18.6

3. 夫兰克-赫兹管中被加速的电子和氩原子能量交换的规律

夫兰克-赫兹实验原理图如图 4.3.1 所示。

在充氩的夫兰克-赫兹管中，电子从阴极 K 发出，阴极 K 和第二栅极 G_2 之间的加速电压 V_{G2K} 使电子加速。

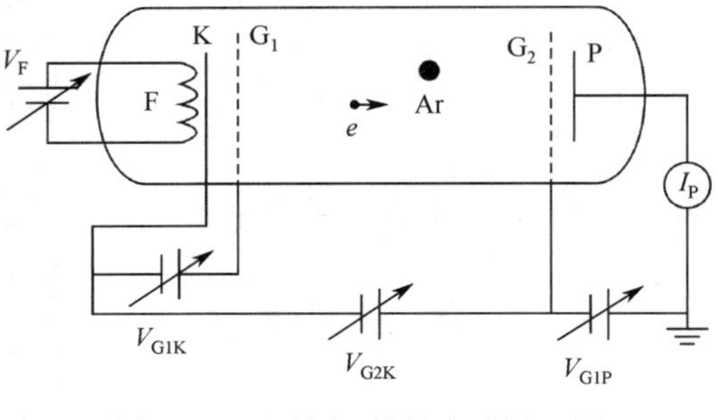

图 4.3.1 夫兰克-赫兹实验原理图

在板极 P 和第二栅极 G_2 之间可设置减速电压 V_{G2P}。电子能量足够大时，就能越过拒斥电场到达阳极 P 而形成阳极电流 I_P，如果有电子在 K-G 空间中与氩原子发生碰撞，并把一部分能量传给氩原子，那么电子所剩的能量就可能很小，不能越过拒斥电场，达不到阳极 P，不能形成阳极电流。这类电子增多，阳极电流 I_P 将明显下降。逐渐增加栅极电压 V_{G2K}，观测阳极电流随 V_{G2K} 的变化，可得 $I_P \sim V_{G2K}$ 曲线，如图 4.3.2 所示。

（1）曲线特点。

① I_P 不随着 V_{G2K} 增加而单调增加，曲线中间出现了多次凹陷和凸起，即存在若干谷点和峰点。

② 相邻两谷点或峰点之间对应的电势差都是 U_0。

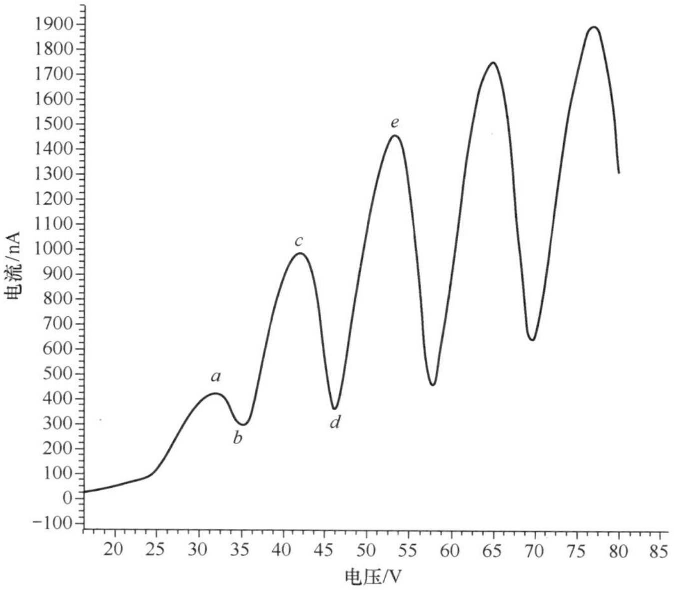

图 4.3.2 $I_P \sim V_{G2K}$ 曲线

（2）对曲线的解释。

① 当灯丝加热时，阴极 K 的氧化层发射电子，在 G_2 和 K 间的电场作用下被加速而得到越来越多的能量。但在起始阶段，由于电压 V_{G2K} 较低，电子的能量较小，即使在运动过程中，它与原子相碰撞（为弹性碰撞）时也只有微小的能量交换。这样，穿过第二栅极的电子所形成的极板电流 I_P 将随第二栅极电压 V_{G2K} 的增加而增大（见图 4.3.2 中的 0*a* 段）。

② 当 V_{G2K} 达到氩原子的第一激发电压时，电子在第二栅极附近与氩原子碰撞（此时产生非弹性碰撞）。电子把从加速电场中获得的全部能量传递给氩原子，使氩原子从基态激发到第一激发态。而电子本身，由于把全部能量传递给了氩原子，即使能穿过第二栅极，也不能克服反向拒斥电场，因此被折回到第二栅极。所以，此时极板电流 I_P 将显著减小（见图 4.3.2 中的 *ab* 段）。原子处于激发态时是不稳定的，在实验中被电子轰击到第一激发态的原子要跃迁回基态。

③ 随着第二栅极电压 V_{G2k} 的增加，电子能量随着增加，与氩原子碰撞后还留下足够的能量。这就可以克服拒斥电场的作用力而到达阳极 P，这时阳极电流 I_P 又开始上升（见图 4.3.2 中的 *bc* 段）。

④ 直到 V_{G2K} 是氩原子第一激发电压的两倍时，电子在 G_2 和 K 间又会因为第二次非弹性碰撞而失去能量，因此又造成第二次阳极电流的下降（见图 4.3.2 中的 *cd* 段）。

这种能量转移随着加速电压 V_{G2K} 的增加而呈现周期性变化。如果以 V_{G2K} 为横坐标、以阳极电流 I_P 为纵坐标，就可以得到谱峰曲线，两个相邻谷点（或峰点）之间的加速电压差值就是氩原子的第一激发电位值。由此可推断出氩原子的第一激发电势。

这个实验表明，夫兰克-赫兹管内的缓慢电子与氩原子碰撞，使原子从低能级激发到高能级，通过测量氩的第一激发电位值（定值，即吸收和发射的能量是完全确定的、不连续的）说明了玻尔原子能级的存在。

4．仪器工作原理

（1）开机后的初始状态。

开机后，实验仪面板状态显示及其分区如图 4.3.3 所示（在后面的实验内容及步骤中，提到的区<1>～<8>的划分方法与这里相同）。

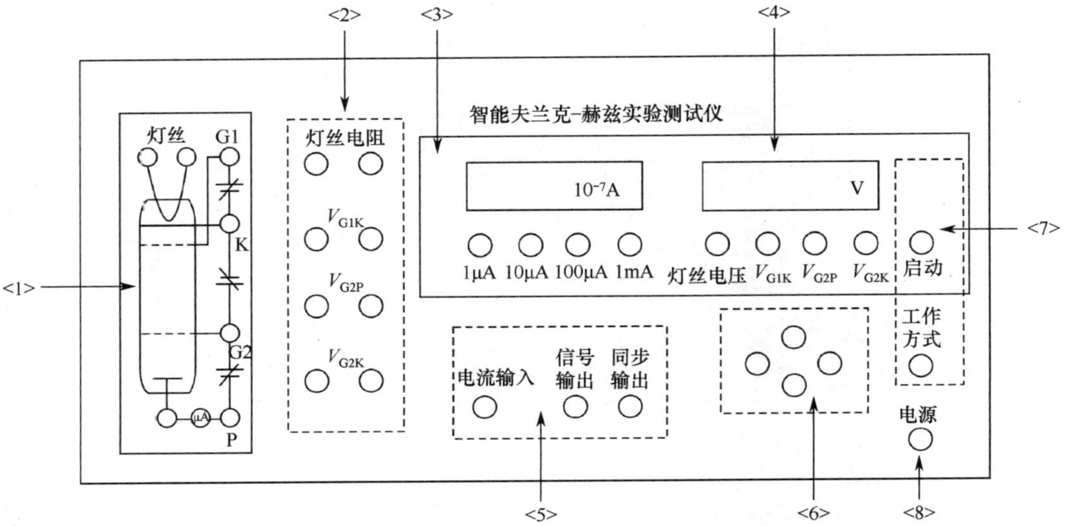

图 4.3.3　实验仪面板状态显示及其分区

实验仪的“1mA”电流挡指示灯亮，表明此时电流的量程为 1mA；电流显示值为 000.0mA（最后一位不为 0 属于正常现象）。

实验仪的“灯丝电压”挡指示灯亮，表明此时修改的电压为灯丝电压；电压显示值为 000.0V；最后一位在闪动，表明现在的修改位是最后一位。

“手动”指示灯亮，表明此时实验操作方式为手动操作。

（2）变换电流量程。

要想变换电流量程，可按下区<3>中的相应电流量程按键，对应的量程指示灯亮，同时电流指示的小数点位置随之改变，表明量程已变换。

（3）变换电压源。

要想变换不同的电压，可按下区<4>中的相应电压源按键，对应的电压源指示灯随之点亮，表明电压源变换选择已变成可以对选择的电压源进行电压值设定和修改。

（4）修改电压值。

按下前面板区<6>中的←/→键，当前电压的修改位将循环移动，同时移动位随之改变，以提示目前修改的电压位置。按下前面板区<6>中的↑/↓键，电压值在当前修改位递增/递减一个增量单位。

（5）建议工作参数。

工作参数请参照贴在机箱上盖的标牌参数，若波形不理想，可适当调节灯丝电压、V_{G1K}、V_{G2P}（灯丝电压的调整建议控制在标牌参数的±0.3V 范围内），但灯丝电压不宜过高，否则会加快弗兰克-赫兹管衰老；V_{G2K} 不宜超过 85V，否则管子易击穿。

4.3.4 实验内容与步骤

1．实验预备

实验仪器预热 10 分钟，预热条件如下：

（1）打开电源，工作方式选择手动。

（2）电流量程、灯丝电压、V_{G1K}、V_{G2K}、V_{G2P}的设置参数见仪器机箱上盖的标牌参数。

（3）将 V_{G2K} 设置为 30V。

2．手动测试

（1）参见 4.3.3 节第 4 条中的（5）设置各组电源的电压值和电流量程。操作方法参见 4.3.3 节第 4 条中的（3）和（4）。需设定的电压源有灯丝电压 V_F、V_{G1K}、V_{G2P}，设定状态参见 4.3.3 节第 4 条中的（5）或随机提供的工作条件。

（2）开始测试工作。测试操作过程中每改变一次电压源 V_{G2K} 的电压值，弗兰克-赫兹管的板极电流值随之改变。此时记录区<3>中电流显示值中的峰值和谷值（有多组）和区<4>中显示的对应电压值。电压源电压 V_{G2K} 的最小变化值是 0.5V，为了快速改变 V_{G2K}，可按 4.3.3 节第 4 条中（3）叙述的方法先改变调整位的位置，再调整电压值，以得到更快的调整速度。

（3）在手动测试过程中，按下区<7>中的“启动”键，V_{G2K} 将被设置为零，内部存储的测试数据被清除，但 V_F、V_{G1K}、V_{G2P}、电流挡等的状态不变。这时，操作者可以在该状态下重新进行测试，或修改状态后进行测试。

3．自动测试

（1）自动测试状态设置。自动测试时 V_F、V_{G1K}、V_{G2P} 及电流挡等状态设置的操作过程与手动测试过程一样，可参见手动测试。

（2）接上示波器，将区<5>中的“信号输出”和“同步输出”分别连接到示波器的信号通道和外同步通道，调好示波器的同步状态和显示幅度。

（3）在区<7>按下“手动/自动”键，自动测试指示灯亮；在区<4>按下 V_{G2K} 电压源选择键，V_{G2K} 电压源选择指示灯亮；在区<6>用←/→、↑/↓完成 V_{G2K} 的具体设定。V_{G2K} 的设定值可参照仪器机箱上盖的标牌参数，建议不要超过 85V。注意 V_{G2K} 在手动测试中不需要设定终止扫描电压。

（4）自动测试状态设置完成后，在启动自动测试过程前应检查 V_F、V_{G1K}、V_{G2P}、V_{G2K} 的设定值是否正确，电流量程选择是否合理，自动测试指示灯是否正确指示。有不正确的项目时，要重新设置直到完全正确。

（5）将区<4>的电压源选为 V_{G2K}，按区<7>的“启动”键，自动测试开始。在自动测试过程中，通过面板的电压指示区（区<4>）和电流指示区（区<3>）观察扫描电压 V_{G2K} 与弗兰克-赫兹管阳板电流的相关变化情况。

（6）适当调节双踪示波器，直到在示波器上显示出实验 3.8 中图 3.8.9 所示的波形。本次测试的数据依然保留在实验仪主机的存储器中，直到下次测试开始时才被清除，故在示波器中还可以观察到部分波形。

（7）在自动测试过程中，为避免面板按键误操作导致自动测试失败，面板上除“手动/

自动”键外的其他所有键都被屏蔽禁止。如要结束自动测试过程，只需按下“手动/自动”键，此时手动测试指示灯亮，实验仪中断自动测试的过程，回复到开机初始状态。

（8）当扫描电压 V_{G2K} 大于设定的测试终止电压时，实验仪将自动结束本次自动测试过程，进入数据查询工作状态。这时面板按键除区<3>部分还被禁止外，其他都已开启。区<7>的自动测试指示灯亮，区<3>的电流量程指示灯指示本次测试的电流量程选择挡，使用区<4>的各电压源选择键可以选择各电压源的电压值指示，其中 V_F、V_{G1K}、V_{G2P} 三电压源只能显示原设定电压值。

（9）通过改变区<6>中的按键改变相应的 V_{G2K} 读数，并且关注区<3>中的电流变化，当电流出现峰值和谷值时，记录对应的电流和 V_{G2K} 电压值。

（10）需要结束查询过程时，只需按下区<7>中的“手动/自动”键，此时手动测试指示灯亮，查询过程结束，实验仪存储的测试数据被清除，实验仪回到初始开机状态。

（11）确定每两个相邻峰值及各值间的加速电压差值，取平均值，即为最小激发电位。

4．注意事项

（1）仪器连线已连好，注意严禁自主拔线或拔线后重新接回，一旦一不小心发生类似情况，一定得报告老师，由老师把线接好。

（2）在更改电源电压值时，若在当前电压值加上一个单位电压值后的和值超过了允许的最大电压值，再按下↑键，则电压值只能修改为最大电压值。同样，若当前电压值减去一个单位电压值后的差值小于 0，再按下↓键，则电压值只能修改为 0。

（3）弗兰克-赫兹管很容易因电压设置不合适而遭到损害，所以一定要按照规定的实验步骤和适当的状态进行实验。

4.3.5　数据处理

分别计算自动方式和手动方式下的第一激发态与基态的能级差，实验数据表格如表 4.3.2 和表 4.3.3 所示。

表 4.3.2　手动测试

V_{G2K} /V					
I /($\times10^{-7}$A)					

表 4.3.3　自动测试

V_{G2K} /V					
I /($\times10^{-7}$A)					

4.3.6　思考题

（1）原子跃迁辐射频率与发生跃迁的两个定态能量之间有什么关系？

（2）什么是原子的第一激发电势？它和原子的能级有什么关系？

（3）什么是原子的临界能量？怎样测量氩原子的临界能量？

（4）夫兰克-赫兹实验要用到哪些仪器？使用时要注意哪些事项？

（5）夫兰克-赫兹实验怎样证明原子能级的存在？

（6）夫兰克-赫兹实验曲线是怎样得到的？它有什么特点？说明了什么问题？

（7）灯丝电压的改变对夫兰克-赫兹实验有何影响？

（8）拒斥电压和第一栅极电压的改变对夫兰克-赫兹实验有何影响？

4.3.7 实验拓展

玻尔的原子理论给出了这样的原子图像：

① 电子在一些特定的可能轨道上绕核做圆周运动，离核愈远，能量愈高。

② 可能的轨道由电子的角动量必须是 $h/2\pi$ 的整数倍决定。

③ 当电子在这些可能的轨道上运动时，原子既不发射又不吸收能量，只有当电子从一个轨道跃迁到另一个轨道时，原子才发射或吸收能量，而且发射或吸收的辐射是单频的，辐射的频率和能量之间的关系为 $E = h\nu$，其中 $h = 6.626\times10^{-34}\text{J}\cdot\text{s}$ 为普朗克常数。

玻尔的理论成功地说明了原子的稳定性和氢原子光谱线的规律。

1916 年，爱因斯坦从玻尔的原子理论出发，使用统计方法分析了物质的吸收和发射辐射的过程，导出了普朗克辐射定律。爱因斯坦的这一工作综合了量子论第一阶段的成就，将普朗克、爱因斯坦和玻尔三人的工作结合成了一个整体。

玻尔的原子理论首次将量子观念引入原子领域，提出了定态和跃迁的概念，成功地解释了氢原子光谱的实验规律。然而，对稍微复杂一些的原子如氦原子，玻尔理论就无法解释其光谱现象，这说明玻尔理论还未完全揭示微观粒子运动的规律，其不足之处是保留了经典粒子的观念，仍将电子的运动视为经典力学描述下的轨道运动。

实际上，原子中电子的坐标没有确定的值。因此，我们只能说某时刻电子在某点附近的单位体积内出现的概率是多少，而不能将电子的运动视为一个具有确定坐标的质点的轨道运动（测不准原理）。

当原子处于不同的状态时，电子在各处出现的概率是不一样的。若用疏密不同的点来表示电子在各个位置出现的概率，则画出的图就像云雾一样，因此形象地将其称为电子云。

4.4 密立根油滴实验测电子电荷

科学靠两条腿走路，一是理论，一是实验。有时一条腿走在前面，有时另一条腿走在前面。只有使用两条腿，才能前进。

——密立根

电子是人类认识的第一个基本粒子。1897 年汤姆逊（J. J. Thomson）测量了阴极射线的电子电荷与质量比，从而以无可辩驳的事实证明了电子的存在。美国著名物理学家密立根（Robert A. Millikan）在 1909 年到 1917 年间所做的测量微小油滴上所带电荷的工作，即油滴实验，是物理学发展史上具有重要意义的实验。这一实验的设计思想简明巧妙、方法简单，而结论却具有毋庸置疑的说服力，因此这一实验堪称物理实验的精华和典范。密立根在这一实验工作上花费了近 10 年的心血，取得了具有重大意义的结果：① 证明了电荷的不连续性；② 测量并得到了元电荷即电子电荷。

4.4.1 实验目的

（1）通过实验证明电荷的不连续性，并测量电子的电荷值。

（2）了解 CCD 传感器、光学系统成像原理及视频信号处理技术的工程应用等，训练学生做物理实验应具有的严谨态度和坚韧不拔的科学精神。

4.4.2 实验仪器

MOD-5 型密立根油滴仪、监视器、喷雾器。

4.4.3 实验原理

密立根油滴实验测量电子电荷的基本设计思想是，使带电油滴在测量范围内处于受力平衡状态。按运动方式分类，油滴法测电子电荷分为动态测量法和平衡测量法。下面介绍动态测量法、平衡测量法、无电荷的测量方法和仪器工作原理。

1．动态测量法

考虑重力场中一个足够小的油滴的运动，设油滴的半径为 r，质量为 m_1，空气是黏滞流体，故此运动油滴除受重力和浮力作用外还受黏滞阻力的作用。由斯托克斯定律，黏滞阻力与物体的运动速度成正比。设油滴以速度 v_f 匀速下落，则有

$$m_1g - m_2g = Kv_f \tag{4.4.1}$$

式中，m_2 为与油滴同体积的空气质量，K 为比例系数，g 为重力加速度。油滴在空气及重力场中的受力情况如图 4.4.1 所示。

若此油滴所带电荷为 q，并处在场强为 E 的均匀电场中，设电场力 qE 方向与重力方向相反，如图 4.4.2 所示，若油滴以速度 v_r 匀速上升，则有

$$qE = (m_1 - m_2)g + Kv_r \tag{4.4.2}$$

由式（4.4.1）和式（4.4.2）消去 K，可解出 q 为

$$q = \frac{(m_1 - m_2)g}{Ev_f}(v_f + v_r) \tag{4.4.3}$$

由式（4.4.3）可以看出，要测量油滴上携带的电荷 q，需要分别测出 m_1、m_2、E、v_f、v_r 等物理量。

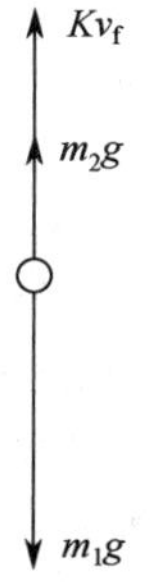

图 4.4.1 油滴在空气及重力场中的受力情况

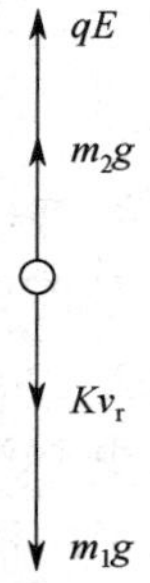

图 4.4.2 电场中油滴受力示意图

由喷雾器喷出的小油滴的半径 r 是微米量级的，直接测量其质量 m_1 也是困难的，为此希望消去 m_1，而代之以容易测量的量。设油与空气的密度分别为 ρ_1、 ρ_2，于是半径为 r 的油滴的视重为

$$m_1 g - m_2 g = \frac{4}{3}\pi r^3(\rho_1 - \rho_2)g \tag{4.4.4}$$

由斯托克斯定律，黏滞流体对球形运动物体的阻力与物体的速度成正比，其比例系数 K 为 $6\pi\eta r$，此处 η 为黏度， r 为物体半径。于是将式（4.4.4）代入式（4.4.1），有

$$v_{\mathrm{f}} = \frac{2gr^2}{9\eta}(\rho_1 - \rho_2) \tag{4.4.5}$$

因此有

$$r = \left[\frac{9\eta v_{\mathrm{f}}}{2g(\rho_1 - \rho_2)}\right]^{1/2} \tag{4.4.6}$$

以此代入式（4.4.3）并整理得

$$q = 9\sqrt{2}\pi\left[\frac{\eta^3}{(\rho_1 - \rho_2)g}\right]^{1/2}\frac{1}{E}\left(1 + \frac{v_{\mathrm{r}}}{v_{\mathrm{f}}}\right){v_{\mathrm{f}}}^{3/2} \tag{4.4.7}$$

因此，若测出 v_{r}、 v_{f} 和 η、 ρ_1、 ρ_2、 E 等宏观量，则可得到 q 值。

由于油滴的直径与空气分子的间隙相当，空气已不能视为连续介质，其黏度 η 需要相应地修正为 $\eta' = \eta/(1 + \frac{b}{pr})$，其中 p 为空气压强，b 为修正常数，$b = 0.00823\mathrm{N/m}$（$6.17\times10^{-6}\ \mathrm{m\cdot cmHg}$），因此有

$$v_{\mathrm{f}} = \frac{2gr^2}{9\eta}(\rho_1 - \rho_2)\left(1 + \frac{b}{pr}\right) \tag{4.4.8}$$

当精度要求不是太高时，常采用近似计算方法先将 v_{f} 值代入式（4.4.6），计算得

$$r_0 = \left[\frac{9\eta v_{\mathrm{f}}}{2g(\rho_1 - \rho_2)}\right]^{1/2} \tag{4.4.9}$$

再将此 r_0 值代入 η'，并将 η' 代入式（4.4.7），得

$$q = 9\sqrt{2}\pi\left[\frac{\eta^3}{(\rho_1 - \rho_2)g}\right]^{1/2}\frac{1}{E}\left(1 + \frac{v_{\mathrm{r}}}{v_{\mathrm{f}}}\right){v_{\mathrm{f}}}^{3/2}\left[\frac{1}{1 + \frac{b}{pr_0}}\right]^{3/2} \tag{4.4.10}$$

实验中常常固定油滴运动的距离，通过测量油滴在距离 s 内所需的运动时间来求得其运动速度，且电场强度 $E = U/d$， d 为平行板间的距离， U 为所加的电压。因此，式（4.4.10）可写成

$$q = 9\sqrt{2}\pi d\left[\frac{(\eta s)^3}{(\rho_1 - \rho_2)g}\right]^{1/2}\frac{1}{U}\left(\frac{1}{t_{\mathrm{f}}} + \frac{1}{t_{\mathrm{r}}}\right)\left(\frac{1}{t_{\mathrm{f}}}\right)^{1/2}\left(\frac{1}{1 + \frac{b}{pr_0}}\right)^{3/2} \tag{4.4.11}$$

式中，有些量和实验仪器及条件有关，选定之后在实验过程中不变，如 d、 s、 $\rho_1 - \rho_2$ 及 η 等，将这些量与常数一起用 C 代表，称为仪器常数，于是式（4.4.11）简化成

$$q = C\frac{1}{U}\left(\frac{1}{t_f}+\frac{1}{t_r}\right)\left(\frac{1}{t_f}\right)^{1/2}\left(\frac{1}{1+\frac{b}{pr_0}}\right)^{3/2} \quad (4.4.11')$$

由此可知，测量油滴上的电荷，只体现为 U、t_f、t_r 的不同。对同一油滴，t_f 相同，U 与 t_r 的不同标志着电荷的不同。

2. 平衡测量法

平衡测量法的出发点是使油滴在均匀电场中静止于某一位置，或在重力场中做匀速运动。当油滴在电场中平衡时，油滴在两极板间受到的电场力 qE、重力 m_1g 和浮力 m_2g 达到平衡，从而静止在某一位置，即

$$qE = (m_1 - m_2)g$$

油滴在重力场中做匀速运动时，情形同动态测量法，将式（4.4.4）、式（4.4.9）和 $\eta' = \eta/(1+\frac{b}{pr})$ 代入式（4.4.11）并注意到 $1/t_r = 0$，有

$$q = 9\sqrt{2}\pi d\left[\frac{(\eta s)^3}{(\rho_1-\rho_2)g}\right]^{1/2}\frac{1}{U}\left(\frac{1}{t_f}\right)^{3/2}\left(\frac{1}{1+\frac{b}{pr_0}}\right)^{3/2} \quad (4.4.12)$$

3. 元电荷的测量方法

测量油滴上带的电荷的目的是找出电荷的最小单位 e。为此可以对不同的油滴分别测出所带的电荷值 q_i，它们应近似为某一最小单位的整数倍，即油滴电荷量的最大公约数，或油滴带电量之差的最大公约数，即为元电荷。

实验中常采用紫外线、X 射线或放射源等改变同一油滴所带的电荷，测量油滴上所带电荷的改变值 Δq_i，而 Δq_i 值应是元电荷的整数倍，即

$$\Delta q_i = n_i e \text{（其中 } n_i \text{ 为一整数）} \quad (4.4.13)$$

也可用作图法求 e 值，根据式（4.4.13），e 为直线方程的斜率，通过拟合直线即可求得 e 值。

4. 仪器工作原理

实验仪由主机、CCD 成像系统、油滴盒、监视器等部件组成。其中主机包括可控高压电源、计时装置、A/D 采样、视频处理等模块。CCD 成像系统包括 CCD 传感器、光学成像部件等。油滴盒包括高压电极、照明装置、防风罩等部件。监视器是视频信号输出设备。实验仪器部件示意图如图 4.4.3 所示。

CCD 模块及光学成像系统用来捕捉暗室中油滴的像，同时将像的信息传给主机的视频处理模块。实验过程中可以通过“调焦”旋钮来改变物距，使油滴的像清晰地呈现在 CCD 传感器的窗口内。

“平衡调节”旋钮可以调整极板之间的电压，控制油滴的平衡、下落及提升。

“极性”键用来切换上下极板的正负极性；“工作”键用来切换仪器的工作状态；“平衡”“提升”键控制油滴的平衡或提升；“确认”键将测量数据显示在屏幕上，从而省去每次测量完成后手工记录数据的过程，使测量者把更多的注意力集中到实验本质上。

油滴盒装置是一个关键部件，其示意图如图 4.4.4 所示。

上、下极板之间通过胶木圆环支撑，三者之间的接触面经过机械精加工后可以将极板间的不平行度、间距误差控制在 0.01mm 以下；这种结构基本上消除了极板间的“势

垒效应”及“边缘效应”，较好地保证了油滴室处在匀强电场之中，从而有效地减小了实验误差。

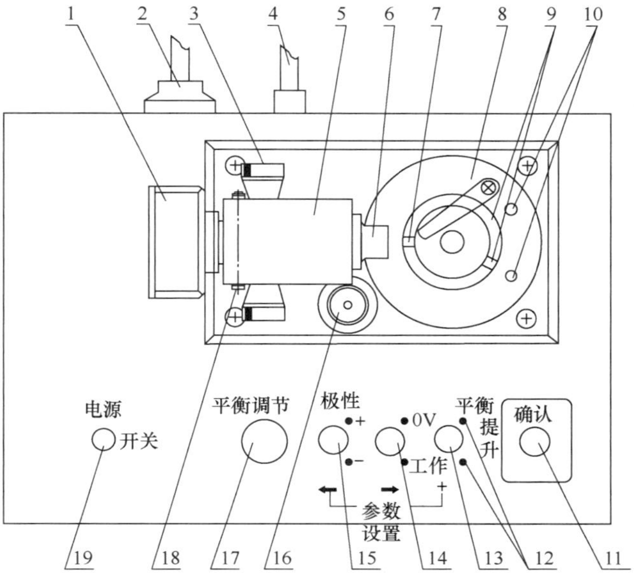

1．CCD 盒；2．电源插座；3．调焦旋钮；4．Q9 视频接口；5．光学系统；6．镜头；7．观察孔；8．上极板压簧；9．进光孔；10．光源；11．“确认”键；12．状态指示灯；13．“平衡”“提升”键；14．“工作”键；15．“极性”键；16．水准泡；17．“平衡调节”旋钮；18．紧定螺钉；19．电源开关

图 4.4.3　实验仪器部件示意图

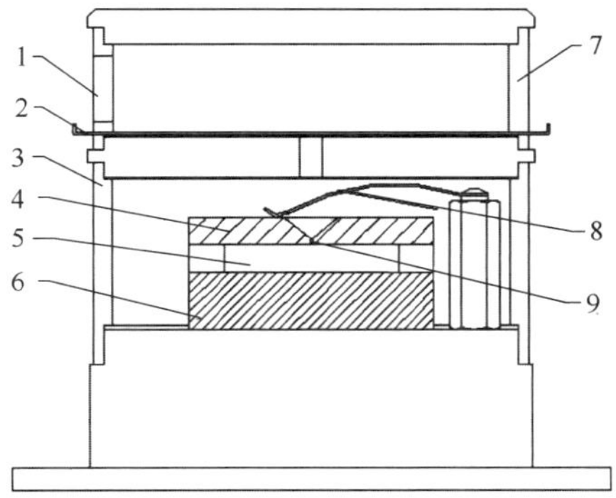

1．喷雾口；2．进油量开关；3．防风罩；4．上极板；5．油滴室；6．下极板；7．油雾杯；8．上极板压簧；9．落油孔

图 4.4.4　油滴盒装置示意图

胶木圆环上开有两个进光孔和一个观察孔，光源通过进光孔给油滴室提供照明，而成像系统则通过观察孔捕捉油滴的像。

照明由带聚光的高亮发光二极管提供，其使用寿命长、不易损坏；油雾杯可以暂存油雾，使油雾不至于过早地散逸；进油量开关可以控制落油量；防风罩可以避免外界空气流动对油滴的影响。

4.4.4 实验内容与步骤

学习控制油滴在视场中的运动，并选择合适的油滴测量元电荷。要求测量 5 个不同的油滴，每个油滴的测量次数应为 5 次。

1. 调整油滴实验仪

（1）水平调整。

调整实验仪底部的旋钮（顺时针方向转动时仪器升高，逆时针方向转动时仪器下降），通过水准仪将实验平台调平，使平衡电场方向与重力方向平行以免引起实验误差。极板平面是否水平决定了油滴在下落或提升过程中是否发生前后、左右漂移。

（2）喷雾器调整。

将少量钟表油缓慢地倒入喷雾器的储油腔，使钟表油淹没提油管下方，油不要太多，以免实验过程中不慎将油倾倒至油滴盒内堵塞落油孔。将喷雾器竖起，用手挤压气囊，使得提油管内充满钟表油。

（3）实验仪联机使用。

① 打开实验仪电源及监视器电源，监视器出现界面。

② 按任意键，监视器出现参数设置界面，然后根据该地的环境适当设置重力加速度、油密度、大气压强、油滴下落距离。←是左移键，→是右移键，+是数据设置键。

③ 按“确认”键出现实验界面，选择极性，将工作状态切换至“工作”，红色指示灯亮，将“平衡”“提升”键设置为“平衡”。

（4）CCD 成像系统调整。

从喷雾口喷入油雾，此时监视器上应该出现大量运动油滴的像。若没有看到油滴的像，则需调整“调焦”旋钮或检查喷雾器是否有油雾喷出，直至得到油滴清晰的像。选择适当的油滴并练习控制油滴

① 电压的确认。

仔细调整“平衡调节”旋钮使油滴平衡在某一格线上，等待一段时间，观察油滴是否漂离格线，若其向同一方向漂动，则需重新调整；若其基本稳定在格线或只在格线上下做轻微的布朗运动，则可以认为其基本达到了力学平衡。

由于油滴在实验过程中处于挥发状态，在对同一油滴进行多次测量时，每次测量前都需要重新调整平衡电压，以免引起较大的实验误差。事实证明，同一油滴的平衡电压将随着时间的推移而有规律地递减，且其对实验误差的贡献很大。

② 油滴的运动。

选择适当的油滴，调整平衡电压，使油滴平衡在某一格线上，将“工作”键切换至“0V”，绿色指示灯点亮，此时上下极板同时接地，电场力为零，油滴将在重力、浮力及空气阻力的作用下做下落运动，同时计时器开始记录油滴下落的时间；当油滴下落至预定格线时，将按键迅速切换至“工作”（“平衡”“提升”键处于“平衡”状态），此时油滴将停止下落，计时器关闭，可以通过“确认”键将此次测量数据记录到屏幕上。

将“工作”键切换至“工作”，红色指示灯点亮，此时仪器根据平衡或提升状态分两种情形：若置于“平衡”，则可通过“平衡调节”旋钮调整平衡电压；若置于“提升”，则极板电压将在原平衡电压的基础上再增加 200～300V，用来向上提升油滴。

③ 选择适当的油滴。

要做好油滴实验，所选的油滴体积要适中，大的油滴虽然明亮，但一般所带的电荷多，下降或提升太快，不容易测准确，油滴太小则受布朗运动的影响明显，测量时涨落较大，也不容易测准确。因此应该选择质量适中且带电不多的油滴。建议选择平衡电压为150～400V、下落时间约为20s的油滴进行测量。

具体操作：将仪器极性置为“+”，工作状态置为“工作”，通过调节“电压调节”旋钮将电压调至400V以上，喷入油雾，此时监视器中出现大量运动的油滴，观察上升较慢且明亮的油滴，然后降低电压，使之达到平衡状态。随后将工作状态置为“0V”，油滴下落，在监视器中选择下落一格的时间约2s的油滴进行测量。

“确认”键用来实时记录屏幕上的电压值及计时值。记录5组数据后，界面左侧将出现$\overline{V}$（5组电压的平均值）、$\overline{t}$（5组下落时间的平均值）、$\overline{Q}$（油滴5次测量的平均电荷量）的数值，若需继续实验，按“确认”键。

注意：考虑到动态测量法需要记录提升电压的值，提升动作完成后，务必要按“确认”键或切换至0V一次，重新激活A/D采样，否则提升电压会锁定在屏幕上保持不变。

2．正式测量

可选用平衡测量法（推荐）、动态测量法及改变电荷法（第三种方法使用射线源）。

本实验采用平衡测量法，测量内容如下。

实验前仪器必须水平调整。

（1）开启电源，进入实验界面，将工作状态键切换至“工作”，红色指示灯点亮；将平衡、提升键置于“平衡”。

（2）通过喷雾口向油滴盒内喷入油雾，此时监视器上出现大量运动的油滴。选取适当的油滴，仔细调整平衡电压，使其平衡在某一起始格线上。

（3）将工作状态键切换至“0V”，此时油滴开始下落，同时计时器启动，开始记录油滴的下落时间。

（4）当油滴下落至预定格线时，快速地将“工作”键切换至“工作”，油滴将立即停止。此时可以通过“确认”键将测量结果记录在屏幕上。

（5）将“平衡”“提升”键置于“提升”，油滴将被向上提升，回到略高于起始位置时，迅速置回平衡状态，然后将“工作”键置为“0V”，使油滴下落一小段距离，使其停于起始位置。

（6）重新调整平衡电压，重复步骤（3）～（5），并将数据记录到屏幕上（平衡电压V及下落时间t）。达到5次记录后，界面的左侧出现实验数据结果。

（7）按“确认”键，重复步骤（2）～（6），测出油滴的平均电荷量。

测5个油滴，并根据测得的平均电荷量$\overline{Q}$求出它们的最大公约数，即为基本电荷e的值（需要足够的数据统计量）。根据e的理论值，计算出e的相对误差。

3．注意事项

（1）CCD盒、紧固螺钉、镜头的机械位置不能变更，否则会对像距及成像角度造成影响（见图4.4.3）。

（2）仪器使用环境：温度为 0℃～40℃的静态空气中。

（3）注意调整进油量开关（见图 4.4.4），避免外界空气流动对油滴测量造成影响。

（4）仪器内有高压，实验人员要避免用手接触电极。

（5）实验前应对仪器油滴盒内部进行清洁，防止异物堵塞落油孔。

（6）注意仪器的防尘保护。

4.4.5 数据处理

平衡法依据的公式为

$$q = 9\sqrt{2}\pi d\left[\frac{(\eta s)^3}{(\rho_1-\rho_2)g}\right]^{1/2}\frac{1}{U}\left(\frac{1}{t_f}\right)^{3/2}\left(\frac{1}{1+\frac{b}{pr_0}}\right)^{3/2}$$

式中，

$$r_0 = \left[\frac{9\eta s}{2g(\rho_1-\rho_2)t_f}\right]^{1/2}$$

d 为极板间距，$d = 5.00\times10^{-3}\ \text{m}$；$\eta$ 为空气黏滞系数，$\eta = 1.83\times10^{-5}\ \text{kg}\cdot\text{m}^{-1}\cdot\text{s}^{-1}$；$s$ 为下落距离，$s = 1.8\times10^{-3}\ \text{m}$（显示屏10格）；$\rho_1$ 为油的密度，$\rho_1 = 981\ \text{kg}\cdot\text{m}^{-3}$（20℃）；$\rho_2$ 为空气的密度，$\rho_2 = 1.2928\ \text{kg}\cdot\text{m}^{-3}$（标准状况下）；$g$ 为重力加速度，$g = 9.798\ \text{m}\cdot\text{s}^{-2}$；$b$ 为修正常数，$b = 0.00823\ \text{N/m}$（$6.17\times10^{-6}\ \text{m}\cdot\text{cmHg}$）；$p$ 为标准大气压，$p = 101325\ \text{Pa}$（76.0 cmHg）；U 为平衡电压；t_f 为油滴的下落时间。

计算出各油滴的电荷后，求它们的最大公约数，即为基本电荷 e 的值（需要足够的数据统计量）。

将以上数据代入式（4.4.7）和式（4.4.8），得

$$q = \frac{1.43\times10^{-14}}{\left[t(1+0.02\sqrt{t})\right]^{3/2}}\frac{1}{U_n} \quad \text{(C)}$$

由于油的密度 ρ 和空气的黏滞系数 η 都是温度的函数，重力加速度 g 和大气压 p 又都随实验地点和条件的变化而变化，因此上式的计算是近似的。在一般条件下，这样的计算引起的误差约为 1%，但是计算十分方便。

将实验数据代入上式可以求出油滴的带电量，进一步可以求出电子电量 e。为了证明电荷的不连续性，即油滴带电量都是基本电荷的整数倍，并得到基本电荷 e 值，我们应对实验测量得到的多个油滴带电量 q 求最大公约数，这个最大公约数就是基本电荷 e 的值，也就是电子的电荷值。

但是实际进行数据处理时，由于测量的油滴个数有限，可以先将测得的油滴带电量 q 除以 1.6×10^{-19} C，得到一个接近于某个整数的数值，这个整数就是该油滴所包含的基本电荷的数目 n，再用 n 去除油滴的带电量 q，就可以得出电子的电荷 e 的值。

实验结果如下。25 次测量得电子电荷 e 的平均值为

$$\overline{e} = \sum_{i=1}^{n} e_i , \qquad n = 25$$

误差计算如下：

$$\sigma_{\bar{e}} = \sqrt{\frac{\sum \Delta \nu_i^2}{n(n-1)}}, \quad E = \frac{\sigma_{\bar{e}}}{\bar{e}} \times 100\%$$

测量结果为$e = \bar{e} \pm \sigma_{\bar{e}}$。

4.4.6 思考题

（1）对油滴进行测量时，油滴有时会变模糊，为什么？如何避免测量过程丢失油滴？

（2）油滴平衡调节不好对实验结果有何影响？为什么每测量一次 t 都要对油滴进行一次平衡调节？

（3）为何必须使油滴做匀速运动或静止？实验中如何保证油滴在测量范围内做匀速运动？

（4）油滴实验仪装置不水平对测量有影响吗？

4.4.7 实验拓展

罗伯特·安德鲁·密立根（Robert Andrews Millikan），美国实验物理学家，1868 年 3 月 22 日生于伊利诺伊州的莫里森，1953 年 12 月 19 日卒于加利福尼亚州的萨迪纳。1893 年获奥伯林大学硕士学位，1895 年获哥伦比亚大学博士学位后留学欧洲，1896 年回国任教于芝加哥大学。

密立根在 1907 年到 1913 年间做了一连串实验，用带电油滴准确地测量了电子的电荷值，验证了爱因斯坦的光电效应方程，得到了普朗克常数的精确数值。因在基本电荷和光电效应方面的研究，密立根获得 1923 年诺贝尔物理学奖。

密立根还从事电子在强电场作用下逸出金属表面的实验研究，以及一些金属的 X 射线研究。他发现了近1000条谱线，波长直到13.66nm，有助于将 X 射线和光学光谱连接起来。他对 X 射线谱的分析工作导致乌伦贝克和古兹密特两人于1925年提出了电子自旋理论。1921 年，密立根任加州理工学院布里奇物理实验室主任，并领导一批物理学家研究了宇宙射线，其中最重要的成是安德森于1932年发现正电子。

4.5 气体中声速的测量

科学并不从广泛的假设出发，而是从观察或实验所发现的特殊事实出发。从一些这类事实中得出一条普遍的规律，如果这个普遍规律是正确的，那么这些事实就是这个普遍规律的例证。

——罗素，《宗教与科学》

声波是一种在弹性媒质中传播的机械波，它是纵波，其振动方向与传播方向一致。频率低于 20Hz 的声波称为*次声波*；频率为 20Hz～20kHz 的声波可以被人听到，称为*可闻波*；频率高于 20kHz 的声波称为*超声波*。

声波能在固体、液体及气体中传播，其传播速度与媒质的特性及状态等因素有关。因此通过媒质中声速的测量，可以了解媒质的特性或状态变化。例如，测量氯气、蔗糖等气体或溶液的浓度，测量氯丁橡胶乳液的相对密度及输油管中不同油品的分界面等，这些问题都可以通过测量这些物质中的声速来解决。另外，声波的测量在声波定位、探测、显示、测距等方面也有着广泛的应用。因此，研究声速的测量既有理论价值，又有实际意义。

4.5.1 实验目的

（1）了解压电陶瓷换能器的工作原理，学会两种以上测量声波在空气中传播速度的原理与方法。

（2）掌握示波器、专用信号源、超声声速测量仪的调节与使用方法。

4.5.2 实验仪器

超声声速测量仪、专用信号源、示波器。

4.5.3 实验原理

1．超声波与压电陶瓷换能器

频率为 20Hz～20kHz 的机械振动在弹性介质中传播形成声波，高于 20kHz 的声波称为*超声波*，超声波的传播速度就是声波的传播速度，而超声波具有波长短、易于定向发射等优点。声速实验所用的声波频率一般为 20～60kHz，在此频率范围内，采用压电陶瓷换能器作为声波的发射器、接收器效果最佳。

压电陶瓷换能器根据其工作方式，分为纵向（振动）换能器、径向（振动）换能器和弯曲振动换能器。声速教学实验中大多数采用纵向换能器。图 4.5.1 所示为纵向换能器的结构简图。

声波的速度 v 、频率 f 和波长 λ 的关系为 $v=f\lambda$ ，如果能用实验的方法测量声波的频率 f 和波长 λ ，就可求出声波速度 v 。由于超声波具有波长短、易于定向发射等优点，所以在超声波段进行声速测量是比较方便的。超声波的发射和接收一般是通过电磁振动和机械振动的相互转换来实现的，最常利用压电效应或磁致伸缩效应来实现。本实验采用由压电陶瓷圆环制成的复合换能器（见图 4.5.2）来发射和接收超声波。

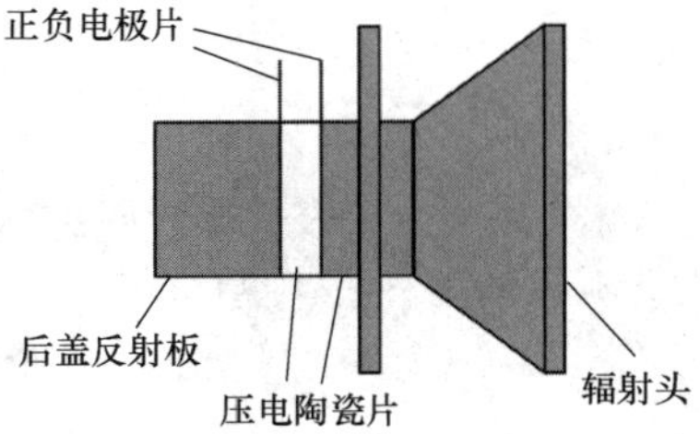

图 4.5.1 纵向换能器的结构简图

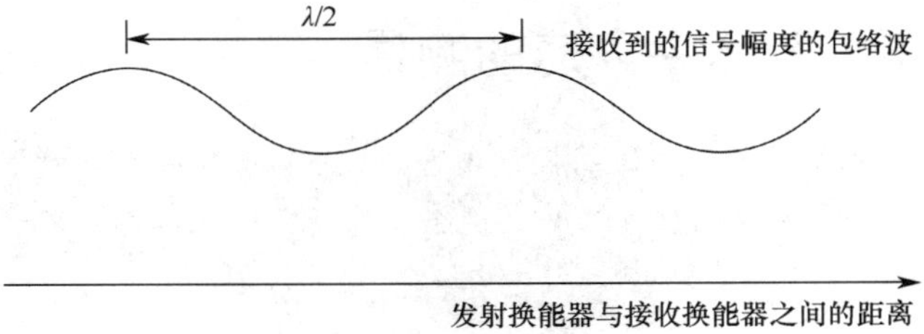

图 4.5.2 复合换能器的间距与合成幅度

2．驻波共振法

驻波共振法的连线图如图 4.5.3 所示，S_1 和 S_2 为一对压电陶瓷换能器（压电陶瓷喇叭），其中端面相向安放在游标卡尺上，右边的接收换能器 S_2 可在游标卡尺上移动。S_1 由专用信号源驱动，发出超声波。S_2 为接收器，它接收到超声波后，由于压电效应而转换成电信号，并送到电子示波器进行显示。另外，S_2 在接收超声波的同时又反射部分超声波。这样，S_1 发出的超声波和 S_2 反射的超声波在它们之间的区域内相干涉而形成驻波。原则上说，两列振幅、频率和振动方向都相同的平面余弦波沿相反方向传播时都能形成驻波，但驻波的强度和稳定性都会因具体条件的不同而有很大差异，只有当波源的频率和驻波系统的固有频率相等时，驻波的振幅才能达到最大值，这种现象称为驻波的共振。

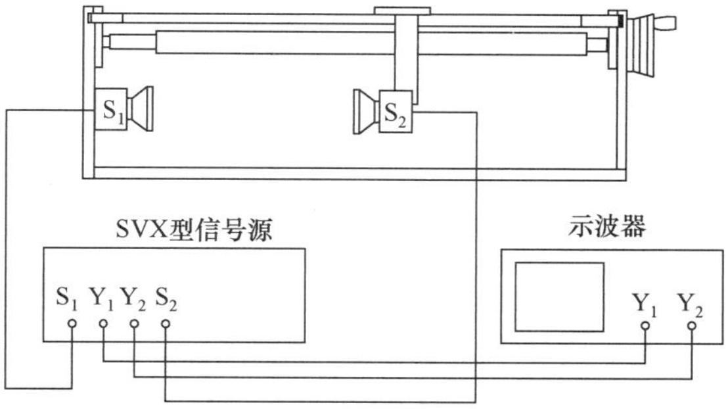

图 4.5.3　驻波共振法和相位比较法的连线图

驻波系统的固有频率不仅与系统的固有性质（结构、材料、尺寸等）有关，还取决于边界条件，在声速实验中 S_1、S_2 即为两个边界条件，且必定是波节，其间有任意个波节，所以驻波的共振条件应为

$$L = n\frac{\lambda}{2},\quad n = 1,2,3,\cdots \tag{4.5.1}$$

即当 S_1 和 S_2 之间的距离 L 恰好等于半波长的整数倍时，驻波系统处于共振态，驻波有最大振幅，波节处的声压也最大，在示波器上观察到的信号幅度最大。所以在移动 S_2 的过程中，驻波系统也相继经历了一系列的共振态。由式（4.5.1）可知，在任意两个相邻共振态之间，S_2 移过的距离为

$$\Delta L = L_{n+1} - L_n = (n+1)\frac{\lambda}{2} - n\frac{\lambda}{2} = \frac{\lambda}{2} \tag{4.5.2}$$

当 L 不满足式（4.5.1）时，驻波系统偏离共振态，驻波的振幅随之减小。所以当 S_1 与 S_2 之间的距离 L 连续改变 $\lambda/2$ 时，示波器上的信号幅度呈周期性变化，每出现一个周期就相当于 S_1 和 S_2 之间的距离改变 $\lambda/2$，此距离可由游标卡尺测得，频率 f 可直接由信号源读得。于是，根据 $v = f\lambda$ 可求得声速。

3．相位比较法

相位比较法的连线图如图 4.5.3 所示，信号源激励 S_1 发射超声波，接至示波器 x 轴的输入端，S_2 接收声压信号并转换成电信号后，输入示波器的 y 轴，在发射波和接收波之间产生相位差，在示波器荧光屏上出现两个相互垂直的、同频率的、谐振动的合成图形——李萨如图形。

设信号源（发射波）为

$$x = A_1\cos(\omega t + \phi_1) \tag{4.5.3}$$

受迫振动（接收波）为

$$y = A_2\cos(\omega t + \phi_2) \tag{4.5.4}$$

以上两式中，A_1、A_2 分别为 x、y 方向振动的振幅；ω 为角频率；ϕ_1、ϕ_2 分别为 x、y 方

向振动的初相位。从式（4.6.3）和式（4.6.4）中消去 ω，得到亮点在荧光屏上运动的轨迹方程为

$$\frac{x^2}{A_1^2}+\frac{y^2}{A_2^2}-\frac{2xy}{A_1A_2}\cos(\phi_2-\phi_1)=\sin^2(\phi_2-\phi_1) \tag{4.5.5}$$

式（4.5.5）说明亮点的轨迹为李萨如图形，一般情况下为椭圆。当 $\phi_2-\phi_1=0$ 时，由式（4.5.5）得 $y=\frac{A_2}{A_1}x$，即亮点的轨迹是位于第一象限和第三象限的一条直线（见图 4.5.4）；当 $\phi_2-\phi_1=\pi/2$ 时，得 $\frac{x^2}{A_1^2}+\frac{y^2}{A_2^2}=1$，即运动轨迹是以坐标轴为主轴的光点沿顺时针方向扫动的椭圆（见图 4.5.4）；当 $\phi_2-\phi_1=\pi$ 时，得 $y=-\frac{A_2}{A_1}x$，即亮点的轨迹是位于第二象限和第四象限的一条直线（见图 4.5.4）；当 $\phi_2-\phi_1=\frac{3}{2}\pi$ 时，亮点运动轨迹是以坐标轴为主轴的光点沿逆时针方向扫动的椭圆（见图 4.5.4）。

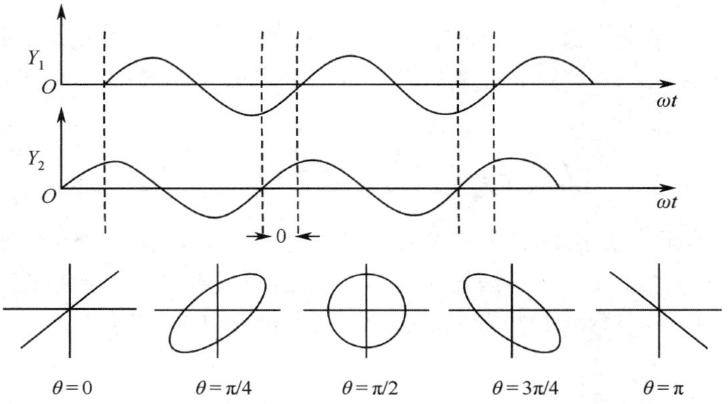

图 4.5.4　用李萨如图形观察相位变化

改变 S_1 与 S_2 之间的距离 L，相当于改变发射波和接收波之间的相位差 $\Delta\phi=\phi_2-\phi_1$，荧光屏上的图形也随之不断改变。显然，每改变一个波长的距离 $L_2-L_1=\lambda$，相位差 $\Delta\varphi=2\pi$。随着 S_1 与 S_2 的相位差从 0 到 2π 变化，李萨如图形首先从斜率为正的直线变为椭圆，然后变为斜率为负的直线，再变为椭圆，最后回到斜率为正的直线，完成一个周期变化。从上述图形与相位差之间关系的分析得知，图形从一种直线状态经椭圆转变到另一种直线状态时，S_1 与 S_2 之间的距离 L 恰好改变半个波长。在实验中，我们就是根据显示图形中直线的交替变化，从游标卡尺上读出 S_2 相应位置的数值（每次读数相差 $\lambda/2$），然后用逐差法求出声波的波长 λ，再根据频率 f 由 $v=f\lambda$ 求出声速 v 的。

4．时差法测量原理

连续波经脉冲调制后由发射换能器发射至被测介质中，声波在介质中传播，经过 t 时间后，到达 L 距离处的接收换能器。图 4.5.5 显示了发射波与接收波。由运动定律可知，声波在介质中传播的速度 V 可由以下公式求出：

$$V=\text{距离差/时间差}=\Delta L/\Delta t$$

通过测量 S_1 与 S_2 之间的距离差 ΔL 和时间差 Δt，就可算出当前介质下的声波传播速度。

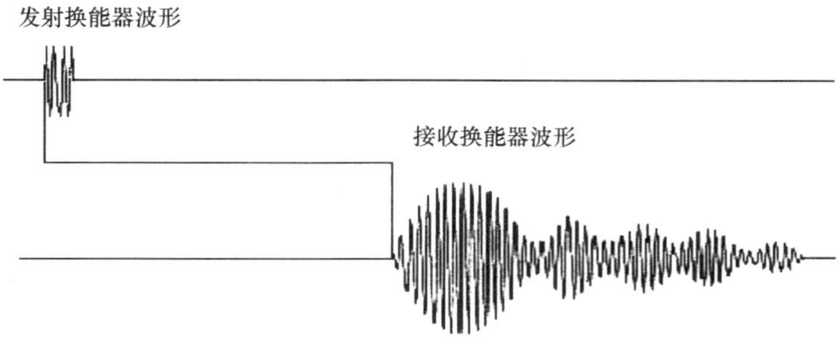

图 4.5.5　发射波与接收波

4.5.4　实验内容与步骤

1. 共振的调节

调节信号源使其频率与声速测量仪本身的固有频率相等时，S_2 发生谐振，此时 S_2 接收的信号电压在示波器上显示的幅度最大，即共振。

（1）按图 4.5.3 所示连接线路，在连接时要特别注意极性，不能接错，若发生接线错误，就会损坏仪器（专用信号源）。

（2）接通示波器电源，用自身方波进行自校，检查示波器能否正常工作。

（3）接通专用信号源电源，让它预热数分钟，观察数字显示是否正常。

（4）调节超声声速测量仪上发射器 S_1 和接收器 S_2 的位置，使它们的两个端面靠拢，相距 2～3cm，并严格平行，但不得相互接触。仔细调节信号源的输出频率，同时观察 S_2 的信号输出在示波器 Y_2 通道显示的波形幅度，使电压（振幅）信号最大（在 34～38kHz 范围内 S_2 接收的信号电压在示波器上显示的幅度一般最大，即共振）。若波形出现失真，则适当减小信号源的输出幅度与 S_2 接收的信号的增益，消除 S_2 的接收信号的失真。

2. 驻波共振法

（1）在共振的基础上，转动声速测试仪鼓轮手柄，改变 S_2 与 S_1 的相对位置，观察示波器通道 Y_2 波形幅度的变化。当 S_2 移至某一位置时幅度指示达到极大值，此时 S_1 和 S_2 处于驻波共振（波节）位置；记下此时信号的频率 f 值（即超声波的频率）和对应 S_2 位置游标卡尺的读数。

（2）改变 S_2 的位置，向右每移动 $\lambda/2$ 的距离，可找到一个驻波共振时的振幅极大值位置（要用鼓轮手柄仔细寻找）。在实验中由近及远（即由左向右）依次记下 12～16 个振幅最大时 S_2 位置游标卡尺的读数。

3. 行波相位法

（1）按图 4.5.3 连接线路。在共振的基础上，只需将示波器的时间扫描范围选择旋钮转至 x-y 挡，表示 x 轴的信号不用内部锯齿波扫描电压，而用外接信号作为 x 轴的信号。

（2）改变 S_2 的位置，可以看到图 4.5.4 所示的直线与椭圆图形交替出现。

（3）信号源输出频率不变，适当调节示波器的有关旋钮，使显示的李萨如图形处在屏幕中央，且大小适宜。

（4）把 S_2 调到与 S_1 相距 2～3cm 的位置，然后由近及远（即由左向右）仔细调节 S_2 的位置，并依次记下 12～16 个出现图 4.6.4 所示直线状态时 S_2 的位置读数（每次改变 $\lambda/2$ 距离）。

4．时差法测量声速

（1）使用空气为介质测试声速时，按图 4.5.6 连接线路。为了避免连续波可能带来的干扰，应将连续波频率调离换能器谐振点。

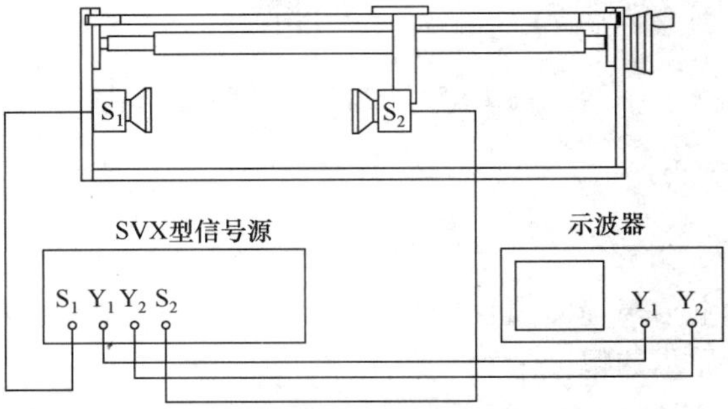

图 4.5.6　时差法测量声速接线图

（2）将测试方法设置到脉冲波方式，选择合适的脉冲发射强度。将 S_1 和 S_2 之间的距离调到一定距离（大于或等于 50mm），选择合适的接收增益，使显示的时间差值读数稳定。

（3）记录此时的距离值 L_{i-1} 和信号源计时器显示的时间值 t_{i-1}。移动 S_2，记录此时的距离值 L_i 和显示的时间值 t_i。当距离小于或等于 50mm 时，只要 L_i、L_{i-1} 处显示的时间值 t_i、t_{i-1} 稳定，且不在“拖尾”（产生“拖尾”时，显示的时间值很小。拖尾是由于在距离较近时，反射波引起的共振在下一个测量周期到来时未能完全衰减而产生的。调小接收增益，可去掉“拖尾”）处也能得到稳定的声速值。

由于空气中的超声波衰减较大，在较长距离内测量时，接收波会有明显的衰减，这可能会带来计时器读数跳字现象，这时应微调（距离增大时，顺时针调节；距离减小时，逆时针调节）接收增益，以便在移动 S_2 时计时器读数连续、准确地变化。建议将接收换能器先调到远离发射换能器的一端，并将接收增益调至最大，这时计时器有相应的读数。由远到近调节接收换能器，这时计时器读数将变小；随着距离的变近，接收波的幅度逐渐变大，在某一位置，计时器读数会有跳字现象，这时逆时针方向微调接收增益旋钮，使计时器的计时读数连续准确变小，就可准确测得计时值。

5．液体声速的测量

使用液体为介质测试声速时，先在测试槽中注入液体，直至把换能器完全浸没，但不能超过液面线。选择合适的脉冲波强度，即可进行测试，步骤与以上的相同。

6．注意事项

（1）连接线路时，一定要芯线接芯线、地线接地线，千万不能接错。

（2）在实验过程中，不能把手或其他物品伸入 S_1 与 S_2 之间。

（3）调节 S_2 的位置时，若处在测量点附近，一定要用螺旋测微装置仔细调节，若发生人体干扰（在相位比较法中经常出现干扰），则每次调节应保持人体（主要用于调节的手）

和仪器的相对位置不变为好。

（4）在相位比较法中，若发现信号源输入 x 轴的信号太强，可调小输入信号接收增益。

（5）在实验过程中，若发现信号频率 f 有微小变动，则可求各次信号频率 f 的平均值。

4.5.5 数据处理

1. 驻波共振法求声速

（1）记下室温 t（）、频率 f（）。求出声波波长 $\overline{\lambda}$，计算声速的测量值 $\overline{v}=f\overline{\lambda}$。

（2）计算测量结果的不确定度和相对误差，并写出实验结果表达式。

（3）计算室温时的声速理论值，并与测量值进行比较，算出百分误差：

$$v_{理}=v_0\sqrt{\frac{T}{T_0}}=331.45\sqrt{1+\frac{t}{273.15}}$$

式中，$v_0=331.45\text{m/s}$，$T_0=273.15\text{K}$，$T=t+T_0=t+273.15\text{K}$。

测量值与理论值的百分误差为

$$E'=\frac{\left|\overline{v}-v_{理}\right|}{v_{理}}\times 100\%$$

2. 行波相位法求声速

数据处理同上。

3. 时差法求声速

声速 $V_i=(L_i-L_{i-1})/(t_i-t_{i-1})$。

4.5.6 思考题

（1）为什么要在系统共振状态下进行声速测量？

（2）为什么压电陶瓷换能器 S_1 和 S_2 的表面在驻波共振法实验过程中要保持相互平行？

（3）声速测量中驻波共振法、相位比较法、时差法有何异同？

（4）声音在不同介质中传播有何区别？声速为什么不同？

4.5.7 实验拓展

多普勒效应是一种物理现象，描述了当一个波源和观测者之间存在相对运动时，观测者感知到的波的频率或波长的变化。该效应适用于各种波，包括声波、电磁波（如光波或无线电波）等。

多普勒效应测量声速的基本原理是通过观测声波在介质中的传播速度变化来测量声速。当声源与观测者之间存在相对运动时，观测者接收到的声波频率会发生变化。具体公式为 $f_1=f(1+v/V)$，其中 f_1 是观测者听到的频率，f 是声波源的频率，v 是观测者和声波源之间的相对速度，V 是声波在介质中的传播速度。通过测量不同条件下的频率和相对速度，就可计算出声速的大小。

多普勒效应在核物理、天文学、工程技术、交通管理、医疗诊断等方面有着十分广泛的应用，如卫星测速仪、光谱仪、多普勒雷达、多普勒彩色超声诊断仪等。多普勒效应描述了物体运动速度变化引起的波长变化，揭示了波与物质相互作用的本质，对物理学的发展产生了深远的影响。

声速测量

4.6 超声光栅测量声速

> 事物是如何被了解的，不了解的还有什么，对于了解的，现在了解到了什么程度……
>
> ——费曼

超声光栅测声速是一种利用声光效应测量超声波在液体中的传播速度的方法。超声波在液体中传播时，会引起液体密度的周期性变化，导致液体的折射率也呈周期性变化。当平行单色光垂直于超声波的传播方向通过这种液体时，由于折射率的周期性变化，光波会产生相应的位相差，进而形成衍射条纹。这种作用类似于光栅，故称*超声光栅*。通过测量衍射条纹的间距并利用光栅方程，可以计算出声波在液体中的传播速度。

4.6.1 实验目的

（1）了解超声光栅产生的原理。

（2）了解声波如何对光信号进行调制。

（3）通过对液体（非电解质溶液）中的声速进行测量，加深对其概念的理解。

4.6.2 实验仪器

超声光栅测声速仪、分光计、数字高频计

4.6.3 实验原理

1. 测量原理

超声波作为一种纵波在液体中传播时，其声压使液体分子产生周期性的运动，促使液体的折射率也相应地做周期性的变化，形成疏密波。此时，如有平行单色光沿垂直于超声波传播的方向通过该疏密相同的液体，就会被衍射，这一作用类似于光栅，故称*超声光栅*。

超声波传播时，如前进波被一个平面反射，则会反向传播。在一定条件下前进波与反射波叠加而形成超声频率的纵向振动驻波。驻波的振幅可以达到单一行波的两倍，加剧了波源和反射面之间液体的疏密变化程度。某时刻，驻波的任一波节两边的质点都涌向这个节点，使该节点附近成为质点密集区，而相邻的波节处为质点稀疏区；半个周期后，这个节点附近的质点向两边散开变为稀疏区，相邻波节处变为密集区。在这些驻波中，稀疏区液体的折射率减小，而压缩作用使液体的折射率增大。在距离等于波长 A 的两点，液体的密度相同，折射率也相等，如图 4.6.1 所示。

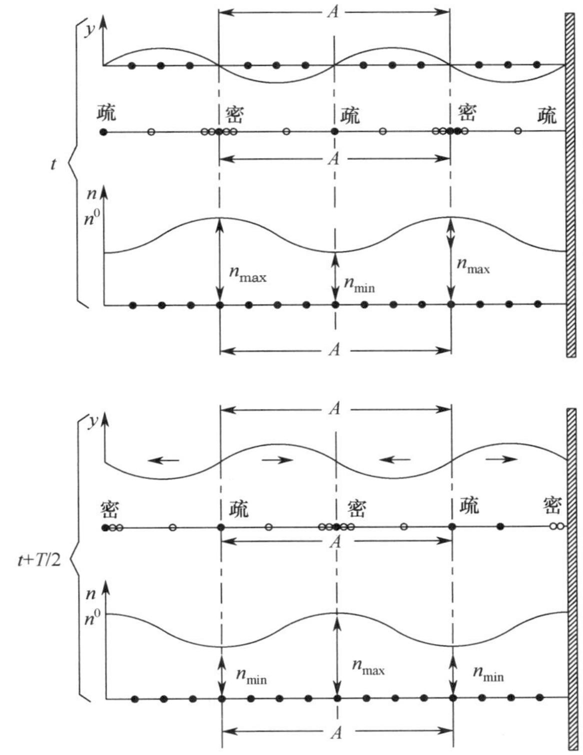

图 4.6.1　在 t 和 $t+T/2$（T 为超声振动周期）两时刻振幅 y、液体疏密分布和折射率 n 的变化

单色平行光 λ 沿着垂直于超声波传播方向通过上述液体时，因折射率的周期性变化使得光波的波阵面产生相应的相位差，经透镜聚焦出现衍射条纹。这种现象与平行光通过透射光栅的情形相似。因为超声波的波长很短，只要盛有液体的液体槽的宽度能够维持平面波（宽度为 l），槽中的液体就相当于一个衍射光栅。图中行波的波长 A 相当于光栅常数。由超声波在液体中产生的光栅作用称为*超声光栅*。

当满足声光喇曼-奈斯衍射条件 $2\pi\lambda l/A^2 \ll 1$ 时，这种衍射相似于平面光栅衍射，有如下光栅方程：

$$A\sin\phi_k = k\lambda$$

式中 k 为衍射级次，ϕ_k 为 0 级与 k 级间的夹角。

在调好的分光计上，由单色光源和平行光管中的会聚透镜（L_1）与可调狭缝 S 组成平行光系统，如图 4.6.2 所示。

让光束垂直通过装有锆钛酸铅陶瓷片（或称 PZT 晶片）的液槽，在玻璃槽的另一侧用自准直望远镜中的物镜（L_2）和测微目镜组成测微望远系统。若振荡器使 PZT 晶片发生超声振动，形成稳定的驻波，则从测微目镜中可观察到衍射光谱。由图 4.6.2 可以看出，当 ϕ_k 很小时，有

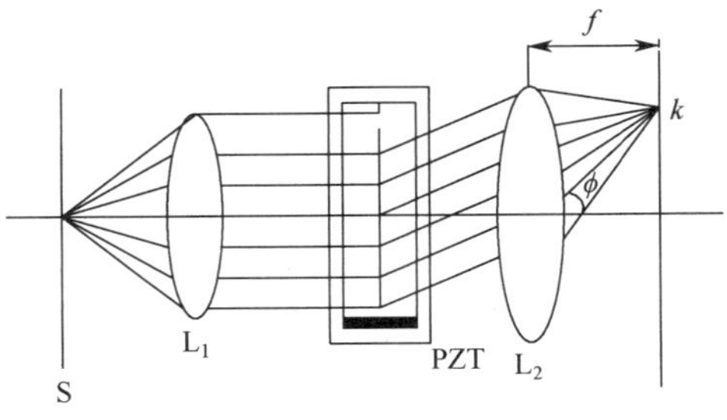

图 4.6.2　超声光栅仪衍射光路图

$$\sin\phi_k = \frac{l_k}{f}$$

式中，l_k 为衍射光谱 0 级至 k 级的距离，f 为透镜的焦距。所以超声波波长为

$$A = \frac{k\lambda}{\sin\phi_k} = \frac{k\lambda f}{l_k}$$

超声波在液体中传播的速度为

$$V = A\nu = \frac{\lambda f \gamma}{\Delta l_k}$$

式中，ν 是振荡器和锆钛酸铅陶瓷片的共振频率，Δl_k 为同一色光衍射条纹间距。

2. 实验装置简介

实验装置示意图如图 4.6.3 所示。

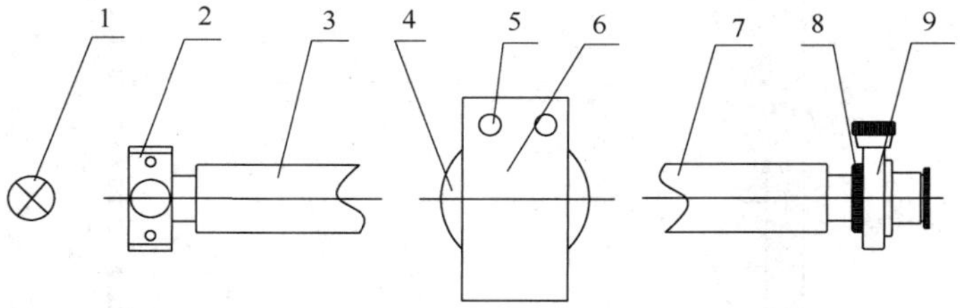

1. 单色光源（汞）；2. 分光计狭缝；3. 分光计平行光管；4. 分光计载物台；5. 液体槽盖上的接线柱；6. 液体槽及超声片；7. 分光计望远镜；8、9. 测微目镜。注：接线柱将信号线接至电源箱的输出端，由电源箱提供高频信号

图 4.6.3　实验装置示意图

4.6.4　实验内容与步骤

（1）分光计的调整。用自准直法使望远镜聚焦于无穷远处，望远镜的光轴与分光计的转轴中心垂直，平行光管与望远镜同轴并出射平行光，观察望远镜的光轴与载物台的台面平行。目镜调焦至看清分划板刻线，并以平行光管出射的平行光为准调节望远镜，使观察到的狭缝清晰，狭缝应调至最小，实验过程中无须再调节。

（2）打开低压汞灯电源，本实验采用低压汞灯作为光源。

（3）将待测液体（如蒸馏水、乙醇或其他液体）注入液体槽，液面高度以液体槽侧面标注的液体高度刻线为准。

（4）将此液体槽（可称其为超声池）放在分光计的载物台上，放置时要使超声池两侧表面基本垂直于望远镜和平行光管的光轴。

（5）连接高频信号。两根高频连接线分别插入液体槽盖板上的接线孔及超声光栅仪电源箱的高频输出端，并将液体槽盖板盖在液体槽上。

（6）开启超声信号源电源，从阿贝目镜观察衍射条纹，细微调节高频信号源频率，使输出电信号振荡频率与锆钛酸铅陶瓷片固有频率共振，此时衍射光谱的级次会显著增多且更为明亮。

（7）如此前分光计已调整到位，则左右转动超声池（可转动分光计载物台或游标盘，细微转动时，通过调节分光计微动螺钉实现，并使射向超声池的平行光束完全垂直于超声束），

同时观察视场内衍射光谱左右级次的亮度及对称性，直到从目镜中观察到稳定而清晰的衍射条纹为止。

（8）按上述步骤仔细调节，可观察到左右各 3～4 级以上的衍射光谱。

（9）取下阿贝目镜，换上测微目镜，对目镜调焦，使观察到的衍射条纹清晰。利用测微目镜逐级测量其位置读数，例如 $-3,\cdots,0,\cdots,+3$ 。

（10）注意事项。

① 超声池置于载物台上时必须稳定，在实验过程中应避免振动，以使超声在液槽内形成稳定的驻波。导线分布电容的变化会对输出电频率有微小影响，因此不能触碰连接超声池和高频信号源的两条导线。

② 锆钛酸铅陶瓷片表面与对应面的玻璃槽壁表面必须平行，此时才会形成较好的表面驻波，因此实验时应将超声池的上盖盖平，而上盖与玻璃槽留有较小的空隙，实验时微微扭动一下上盖，有时也会使衍射效果有所改善。

③ 一般共振频率为 11.3MHz，数字频率计给出的可调范围是 10～12MHz。在稳定共振时，数字频率计显示的频率值应是稳定的，最多只有最末 1～2 个单位数的变动。

④ 实验时间不宜过长。其一，声波在液体中的传播与液体温度有关，时间过长，温度可能在小范围内变动，从而影响测量精度，一般测量可以使待测液体温度同于室温，精密测量可在超声池内插入温度计测量；其二，频率计长时间处于工作状态对其性能有一定影响，尤其在高频条件下有可能会使电路过热而损坏。实验时，特别注意不要使频率长时间调在 12MHz 以上，以免振荡线路过热。

⑤ 提取液槽时应拿两端面，不要触摸两侧表面的通光部位，以免污染，如已有污染，可用酒精乙醚清洗干净，或用镜头纸擦净。

⑥ 实验时液槽中会有一定的热量产生，并导致媒质挥发，槽壁上会出现挥发气体凝露，一般不影响实验结果，但在液面下降太多导致锆钛酸铅陶瓷片外露时，要及时补充液体至正常液面线处。

⑦ 实验完毕应将超声池内的被测液体倒出，不要将锆钛酸铅陶瓷片长时间浸泡在液槽内。

⑧ 温度不同对测量结果有一定的影响，可对不同温度下的测量结果进行修正，修正系数及不同物质内声波在 20℃纯净介质中的传播速度。

4.6.5 数据处理

（1）用逐差法求出条纹间距的平均值。

（2）由声速计算公式计算声速：

$$V_c = \frac{\lambda v f}{\Delta l_k}$$

式中，λ 为光波波长（汞蓝光为 435.8nm，汞绿光为 546.1nm，汞黄光为 578.0nm），v 为共振时频率计的读数，f 为望远镜物镜的焦距（170mm），Δl_k 为同一种颜色的衍射条纹间距。

4.6.6 思考题

（1）用逐差法处理数据的优点是什么？

（2）误差产生的原因是什么？

（3）能否用钠光灯作为光源？

（4）实验中观察到蓝线会有晃动，它是由什么原因产生的？

4.6.7 实验拓展

超声光栅测声速方法在声光学领域具有广泛的应用价值。例如，它不仅可以测量超声波在液体中的传播速度，还可以研究声光相互作用现象和声光效应等。此外，可以尝试将超声光栅测声速实验与其他实验相结合，进行跨学科研究。例如，可将该实验与流体力学实验相结合，研究流体流动对声速测量的影响；或者将该实验与光学实验相结合，研究光波在周期性折射率变化介质中的传播特性等。

4.7 应变式传感器

传感器是第四次工业革命中智能化系统的一种非常重要的核心技术。

——中国科学院院士褚君浩

传感器技术是一门新兴科学技术，代表了现代技术的发展方向。传感器是将各种非电量（包括物理量、化学量、生物量，其中物理量是主要的）按一定规律转换成有用信号，以满足信息传输、处理、存储、记录及控制的装置。

人们把当今社会称为信息社会，并把它和人体相比，恰当地把电子计算机比作人的大脑，把光纤比作神经系统，把传感器比作人的感官。的确，没有传感器感受外界的各种变化，也就谈不上信息的传输、处理与控制。可见传感器在现代科学技术中起着非常重要的作用。

现在广泛使用的各种传感器（力敏、声敏、热敏、湿敏、磁敏、光敏、光纤、液晶、微波、超导体……）的基本原理依据的是各种物理效应（或物理特性），具有深刻的物理内涵，是一种物理技术。

传感器所感测的各种非电量变化的信息，一般采用非电量电测技术进行检测，该技术有下列优点。

① 便于实现自动、连续测量。

② 具有高的灵敏度和准确度。

③ 便于实现信号远距离传输和测量。

④ 反应速度快，不仅能测量变化速度缓慢的非电量，还能测量变化速度快的非电量。

⑤ 测量范围宽广，既能测量非电量的微小变化，又能测量非电量的大幅度变化。

⑥ 便于与各种自动控制器和显示仪表配套，实现非电量的自动控制和自动记录。

⑦ 便于与计算机接口，实现多路非电量的数据采集、数据处理和计算机控制。

传感器的种类繁多，应用十分广泛，本实验只介绍应变式传感器。应变式传感器是当前自动测力或称重中应用最为广泛的传感器，其优点如下：

① 精确度高、线性度好、灵敏度高。

② 滞后和蠕变都较小，疲劳寿命高。

③ 容易与二次仪表相匹配，实现自动检测。

④ 结构简单，体积小，应用灵活。

⑤ 工作稳定可靠，维护和保养方便。

应变式传感器除用于测量力参数外，还用于测量压差、加速度、振幅等其他物理量。

4.7.1 实验目的

（1）了解传感器实验仪桥式结构的原理与组成应变电桥的方法。

（2）了解金属箔式应变片的应变效应，掌握应变式传感器的原理。

（3）了解单臂电桥、半桥、全桥的工作原理和性能，比较各电桥的不同性能，了解其特点。

（4）了解应变直流全桥的应用及电路的标定（电子秤）。

4.7.2 实验仪器

应变式传感器实验模块、砝码、数字电压表、±15V 电源、±5V 电源等。

4.7.3 实验原理

1. 测量原理

金属丝在外力作用下发生机械形变时，其电阻值会发生变化，称为金属的电阻应变效应。金属的电阻表达式为

$$R=\rho\frac{l}{S} \tag{4.7.1}$$

当金属电阻丝受到轴向拉力 F 作用时，长度伸长 Δl，横截面积相应地减小 ΔS，电阻率因晶格变化等因素的影响而改变 $\Delta\rho$，故引起电阻值变化 ΔR。对式（4.7.1）全微分，并用相对变化量来表示，有

$$\frac{\Delta R}{R}=\frac{\Delta l}{l}-\frac{\Delta S}{S}+\frac{\Delta\rho}{\rho} \tag{4.7.2}$$

式中，$\Delta l/l$ 为电阻丝的轴向应变，用 ε 表示，常用单位为 $\mu\varepsilon$（$1\,\mu\varepsilon=1\times10^{-6}$）。若径向应变为 $\Delta r/r$，则电阻丝的纵向伸长和横向收缩的关系用泊松比 μ 表示为 $\Delta r/r=-\mu(\Delta l/l)$，因为 $\Delta s/s=2(\Delta r/r)$，于是式（4.7.2）可以写成

$$\frac{\Delta R}{R}=\frac{\Delta l}{l}(1+2\mu)+\frac{\Delta\rho}{\rho}=\left(1+2\mu+\frac{\Delta\rho/\rho}{\Delta l/l}\right)\frac{\Delta l}{l}=k_0\frac{\Delta l}{l} \tag{4.7.3}$$

式（4.7.3）为应变效应的表达式。k_0 称为金属电阻的灵敏系数，由式（4.7.3）可见，k_0 受两个因素的影响：一个是 $1+2\mu$，它是由材料几何尺寸变化引起的；另一个是 $\Delta\rho/(\rho\varepsilon)$，它是由材料电阻率 ρ 随应变变化引起的（称为压阻效应）。对金属材料而言，以前者为主，于是 $k_0\approx1+2\mu$；对半导体而言，k_0 值主要是由电阻率的相对变化决定的。实验表明，在金属丝拉伸比例极限内，电阻相对变化与轴向应变成比例。通常金属丝的灵敏系数为 $k_0\approx2$。

用应变片测量受力时，要将应变片黏贴于被测对象表面。在外力作用下，被测对象表面产生微小机械变形时，应变片敏感栅也随同变形，其电阻值发生相应变化。通过转换电路转换为相应的电压或电流的变化，根据式（4.7.3）就可以得到被测对象的应变值 ε，而根据应力应变关系有

$$\sigma = E\varepsilon \tag{4.7.4}$$

式中，E 为材料的弹性模量，从而测得应力值 σ。通过弹性敏感元件，将位移、力、力矩、加速度、压力等物理量转换为应变，可以用应变片测量上述各量，从而制成各种应变式传感器。电阻应变片分为金属丝式应变片、金属箔式应变片和金属薄膜应变片。

2．仪器工作原理

应变片电桥如图 4.7.1 所示。桥臂电阻 R_1、R_2、R_3、R_4 分别表示黏贴弹性应变片的等效电阻（也可用其他电阻代替），电桥平衡时，即 $R_1R_3 = R_2R_4$ 时，电桥输出电流 $I_g = 0$、$V_{CD} = 0$（输出电压为零）。假设在桥臂 R_1、R_2、R_3、R_4 中电阻的相对变化分别为 $\Delta R_1/R_1$、$\Delta R_2/R_2$、$\Delta R_3/R_3$、$\Delta R_4/R_4$，则在任意负载下的桥路输出与 ε_R 成正比：

$$\varepsilon_R \propto \frac{\Delta R_1}{R_1} - \frac{\Delta R_2}{R_2} + \frac{\Delta R_3}{R_3} - \frac{\Delta R_4}{R_4} \tag{4.7.5}$$

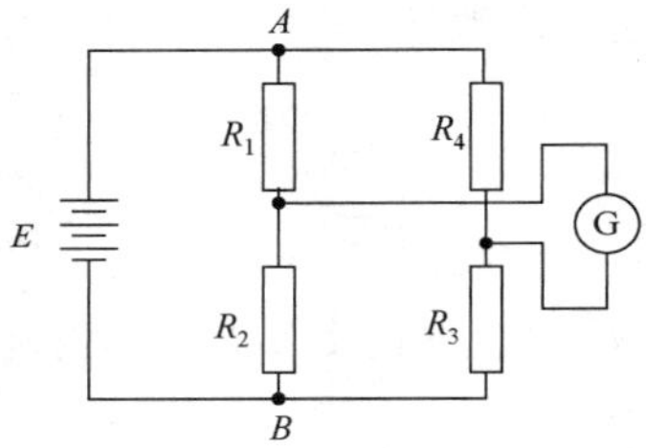

图 4.7.1　应变片电桥

图 4.7.2(a)和(b)分别是一个工作片和两个工作片的情况，图中 R_3、R_4 为固定电阻，通常有 $R_3 = R_4 = R$，在实际应用中其应变片电阻 R_1、R_2 是相同的，即 $R_1 = R_2 = R$。使用一个应变片工作在差动工作状态时，桥路输出与 $2\Delta R/R$ 成正比；使用四个应变片组成两个差分对进行工作，且 $R_1 = R_2 = R_3 = R_4 = R$ 时，桥路输出与 $4\Delta R/R$ 成正比。在此要特别注意桥臂电阻变化 ΔR 的极性符号，电阻增大时 ΔR 为正，电阻减小时 ΔR 为负。

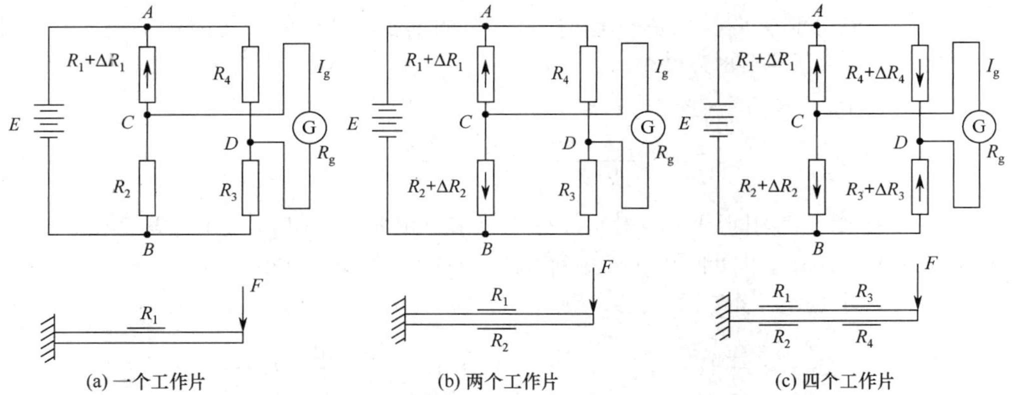

图 4.7.2　实际的应变电桥

4.7.4　实验内容与步骤

1．金属箔式应变片——单桥性能实验

（1）应变片的安装位置如图 4.7.3 所示，应变式传感器已装到应变传感器模块上。传感

器中各应变片已接入模板左上方的 R_1、R_2、R_3、R_4（可用万用表测量出 $R_1 = R_2 = R_3 = R_4 = 350\Omega$）。

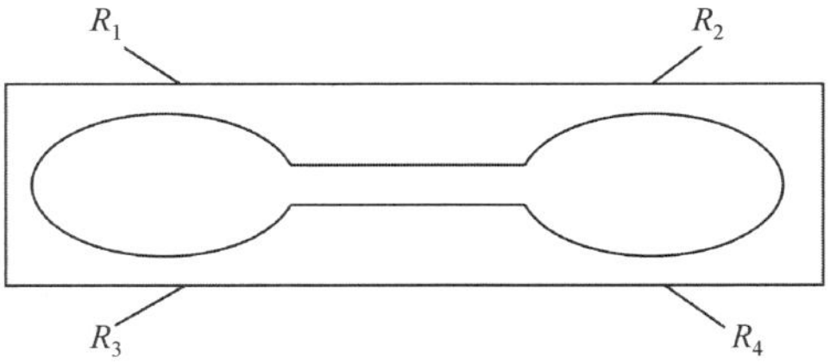

图 4.7.3　应变片的安装位置

（2）接入模板电源±15V（从主控箱引入），检查无误后，合上主控箱电源开关，顺时针调节 R_{w2} 使之大致位于中间位置，再进行差动放大器调零。差动放大器调零方法如下：将差动放大器的正、负输入端与地短接，输出端与主控箱面板上数显电压表的输入端 V_i 相连，调节实验模板上的调零电位器 R_{w3}，使数显表显示为零（数显表的切换开关打到 2V 挡）。关闭主控箱电源（注意，R_{w2} 的位置一旦确定就不能改变）。

（3）按要求将应变式传感器中的一个应变片 R_1（模板左上方的 R_1）接入电桥，作为一个桥臂与 R_5、R_6、R_7 接成直流电桥（R_5、R_6、R_7 模块内已接好），接好电桥调零电位器 R_{w1}，接上桥路电源±5V，此时应将±5V 地与±15V 地短接（因为不共地）。检查接线无误后，合上主控箱电源开关。调节 R_{w1} 使数显表显示为零。

（4）在砝码盘上放置一个砝码（20g），读取数显表数值，以后每增加一个砝码就读取相应的数显表值，直到 200g 砝码加完，再逐次减砝码，每减一个砝码就读取相应的数显表值，直到 200g 砝码减完。将实验结果填入原始记录纸表 1 的相应位置。

（5）关闭电源，拆除连线。

2. 金属箔式应变片——半桥性能实验

（1）保持差动放大增益不变（R_{w2} 的位置不变），接入模板电源±15V。共地连线不要拆除。

（2）按图 4.7.4 接好线路。R_1、R_2 为实验模板左上方的应变片，注意 R_1 应和 R_2 受力状态相反，即将传感器中两个受力相反（一片受拉、一片受压）的电阻应变片作为电桥的相邻边。接入桥路电源±5V，调节电桥调零电位器 R_{w1} 使数显表显示为零。

（3）重复单臂电桥实验中的步骤（4），若实验时显示数值不变化或变化不明显，说明 R_1 与 R_2 两块应变片受力状态相同，则应更换应变片。

（4）将实验数据记入原始记录纸表 1 中的相应位置。

（5）关闭电源，拆除连线。

3. 金属箔式应变片——全桥性能实验

（1）保持差动放大增益不变（R_{w2} 的位置不变），接入模板电源±15V。共地连线不要拆除。

（2）根据图 4.7.5 接好线路。R_1、R_2、R_3、R_4 为实验模板左上方的应变片，注意 R_2 和 R_4 受力状态相同，R_1、R_3 受力状态相同。传感器中两个受力相反（一片受拉、一片受压）的电阻应变片串联作为电桥的一条支路。传感器中两个受力相反（一片受压、一片受拉）的电阻应变片串联作为电桥的另一条支路。接入桥路电源±5V，调节电桥调零电位器 R_{w1} 使数显表显示为零。

（3）重复单臂电桥实验中的步骤（4）。

（4）将实验数据记入原始记录纸表 1 的相应位置（注意不拆线）。

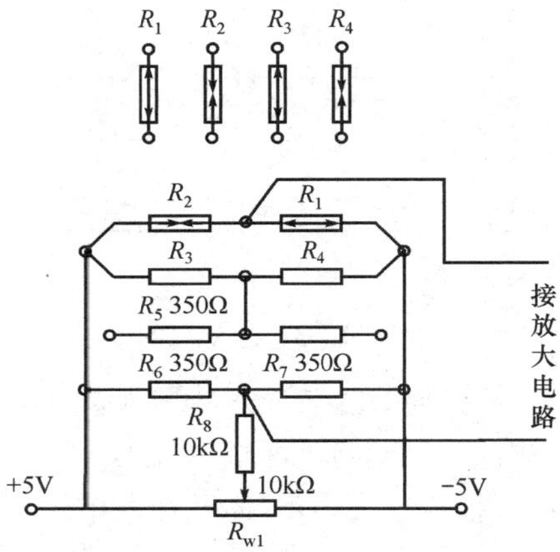

图 4.7.4　应变式传感器半桥实验接线图

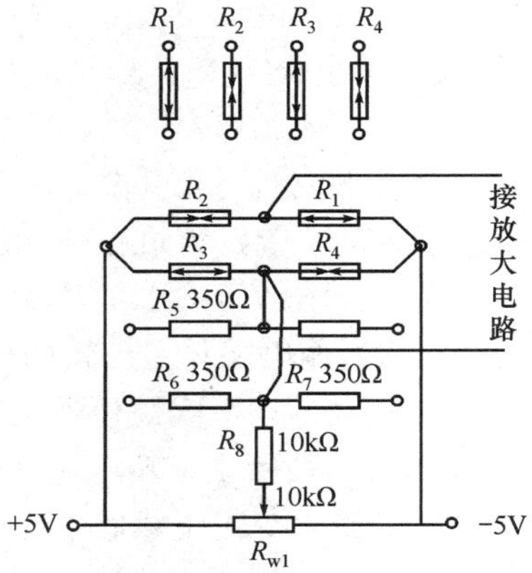

图 4.7.5　应变式传感器全桥实验接线图

4．直流全桥的应用——电子秤设计

电子秤是利用全桥测量原理，通过对电路调节，使电路输出的电压值为重量对应值，将电压量纲 V 改为质量量纲 g 而设计的一台原始电子秤。

（1）按图 4.7.5 接好线路，合上主控箱电源开关，调节电桥平衡电位器 R_{w1}，使数显表显示 0.000V（2V 挡）。

（2）将 10 个砝码（每个 20g）全部置于传感器的托盘上，调节电位器 R_{w2} 增益（满量程调节），使数显表显示为 0.200V 或 − 0.200V。

（3）拿走托盘上的所有砝码，调节电位器 R_{w1}（零位调节）使数显表显示为 0.000V。

（4）重复步骤（2）和（3）的标定过程，一直到精确为止，把电压量纲 V 改为质量量纲 g，就可以称重，成为一台原始的电子秤。

（5）把砝码逐个依次放在托盘上，数据填入原始记录纸表 2。

（6）关闭电源拆除连接线，把所有旋钮复原到原始位置，整理实验台。

5．注意事项

（1）在更换应变片时应将电源关闭。

（2）电桥的工作电压为±5V，绝不可错接成±15V。

（3）电源不可短路，也不可直接将 15V 电源与 5V 电源短接。

（4）在实验过程中如发现电压表过载，应将电压量程扩大。

（5）不要在砝码盘上放置质量超过 1kg 的物体，否则容易损坏传感器。

4.7.5　数据处理

（1）根据所记录的实验数据并作图。将单臂电桥、半桥、全桥及电子秤实验时传感器的特性曲线（$\overline{U} \sim W$ 曲线）作于同一坐标系中。

（2）比较单臂、半桥、全桥输出时的灵敏度和非线性度，并从理论上加以分析比较，得出相应的结论。

（3）分析讨论。

① 采用单臂电桥测量时，桥臂电阻应变片应选用：a. 正（受拉）应变片；b. 负（受压）应变片；c. 正、负应变片均可以。

② 半桥测量时两个不同受力状态的电阻应变片接入电桥时，应放在：a. 对边；b.邻边。

③ 桥路（差动电桥）测量时存在非线性误差是因为：a. 电桥测量原理上存在非线性；b. 应变片应变效应是非线性的；c. 调零值不真正为零。

④ 从理论上分析产生非线性误差的原因。

⑤ 分析半桥的输出灵敏度比单臂电桥的高一倍，而且非线性误差也得到改善的原因。

⑥ 在全桥测量中，当两组对边（R_1、R_3为对边）值 R 相同时，即 $R_1 = R_3$，$R_2 = R_4$ 而 $R_1 \neq R_2$ 时，是否可以组成全桥：a. 可以；b. 不可以。

4.7.6 思考题

（1）参考图 4.7.3 所示的应变桥，若要用三个应变片组成桥路，应如何黏贴应变片组成电桥，才能使输出信号最大？画出黏贴示意图和电桥连接图。

（2）若实验结果显示全桥的灵敏度小于单桥灵敏度，可能是什么原因？

4.7.7 实验拓展

目前，在军事实战中，故障诊断、全天候作战都离不开传感器。在军用飞机、坦克、船舰及地面战场警戒系统中，各类传感器的应用都极为广泛，其中无线传感器网络源于军事应用，在军事应用中也最成熟。

智能微尘（Smart Dust）是具有电脑功能的超微型传感器，它由微处理器、无线电收发装置及使它们能够组成一个无线网络的软件共同组成。一些微尘分散到一定范围后，就能相互定位，收集数据并向基站传递信息。近年来，由于硅片技术和生产工艺的突飞猛进，集成有传感器、计算电路、双向无线通信模块和供电模块的微尘器件的体积已缩至沙粒大小，但却包含了从信息收集、信息处理到信息发送所必需的全部部件。未来的智能微尘甚至可以悬浮在空中数小时，搜集、处理和发射信息，并且能仅依靠微型电池工作多年。

4.8 虚拟仿真实验——霍尔效应

诺贝尔奖往往不是计划之中的，你要能抓住那些意外的现象，找到新的方法。

——冯・克利青

虚拟仿真实验是一种基于计算机技术和虚拟现实（VR）等技术构建的模拟真实实验环境和操作过程的创新教学手段，它通过高度仿真的数字模型和交互式操作，使实验者能够在虚拟场景中进行实验操作、数据采集和结果分析。虚拟仿真实验的核心在于利用计算机模拟真实世界的物理、化学、生物等实验过程，提供一种安全、可控、可重复的实验环境。

虚拟仿真实验在实验教学过程中具有多方面的积极意义。虚拟仿真实验允许实验条件根据需要进行调整，且实验可以重复进行，以获得更准确的结果，为实验者提供了极大的便利。因此，虚拟仿真实验能提供安全实验环境，增强实验的灵活性与可重复性。虚拟仿真实验还能促进远程教学与协作，通过互联网，学生和研究人员可以随时随地访问虚拟实验室，进行实验操作和交流，打破时间和空间的限制。同时，虚拟仿真实验也是学生自主获取知识和技能、体验和了解科学探索的过程和方法、形成和提高创新意识、树立科学价值观的活动过程。实验为学生创设了亲身参与实践的情境，具有获知、激趣、求真、循理、育德等教育功能。

1879 年，24 岁的研究生埃德温·霍尔（Edwin H. Hall）在研究金属导电机制时发现，当电流垂直于外磁场通过导体时，在垂直于电流和磁场的方向上会产生横向电势差。这一现象称为霍尔效应，相应的电势差称为霍尔电压。霍尔效应在物理学研究中具有深远的意义，它不仅阐明了安培力的产生机制，还被科学界誉为过去 50 年间电学领域最重要的发现之一。

随着半导体物理学的迅速发展，霍尔系数和电导率的测量已成为研究半导体材料的关键方法之一。通过实验测量半导体材料的霍尔系数和电导率，可以确定材料的导电类型、载流子浓度和载流子迁移率等关键参数。此外，若能获得霍尔系数和电导率随温度变化的关系，还可进一步计算出半导体材料的杂质电离能和禁带宽度。

基于半导体材料制成的霍尔元件具有诸多优点，例如对磁场敏感、结构简单、体积小、频率响应范围宽、输出电压变化大以及使用寿命长等。因此，霍尔元件在自动化、计算机和信息技术等领域得到了广泛应用，是现代科技发展的重要支撑。

1985 年，德国物理学家冯·克利青（Klaus Von Klitzing）因发现整数量子霍尔效应（也称正常量子霍尔效应或量子霍尔效应）而获得诺贝尔物理学奖。这一发现是在金属-氧化物-半导体场效应晶体管（MOSFET）中进行的，对基本物理常数有重大意义。1998 年，美籍华裔物理学家崔琦、德国物理学家霍斯特·路德维希·施特默（Horst L. Störmer）、美国物理学家罗伯特·劳克林（Robert B. Laughlin）因发现分数量子霍尔效应而获得诺贝尔物理学奖。这一发现进一步推动了人们对量子现象的认识。此外，值得一提的是，2010 年英国科学家安德烈·海姆（Andre Geim）和康斯坦丁·诺沃肖洛夫（Konstantin Novoselov）因在石墨烯中观察到量子霍尔效应（实际上是半整数量子霍尔效应）而获得诺贝尔物理学奖。这一发现展示了石墨烯在凝聚态物理中的独特性质和应用潜力。

自从 1988 年美国物理学家邓肯·霍尔丹（F. Duncan M. Haldane）提出可能存在不需要外磁场的量子霍尔效应后，就不断有理论物理学家提出各种方案，然而在实验上没有取得任何进展。2006 年，美国斯坦福大学张首晟教授领导的理论组成功地预言了二维拓扑绝缘体中的量子自旋霍尔效应，并于 2008 年指出了在磁性掺杂的拓扑绝缘体中实现量子反常霍尔效应的新方向。2010 年，我国理论物理学家方忠、戴希等与张首晟教授合作，提出磁性掺杂的三维拓扑绝缘体有可能是实现量子反常霍尔效应的最佳体系，这个方案引起了国际学术界的广泛关注，德国、美国、日本等多个研究团队沿着这个思路在实验中试图观测到量子反常霍尔效应，但一直没有取得突破。直到 2013 年，由清华大学薛其坤院士领衔的科研团队在实验中首次观测到量子反常霍尔效应，这是中国科学家从实验中独立观测到的一个重要物理现象，也是物理学领域基础研究的一项重要科学发现，杨振宁给予了很高的评价，称“这个研究成果是从中国实验室里第一次发表出来的诺贝尔物理学奖级别的论文”。这一现象有望推动新一代低能耗晶体管和电子学器件的发展，加速推进信息技术革命进程。在 2018 年度国家自然科学奖评选中，薛其坤院士以其在量子反常霍尔效应和高温超导电性研究中的开创性成就荣获国家自然科学一等奖，薛其坤院士还被授予2020年度菲列兹·伦敦奖以及2024年度巴克利奖。霍尔效应及其各种变体（如量子霍尔效应、分数量子霍尔效应等）的研究不仅丰富了物理学的内容，还推动了相关技术的发展和应用。

霍尔效应在实际生产生活中的应用也非常广泛，如使用高斯计测量磁场、检测转速和方向等。此外，利用霍尔效应制备的各种传感器在现代汽车工业和消费电子行业都具有广泛的应用价值。

4.8.1 实验目的

（1）理解霍尔效应原理。

（2）了解影响霍尔电压的主要因素和其他负效应的产生机理，以及减小霍尔电压测量误差的基本方法。

（3）掌握测量磁场和半导体材料典型参量的基本方法。

4.8.2 实验仪器

恒流源、励磁电源、电阻箱、电磁铁、霍尔样品、换向开关、数字电表、小磁针。

4.8.3 实验原理

1. 霍尔效应测量磁场

霍尔效应测量电路如图 4.8.1 所示，电磁铁气隙中的磁场如图 4.8.2 所示。一半导体薄片通有电流 I，置于磁场 $\boldsymbol{B}$ 中，磁场 $\boldsymbol{B}$（沿 z 轴）垂直于电流 I（沿 x 轴）的方向，则在半导体中垂直于 $\boldsymbol{B}$ 和 I 的方向上出现一个横向电位差 U_H，这一现象称为霍尔效应。

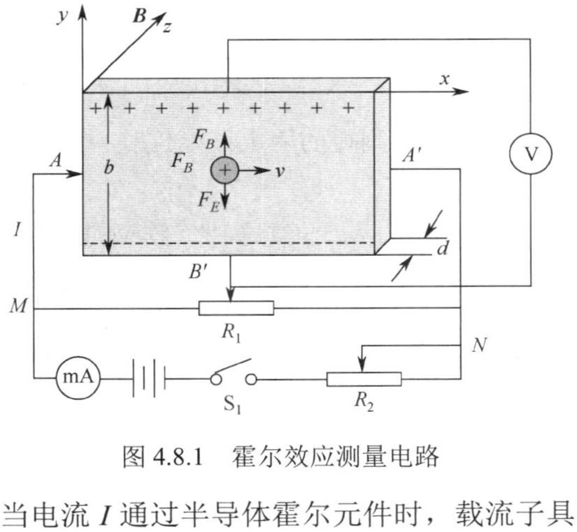

图 4.8.1　霍尔效应测量电路

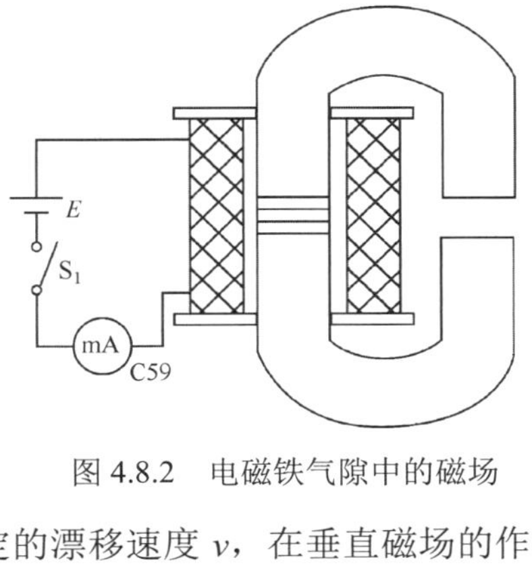

图 4.8.2　电磁铁气隙中的磁场

当电流 I 通过半导体霍尔元件时，载流子具有一定的漂移速度 v，在垂直磁场的作用下受到洛伦兹力 F_B，

$$F_B = qvB \tag{4.8.1}$$

式中，q 为载流子电荷量。洛伦兹力使电荷产生横向偏转，偏转的载流子在边界积累，并在边界两端产生电位差 U_H，从而形成一个横向电场 E，此横向电场力与洛伦兹力的方向相反，

直到两者达到平衡，即

$$qvB = qU_H/b \tag{4.8.2}$$

式中，b 为薄片宽度。达到平衡时，电荷在样品中流动时将不再横向偏转，霍尔元件两端建立起霍尔电势差。

若是 N 型样品，则横向电场方向与前者相反，所以 N 型样品和 P 型样品的霍尔电势差有不同的符号，据此可以判断霍尔元件的导电类型。

设 P 型样品的载流子浓度为 n，宽度为 b，厚度为 d，则通过样品的电流为 $I = nqvbd$，空穴的定向运动速度为 $v = I/nqbd$，代入式（4.8.2）有

$$BI/nqbd = U_H/b \tag{4.8.3}$$

上式两边各乘以 b，得到

$$U_H = BI/nqd = R_H BI/d \tag{4.8.4}$$

式中，R_H 称为*霍尔系数*，在应用中上式一般写成

$$U_H = K_H IB \tag{4.8.5}$$

式中，比例系数 $K_H = R_H/d = 1/nqd$ 称为*霍尔元件灵敏度*，其单位为 mV/(mA·T)。一般要求 K_H 越大越好。由于 K_H 与载流子浓度 n 成反比，半导体内的载流子浓度远比金属载流子浓度低，所以都用半导体材料作为霍尔元件；另外，K_H 与薄片厚度 d 成反比，所以霍尔元件都做得很薄。

由式（4.8.5）可以看出，知道霍尔片的灵敏度 K_H 后，只要分别测出通过霍尔片的电流 I 及霍尔电势差 U_H，就可算出磁场 B 的大小，这就是霍尔效应测磁场的原理。此外，若已知载流子类型（N 型半导体多数载流子为电子，P 型半导体多数载流子为空穴），则由 U_H 的正负可测出磁场方向。反之，若磁场方向已知，则可由 U_H 的正负判断载流子类型。

由于建立霍尔效应的时间很短（10^{-14} ～ 10^{-12} s），使用霍尔元件时用交流电或者直流电均可。使用交流电时，所得霍尔电压也具有交变性，此时，式（4.8.5）中的 I 和 U_H 应理解为有效值。

2．霍尔效应实验中的负效应

在实际中，伴随霍尔效应经常存在其他效应，实验中测得的两电极电位差 $U_{BB'}$ 并非真实霍尔电压值，必须考虑负效应的影响。

（1）在使用霍尔元件时，存在不等位电势引起的负效应。导致这种负效应的原因是，霍尔电极不可能绝对对称地焊在霍尔片的两侧。当电流通过霍尔元件时，即使不加磁场也会产生附加电压 $U_o = I_S R$（R 是两电极等势面之间的电阻），U_o 只与电流 I_S 有关，与磁场 B 的方向无关。由于目前生产工艺水平较高，不等位电势很小，故一般可以忽略，也可用一个电位器加以平衡（如图 4.8.1 的电位器 R_1）。

（2）爱廷豪森（Ettingshausen）效应。实际中载流子迁移速率 v 服从统计分布规律，速度小的载流子受到的洛伦兹力小于霍尔电场作用力，向霍尔电场作用力方向偏转，速度大的载流子受到的磁场作用力大于霍尔电场作用力，向洛伦兹力方向偏转。这就使得一侧高速载流子较多，相当于温度较高，而另一侧低速载流子较多，相当于温度较低。这种叠加到霍尔电压测量上的就是温差电动势 U_E，这种现象称为*爱廷豪森效应*。这种效应建立需要一定时间，如果采用直流电测量，那么会给霍尔电压测量带来误差，如果采用交流电测量，那么由

于交流变化快使得爱廷豪森效应来不及建立，进而减小测量误差。爱廷豪森效应产生的温差电动势 U_E 与流过样品的电流 I_S 和磁场 B 的方向有关。

（3）能斯特（Nernst）效应。当样品的电流两端电极与基底接触电阻不同时，将产生不同的焦耳热并造成温度梯度。沿着该温度梯度扩散的载流子受到磁场的作用发生偏转，产生电位差 U_N，并叠加到霍尔电压上。能斯特效应产生的 U_N 与磁场 B 的方向及热流有关。

（4）里吉-勒迪克（Righi-Leduc）效应。由于能斯特效应，沿着温度梯度扩散的载流子受到磁场作用发生偏转，而速度不同的载流子会使得半导体两侧产生附加温差而再次产生爱廷豪森效应，进而产生温差电动势 U_R，产生的 U_R 与磁场 B 的方向及热流有关。

在实验中可分别改变 I_S 和磁场 B 的方向来消除大多数负效应，即对称测量法。规定电流和磁场正反方向后，分别测量下列四组不同方向的 I_S 和 B 组合的两电极电位差 $U_{BB'}$，即

$+B$，$+I_S$	$U_{BB'}=U_1$
$-B$，$+I_S$	$U_{BB'}=-U_2$
$-B$，$-I_S$	$U_{BB'}=U_3$
$+B$，$-I_S$	$U_{BB'}=-U_4$

然后利用

$$U_H=\frac{|U_1|+|U_2|+|U_3|+|U_4|}{4}$$

得到霍尔电压平均值，这样虽然不能消除所有负效应，但其引入的误差不大，可以忽略不计。

电导率和迁移率的测量图如图 4.8.3 所示。设 $B'C$ 间的距离为 L，样品的横截面积为 $S=bd$，流经样品的电流为 I_S，在零磁场下，测得 $B'C$ 间的电压为 $U_{B'C}$，根据欧姆定律可以求出材料的电导率：

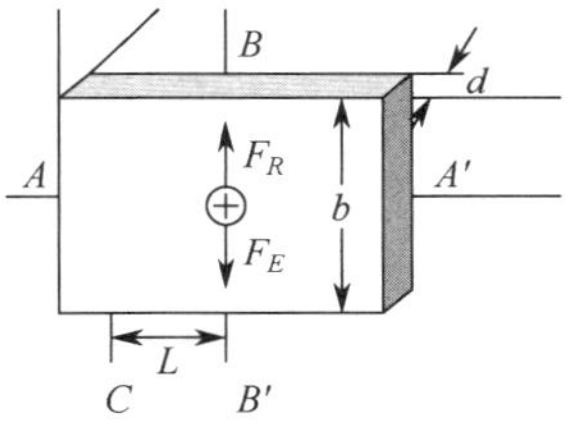

图 4.8.3　电导率和迁移率测量图

$$\sigma=\frac{I_S}{U_{B'C}}\cdot\frac{L}{bd} \tag{4.8.6}$$

电子的迁移率 μ 表示每秒每伏特电压下电子的运动范围大小，用来描述载流子在电场下运动的难易程度，其定义是：在弱电场作用下，载流子平均漂移速度与电场强度的比值。它的量纲是速度除以电场强度，常用单位是 $cm^2/(V\cdot s)$。迁移率与电导率 σ 和载流子浓度 n 的关系为

$$\mu=\frac{\sigma}{nq} \tag{4.8.7}$$

4.8.4　实验内容与步骤

将测试仪上 I_m 输出、I_S 输出和 U_H 输入三对接线柱分别与实验台上对应的接线柱相连（见图 4.8.4）。打开测试仪电源开关，预热数分钟后开始实验。

（1）保持励磁电流 I_m 不变，取 I_m = 0.450A，I_S 分别取 0.50mA, 1.00mA,⋯,4.50mA（每次增加 0.50mA），测量霍尔电压 U_H。

（2）保持样品工作电流 I_S 不变，取 I_S = 4.50mA，I_m 分别取 0.050A, 0.100A,⋯, 0.450A（每次增加 0.050A），测量霍尔电压 U_H。

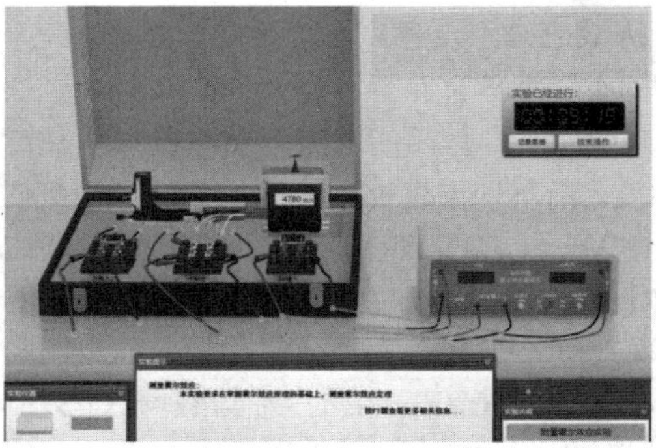

图 4.8.4　霍尔效应实验连线图

（3）在零磁场下，取 $I_S = 0.1\text{mA}$，测量 $U_{B'C}$。

（4）确定样品导电类型，并计算载流子浓度 n、电导率 σ 和迁移率 μ。

4.8.5　数据处理

（1）根据所测数据作 $U_H \sim I_S$ 曲线，并计算 R_H。

（2）计算载流子浓度 n、电导率 σ 和迁移率 μ。

4.8.6　思考题

（1）如何用霍尔效应法判断霍尔片上的磁场方向？

（2）根据霍尔效应的实验原理，还可测量哪些物理量？

4.8.7　实验拓展

材料的热膨胀系数可以使用光学中劈尖干涉的方法进行测量，也可以利用霍尔效应。利用霍尔效应测量材料的热膨胀系数主要基于材料温度变化时热膨胀导致的长度变化，这种长度变化会引起霍尔电压的变化。实验步骤如下：

（1）将固体材料样品固定在测量装置上，确保样品温度变化时能自由膨胀。

（2）在样品上方放置霍尔元件，元件与样品表面平行并保持一定的距离。霍尔元件是实现测量的核心部件。

（3）在霍尔元件的两侧放置磁铁，产生垂直于样品表面的磁场。

（4）开始测量前，先加热装置至一定温度，使样品温度达到稳定状态，并记录此时的霍尔电压值和样品温度。

（5）逐步升高装置的温度，每升高一定温度，记录一次霍尔电压值和样品温度。

（6）根据记录的霍尔电压值和样品温度，计算出不同温度下的长度变化量，进而利用线膨胀系数的公式计算出材料的热膨胀系数。

霍尔效应

4.9 PN 结正向特性的研究和应用

一是要学习知识，二是要创造知识。归根结底在于创造知识……要做到三个“善于”，即要善于发现和提出问题，尤其是要提出在科学上有意义的问题；要善于提出模型或方法去解决问题，因为只提出问题而不去解决问题，所提问题就失去实际意义；还要善于做出最重要、最有意义的结论。

——黄昆（中国半导体物理学的开创者之一）

作为最基本的核心半导体器件，PN 结得到了广泛应用，构成了整个半导体产业的基础。在常见的电路中，PN 结可作为整流管、稳压管；在传感器方面，PN 结可以作为温度传感器、发光二极管、光敏二极管等。因此，研究和掌握 PN 结的特性具有非常重要的意义。

PN 结具有单向导电性，这是 PN 结最基本的特性。本实验通过测量正向电流和正向压降的关系，研究 PN 结的正向特性：由可调微电流源输出一个稳定的正向电流，测量不同温度下的 PN 结正向电压值，以此来分析 PN 结正向压降的温度特性。通过这个实验，可以测量出玻尔兹曼常数，估算半导体材料的禁带宽度，以及估算通常难以直接测量的极微小的 PN 结反向饱和电流；学习很多半导体物理的知识，掌握 PN 结温度传感器的原理。

4.9.1 实验目的

（1）测量同一温度下，正向电压随正向电流的变化关系，绘制伏安特性曲线。

（2）在同一恒定正向电流条件下，测绘 PN 结正向压降随温度变化的曲线，确定其灵敏度，估算被测 PN 结材料的禁带宽度。

（3）学习指数函数的曲线回归方法，并计算出玻尔兹曼常数，估算反向饱和电流。

（4）探索用给定的 PN 结测量未知温度。

4.9.2 实验仪器

PN 结正向特性综合实验仪。

4.9.3 实验原理

1. 测量原理

（1）PN 结的正向特性。

理想情况下，PN 结的正向电流随正向压降按指数规律变化。正向电流 I_F 和正向压降 V_F 存在如下关系：

$$I_F = I_S \exp\left(\frac{qV_F}{kT}\right) \tag{4.9.1}$$

式中，q 为电子电荷；k 为玻尔兹曼常数；T 为热力学温度；I_S 为反向饱和电流，它是一个和 PN 结材料的禁带宽度及温度有关的系数，可以证明

$$I_S = CT^r \exp\left(-\frac{qV_{g(0)}}{kT}\right) \tag{4.9.2}$$

式中，C 是与结面积、掺杂浓度等有关的常数，r 也是常数（r 的数值取决于少数载流子迁移率对温度的关系，通常取 $r = 3.4$）；$V_{g(0)}$ 为热力学零度时 PN 结材料的价带底和价带顶的电势差，对应的 $qV_{g(0)}$ 即为禁带宽度。

将式（4.9.2）代入式（4.9.1），两边取对数得

$$V_F = V_{g(0)} - \left(\frac{k}{q}\ln\frac{C}{I_F}\right)T - \frac{kT}{q}\ln T^r = V_1 + V_{n1} \tag{4.9.3}$$

式中，

$$V_1 = V_{g(0)} - \left(\frac{k}{q}\ln\frac{C}{I_F}\right)T\text{，}\quad V_{n1} = -\frac{kT}{q}\ln T^r$$

式（4.9.3）就是 PN 结正向压降作为电流和温度函数的表达式，它是 PN 结温度传感器的基本方程。令 I_F 为常数，则正向压降只随温度而变化，但是在式（4.9.3）中还包含非线性项 V_{n1}。下面分析 V_{n1} 项引起的非线性误差。

设温度由 T_1 变为 T 时，正向电压从 V_{F1} 变为 V_F，由式（4.9.3）得

$$V_F = V_{g(0)} - (V_{g(0)} - V_{F1})\frac{T}{T_1} - \frac{kT}{q}\ln\left(\frac{T}{T_1}\right)^r \tag{4.9.4}$$

按照理想的线性温度响应，V_F 应取如下形式：

$$V_{理想} = V_{F1} + \frac{\partial V_{F1}}{\partial T}(T - T_1) \tag{4.9.5}$$

式中，$\partial V_{F1}/\partial T$ 等于 T_1 温度时的 $\partial V_F/\partial T$ 值。

对式（4.9.3）求导，并变换得

$$\frac{\partial V_{F1}}{\partial T} = -\frac{V_{g(0)} - V_{F1}}{T_1} - \frac{k}{q}r \tag{4.9.6}$$

所以有

$$V_{理想} = V_{F1} + \left(-\frac{V_{g(0)} - V_{F1}}{T_1} - \frac{k}{q}r\right)(T - T_1) = V_{g(0)} - (V_{g(0)} - V_{F1})\frac{T}{T_1} - \frac{k}{q}(T - T_1)r \tag{4.9.7}$$

比较理想线性温度响应式（4.9.7）和实际响应式（4.9.4），可得实际响应对线性的理论偏差为

$$\Delta = V_{理想} - V_F = -\frac{k}{q}(T - T_1)r + \frac{kT}{q}\ln\left(\frac{T}{T_1}\right)^r \tag{4.9.8}$$

设 $T_1 = 300\text{K}$，$T = 310\text{K}$，取 $r = 4.4$，由式（4.9.8）可得 $\Delta = 0.048\text{mV}$，而相应的 V_F 的改变量约为 20mV 以上，相比之下误差 Δ 很小。不过当温度变化范围增大时，V_F 温度响应的非线性误差将有所递增，这主要由 r 因子所致。

综上所述，在恒流小电流的条件下，PN 结的 V_F 对 T 的依赖关系取决于线性项 V_1，即正向压降几乎随温度升高而线性下降，这也就是 PN 结测温的理论依据。

（2）求 PN 结温度传感器的灵敏度，测量禁带宽度。

如前所述，我们可得到一个测量 PN 结的结电压 V_F 与热力学温度 T 关系的近似关系式：

$$V_F = V_1 = V_{g(0)} - \left(\frac{k}{q}\ln\frac{C}{I_F}\right)T = V_{g(0)} + ST \tag{4.9.9}$$

式中，S 为 PN 结温度传感器灵敏度（mV/℃）。用实验的方法测出 V_F～T 变化关系曲线，其斜率 $\Delta V_F/\Delta T$ 即为灵敏度 S。

求得 S 后，根据式（4.9.9）可知

$$V_{g(0)} = V_F - ST \tag{4.9.10}$$

从而可求出温度为 0K 时半导体材料的近似禁带宽度 $E_{g(0)} = qV_{g(0)}$，硅材料的 $E_{g(0)}$ 约为 1.21eV。

必须指出，上述结论仅适用于杂质全部电离、本征激发可以忽略的温度区间（对普通硅二极管来说，温度范围为 –50℃～150℃）。温度低于或高于上述范围时，由于杂质电离因子减小或本征载流子迅速增加，V_F～T 关系将产生新的非线性，这一现象说明 V_F～T 的特性还随 PN 结的材料而异，对于宽带材料（如 GaAs，其 E_g 为 1.43eV）的 PN 结，其高温端的线性区宽；而对于材料杂质电离能小（如 InSb）的 PN 结，其低温端的线性范围宽。对于给定的 PN 结，即使在杂质导电和非本征激发温度范围内，其线性度亦随温度的高低而有所不同，这是由非线性项 V_{n1} 引起的，由 V_{n1} 对 T 的二阶导数 $\mathrm{d}^2V/\mathrm{d}T^2 = 1/T$ 可知，$\mathrm{d}V_{n1}/\mathrm{d}T$ 的变化与 T 成反比，所以 V_F～T 的线性度在高温端优于低温端，这是 PN 结温度传感器的普遍规律。此外，由式（4.9.4）可知，减小 I_F，可以改善线性度，但并不能从根本上解决问题，目前行之有效的方法大致有两种。

（3）利用对管的两个 PN 结（将三极管的基极与集电极短路，与发射极组成一个 PN 结），分别在不同电流 I_{F1}、I_{F2} 下工作，由此获得两者之差（$I_{F1} - I_{F2}$）与温度呈线性函数关系，即

$$V_{F1} - V_{F2} = \frac{kT}{q}\ln\frac{I_{F1}}{I_{F2}} \tag{4.9.11}$$

本实验所用的 PN 结也是由三极管的 cb 极短路后构成的。尽管还有一定的误差，但与单个 PN 结相比，其线性度与精度均有所提高。

（4）采用电流函数发生器来消除非线性误差。由式（4.9.3）可知，非线性误差来自 T^r 项，利用函数发生器，I_F 比例于热力学温度的 r 次方，则 V_F～T 的线性理论误差为 $\Delta = 0$。实验结果与理论值比较一致，其精度可达 0.01℃。

（5）求玻尔兹曼常数。

由式（4.9.11）可知，在保持 T 不变的情况下，只要分别在不同电流 I_{F1}、I_{F2} 下测得相应的 V_{F1}、V_{F2}，就可求得玻尔兹曼常数 k 的值，

$$k = \frac{q}{T}\ln\frac{I_{F2}}{\mathrm{I}_{F1}}(V_{F1} - V_{F2}) \tag{4.9.12}$$

为了提高测量精度，也可根据式（4.9.1）的指数函数的曲线回归求得 k 值。方法是以式 $I_F = A\exp(BV_F)$ 的正向电流 I_F 和正向压降 V_F 为变量，根据测得的数据，用 Excel 求指数函数的曲线回归，求得 A、B 值，再由 $A = I_S$ 求出反向饱和电流，最后由 $B = q/kT$ 求出玻尔兹曼常数 k。

2. 仪器工作原理

（1）温控仪与恒温炉的连线如图 4.9.1 所示。

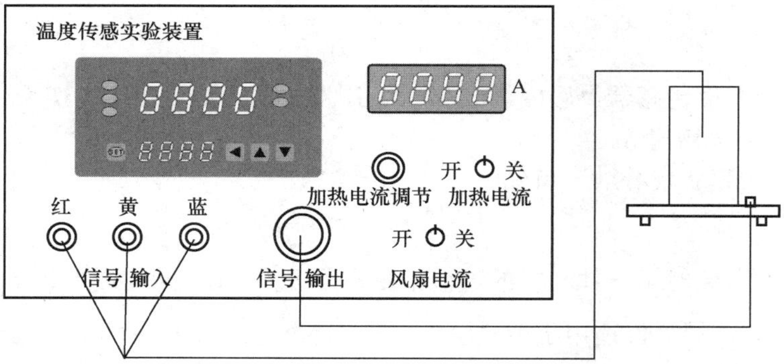

图 4.9.1 温控仪与恒温炉的连线

注意：Pt100 的插头应与温控仪上对应的颜色插座相连，即红→红、黄→黄、蓝→蓝。

警告：在实验过程中或实验完成后，禁止手触传感器的钢质护套，以免烫伤！

（2）温控表的使用方法。

温度的测量以 Pt100 作为温度传感器，温控表内部使用 PID 控制温度，其相应的参数可以修改。温控表的使用方法如图 4.9.2 所示。

附加说明如下：

① 主控设定状态时，只要按 SET 键和三个方向功能键的组合，调整好需要的温度即可，再按 SET 键即可返回正常的控制显示状态。

② 第二设定状态一般情况下不需要更改，也不建议自行更改。若确需更改，可长按 SET 键 5s，进入设置菜单。

（3）温度传感器实验装置的使用。

① 将铂电阻传感器插入温度传感器实验装置的加热炉孔。

② 控温“加热电流”开关置“关”位置，接上加热电源线和信号传输线，两者的连接均为直插式。连接和拆除信号线时，动作要轻，否则可能拉断引线而影响实验。

③ 插上电源线，打开电源开关，预热几分钟，温度传感器实验装置所示温度值稳定后，显示的即为室温 T_R，可记录起始温度 T_R。

④ “加热电流”开关置“开”位置，根据需要的温度，转动“加热电流调节”电位器，选择合适的加热电流大小。目标温度高时，加热电流要适当大一些；目标温度低时，加热电流要小一些。

⑤ 将 PN 结温度传感器插入温度传感器实验装置的加热炉孔。

⑥ PN 结上有两组线共 4 个插头，将对应颜色的插头接入 PN 结实验仪上的相应颜色的插孔。

⑦ 实验结束后，或者需要降温时，接“风扇电流”开关即可。

（4）PN 结正向特性综合实验仪的使用。

PN 结传感器与 PN 结实验仪的连接如图 4.9.3 所示。

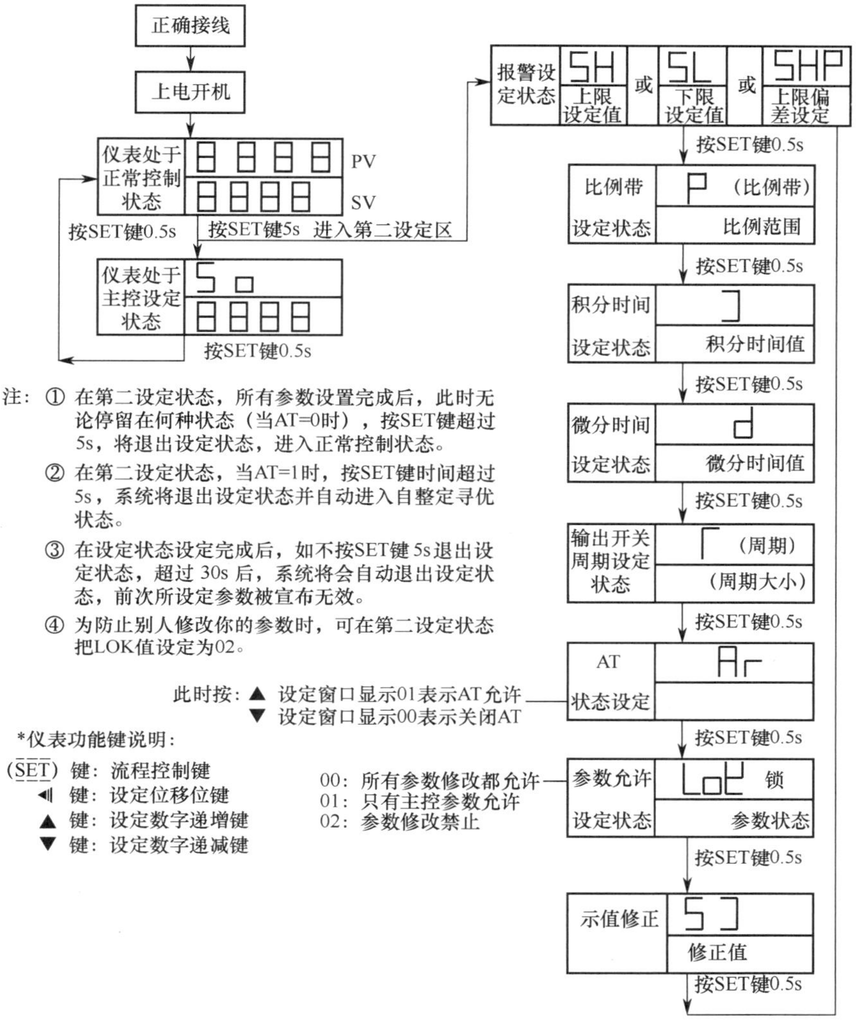

图 4.9.2　温控表的使用方法

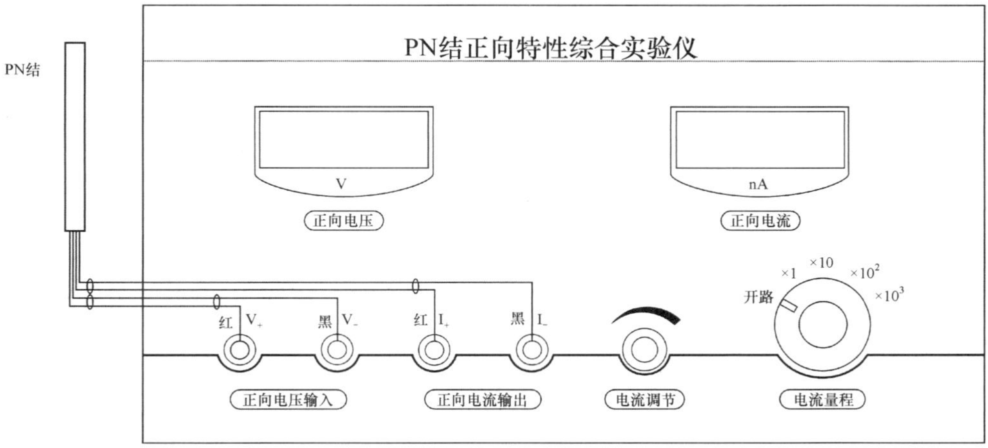

图 4.9.3　PN 结传感器与 PN 结实验仪的连接

“正向电流”数显表显示的是 PN 结的正向电流，“正向电压”数显表显示的是 PN 结的实时正向电压。

微电流源的有效量程分为 4 挡，范围从 1nA～1mA 分段可调。开路挡时正向电流源为 0。电流量程挡与正向电流大小之间的关系为“正向电流表显示的数值×开关所处的挡值”。例如，若此时正向电流表显示 100，电流量程开关所处的挡为×10，则此时的正向电流为 $I = 100\times10 = 1000$nA，注意单位是 nA。电流表的最大显示范围是 0～1999，电流量程挡×1、×10、$\times10^2$、$\times10^3$ 分别对应 1.999μA、19.99μA、199.9μA、1.999mA。

4.9.4　实验内容与步骤

实验前，请参照仪器使用说明，将温度传感器实验装置上的“加热电流”开关置“关”位置，将“风扇电流”开关置“关”位置，接上加热电源线。插好 Pt100 温度传感器和 PN 结温度传感器，两者的连接均为直插式。PN 结的引出线分别插入 PN 结正向特性综合试验仪上的+V、−V 和+I、−I。注意插头的颜色和插孔的位置。

打开电源开关，温度传感器实验装置上将显示出室温 T_R，记录起始温度 T_R。

（1）测量同一温度下，正向电压随正向电流的变化关系，绘制伏安特性曲线。

为了获得较为准确的测量结果，在仪器通电预热 10 分钟后进行实验。先以室温为基准，测量整个伏安特性实验的数据。

首先将 PN 结正向特性综合试验仪上的电流量程置于×1 挡，然后调整电流调节旋钮，观察对应的 V_F 值应有变化的读数。可以选择合适的 V_F 值来调节设定电流值，如果电流表显示值到达 1000，那么可以改用大一挡的量程，记录一系列电压、电流值，表格自拟。由于采用了高精确度的微电流源，这种测量方法可以减小测量误差。整个实验过程都是在室温下测量的，实际 V_F 值的起点、终点和间隔值可根据实际情况微调。

有兴趣的读者也可以再设置一个合适的温度值，待温度稳定后，重复以上实验，测得一组其他温度点的伏安特性曲线。

（2）在同一恒定正向电流条件下，测绘 PN 结正向压降随温度变化的曲线，确定其灵敏度，估算被测 PN 结材料的禁带宽度。

选择合适的正向电流 I_F 并保持不变。一般选小于 100μA 的值，以减小自身的热效应。将 DH-SJ 型温度传感器实验装置上的“加热电流”开关置于“开”位置，根据目标温度，选择合适的加热电流，在实验时间允许的情况下，加热电流可以取得小一些，如 0.3～0.6A。这时加热炉内的温度开始升高，开始记录对应的 V_F 和 T，表格自拟。为了更准确地记数，可以根据 V_F 的变化来记录 T 的变化。

（3）注意事项。

① 加热装置加热较长时间后，隔离圆筒外壳会有一定温升，注意安全使用。

② 仪器应存放于温度为 0℃～40℃、相对湿度为 30%～85%的环境中，避免与腐蚀性的有害物质接触，并防止剧烈碰撞。

③ 选择电流量程时，要在保证测量范围的前提下尽量选择小挡，以提高精度。

④ 为了保证微电流源的准确性，仪器内部显示电路与微电流源是不共地的，所以与常规电流源不同的是，当负载开路时显示的电流信号不为零。这是正常的，并且也有一个好处，

即可以在不接负载时就能预先设定需要的电流。

⑤ 仪器出厂时已经校准，请不要用普通的万用表或其他仪器直接测量或比对 PN 结的正向电压和正向微电流，否则会得到失准的结果，原因是 PN 结实验时处于高阻状态。

⑥ 仪器的电压表测量电压量程仅为 2V，请不要超量程使用或测量其他未知电压。

⑦ 要注意使用仪器的连接线，有插口方向的要对齐插拔，插拔时不可用力过猛。

⑧ 加热装置温升不应超过+120℃，否则将造成仪器老化或故障。

⑨ 使用完毕后，一定要切断电源，并存放于干燥、无灰尘、无腐蚀性的气体室内。

4.9.5 数据处理

（1）绘制室温下的伏安特性曲线。

可以设置一个合适的温度，待温度稳定后，重复以上实验，测得一组其他温度点的伏安特性曲线。

（2）计算玻尔兹曼常数，学习用 Excel 进行指数函数的曲线回归。

① 直接计算法。根据同一温度下测得的正向电压与正向电流数据，用式（4.9.12）计算出玻尔兹曼常数 k 并求取平均值，计算玻尔兹曼常数 k 的相对误差与绝对误差。

② 曲线拟合法。借用 Excel 程序拟合指数函数。以式 $I_F = A\exp(BV_F)$ 的正向电流 I_F 和正向压降 V_F 为变量，根据表 1 测得的数据，以 V_F 为 x 轴数据，以 I_F 为 y 轴数据，用 Excel 进行指数函数的曲线回归，求得 A、B 值，再由 $A = I_S$ 估算出反向饱和电流；根据 $B = q/kT$ 求出玻尔兹曼常数 k。

Excel 中自动拟合曲线的方法如下。

在 Excel 中选中需要拟合的正向电压和正向电流数据，依次单击 Excel 程序中的“插入”→“图表”→“标准类型”→“XY 散点图”→“子图表类型”→“无数据点平滑线散点图”→“下一步”，出现“数据区域”和“系列”选项卡，在“数据区域”选项卡中，可根据实际数据区域的排列选择行或列；在“系列”选项卡中可填入不同系列的代号，如该曲线测量时的温度值；单击“下一步”，出现“图表选项”对话框，在“标题”选项卡中，可填入“图表标题”“数值（X）轴”、“数值（Y）轴”的内容，如 PN 结伏安特性、正向电压（V）、正向电流（μA），在“网格线”选项卡中，可选择主要网格线、次要网格线；单击“下一步”，可完成曲线的图表绘制。

③ 完成后的图表如果需要更改，那么还可以继续设置。双击图表区域，在弹出的“绘图区格式”对话框中，可以选择绘图区的背景色；双击坐标轴，在弹出的“坐标轴格式”框中，可设置坐标轴的刻度、起始值等，读者可根据需要自行设置。

④ 完成以上设置后，在已产生的图表中，右键单击数据曲线，在右键菜单中选择“添加趋势线”，在“类型”选项卡中选择要生成的曲线类型，这里选择“指数（X）”，在“选项”选项卡中选中“显示公式”“显示 R 平方值”后，单击“确定”按钮即可显示公式。右键单击公式，单击“数据标志格式”，选择“数字”选项卡中的“科学记数”，小数位数选择 3 位，单击“确定”按钮。根据公式求出 A、B、相关系数 $r = \sqrt{R^2}$，估算反向饱和电流 I_S 和玻尔兹曼常数 $k = q/(BT)$。

（3）求被测 PN 结正向压降随温度变化的灵敏度 S（mV/K）。

以 T 为横坐标、以 V_F 为纵坐标作 $V_F \sim T$ 曲线，其斜率就是 S。这里 T 的单位为 K。用 Excel 对 $V_F \sim T$ 数据按公式 $V_F = AT + B$ 进行直线拟合，方法同前，参数可重新设定，建议 X 轴的坐标起始点选择 270K。添加趋势线时，在“类型”选项卡中选择“线性（L）”。

根据得到的公式，求出：

① A、B 和相关系数 r（$r = \sqrt{R^2}$）。

② 斜率，即传感器的灵敏度 S（mV/K）。

③ 截距 $V_{g(0)}$（温度为 0K）。

（4）估算被测 PN 结材料的禁带宽度。

① 由前已知，PN 结正向压降随温度变化曲线的截距 B 就是 $V_{g(0)}$ 的值。也可以根据式（4.9.10）进行单个数据的估算，将温度 T 和该温度下的 V_F 代入 $V_{g(0)} = V_F - ST$，即可求得 $V_{g(0)}$，注意 T 的单位是 K。

② 将实验所得的 $E_{g(0)}$（电子伏）与公认值 $E_{g(0)} = 1.21\text{eV}$ 比较，并求其误差。

（5）探索用给定的 PN 结测量未知温度。

实验使用的 PN 结传感器可以方便地取出。根据实验原理，结合实验仪器，将该 PN 结制成温度传感器，试用其测量未知的温度。具体过程请自行设定。

4.9.6 思考题

（1）能设计和制作出一个采用 PN 结的温度测量装置吗？

（2）温度对 PN 结的正向特性和反向特性有何影响？

4.9.7 实验拓展

温度传感器种类多，在不同实验中应选择合适的测温仪器。比较 PN 结温度传感器与热电偶、热敏电阻等传感器的性能。在同一温度环境下，使用 PN 结温度传感器、热电偶和热敏电阻同时测量温度，记录各传感器的输出数据，比较各传感器的灵敏度、线性度、响应时间和稳定性，探索其在不同领域的应用。

4.10 太阳能电池基本特性的测量

科学的历史不仅是一连串的事实、规则和随之而来的数学描述，它也是一部概念的历史。当我们进入另一个新的领域时，常常需要新的概念。

——普朗克

太阳能的利用和太阳能电池特性研究是 21 世纪新型能源开发的重点课题。目前硅太阳能电池应用领域除人造卫星和宇宙飞船外，已大量用于民用领域，如太阳能汽车、太阳能游艇、太阳能收音机、太阳能计算机、太阳能乡村电站等。太阳能是一种清洁、“绿色”的能源，因此，世界各国十分重视对太阳能电池的研究和利用。本实验的目的主要是探讨太阳能电池的基本特性、太阳能电池能够吸收光的能量，并将所吸收的光子能量转换为电能。

4.10.1 实验目的

（1）了解太阳能电池的基本结构和原理。

（2）掌握太阳能电池的基本特性和主要参数，掌握测试太阳能电池的基本特性和主要参数的原理与方法。

（3）根据大量太阳能电池的短路电流、开路电压、填充因子等主要参数，测量太阳能电池的光照特性、伏安特性等基本特性。

4.10.2 实验仪器

太阳能电池综合实验仪、太阳能电池板、数字万用表、电阻箱、碘钨灯白光光源、直流稳压电源。

4.10.3 实验原理

太阳能电池在没有光照时，其特性可视为一个二极管，没有光照时其正偏电压 U 与通过电流 I 的关系为

$$I = I_0(e^{\beta U} - 1) \tag{4.10.1}$$

式中，I_0 和 β 是常数。由半导体理论，二极管主要由能隙为 $E_C - E_V$ 的半导体构成，如图 4.10.1 所示。

E_C 为半导体导电带，E_V 为半导体价电带。当入射光子的能量大于能隙时，光子会被半导体吸收，产生电子和空穴对。电子和空穴对会分别受到二极管内电场的影响而产生光电流。

假设太阳能电池的理论模型由一理想电流源（光照产生光电流的电流源）、一个理想二极管、一个并联电阻 R_{sh} 与一个电阻 R_s 组成，如图 4.10.2 所示。

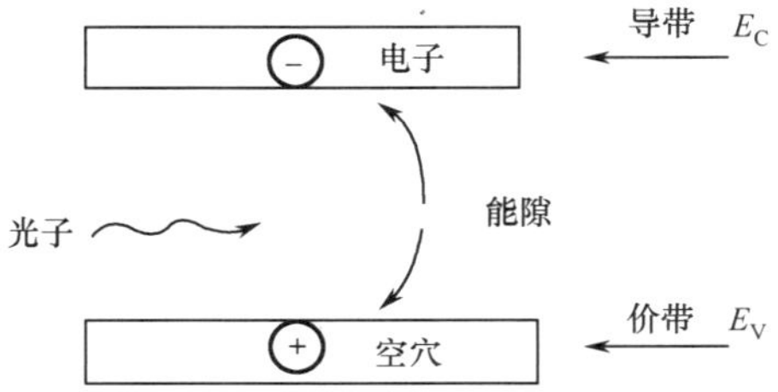

图 4.10.1　电子和空穴在电场作用下产生的光电流示意图

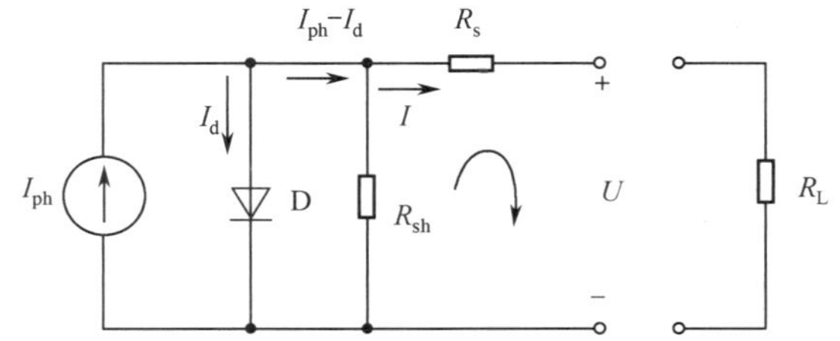

图 4.10.2　太阳能电池的理论模型电路图

在图 4.10.2 中，I_{ph} 为太阳能电池在光照时的等效电源输出电流，I_d 为有光照时通过太阳能电池内部二极管的电流。由基尔霍夫定律得

$$IR_s + U - (I_{ph} - I_d - I)R_{sh} = 0 \tag{4.10.2}$$

式中，I 为太阳能电池的输出电流，U 为输出电压。由式（4.10.1）得

$$I\left(1 + \frac{R_s}{R_{sh}}\right) = I_{ph} - \frac{U}{R_{sh}} - I_d \tag{4.10.3}$$

假定 $R_{sh}=\infty$ 和 $R_s=0$，太阳能电池可简化为图 4.10.3 所示的电路。其中，

$$I = I_{ph} - I_d = I_{ph} - I_0(e^{\beta U} - 1)$$

短路时，有 $U=0$ 和 $I_{ph}=I_{SC}$，开路时有 $I=0$ 和 $I_{SC}-I_0(e^{\beta U_{OC}}-1)=0$，所以

$$U_{OC} = \frac{1}{\beta}\ln\left(\frac{I_{SC}}{I_0}+1\right) \tag{4.10.4}$$

上式即为 $R_{sh}=\infty$ 和 $R_s=0$ 的情况下，太阳能电池的开路电压 U_{OC} 和短路电流 I_{SC} 的关系式。其中 U_{OC} 为开路电压，I_{SC} 为短路电流，I_0、β 是常数。

太阳能电池的特性研究实验仪结构图如图 4.10.4 所示。

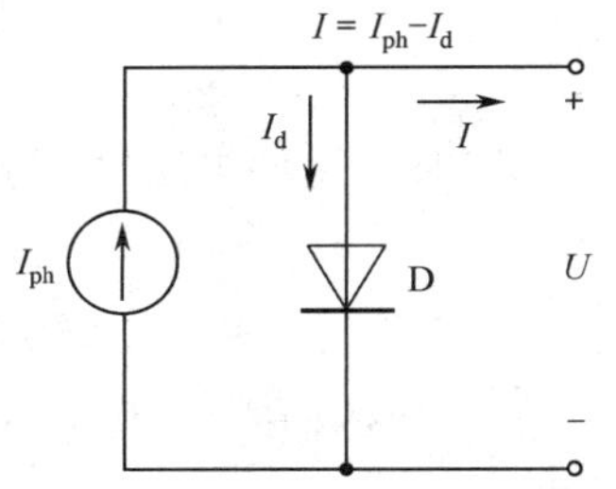

图 4.10.3　太阳能电池的简化电路图

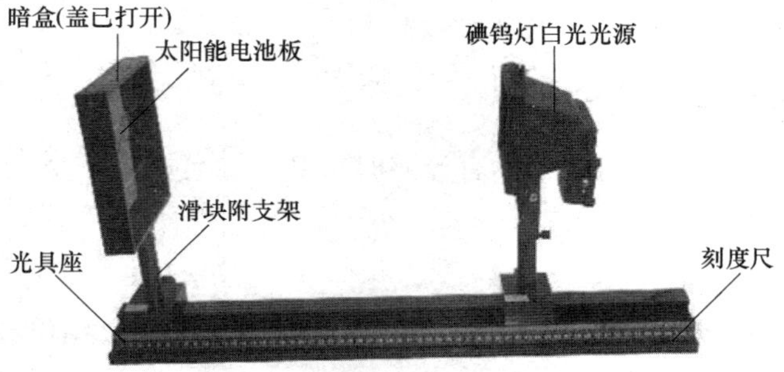

图 4.10.4　太阳能电池的特性研究实验仪结构图

4.10.4　实验内容与步骤

（1）在无光源（全黑）的条件下，按实验要求正确连接实验线路图，改变电阻箱电阻，测量太阳能电池加正向偏压时对应的 $I \sim U$ 值。在全暗的情况下，测量太阳能电池正向偏压下流过太阳能电池的电流 I 和太阳能电池的输出电压 U。

（2）在光源照射下，不加偏压，测量太阳能电池的光照特性。注意此时光源到太阳能电池的距离保持 20cm 不变。

① 正确连接测量线路图。

② 测量电池在不同负载电阻下的 $I \sim U$ 关系，记录 $I \sim U$ 的对应数值。

（3）测量太阳能电池的光照特性。在暗箱中（不用遮光罩挡光），把太阳能电池在距离白光光源 $x_0=20\text{cm}$ 的水平距离上接收到的光照强度作为标准光照强度 J_0，然后改变太阳能电池到光源的距离 x_i，根据光照强度和距离成反比的原理，计算出各点对应的相对光照强度 $J/J_0=x_0/x_i$ 值。测量太阳能电池在不同相对光照强度 J/J_0 下对应的短路电流 I_{SC} 和开路电压 U_{OC}。

① 描绘短路电流 I_{SC} 和相对光强度 J/J_0 的关系曲线，求短路电流 I_{SC} 与相对光照强 J/J_0 之间的近似函数表达式。

② 描绘开路电压 U_{OC} 和相对光照强度 J/J_0 的关系曲线，求开路电压 U_{OC} 与相对光照强度 J/J_0 的近似函数表达式。

全暗时太阳能电池在外加偏压时伏安特性测量电路图如图 4.10.5 所示，改变电阻箱的阻

值，用万用表量出各种阻值下太阳能电池与电阻箱两端的电压，算出电流，记录测量结果，表格自拟。

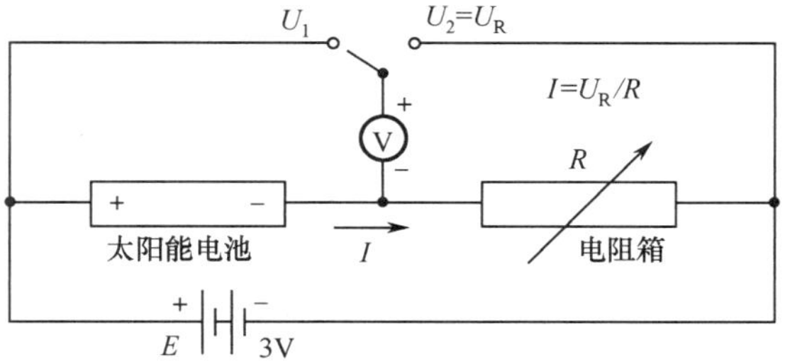

图 4.10.5　全暗时太阳能电池在外加偏压时伏安特性测量电路图

图 4.10.6 显示了全暗时太阳能电池在外加偏压时的伏安特性曲线，图 4.10.7 显示了全暗时太阳能电池的对数曲线图。

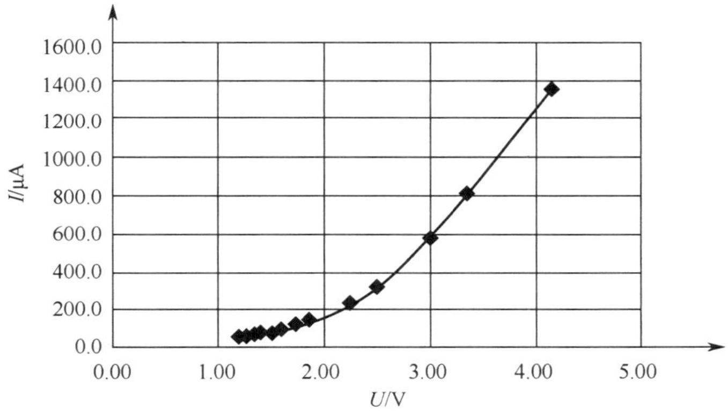

图 4.10.6　全暗时太阳能电池在外加偏压时的伏安特性曲线

由图 4.10.7 可以看到，电流与电压的指数关系得到验证。

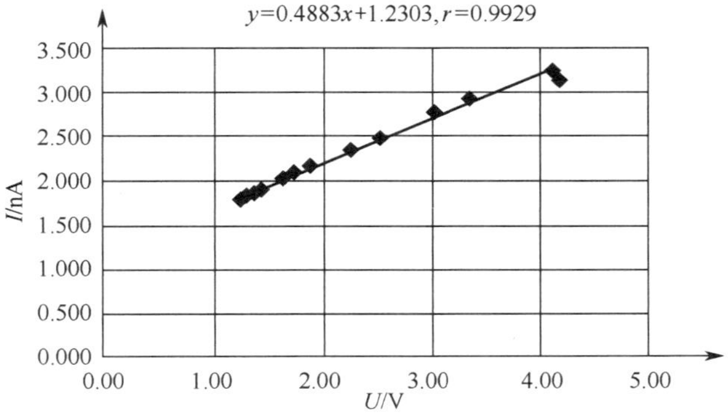

图 4.10.7　全暗时太阳能电池对数曲线图

若有 0～3.0V 的直流可调电源，则可采用图 4.10.8 所示的实验电路：正向偏压在范围 0～3.0V 内变化，取 $R=1000\Omega$。

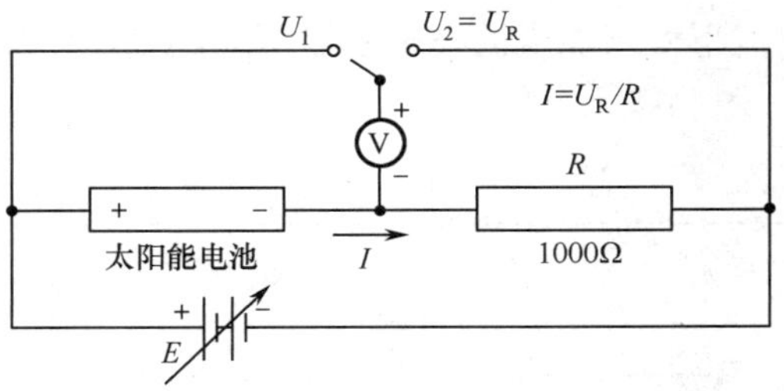

图 4.10.8　全暗时太阳能电池外加偏压的伏安特性电路图

（4）不加偏压，在不使用遮光罩的条件下，保持白光光源到太阳能电池的距离为 20cm，依次改变电阻，测量太阳能电池的输出电流 I 与对应输出电压 U 的关系，测量电路如图 4.10.5 所示。记录测量结果，表格自拟。

（5）由图 4.10.9 得到短路电流 $I_{SC} \approx 0.102A$，开路电压 $U_{OC} \approx 5.88V$。太阳能电池在有光照时，输出功率 $P = IU$ 与负载电阻 R_L 的关系如图 4.10.10 所示，由图 4.10.10 可得到最大输出功率为 $P_{max} \approx 446mW$，此时负载电阻为 $R \approx 55\Omega$，于是得填充因子为

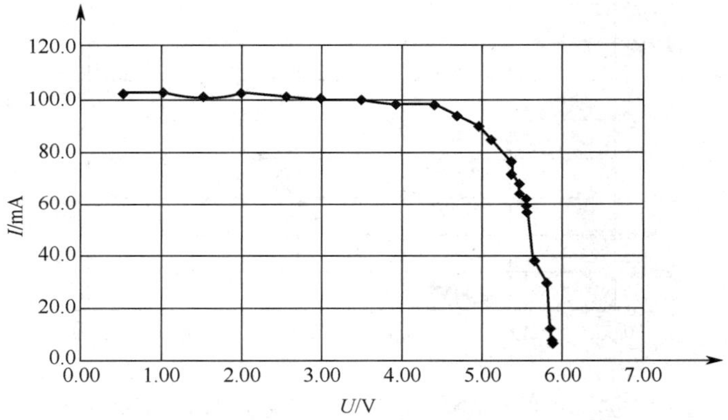

图 4.10.9　恒定光照下太阳能电池的伏安特性

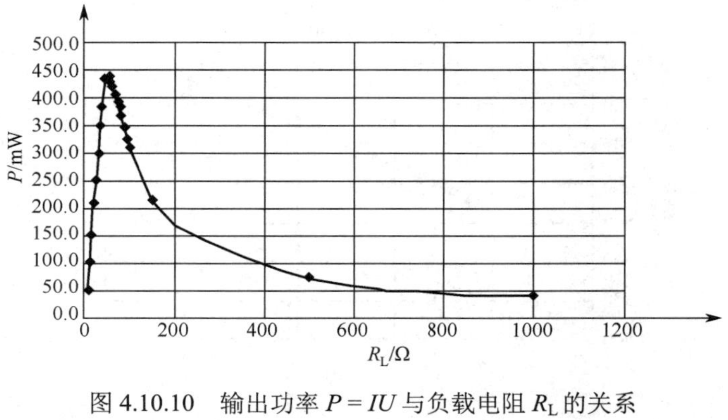

图 4.10.10　输出功率 $P = IU$ 与负载电阻 R_L 的关系

$$\mathrm{FF} = \frac{P_{max}}{I_{SC}U_{OC}} \approx \frac{446 \times 10^{-3}}{0.102 \times 5.88} = 0.744$$

（6）对于短路电流 I_{SC}、开路电压 U_{OC}（可以直接用万用表的电压挡测量），记录测量结

果，表格自拟。

4.10.5　数据处理

（1）根据无光源情况下加正向偏压时测量的 $I \sim U$ 关系数据，在坐标纸上画出 $I \sim U$ 曲线，由式（4.10.4）求出常数 β 和 I_0 的值。

（2）根据光源照射时测量的 I、U 值，作 $I \sim U$ 图及 $P \sim R$ 图，并用外推法求短路电流 I_{SC}、开路电压 U_{OC}、太阳能电池的最大输出功率 P_{max}、对应最大输出功率的负载电阻，计算填充因子 $FF = P_{max}/(I_{SC}U_{OC})$。

（3）根据测量太阳能电池短路电流 I_{SC} 和开路电压 U_{OC} 与相对光照强度 J/J_0 的结果，作开路电压 U_{OC} 和相对光照强度 J/J_0 及短路电流 I_{SC} 和相对光强度 J/J_0 的关系曲线，试拟合函数的关系表达式。

由图 4.10.11 和图 4.10.12 可以找出短路电流 I_{SC}、开路电压 U_{OC} 与相对光强 J/J_0 的近似函数关系为

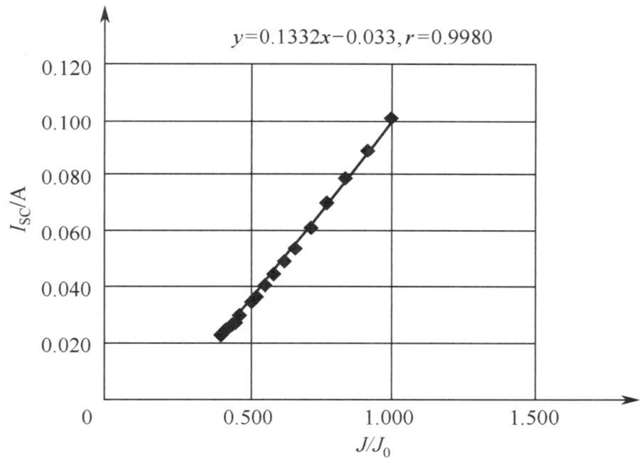

图 4.10.11　太阳能电池短路电流与相对光强关系曲线

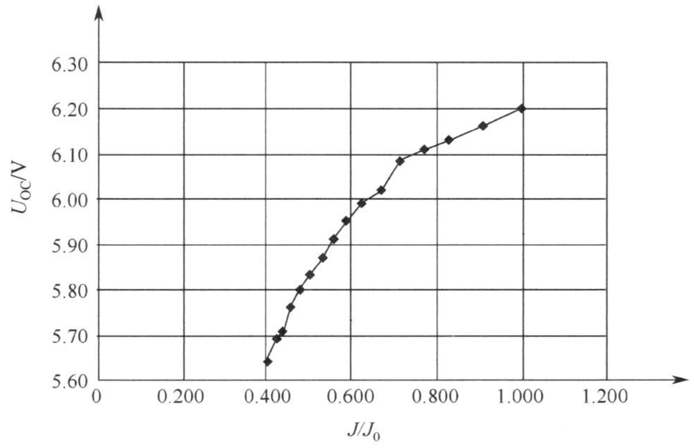

图 4.10.12　太阳能电池开路电压与相对光强关系曲线

$$I_{SC} = A(J/J_0) \tag{4.10.5}$$

$$U_{OC} = B\ln(J/J_0) + C \tag{4.10.6}$$

利用最小二乘法拟合得 $I_{SC}=0.1332\times(J/J_0)-0.033$，相关系数 $r=0.9980$；$U_{OC}=-1.5463\times\left|\ln(J/J_0)\right|+1.4763$，相关系数 $r=0.9920$。由最小二乘法拟合可知，对短路电流 I_{SC} 和开路电压 U_{OC}，式（4.10.5）和式（4.10.6）成立。

4.10.6 思考题

（1）太阳能电池的基本特性是什么？

（2）太阳能电池有哪些功能特点？

（3）太阳能电池有什么优点？

4.10.7 实验拓展

由本实验中测得的太阳能电池特性短路电流 $I_{SC}\approx0.102\text{A}$，开路电压 $U_{OC}\approx5.88\text{V}$，将太阳能电池在距离白光光源 $x_0=20\text{cm}$ 的水平距离上接收到的光照强度作为标准光照强度 1000W/m^2，设计出一个光电转换效率的测量方法。

为了更好地理解太阳能电池板特性，我们可通过实际应用案例进行分析。例如，某太阳能发电站安装了若干太阳能电池板，每个电池板的面积为 1m^2，光照强度为 1000W/m^2，温度为25℃。通过测量电池板的输出电流和电压，可以计算出其转换效率，即

$$\text{太阳能电池转换效率}=\frac{\text{开路电压}\times\text{短路电流}\times\text{填充因子}}{\text{电池板面积}\times\text{光照强度}}\times100\%$$

第 5 章　设计研究性实验

5.1　设计研究性实验概述

科学的真理不应在古代圣人的蒙着灰尘的书上去找，而应该在实验中和以实验为基础的理论中去找。

——伽利略（实验物理学先驱）

前两章中介绍的物理实验，主要是依据已有的实验仪器，采用确定的实验原理和方法，按照限定内容进行物理量测量的过程，属于科学实验的基本训练，通过这些训练读者已经掌握一定的实验方法和实验技能。本章介绍具有科学实验全过程性质的设计研究性实验。

设计研究性实验是一种介于基础教学实验与实际科学实验之间的具有对科学实验全过程进行初步训练特点的教学实验。这类实验是根据实验目的运用物理原理和测量理论，探讨合理的实验方法，选择现有实验仪器设备，设计测量条件和测量参量，得出最佳测量结果的过程。

设计研究性实验的核心问题是设计和选择实验方案，并在实验中检验设计方案的正确性与合理性。进行设计研究性实验时，应考虑各种误差出现的可能性，分析其产生的原因，以及从众多的测量数据中发现和检验系统误差的存在，估计其大小，并消除或减少系统误差的影响。

设计研究性实验主要包括以下五个环节：① 明确实验任务和测量对象；② 研究和选择测量原理与方法；③ 合理配置实验仪器；④ 选择和确定测量条件与参量；⑤ 正确分析和处理实验数据。

5.2　设计研究性实验的任务和测量对象

设计研究性实验首先要明确实验任务和测量对象。物理实验都具有明确的目的性，其任务主要包括：要求测量哪些物理量，或研究、探索、验证什么物理规律，要求达到什么样的测量准确度等。在所有任务中，首先要明确的是需要测量哪些物理量，主要包括如下四点要求。

1．明确待测量的定义和真值概念

明确测量对象就是要搞清楚待测物理量（待测量）是如何定义的，需要什么条件，其真值又是如何定义的。例如，在拉伸法测量杨氏弹性模量实验中，需要测量细钢丝的直径，由于拉伸时钢丝在不同位置和不同方位下有锥度和椭圆度，因此需要测量多次并取平均值。由于测量直径的目的是得到钢丝的截面积，因此测量结果需要给出直径平均值的标准差。而若实验任务是求体积，则要依据规范给出等效平均直径。

2．明确待测量和主要相关量或影响量的关系

通常对于可以直接测量的物理量，测量结果会受到多种因素的影响，这时应明确其中的主要影响因素并设法消除或减少其影响。例如，测量电流计的内阻时，由于铜丝的电阻会随温度变化，若不考虑环境温度的影响，则所测结果的准确性将无从评价。

对于间接测量的物理量，则要通过与之相关的直接测量量才能得到实验结果，这时要依据测量环境和条件明确主要相关量。例如，在杨氏弹性模量实验中，需要测量的长度量较多，但主要相关量则是钢丝的伸长量、钢丝直径及光杠杆常数。

3．明确测量准确度的要求指标

设计研究性实验时，测量准确度的要求指标是设计最重要的依据参数。测量准确度是指测量结果与被测量真值之间的一致程度，是一个定性的概念，可用测量结果的误差或误差限值的估计值来定量地表示，也可要求测量不确定度或相对不确定度不大于某个值等。

4．明确测量对象在总体任务中的作用

明确各个待测量在总体任务中的作用，不仅指各个待测量在准确度要求中所起的作用，还要考虑其在实验过程中可能对测量结果造成的不同影响。

5.3 设计性实验的方法选择

5.3.1 实验方法的选择

明确实验任务和测量对象后，接下来就要选择测量原理和测量方法。同一个物理量可以依据不同的原理进行测量，如测量电阻的方法有伏安法、电桥法等。本节主要介绍的是实验的测量方法，即测量原理的运用和获得测量结果的方法。第 2 章介绍了基本的物理实验方法，进行实验设计时应根据研究对象的特征，研究比较各种测量方法，分析各种方法的适用条件，比较各种方法的局限性与可能达到的实验准确度等因素，并考虑方案实施的可能性，最后选出最佳的测量方法。

例如，实验要求测量一个电源的输出电压，使测量结果的相对不确定度为 0.05%。可选用的仪器有电压表（0.5 级）、电压表（2.5 级）、电位差计（0.1 级）、标准可变电源（0.01%）。根据给定的条件，至少可以设计三种方法。

第一种方法是用电压表直接测量待测电源的电压，即利用直接比较法，但在给定的两个电压表中，最高准确度为 0.5%，故该方法不能达到实验所要求的测量准确度。

第二种方法是用电位差计直接测量待测电源的输出电压，即利用补偿法。同样，由于电位差计达不到测量准确度要求而不宜采用。

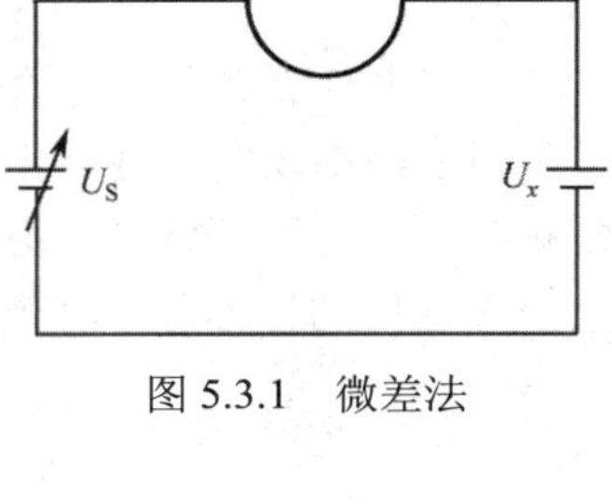

图 5.3.1 微差法

第三种方法是将待测电压与标准电压的正极和正极相连，调节标准电源电压，当其输出电压 U_S 与被测量 U_x 非常接近时，它们有一个非常微小的电压差 δ_U，用一般的小量程电压表对 δ_U 进行测量，如图 5.3.1 所示，有

$$U_x = U_S + \delta_U \tag{5.3.1}$$

这种方法称为*微差法*，其相对不确定度为

$$\frac{u_{U_S}}{U_x}=\sqrt{\left(\frac{u_{U_S}}{U_S}\right)^2+\left(\frac{u_{\delta_U}}{U_x}\right)^2} \tag{5.3.2}$$

由于 U_S 与 U_x 非常接近，所以有

$$\frac{u_{U_x}}{U_x}=\sqrt{\left(\frac{u_{U_S}}{U_S}\right)^2+\left(\frac{\delta_U}{U_x}\right)^2\left(\frac{u_{\delta_U}}{\delta_U}\right)^2} \tag{5.3.3}$$

由上式可知，差值 δ_U 越小，测量差值的误差带给结果的影响就越小。

为便于理解，下面以具体测量要求为例。设已知

$$\frac{u_{U_S}}{U_S}=0.01\%=1\times10^{-4} \tag{5.3.4}$$

要求

$$\frac{u_{U_x}}{U_x}\leqslant 0.05\%=5\times10^{-4} \tag{5.3.5}$$

若直接用电压表测量，则要求电压表指示值的相对不确定度至少为 0.05%，而一般的磁电式仪表是无法达到这一相对不确定度的。

现用微差法，设 $\delta_U=U_x/100$。由式（5.3.3）可得

$$\left(\frac{u_{\delta_U}}{\delta_U}\right)^2=\left[\left(\frac{u_{U_x}}{U_x}\right)^2-\left(\frac{u_{U_S}}{U_S}\right)^2\right]\left(\frac{U_x}{\delta_U}\right)^2 \tag{5.3.6}$$

$$\frac{u_{\delta_U}}{\delta_U}=\sqrt{\left(\frac{u_{U_x}}{U_x}\right)^2-\left(\frac{u_{U_S}}{U_S}\right)^2}\,\frac{U_x}{\delta_U}=4.9\% \tag{5.3.7}$$

综上所述，利用微差法只要微差指示器（电压表）的误差不超过 4.9%（这是一般电压表均可达到的），就可使最终的测量误差达到 0.05%的水平。

5.3.2 测量方法的选择

选择实验方法后，需要进一步进行误差来源及误差传递的初步分析，使结果的误差最小。为此，测量方法的选择就至关重要。

例如，用米尺测量如图 5.3.2 所示两个圆孔的中心间距 L，经过分析可知，有以下四种测量方法。

① 直接测量 L，但因两孔中心很难确定，一般不采用此方法。

② $L=L_1+d/2+D/2$。

③ $L=L_2-d/2-D/2$。

④ $L=(L_1+L_2)/2$。

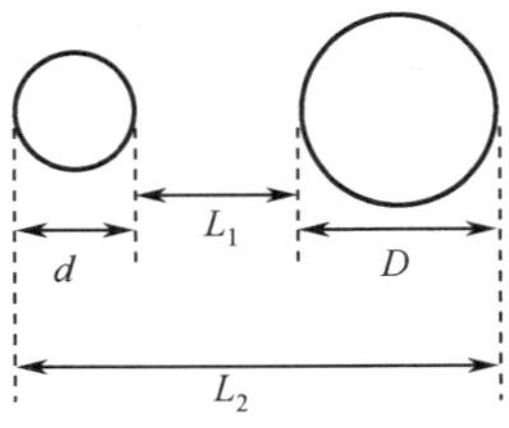

图 5.3.2 间距测量

由误差分析可知，在用同一米尺的情况下，设米尺的误差限为 u_0，则有

$$u_2=u_3=\sqrt{u_0^2+\frac{u_0^2}{4}+\frac{u_0^2}{4}}=\frac{\sqrt{6}}{2}u_0 \tag{5.3.8}$$

$$u_4 = \sqrt{\frac{u_0^2}{4} + \frac{u_0^2}{4}} = \frac{\sqrt{2}}{2} u_0 \tag{5.3.9}$$

显然，第四种测量方法的测量不确定度最小，因此在实际测量中不能对直径进行测量，而要通过测量球边界的间距得到最佳测量结果。

5.3.3 测量方法的选择原则

从不同的要求出发，针对不同的对象和条件，可能有多种不同的测量方法。在选择测量方案时，总的原则是准确、高效和经济。作为基础物理测量性实验的设计，主要包括以下几条具体的原则。

1．简单性原则

根据测量要求能够直接测量得到结果的，选用直读式仪表直接读取数据。例如，测量热电偶的温差电势时，可用灵敏电流计串联电阻做间接测量，或用电位差计测量，若有数字毫伏表，则可直接测量。测量方法并非越复杂越好，方法越复杂，引入的不确定因素越多，对结果的测量不确定度影响就越大，在满足测量要求的前提下应尽量遵循简单性原则。

2．选用最佳变换环节

大部分物理量的测量都是间接测量，这时对待测量采用什么样的变换、选用什么类型的传感器，是实验原理选择的重要内容之一。例如，前面有多个实验涉及微小长度（或位移）的测量，总的原则是用放大法——有用放大原理制成的游标卡尺和千分尺，有用光杠杆放大原理制成的望远镜标尺系统装置，有用光学放大法制作的读数显微镜等，具体采用时应根据实验环境和条件选用满足测量要求的最佳变换。

3．系统误差最小化原则

消除或减小系统误差的影响是提高测量准确度的关键因素，因此系统误差最小化是测量方法选择考虑的要点。

4．随机误差和未定系统误差影响的最小化原则

减小随机误差时，通常采用多次测量取平均值的方法及累积测量的方法，但并非每个量的测量次数都越多越好，还需要综合考虑其他因素。

采用变动某一测量条件进行多次测量，能减小某一因素导致的未定系统误差。例如，在霍尔效应法测磁场实验中，为消除各种附加效应，可采用变换电流方向和磁场方向进行多次测量的方法，从而大大减小这些附加效应引起的系统误差。

有一种系统误差是周期性变化的，可用半周期偶数测量法消除，即每经半个周期进行偶数次测量加以消除。周期性系统误差一般可以表示为

$$e = E\sin\phi = E\sin\left(2\pi\frac{t}{T}\right) \tag{5.3.10}$$

式中，T 为误差变化周期，t 为决定周期误差的自变量（如时间、角度等），则当 $t = t_0$ 时，有

$$e_0 = E\sin\phi_0 = E\sin\left(2\pi\frac{t_0}{T}\right) \tag{5.3.11}$$

当 $t_1 = t_0 + T/2$ 时，有

$$e_1 = E\sin(\phi_0 + \pi) = E\sin\left[\frac{2\pi}{T}\left(t_0 + \frac{T}{2}\right)\right] = -E\sin\left(2\pi\frac{t_0}{T}\right) \tag{5.3.12}$$

于是，取算术平均值有

$$e = e_0 + e_1 = 0 \tag{5.3.13}$$

可见，对于周期性系统误差，只要测量一个数据，然后每隔半个周期再进行一次测量，使得测量次数是偶数，取其平均值即可消除这类周期性系统误差。

5．对待测量的作用最小化原则

测量过程要借用测量仪器对待测量进行作用，因此必然会造成测量状态或过程发生或多或少的改变，有时这种改变是显著的，有时这种改变是难以估计和消除的，因此要尽量减小测量过程中对被测量对象的影响。例如，采用伏安法测量电阻时，得到的通常是包含电流表或电压表内阻在内的总电阻，而用电桥法就可消除这一影响。

测量方法的选择是一个复杂的问题，这里只简要介绍了部分选择原则。选择测量方法时要综合考虑仪器设备条件。对于基础物理实验的研究设计，如果能考虑到上述各项原则，那么就基本达到了实验设计训练的目的。

5.4　选择测量仪器及测量条件

5.4.1　测量仪器的选择

测量仪器的选择原则是指选用合适的仪器以达到指定的测量准确度。选择仪器时，要求所有测量仪器要配套。所谓配套，是指在一个实验中所有物理量测量的相对误差应该“等量分配”，不应该产生某个物理量测量的相对误差特别小而另一个物理量测量的相对误差又特别大的情况。正确的选择原则应该是使一个实验中对所有物理量的测量项的相对误差大致相等。

例如，测量直径为 D 和高为 H 的圆柱体的体积 V，要求其相对误差小于或等于 0.5%，应选用何种量具？

根据圆柱体体积公式

$$V = \frac{\pi}{4}D^2H \tag{5.4.1}$$

得到相对不确定度

$$\frac{u_V}{V} = \sqrt{4\frac{u_D^2}{D^2} + \frac{u_H^2}{H^2}} \tag{5.4.2}$$

下面根据圆柱体的具体情况分别讨论如下。

（1）当 H 远大于 D 时（为长棒或细丝），有

$$\frac{u_V}{V} \approx 2\frac{u_D}{D} \tag{5.4.3}$$

说明只要测量直径的不确定度满足要求即可。例如，当 $D \approx 10\text{mm}$ 时，有

$$\frac{u_V}{V}=2\frac{u_D}{D}=\frac{2\times0.02}{10}=0.4\%<0.5\% \tag{5.4.4}$$

必须选用 50 分度的游标卡尺测量直径，才能使体积的相对误差小于或等于 0.5%。

（2）当 H 远小于 D 时（为薄圆板），有

$$\frac{u_V}{V}\approx\frac{u_H}{H} \tag{5.4.5}$$

说明只要测量厚度的不确定度达到要求即可。例如，当 $H=10\text{mm}$，有

$$\frac{u_V}{V}\approx\frac{u_H}{H}=\frac{0.05}{10}=0.5\% \tag{5.4.6}$$

此时选用 20 分度的游标卡尺进行测量就已足够。当 $H=100\text{mm}$ 时，有

$$\frac{u_V}{V}\approx\frac{u_H}{H}=\frac{0.5}{100}=0.5\% \tag{5.4.7}$$

这种情况下只要选用普通的米尺进行测量即可达到要求。

（3）当 H 与 D 相近时（一般的圆柱体），有

$$\frac{u_V}{V}\approx\sqrt{5}\frac{u_D}{D} \tag{5.4.8}$$

若 $D\approx300\text{mm}$，则有

$$\frac{u_V}{V}\approx\sqrt{5}\frac{u_D}{D}=\sqrt{5}\times\frac{0.5}{300}=0.37\%<0.5\% \tag{5.4.9}$$

这时用米尺进行测量即可。若 $D\approx30\text{mm}$，则有

$$\frac{u_V}{V}\approx\sqrt{5}\frac{u_D}{D}=\sqrt{5}\times\frac{0.05}{30}=0.37\%<0.5\% \tag{5.4.10}$$

这种情况下需要用 20 分度游标卡尺进行测量才能满足要求。若 $D\approx15\text{mm}$，则有

$$\frac{u_V}{V}\approx\sqrt{5}\frac{u_D}{D}=\sqrt{5}\times\frac{0.02}{15}=0.3\%<0.5\% \tag{5.4.11}$$

这时需要用 50 分度的游标卡尺进行测量。

当间接测量量由几个直接测量量确定时，一般要根据不确定度的等分原则，适当调整仪器。受仪器结构限制不能达到要求时，可采用合适的数据处理方法。具体设计一个实验时，误差分配、实验方法、仪器选择及数据处理往往一并考虑，因此比较复杂。

5.4.2 测量条件的选择

选择测量条件是指确定测量中的最有利条件，也就是在什么条件下进行测量时因函数关系引起的不确定度最小。这个条件可以由不确定度对各自变量分别求导数，并使之为零而得到，即数学中求极小值的方法。

下面以测量凸透镜焦距为例说明最佳条件的选择方法。透镜成像公式为

$$f=\frac{uv}{u+v} \tag{5.4.12}$$

式中，u、v 分别为物距和像距，则测量焦距的不确定度传递公式为

$$u_f = \frac{1}{(u+v)^2}\sqrt{u^4 u_u^2 + v^4 u_v^2} \tag{5.4.13}$$

由于 u、v 由同一米尺测量，所以它们的 B 类不确定度相同，这时有

$$u_f = \frac{u_u}{(u+v)^2}\sqrt{u^4 + v^4} \tag{5.4.14}$$

假设保持物屏和像屏之间的距离不变，即 $u + v = D$（恒定），则有

$$u_f = \frac{u_u}{D^2}\sqrt{u^4 + (D-u)^4} \tag{5.4.15}$$

现在待测量变为 u，求 u_f 对 u 的一阶导数，并令其为零，即

$$\frac{\mathrm{d}u_f}{\mathrm{d}u} = \frac{u_u}{D^2}\frac{4u^3 - 4(D-u)^3}{\sqrt{u^4 + (D-u)^4}} = 0 \tag{5.4.16}$$

只有 $u = D/2$ 时，u_f 对 u 的一阶导数为零，同样可以求得在 $u = D/2$ 时，u_f 对 u 的二阶导数大于零，所以 $u = D/2$ 使测量焦距的不确定度有最小值。

但从实际成像考虑，要使 $u = D/2$ 能成像，则要求 $D = 4f$ 成与物等大的像。这一要求实验操作起来很困难，但只要 D 比 $4f$ 略大，就可减小测量误差。

在实验方法、测量方法及仪器已经选定的情况下，有时还需要确定测量的最有利条件，即确定测量条件尽可能与实验理论和测量公式所要求的条件一致，还要确定测量条件尽可能与所用仪器所需要的条件一致，以最大限度地减少系统误差的产生。另外，有时为了确定在什么条件下进行测量最有利，使函数关系引起的结果总体不确定度最小，可以利用数学方法，求合成不确定度函数对各直接测量量的极值来估计出最佳测量点和测量条件。

由于物理实验的内容十分广泛，可利用的实验方法和测量手段也很多，且实验结果受到误差等各种因素的相互影响，因此不可能给出一种制订实验方案的普适法则，以上几点只是做了一些原则性和启发性的叙述。

5.5 重力加速度的测量研究

真理就是具备这样的力量，你越是想要攻击它，你的攻击就愈加充实了和证明了它。

——伽俐略

重力加速度是一个重要的地球物理常数，其值随地理纬度和海拔高度的不同而不同。准确测量不同地区的重力加速度在理论上、生产和科学研究中都具有重要的意义。重力加速度的测量方法很多，但有的方法受环境的影响较大，不同方法的测量准确度有差别。本实验通过比较不同方法的设计思想和实验技巧等，初步了解物理实验的设计过程。

5.5.1 实验目的

（1）用一种方法测量当地的重力加速度。

（2）能根据所用方法设计测量过程并评估测量不确定度。

（3）讨论所用方法测量重力加速度的优缺点，并提出改进措施。

5.5.2 实验仪器

单摆、复摆、计时仪、自由落体仪、光电门、气垫导轨、气源、滑块、物理天平、秒表、米尺、千分尺。

5.5.3 实验要求

用气垫导轨测量当地的重力加速度值。要求有 4 位有效数字，将测量值与理论值进行比较，要求相对误差小于 0.5%。应考虑如何消除气垫导轨斜面的阻力所带来的系统误差。

用单摆或复摆测量当地的重力加速度值。将测量值与理论值进行比较，要求相对误差小于 0.5%。研究周期、摆长、摆角、摆球质量之间的关系，用秒表计时时，如何确定计时周期？用光电门计时时，又该怎样选择光电门的恰当位置？

用自由落体仪测量当地的重力加速度值，将测量值与理论值进行比较，要求相对误差小于 0.5%。

5.5.4 实验提示

1．用气垫导轨测量重力加速度

（1）测量原理。物体沿斜面下滑的加速度为

$$a = g\sin\theta$$

由于导轨倾角θ 很小，有 $\sin\theta \approx \tan\theta$，故

$$g = \frac{a}{\sin\theta} = a\frac{L}{h} \tag{5.5.1}$$

式中，h 为水平导轨一侧底座所加垫片的高度，L 为导轨长度，只要测出 h、L 及加速度 a，由式（5.5.1）即可测量重力加速度值。

（2）气流阻力影响的消除。物体在气垫导轨上运动，可将滑动摩擦阻力减到十分微小，但是垂直于物体运动方向喷出的压缩气流对运动物体仍有一些阻力作用，测量重力加速度时可采用使物体在导轨组成的斜面上做下滑与上滑运动的组合进行测量，以消除这种阻力的影响。

（3）测量数据。根据原理及系统误差分析，确定分别用什么准确度的仪器测量不同的物理量，以及各物理量的测量次数。

2．单摆法测量重力加速度

（1）测量原理。单摆周期公式为

$$T = 2\pi\sqrt{l/g} \tag{5.5.2}$$

只要测出摆长和周期就可得到重力加速度 g。

（2）测量条件和数据。单摆周期公式的适用条件对摆长、摆角和摆球大小及质量的要求是什么？如何进行准确测量？根据实验要求各量需用什么仪器测量？测量次数如何确定？

3．自由落体法测量重力加速度

（1）测量原理。自由落体下落高度 s 与时间 t 的关系为

$$s = v_0 t + \frac{1}{2} g t^2 \tag{5.5.3}$$

（2）测量条件和数据。若直接测量出 s、t 和初速度 v_0 并由式（5.5.3）计算 g，则计算涉及平方项的结果误差较大，故将上式变换成

$$\frac{s}{t} = v_0 + \frac{1}{2} g t \tag{5.5.4}$$

于是式（5.5.4）的左边（s/t）作为一个新变量与时间 t 成正比，而由比例系数就可求出 g。测量时需要选取合适的初始位置和下落距离，研究各量的测量方法和测量次数。

5.5.5 数据处理

根据测量结果，求出重力加速度值并分析测量不确定度，讨论实验的可改进之处。

5.5.6 思考题

针对所用的重力加速度测量方法，能否提出一种方案，以最大限度地减小误差？

5.5.7 实验拓展

准确测量地球表面上各点的绝对重力加速度对远程洲际导弹设计有重大意义。要提高导弹射击的准确度，不仅要准确测量导弹发射点和目标点的位置，还要准确掌握地球形状和重力资料。对于 10000km 射程的洲际导弹，若在发射点有 2×10^{-6} m/s^2 的重力加速度误差，则会造成 50m 的射程误差。在地震预报中，若地壳上升或下降 10mm，则会引起 3×10^{-5} m/s^2 的重力加速度变化。

可以使用手机自带的传感器和测量软件来测量重力加速度，也可以使用视频追踪软件测量重力加速度。

5.6 温度传感器的温度特性研究

我们都感到，对困难必须正视，不能回避；应当把它放在心里，希望能够解决它。无论如何，每个困难一定有解决的办法，虽然我们可能一生没有能找到。

——开尔文

温度是一个重要的热学物理量，它不仅和我们的生活环境密切相关，在科研及生产过程中，温度的变化对实验及生产的结果也至关重要，所以温度传感器的应用十分广泛。

5.6.1 实验目的

（1）测量铂电阻 Pt100、铜电阻 Cu50、PN 结、LM35、AD590、正温度系数热敏电阻 PTC、负温度系数热敏电阻 NTC、热电偶等八种典型温度传感器的温度特性。

（2）了解温度传感器的原理与应用，学会用温度传感器组装数字式温度测量仪表。

（3）用几种常用的温度传感器组装温度测量仪表（显示）与温度控制装置（控温加热）。

5.6.2 实验仪器

物理设计性（热学）实验装置、直流电源等。

5.6.3 实验原理

温度传感器是利用一些金属、半导体等材料与温度相关的特性制成的。常用温度传感器的类型、测温范围和特点如表 5.6.1 所示。本实验将通过测量几种常用的温度传感器的特征物理量随温度的变化来了解这些温度传感器的工作原理。

表 5.6.1　常用温度传感器的类型、测温范围和特点

类　型	传 感 器	测温范围/℃	特　　点
热电阻	铂电阻	−200～650	准确度高、测量范围大
	铜电阻	−50～150	
	镍电阻	−60～180	
	半导体热敏电阻	−50～150	电阻率大、温度系数大、线性差、一致性差
热电偶	铂铑-铂（S）	0～1300	用于高温测量、低温测量两大类，必须有恒温参考点（如冰点）
	铂铑-铂铑（B）	0～1600	
	镍铬-镍硅（K）	0～1000	
	镍铬-康铜（J）	−20～750	
	铁-康铜（J）	−40～600	
其他	PN 结温度传感器	−50～150	体积小、灵敏度高、线性好、一致性差
	集成温度传感器	−50～150	线性度好、一致性好

1．Pt100 铂电阻温度传感器

Pt100 铂电阻温度传感器是一种利用铂金属导体电阻随温度变化的特性制成的温度传感器。铂的物理性质、化学性质都非常稳定，抗氧化能力强，复制性好，容易批量生产，而且电阻率较高。因此，铂电阻大多用于工业检测中的精密测温及作为温度标准。显著的缺点是高质量的铂电阻价格十分昂贵，并且温度系数偏小，由于其对磁场的敏感性，会受电磁场的干扰。按 IEC 标准，铂电阻的测温范围为－200℃～650℃。每百度电阻比 $W(100) = 1.3850$，0℃的阻值 $R_0 = 100\Omega$时，称为 Pt100 铂电阻；$R_0 = 10\Omega$时，称为 Pt10 铂电阻。其允许的不确定度 A 级为$\pm(0.15℃ + 0.002|t|)$，B 级为$\pm(0.3℃ + 0.05|t|)$。当温度 t 为－200℃～0℃时，铂电阻的阻值与温度之间的关系式为

$$R_t = R_0\left[1 + At + Bt^2 + C(t-100)t^3\right] \tag{5.6.1}$$

当温度 t 为 0℃～650℃时，铂电阻的阻值与温度之间的关系式为

$$R_t = R_0(1 + At + Bt^2) \tag{5.6.2}$$

在式（5.6.1）和式（5.6.2）中，R_t和 R_0 分别为铂电阻在温度为 t 和 0℃时的电阻值，A、B、C 为温度系数。对于常用的工业铂电阻，$A = 3.90802\times10^{-3}$ ℃；$B = -5.80195\times10^{-7}$ ℃；$C = -4.27350\times10^{-12}$ ℃。在 0℃～100℃范围内 R_t 的表达式近似为线性：

$$R_t = R_0(1 + A_1 t) \tag{5.6.3}$$

式中，A_1是温度系数，它近似为3.85×10^{-3}℃。Pt100 铂电阻的阻值R_t在 0℃时为$R_t = 100\Omega$，在 100℃时为$R_t = 138.5\Omega$。

2．热敏电阻（NTC、PTC、CTC）温度传感器

热敏电阻是利用半导体电阻阻值随温度变化的特性来测量温度的。按照电阻值随温度升高而减小或增大，热敏电阻分为 NTC 型（负温度系数）、PTC 型（正温度系数）和 CTC 型（临界温度）。热敏电阻的电阻率大，温度系数大，但其非线性大、置换性差、稳定性差，通常只适用于要求不高的一般温度测量。以上三种热敏电阻的温度特性曲线如图 5.6.1 所示。

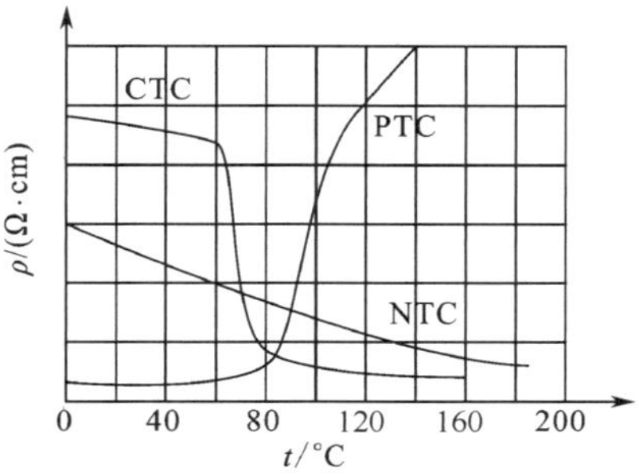

图 5.6.1　三种热敏电阻的温度特性曲线

在一定的温度范围内（小于 450℃），热敏电阻的电阻R_T与温度T之间有如下关系：

$$R_T = R_0 \mathrm{e}^{B\left(\frac{1}{T}-\frac{1}{T_0}\right)} \tag{5.6.4}$$

式中R_T、R_0是温度分别为T（K）、T_0（K）时的电阻值，B是热敏电阻材料常数，一般情况下B为 2000K～6000K。

对一定的热敏电阻而言，B为常数，对式（5.6.4）两边取对数有

$$\ln R_T = B\left(\frac{1}{T}-\frac{1}{T_0}\right)+\ln R_0 \tag{5.6.5}$$

由式（5.6.5）可见，$\ln R_T$与$1/T$呈线性关系，作$\ln R_T$～$(1/T)$曲线，用直线拟合，由斜率可求出常数B。

3．电压型集成温度传感器（LM35）

LM35 温度传感器为标准 T0-92 工业封装，准确度一般为±0.5℃（有几种级别）。由于其输出为电压，且线性极好，因此只要配上电压源和数字式电压表就可以构成一个精密的数字测温系统。内部的激光校准保证了极高的准确度及一致性，且无须校准。输出电压的温度系数$K_V = 10.0$mV/℃，利用下式可计算出被测温度t（℃）：

$$U_0 = K_V t$$

即

$$t = U_0/K_V \tag{5.6.6}$$

LM35 的电路符号如图 5.6.2 所示，其中U_0为输出端电压。实验测量时，只要直接测量其输出端电压U_0，即可知待测量的温度。

4．电流型集成温度传感器（AD590）

AD590 是一种电流型集成温度传感器，其输出电流大小与温度成正比。它的线性度极好，温度适用范围为−55℃～150℃，灵敏度为 1mA/K。AD590 具有高准确度、动态电阻大、响应速度快、线性好、使用方便等特点。作为二端器件，AD590 的电路符号如图 5.6.3 所示。

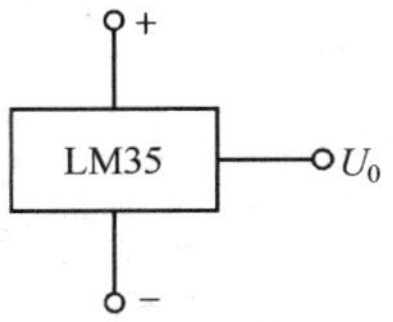

图 5.6.2　LM35 的电路符号

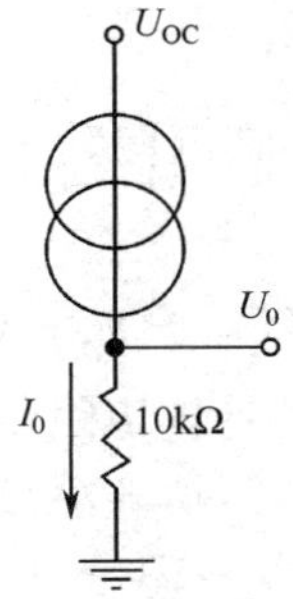

图 5.6.3　AD590 的电路符号

AD590 等效于一个高阻抗的恒流源，其输出阻抗大于 10MΩ，能大大减小因电源电压变化而产生的测温误差。

AD590 的工作电压为 4～30V，测温范围是-55℃～150℃。对应于热力学温度 T，温度每变化 1K，输出电流变化 1μA。输出电流 I_0（μA）与热力学温度 T（K）严格成正比。其电流灵敏度表达式为

$$\frac{I}{T}=\frac{3k}{eR}\ln 8 \tag{5.6.7}$$

式中，k 和 e 分别为玻尔兹曼常数和电子电量，R 是内部集成化电阻。

将 $k/e = 0.0862\text{mV/K}$ 和 $R = 538\Omega$ 代入式（5.6.7）得

$$\frac{I}{T}=1.000\mu\text{A/K} \tag{5.6.8}$$

当 $T = 0$℃时，其输出为 273.15μA［AD590 有几种级别，一般准确度差异为±(3～5)μA］。因此，AD590 的输出电流 I_0 的微安数值就代表了被测温度的热力学温度值（K）。其输出电流表达式为

$$I = AT + B \tag{5.6.9}$$

式中，A 为灵敏度，B 为 0K 时的输出电流。要显示摄氏温度（℃），就要加温标转换电路，其关系式为

$$t = T - 273.15 \tag{5.6.10}$$

AD590 的电流-温度（I～T）特性曲线如图 5.6.4 所示。

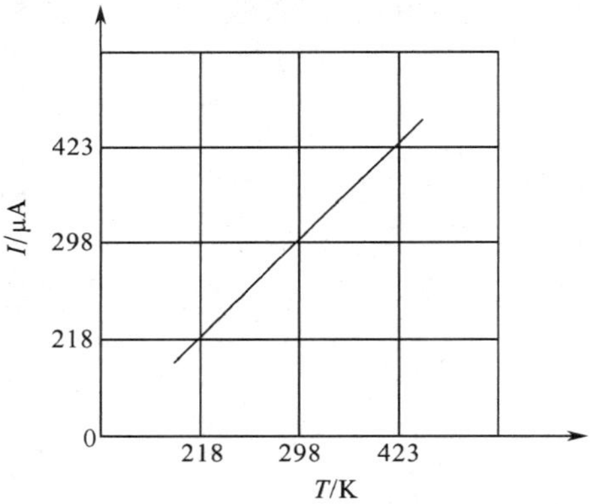

图 5.6.4　AD590 的电流-温度特性曲线

AD590 温度传感器的准确度在整个测温范围内的偏差小于或等于±0.5℃，线性极好。利用 AD590 的上述特性，在最简单的应用中，用一个电源、一个电阻、一个数字式电压表即可测量温度。由于 AD590 以热力学温度定标，因此在摄氏温度应用中应该进行温标的转换。

5. PN 结温度传感器

PN 结温度传感器是利用半导体 PN 结的结电压对温度的依赖性实现对温度检测的。实验证明，在一定电流通过的情况下，PN 结的正向电压与温度之间有良好的线性关系。通常将硅三极管的 b、c 极短路，用 b、e 极之间的 PN 结作为温度传感器测量温度。硅三极管基极和发

射极间的正向导通电压 U_{be} 一般约为 600mV（25℃），且与温度成反比。PN 结温度传感器的线性良好，温度系数约为−2.3mV/℃，测温准确度较高，测温范围可达−50℃～150℃。缺点是一致性差，所以互换性差。

通常，由 PN 结组成二极管的电流 I 和电压 U 满足

$$I = I_S \left(e^{\frac{qU}{kT}} - 1 \right) \tag{5.6.11}$$

在常温条件下，且 $e^{\frac{qU}{kT}} \gg 1$ 时，式（5.6.11）可近似为

$$I = I_S e^{\frac{qU}{kT}} \tag{5.6.12}$$

在式（5.6.11）和式（5.6.12）中，$q = 1.602 \times 10^{-19}$ C，为电子电量；$k = 1.381 \times 10^{-23}$ J/K，为玻尔兹曼常数；T 为热力学温度；I_S 为反向饱和电流。

在正向电流保持恒定的条件下，PN 结的正向电压 U 和温度 T 近似满足线性关系：

$$U = KT = U_{g(0)} \tag{5.6.13}$$

式中，$U_{g(0)}$为半导体材料参数，K 为 PN 结的结电压温度系数。

6．热电偶温度传感器

热电偶也称*温差电偶*，它是由 A、B 两种不同材料的金属丝的端点彼此紧密接触而组成的。当两个接点处于不同温度时（见图 5.6.5），在回路中就有直流电动势产生，该电动势称为*温差电动势*或*热电动势*。组成热电偶的材料一定时，温差电动势 E_x 仅与两接点处的温度有关，并且两接点的温差在一定的温度范围内有如下近似关系：

$$E_x \approx \alpha(t - t_0) \tag{5.6.14}$$

式中，α 称为*温差电系数*，对于不同金属组成的热电偶，α 是不同的，其数值上等于两接点温度差为 1℃时产生的电动势。

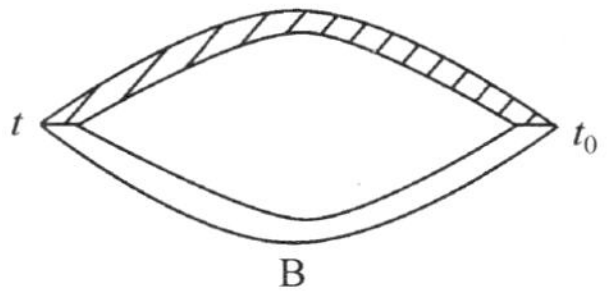

(a) 热电偶的结构

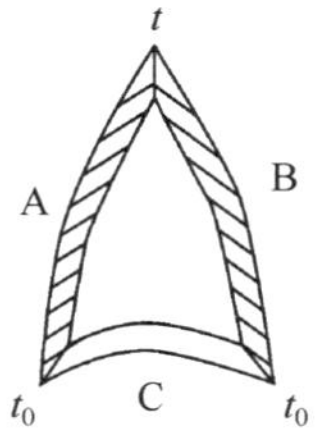

(b) 消除同种材料热电动势的热电偶

图 5.6.5　由两种不同金属材料构成的热电偶温度传感器的示意图

5.6.4　实验内容与步骤

1．测量各种温度传感器的温度特性

（1）用直流电桥法测量 Pt100、Cu50 金属电阻的温度特性。按图 5.6.6 接线。在环境温度高于 0℃时，先把温度传感器放入制冷井，利用半导体制冷把温度降到 0℃，并以此温度作为起点进行测量，每隔 10℃测量一次，需要待测温度高于环境温度时，把温度传感器转

移到加热井中，然后开启加热器，控温系统每隔 10℃设置一次，待控温稳定 2 分钟后，调节电阻箱 R_3 使输出电压为零，电桥平衡，按式（5.6.1）测量计算待测 Pt100、Cu50 铂电阻、铜电阻的阻值，R_3 为五盘十进精密电阻箱。将测量数据 R_x（Ω）用最小二乘法直线拟合，求出温度系数 A 和相关系数γ。

（2）用恒电流法测量 NTC 和 PTC 热敏电阻的温度特性。如图 5.6.7 所示，接通电路后（$U_1 = 1.00\text{V}$，$R_1 = 1.000\text{k}\Omega$），先监测 R_1 上的电流是否为 1mA，即测量U_{R_1}。在环境温度高于 0℃时，先把 PTC（或 NTC）热敏电阻放入制冷井，操作方法同（1）。控温稳定 2 分钟后，按式（5.6.4）测试热敏电阻的阻值。$\ln R_T$ 与 $1/T$ 呈线性关系，作 $\ln R_T\sim(1/T)$曲线，用直线拟合，由斜率可求出材料常数 B，进而求出相关系数γ。

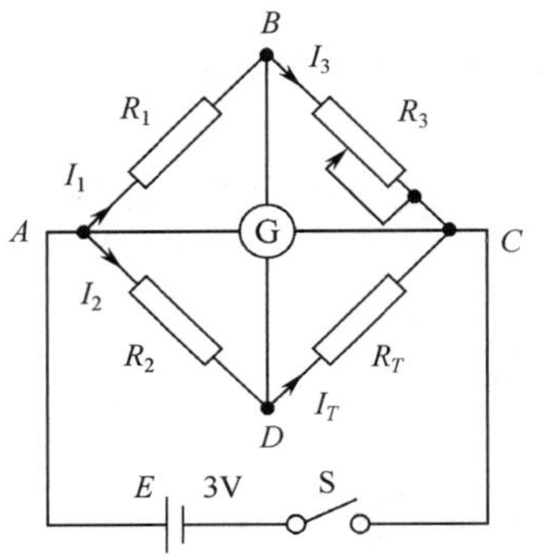

R_1、R_2—固定电阻；R_3—电阻箱；R_t—温度传感元件；
G—温控仪1数字电压表；E—直流工作电源

图 5.6.6　用单臂电桥测量 PT100、Cu50 金属电阻的温度特性的实验线路图

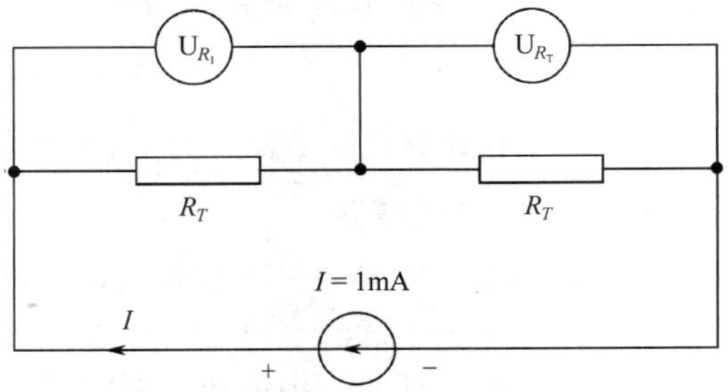

图 5.6.7　恒电流测量热敏电阻 PTC、NTC 的电路原理图

（3）电压型集成温度传感器（LM35）温度特性的测试。按图 5.6.8 接线，操作方法同（1），待温度恒定 2 分钟后，测试传感器（LM35）的输出电压，用最小二乘法进行拟合得到 K_V 和相关系数γ。

（4）电流型集成温度传感器（AD590）温度特性的测试。按图 5.6.9 接线，先把温度传感器放入制冷井，将制冷井温度设置为 0℃，需要测试温度高于室温时，移到加热井中，每隔 10℃控温系统设置一次，每次待温度稳定 2 分钟后，测试 1kΩ电阻上的电压。操作方法同（1）。

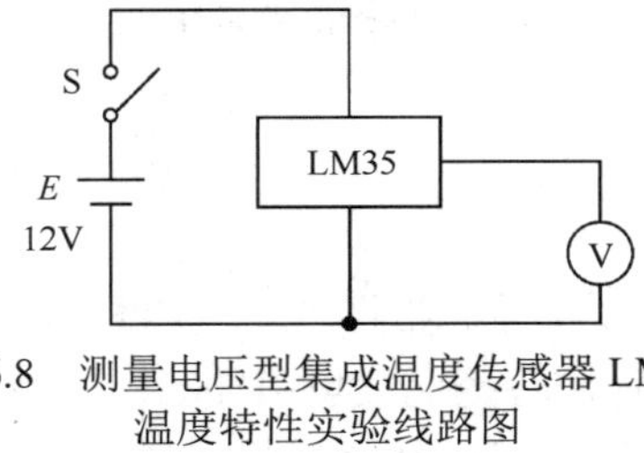

图 5.6.8　测量电压型集成温度传感器 LM35 温度特性实验线路图

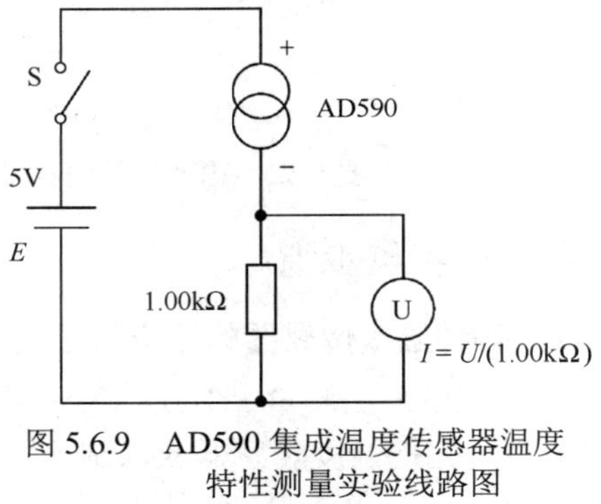

图 5.6.9　AD590 集成温度传感器温度特性测量实验线路图

I 是由在 1.00kΩ电阻上测得的电压换算得到的（$I = U/R$），用最小二乘法进行直线拟合得到 A 和相关系数γ。

（5）PN 结温度传感器温度特性的测试。按图 5.6.10 接线，每隔 10℃控温系统设置一次，待控温稳定 2 分钟后，进行 PN 结正向导通电压 U_{be} 的测量，用最小二乘法直线拟合得到 K 和相关系数γ。

（6）热电偶温度传感器温度特性的测试。按图 5.6.11 接线，每隔 10℃控温系统设置一次，待控温稳定 2 分钟后，进行热电偶温差电动势的测量，用最小二乘法直线合得到 α 和相关系数γ。

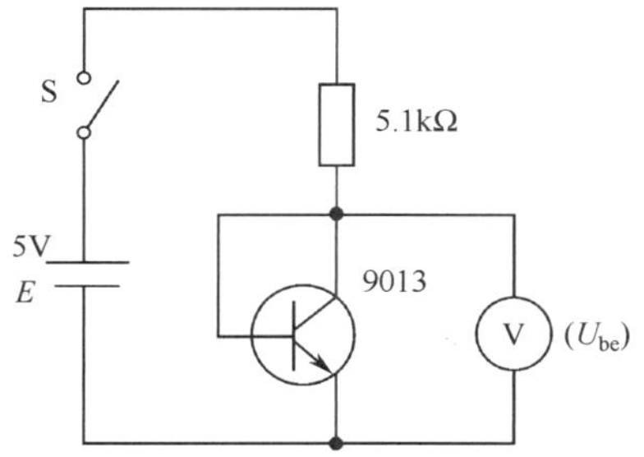

图 5.6.10　PN 结温度传感器温度特性测量实验线路图

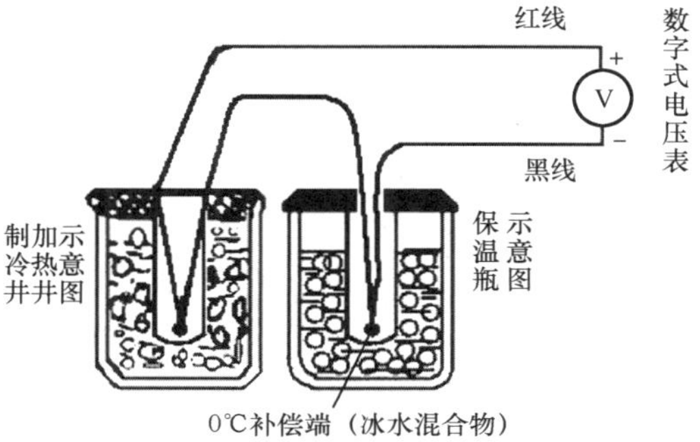

图 5.6.11　热电偶温度传感器温度特性测量实验线路图

提示：由于工作电源只能轮流对加热井或制冷井服务，使用热电偶时，自由端的基准电压需要采取一定措施。

① 用保温瓶盛放冰水混合物作为自由端的基准温度 0℃。

② 以室温 t_0 作为基准温度，以 $t - t_0$ 作为温差，测量并计算温差电动势。

2．温度传感器的应用——用不同的温度传感器测量温度和控制温度

（1）用 AD590 电流型集成温度传感器组成温度测试和温度控制装置。这里以 AD590 电流型集成温度传感器举例说明温度显示与温度控制过程。

① 温度显示分析。如图 5.6.12 所示，因为 $U_{①}$= 1.25V，要使输出电压为 0mV，则 $U_{②}$= 2.7316V，要求运放 A_1 的放大倍数为 $A_{U_1} = 2.7316/1.25 = 2.185$，由于 $A_{U_1} = 1 + \frac{R_3 + R_{x_1}}{R_4} = 1 + \frac{1\text{k}\Omega + R_{x_1}}{1\text{k}\Omega} \Rightarrow R_{x_1} = 0.185\text{k}\Omega$，当温度升到 100℃时，输出电压 $U_{③} - U_{②}$= 3.7316 − 2.7316 = 1.000V = 1000mV，当传感器的测试点温度范围为 0℃～100℃时，“温度指示”对应输出电压为 0～1000mV，由于温度传感器工作在线性区域，“温度指示”的显示灵敏度为 10mV/℃。这样一来，用 AD590 电流型集成温度传感器组装的温度测试仪表就完成了。

② 温度控制分析。若设置控制温度为 80℃，根据计算，对应 $U_{③}$= 3.5316V，调节 $U_{⑤}$= $U_{③}$= 3.5316V，则有 $\frac{R_{x2}}{R_5 + R_{x2}} = \frac{0.8}{12 - 2.7316} \Rightarrow R_{x_2} = 0.482\text{k}\Omega$，这就是温度控制装置的电阻值。当温度低于设置温度 80℃时，$U_{④} \approx U_{③} < U_{⑤}$→运放 A_2 导通→A_3 导通→Q_1 导通，这时发光管 LED 点亮，继电器 J 吸合，使常开触点闭合，控制加热器开始工作。当加热温度达到或略微超过设置温度 80℃时，$U_{④} \geqslant U_{⑤}$→运放 A_2 截止→A_3 截止→Q_1 截止，发光二极管 LED 熄灭，

控制加热器停止工作。这样一来，AD590 电流型集成温度传感器组装的温度控制仪表就完成了。

以下线路分析请参考图 5.6.12 及相应的文字说明（在此不再赘述）。

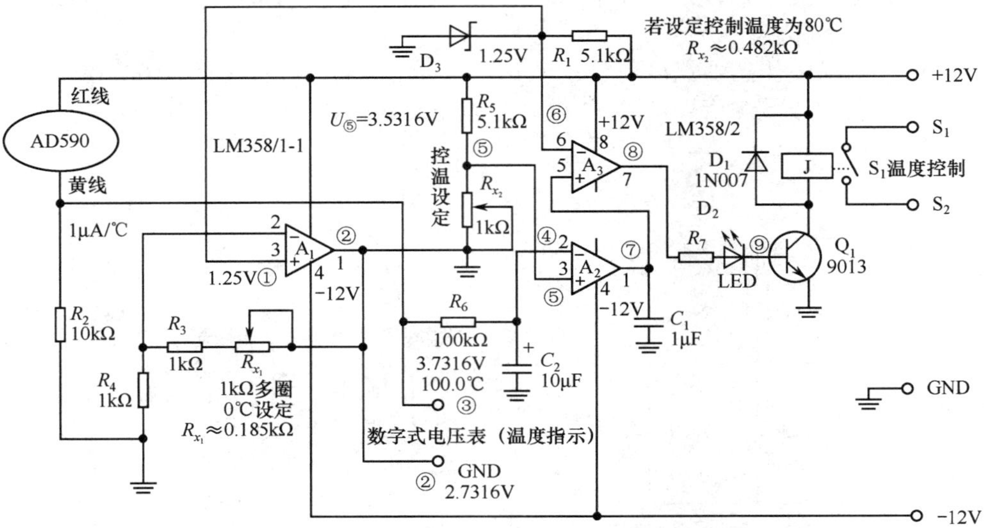

图 5.6.12　用 AD590 电流型集成温度传感器组装温度测试和温度控制电路

（2）用 Pt100（Cu50）温度传感器组装温度测试和温度控制装置。用 Pt100（Cu50）温度传感器组装数显温度计和温度控制仪的实验线路原理图如图 5.6.13 所示。

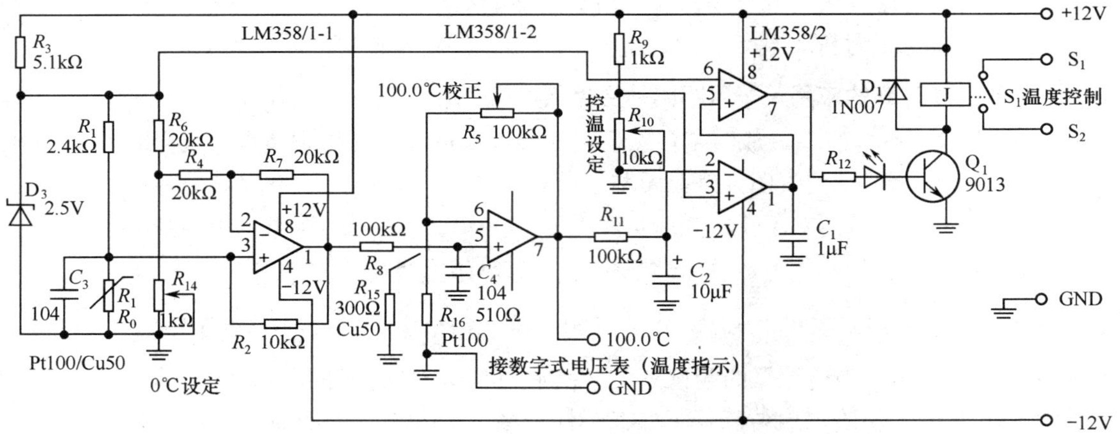

图 5.6.13　用 Pt100（Cu50）温度传感器组装数显温度计和温度控制仪的实验线路原理图

（3）用 PN 结温度传感器组成温度测试和温度控制装置。用 PN 结温度传感器组装数显温度计和温度控制仪的实验线路原理图如图 5.6.14 所示。

（4）用 LM35 电压型温度传感器组成温度测试和温度控制装置。用 LM35 温度传感器组装数显温度计和温度控制仪的实验线路原理图如图 5.6.15 所示。

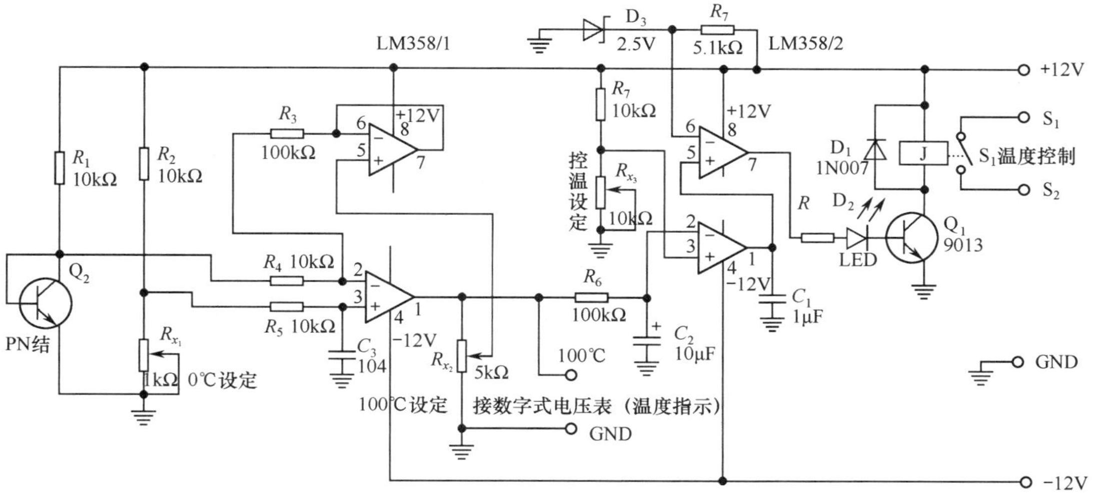

图 5.6.14　用 PN 结温度传感器组装数显温度计和温度控制仪的实验线路原理图

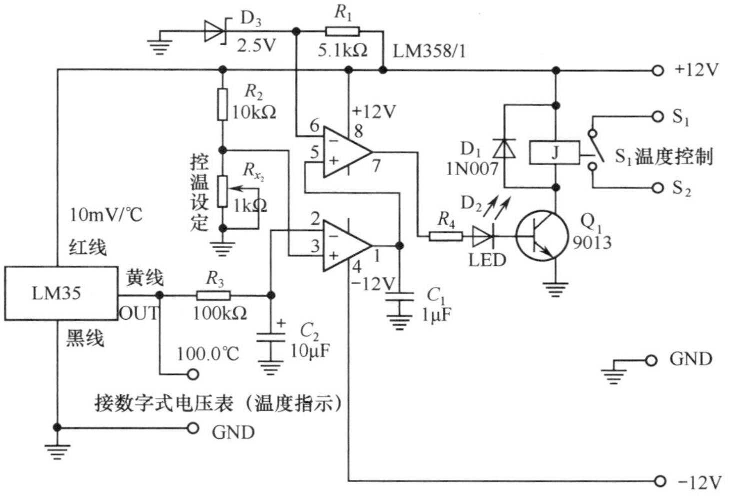

图 5.6.15　用 LM35 温度传感器组装数显温度计和温度控制仪的实验线路原理图

3. 注意事项

（1）温度控制仪温度稳定地达到设定值所需要的时间较长，一般需要 10～15 分钟，务必耐心等待。

（2）由于本实验内容较多，为节省实验时间，提高实验效率，读者可以合理安排实验步骤。

5.6.5　数据处理

（1）作出 AD590 传感器输出电流 I 和温度 T 的关系图。

（2）推导出 I～T 之间关系的经验公式。

（3）用最小二乘法拟合实验数据，求斜率 A、截距 B 和相关系数 γ。

（4）由测量数据作 AD590 传感器的伏安特性曲线。

5.6.6 思考题

（1）温度传感器的测温原理是什么？

（2）本实验所用各种温度传感器有何异同？它们有何优缺点？

5.6.7 实验拓展

利用温度传感器的稳定特性设计温度报警器。根据 PTC 热敏电阻的温度特性，以电桥电路为基础，以发光二极管或蜂鸣器为报警显示器，设计电路。可设计单温报警器和双温报警器。根据设计的电路图，将相关电子元器件焊接到电路板中，验证实际效果。

5.6.8 附录 1：物理设计性（热学）实验装置使用说明书

1. 实验装置

温度传感器实验装置如图 5.6.16 所示。

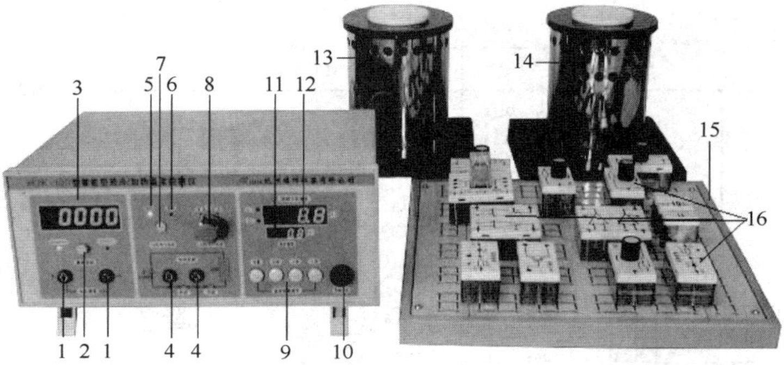

1. 数字毫伏表输入插座；2. 量程切换按钮开关；3. 测量电压显示窗口；4. 温度外接控制开关；5. 加热工作指示；6. 制冷工作指示；7. 加热、制冷功能切换；8. 加热、制冷功率调节；9. 控温设置按钮；10. 加热井风冷开关；11. 设置温度显示；12. 实际温度显示；13. 制冷井；14. 加热井；15. 九孔实验板；16. 各种元器件

图 5.6.16 温度传感器实验装置

2. 主要技术指标

（1）HJK100 温度控制仪。

① 输入工作电源：AC 220V±10% 50Hz。

② 输出加热井、制冷井工作电压小于或等于 24V。

③ 加热井温度控制范围：室温～100℃，有强制风冷功能。

④ 制冷井温度控制范围：室温～0℃（室温不高于 30℃）。

⑤ 可进行外部温度控制（仅适用于加热井控制）。

⑥ 四位半数字电压表量程可切换：1 挡 0～200.0mV，分辨率为 0.1mV（最大可测 2V）；2 挡 0～2000mV，分辨率为 1mV（最大可测 20V）。

（2）九孔实验板，尺寸为 300mm×297mm。

（3）温度传感器。

① Pt100 铂电阻温度传感器。

② Cu50 铜电阻温度传感器。

③ PN 结温度传感器。

④ LM35 电压型集成温度传感器。

⑤ AD590 电流型集成温度传感器。

⑥ PTC（正温度系数）热敏电阻温度传感器。

⑦ NTC（负温度系数）热敏电阻温度传感器。

⑧ 铜-康铜热电偶温度传感器。

（4）运算放大器等元器件。

（5）±12V 工作电源。

3．实验装置的使用

（1）测量各种温度传感器的温度特性。

① 按相应的实验线路图，从元器件箱中选取合适的元器件。

② 把元器件合理分布在九孔实验板上，用导线或短路片连接成实际实验线路。

③ 根据需要的温度，把温度传感器插入加热井或制冷井（温度控制仪内控时，必须把 HJK100 温度控制仪的 S_1 两个插孔用导线短接，温度控制仪才能正常工作）。

④ 根据需要温度，设置好加热井或制冷井温度。

⑤ 将不同温度下测量到的传感器的输出数据逐一记录到表格中，待数据处理。

（2）组装温度测试仪表和温度控制装置。

① 按相应的实验线路图，从元器件箱中选取合适的元器件。

② 把元器件合理分布在九孔实验板上，用导线或短路片连接成实际实验线路（这时要把实验线路中的“温度指示”接到 HJK100 的数字电压表输入端）。

③ 根据需要的温度，把温度传感器插入加热井或制冷井（温度控制仪内控时，必须把 HJK100 温度控制仪的 S_1 两个插孔用导线短接，温度控制仪才能正常工作）。

④ 先把传感器插入制冷井，用内部控温把制冷井温度调节到 0℃，当温度到达 0℃时，调节实验线路中的 0℃设置旋钮，使数字电压表读数为 0mV。

⑤ 再把传感器插入加热井，用内部控温把制冷井温度调节到 100℃，当温度到达 100℃时，调节实验线路中的 100℃校正旋钮，使数字电压表读数为 1000mV。

⑥ 由于采用的温度传感器温度特性均为线性，所以经两端校正，即成为一个数字式温度计。

⑦ 在组装好的温度测量仪表的基础上，只要用实验线路的继电器的常开触点取代短接导线，接到 HJK100 温度控制仪的 S_1 两个插孔中，适当调节实验线路中的温度控制设置，即可通过外控方式控制加热井的温度。例如，把温度控制设置 80℃（自制温度控制装置尚无读数，所以只是估计数），因此当温度传感器测得加热井中的实际温度低于该设置值时，线路将导通，使继电器吸合，它的常开触点闭合，加热井电源接通，开始加热升温。当温度到达“设置值”时，电路反转，切断继电器回路，常开触点开路，加热井电源切断，停止加热。

5.6.9　附录 2：智能温度控制器使用说明

智能温度控制器是一种高性能、高可靠性的智能型调节仪表，广泛用于机械化工、陶瓷、轻工、冶金、热处理等行业的温度、流量、压力、液位自动控制系统中。控制器面板

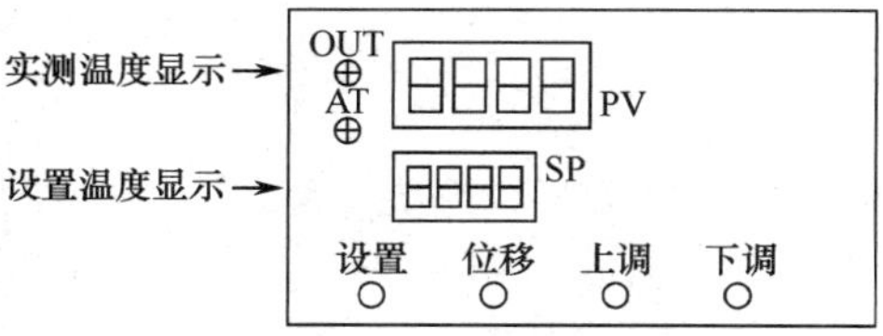

图 5.6.17　控制器面板

如图 5.6.17 所示。

例如，需要设置加热温度为 30℃时，具体操作步骤如下：

① 先按“设置”键 0.5s，进行温度设置（注意，当按“设置”键的时间长达 5s 时，将出现进入第二设定区符号，这时只要停止操作 5s，仪器就自动恢复温度控制状态）。

② 按“位移”键，选择需要调整的位数，数字闪烁的位数即是可进行调整的位数。

③ 按“上调”键或“下调”键确定该位的数值，直到各位数值满足设定温度。

④ 再按“设置”键一次，设置工作完成。若需改变温度设置，只需重复以上步骤。

温度传感器

5.7　非平衡电桥的原理和设计应用

实验物理与理论物理密切相关，搞实验没有理论不行，但只停留于理论而不去实验，科学是不会前进的。

——安德烈·玛丽·安培

电桥可分为平衡电桥和非平衡电桥，非平衡电桥也称不平衡电桥或微差电桥。以往在教学中往往只做平衡电桥实验。近年来，非平衡电桥在教学中受到了较多的重视，因为通过它可以测量一些变化的非电量，这就把电桥的应用范围扩展到很多领域，所以在工程测量中非平衡电桥也得到了广泛应用。

5.7.1　实验目的

（1）掌握非平衡电桥的工作原理及与平衡电桥的异同。

（2）掌握利用非平衡电桥的输出电压测量变化电阻的原理和方法。

（3）设计数显温度计，掌握非平衡电桥测量温度的方法，并类推至测量其他非电量。

（4）用非平衡电桥测量铜电阻、热敏电阻的温度特性。

（5）结合非平衡电桥，用热敏电阻为传感器设计测量范围为 30.0℃～50.0℃的数显温度计。

5.7.2　实验仪器

（1）DHQJ-1 型非平衡电桥。

（2）DHW-1/DHW-2 型温度传感实验装置或 DHT-2 型热学实验仪（含 2.7kΩ 热敏电阻）。

5.7.3 实验原理

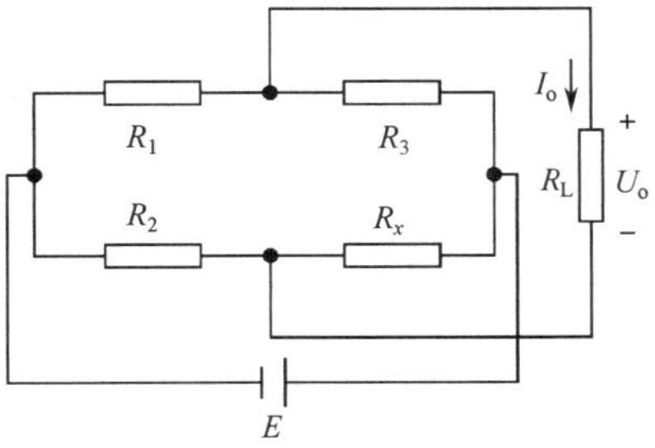

图 5.7.1 非平衡电桥的原理图

非平衡电桥的原理图如图 5.7.1 所示。

非平衡电桥在构成形式上与平衡电桥相似，但测量方法上有很大的差别。平衡电桥调节 R_3 使 $I_o = 0$，从而得到 $R_x = \frac{R_2}{R_1} \cdot R_3$。非平衡电桥使 R_1、R_2、R_3 保持不变，R_x 变化时则 U_o 变化，再根据 U_o 与 R_x 的函数关系，通过检测 U_o 的变化测得 R_x。因为可以检测连续变化的 U_o，所以可以检测连续变化的 R_x，进而检测连续变化的非电量。

1. 非平衡电桥的桥路形式

（1）等臂电桥。电桥的四个桥臂阻值相等，即 $R_1 = R_2 = R_3 = R_{x_0}$，其中 R_{x_0} 是 R_x 的初始值，这时电桥处于平衡状态，$U_o = 0$。

（2）卧式电桥，也称输出对称电桥。电桥的桥臂电阻对称于输出端，即 $R_1 = R_3$，$R_2 = R_{x_0}$，但 $R_1 \neq R_2$。

（3）立式电桥，也称电源对称电桥。从电桥的电源端看桥臂电阻对称相等，即 $R_1 = R_2$，$R_{x_0} = R_3$，但 $R_1 \neq R_3$。

（4）比例电桥。桥臂电阻成一定的比例，即 $R_1 = KR_2$，$R_3 = KR_{x_0}$，或 $R_1 = KR_3$，$R_2 = KR_{x_0}$，K 为比例系数。实际上这是一般形式的非平衡电桥。

2. 非平衡电桥的输出

非平衡电桥的输出按负载大小可分为两种。一种是负载阻抗相对于桥臂电阻很大的非平衡电桥，如输入阻抗很高的数字电压表或输入阻抗很大的运算放大电路；另一种是负载阻抗较小（可以和桥臂电阻相比拟）的非平衡电桥。后一种非平衡电桥由于需要输出一定的功率，故也称功率电桥。

根据电路图 5.7.1，得到电桥无负载时的输出电压为

$$U_o = \left(\frac{R_x}{R_2 + R_x} - \frac{R_3}{R_1 + R_3} \right) E \tag{5.7.1}$$

根据式（5.7.1），可进一步分析电桥输出电压和被测电阻的关系。令 $R_x = R_{x_0} + \Delta R$，R_x 为被测电阻，ΔR 为电阻变化量。根据式（5.7.1）可得

$$U_o = \frac{R_1}{R_1 + R_3} \frac{\Delta R \cdot E}{R_2 + R_{x_0} + \Delta R} \tag{5.7.2}$$

因为 $R_1 R_{x_0} = R_3 R_2$，代入上式有

$$U_o = \frac{R_2}{R_2 + R_{x_0}} \frac{\Delta R \cdot E}{R_2 + R_{x_0} + \Delta R} = \frac{R_2}{(R_2 + R_{x_0})^2} \frac{\Delta R \cdot E}{1 + \dfrac{\Delta R}{R_2 + R_{x_0}}} \tag{5.7.3}$$

式（5.7.3）就是非平衡电桥的输出电压与被测电阻的一般形式的函数关系。

特别地，对于等臂电桥和卧式电桥，式（5.7.3）可简化为

$$U_o=\frac{1}{4}\frac{\Delta R\cdot E}{R_{x_0}+\frac{\Delta R}{2}} \tag{5.7.4}$$

立式电桥和比例电桥的输出与式（5.7.4）相同。若被测电阻的 $\Delta R \ll R_{x_0}$，则式（5.7.3）可简化为

$$U_o=\frac{R_2}{(R_2+R_{x_0})^2}\cdot\Delta R\cdot E \tag{5.7.5}$$

式（5.7.5）可进一步简化为

$$U_o=\frac{1}{4}\frac{\Delta R\cdot E}{R_{x_0}} \tag{5.7.6}$$

这时，U_o 与 ΔR 呈线性关系。

3．非平衡电桥测量电阻的方法

习惯上，人们称负载 $R_L=\infty$的非平衡应用的电桥为非平衡电桥，称具有负载 R_L 的非平衡应用的电桥为功率电桥。下述的“非平衡电桥”都是指 $R_L=\infty$的非平衡应用的电桥。

① 将被测电阻（传感器）接入非平衡电桥，并进行初始平衡，这时电桥的输出电压为 0。改变被测的非电量，则被测电阻发生变化，这时电桥的输出电压 $U_o\neq 0$，开始做相应变化。测出这个电压后，可根据式（5.7.4）计算得到 ΔR。在 $\Delta R \ll R_{x_0}$ 的情况下可按式（5.7.5）或式（5.7.6）计算得到 ΔR 值。

② 根据测量结果求得 $R_x=R_{x_0}+\Delta R$，并作出 U_o～ΔR 曲线，曲线的斜率就是电桥的测量灵敏度。根据所得曲线，由 U_o 的值得到 ΔR 的值后，即可根据电桥的输出电压 U_o 来测得被测电阻 R_x 的值。

4．非平衡电桥测温度的方法

（1）用线性电阻测温度。一般来说，金属的电阻随温度的变化可用下式描述：

$$R_x=R_{x_0}(1+\alpha t+\beta t^2) \tag{5.7.7}$$

例如，对于铜电阻传感器，$R_{x_0}=50\Omega$（$T=0$℃时的电阻值），$\alpha=4.289\times10^{-3}/℃$，$\beta=-2.133\times10^{-7}/℃$。

分析时，在温度不是很高的情况下，一般忽略温度二次项 βt^2，将金属的电阻值随温度的变化视为线性变化，即

$$R_x=R_{x_0}(1+\alpha t)$$

所以 $\Delta R=\alpha R_{x_0}\Delta t$，代入式（5.7.3）有

$$U_o=\frac{R_2}{(R_2+R_{x_0})^2}\cdot\frac{\alpha R_{x_0}\Delta t\cdot E}{1+\frac{\alpha R_{x_0}}{R_2+R_{x_0}}\cdot\Delta t} \tag{5.7.8}$$

式中，αR_{x_0} 值可由以下方法测得。取两个温度 t_1 和 t_2，测得 R_{x_1} 和 R_{x_2}，则

$$\alpha R_{x_0}=\frac{R_{x_2}-R_{x_1}}{t_2-t_1}$$

根据式（5.7.8），由电桥的输出电压 U_o 得到相应的温度变化量 Δt，从而求得 $t=t_0+\Delta t$。

特别地，当 $\Delta R \ll R_{x_0}$ 时，式（5.7.8）可简化为

$$U_o=\frac{R_2}{(R_2+R_{x_0})^2}\cdot\alpha R_{x_0}\Delta t\cdot E \tag{5.7.9}$$

这时 U_o 与 Δt 呈线性关系。

（2）利用热敏电阻测温度。半导体热敏电阻具有负电阻温度系数，电阻值随温度升高而迅速下降，因为热敏电阻由一些金属氧化物如 Fe_3O_4、$MgCr_2O_4$ 等半导体制成，在这些半导体内部，自由电子数目随温度的升高增加得很快，导电能力很快增强。虽然原子振动也会加剧并阻碍电子的运动，但这种作用对导电性能的影响远小于电子被释放而改变导电性能的作用，所以温度上升会使电阻值迅速下降。

热敏电阻的温度特性可以用下述指数函数来描述：

$$R_T=A\mathrm{e}^{B/T} \tag{5.7.10}$$

式中，A 是与电阻几何形状有关的常数，B 是与材料半导体性质有关的常数，T 为热力学温度。

为了求得准确的 A 和 B，可对式（5.7.10）两边取对数：

$$\ln R_T=\ln A+B/T \tag{5.7.11}$$

选取不同的温度 T，得到不同的 R_T。根据式（5.7.11），分别取两个不同的温度 $T=T_1$ 和 $T=T_2$ 时，有

$$\ln R_{T_1}=\ln A+B/T_1,\quad \ln R_{T_2}=\ln A+B/T_2$$

两式相减得

$$B=\frac{\ln R_{T_1}-\ln R_{T_2}}{1/T_1-1/T_2} \tag{5.7.12}$$

将式（5.7.12）代入式（5.7.10）得

$$A=R_{T_1}\mathrm{e}^{-B/T_1} \tag{5.7.13}$$

常用半导体热敏电阻的 B 值约为 1500K～5000K。

不同温度时 R_T 有不同的值，电桥的 U_o 也会有相应的变化。可以根据 U_o 与 T 的函数关系，经标定后，用 U_o 测量温度 T，但这时 U_o 与 T 的关系是非线性的，显示和使用不是很方便。这就需要线性化热敏电阻。线性化的方法很多，常见的有如下几种。

① 串联法。选取一个合适的低温度系数的电阻与热敏电阻串联，使温度与电阻的倒数呈线性关系；再用恒压源构成测量电源，就可使测量电流与温度呈线性关系。

② 串并联法。在热敏电阻两端串并联电阻。总电阻是温度的函数，在选定的温度点进行级数展开，并令展开式的二次项为 0，忽略高次项，从而求得串并联电阻的阻值，这样就可使总电阻与温度成正比，展开温度常为测量范围的中间温度。

③ 非平衡电桥法。选择合适的电桥参数，可使电桥输出电压与温度在一定范围内近似呈线性关系。

④ 运算放大结合电阻网络进行转换，使输出电压与温度呈一定的线性关系。

下面重点介绍用非平衡电桥进行线性化设计的方法。

在图 5.7.1 中，R_1、R_2、R_3 为桥臂测量电阻，具有很小的温度系数，R_x 为热敏电阻，由于只检测电桥的输出电压，故 R_L 开路，根据式（5.7.1）有

$$U_o = \left(\frac{R_x}{R_2 + R_x} - \frac{R_3}{R_1 + R_3} \right) \cdot E$$

式中，$R_x = Ae^{B/T}$。

可见 U_o 是温度 T 的函数，将 U_o 在需要测量的温度范围的中点温度 T_1 处做泰勒级数展开，有

$$U_o = U_{o1} + U_o'(T - T_1) + U_n \tag{5.7.14}$$

其中，

$$U_n = \frac{1}{2}U''(T - T_1)^2 + \sum_{i=3}^{\infty} U_o^{(n)}(T - T_1)^n$$

式中，U_{o1} 为常数项，它不随温度变化。$U_o'(T - T_1)$ 为线性项，U_n 代表所有的非线性项，它的值越小越好，为此令 $U'' = 0$，则 U_n 的三次项可视为非线性项，从 U_n 的四次项开始数值很小，可以忽略不计。

式（5.7.14）中 U_o 的一阶导数为

$$U_o' = \left(\frac{R_x}{R_2 + R_x} - \frac{R_3}{R_1 + R_3} \right)' \cdot E$$

将 $R_x = Ae^{B/T}$ 代入上式并展开可得

$$U_o' = -\frac{ABR_2 e^{B/T}}{(R_2 + Ae^{B/T})^2 T^2} \cdot E$$

U_o 的二阶导数为

$$U_o'' = \left[-\frac{ABR_2 e^{B/T}}{(R_2 + Ae^{B/T})^2 T^2} \cdot E \right]'$$

$$= \frac{ABR_2 e^{B/T}}{(R_2 + Ae^{B/T})^3 T^4} \left[R_2(B + 2T) - (B - 2T)Ae^{B/T} \right] \cdot E$$

令 $U'' = 0$，可得

$$R_2(B + 2T) - (B - 2T)Ae^{B/T} = 0$$

即

$$Ae^{B/T} = \frac{B + 2T}{B - 2T} \cdot R_2 \tag{5.7.15}$$

根据以上分析，可将式（5.7.14）改为如下表达式：

$$U_o = \lambda + m(t - t_1) + n(t - t_1)^3 \tag{5.7.16}$$

式中，t 和 t_1 分别为 T 和 T_1 对应的摄氏温度，线性函数部分为

$$U_o = \lambda + m(t - t_1) \tag{5.7.17}$$

式中，λ 是 U_o 在温度 T_1 时的值：

$$\lambda = U_o = \left[\frac{R_x(T_1)}{R_2 + R_x(T_1)} - \frac{R_3}{R_1 + R_3}\right] \cdot E$$

将 $R_x(T_1) = Ae^{B/T} = \frac{B+2T}{B-2T} R_2$ 代入上式，可得

$$\lambda = \left(\frac{B + 2T_1}{2B} - \frac{R_3}{R_1 + R_3}\right) \cdot E \tag{5.7.18}$$

式（5.7.17）中 m 的值为 U_o' 在温度 T_1 时的值：

$$m = U_o' = -\frac{BR_2 Ae^{B/T_1}}{(R_2 + Ae^{B/T_1})^2 T_1^2} \cdot E$$

将 $R_x(T_1) = Ae^{B/T_1} = \frac{B+2T_1}{B-2T_1} R_2$ 代入上式，可得

$$m = \left(\frac{4T_1^2 - B^2}{4BT_1^2}\right) \cdot E \tag{5.7.19}$$

非线性部分 $n(t - t_1)^3$ 是系统误差，这里忽略不计。

线性化设计的过程如下。

根据给定的温度范围确定 T_1 的值，一般为温度中间值。例如，设计一个 30.0℃～50.0℃的数字温度计，则 T_1 选 313K，即 $T_1 = 40.0$℃。B 值由热敏电阻的特性决定，可根据式（5.7.13）求得。根据非平衡电桥的显示表头，适当选取 λ 和 m 的值，可使表头的显示数正好为摄氏温度值，λ 为测温范围的中心值 mT_1（mV）。这样，λ 就是数字温度计测量范围的中心温度，m 就是测温的灵敏度。

确定 m 值后，E 的值可由式（5.7.19）求得：

$$E = \left(\frac{4BT_1^2}{4T_1^2 - B^2}\right) m \tag{5.7.20}$$

由式（5.7.15）可得

$$R_2 = \frac{B - 2T}{B + 2T} \cdot R_x$$

R_2 的值可取 T_1 温度时的 $R_x(T_1)$值计算：

$$R_2 = \frac{B - 2T_1}{B + 2T_1} \cdot R_x(T_1) \tag{5.7.21}$$

由式（5.7.16）可得 λ，这样选定 λ 值后，就可求得 R_1 与 R_3 的比值。选好 R_1 与 R_3 的比值后，根据 R_1 与 R_3 的阻值可调范围，确定 R_1 与 R_3 的值：

$$\frac{R_1}{R_3} = \frac{2BE}{(B + 2T_1)E - 2B\lambda} - 1 \tag{5.7.22}$$

5.7.4 实验内容与步骤

1. 非平衡电桥测量铜电阻

（1）预调电桥平衡。起始温度可以选择室温或测量范围内的其他温度。选等臂电桥或卧

式电桥测量一组 U_o、ΔR 数据。将 DHW-1/DHW-2 型温度传感实验装置或 DHT-2 热学实验仪的"铜电阻"端接到非平衡电桥输入端。调节合适的桥臂电阻，使 $U_o=0$，测出 $R_{x_0}=$ ______Ω，并记录初始温度 $T_0=$ ____℃。

（2）调节温度控制仪，使铜电阻升温，根据数字温度计的显示温度，读取相应的电桥输出 U_o。ΔR 的值可由式（5.7.7）求得：

$$\Delta R=\frac{4R_{x0}U_o}{E-2U_o}$$

每隔 5℃温度测量一次，将结果记录到表 5.7.1 中。

表 5.7.1　卧式电桥测铜电阻数据记录表

温度/℃											
U_o /mV											
ΔR											
铜电阻 R_x											

（3）用立式电桥或比例电桥，重复以上步骤，ΔR 的值可由下式求得：

$$\Delta R=\frac{(R_2+R_{x_0})^2U_o}{R_2E-(R_2+R_{x_0})U_o}$$

每隔 4℃温度测量一次，将结果记录到表 5.7.2 中。

表 5.7.2　立式电桥测铜电阻数据记录表

温度/℃											
U_o /mV											
ΔR											
铜电阻 R_x											

2．非平衡电桥测温度

选取 2.7kΩ 的热敏电阻，设计的温度测量范围为 30.0℃～50.0℃（夏天室温较高时，也可以将设计温度适当提高，如改为 35℃～55℃或 40℃～60℃）。

（1）在测量温度之前，先要获得热敏电阻的温度特性。为了获得较为准确的电阻测量值，可以用单臂电桥测量不同温度下的热敏电阻值。

将 DHW-1/DHW-2 型温度传感实验装置或 DHT-2 热学实验仪的"热敏电阻"端接到电桥的 R_x 端，用单臂电桥测量，一般取 5 位有效数字即可。调节温度控制仪，使热敏电阻升温。每隔一定温度，测出 R_x，并将相应的温度 T 记入表 5.7.3。

（2）根据表 5.7.3 中的数据，绘制 $\ln R_T \sim 1/T$ 曲线，并根据式（5.7.12）和式（5.7.13）求得 $A=$ ________和 $B=$ _______，注意这里的 $T=(273+t)$ K。

表 5.7.3　单臂电桥测量不同温度下的热敏电阻值记录表

温度/℃	25	30	35	40	45	50	55	60	65
热敏电阻 R_x									

（3）根据非平衡电桥的表头，选择λ和m，根据式（5.7.19）计算可知m为负值，相应的λ也为负值。本实验如使用2V表头，可选m为-10mV/℃，λ为测温范围的中心值-400mV，这样该数字温度计的分辨率就为0.01℃。

（4）按式（5.7.20）求得$E=$ ______V。调节“电压调节”旋钮，将“数字表输入”端用导线接至“电源输出”，接通G按钮，用数字表头的合适量程进行测量，调节电源电压E为所需值。保持电位器位置不变，“数字表输入”端用测量导线接至电桥的输出端，即面板上G两端的插孔中，这时非平衡电桥的E已调好。

（5）按式（5.7.21）求得$R_2=$ ______Ω。按式（5.7.22）求得$R_1/R_3=$ ______，根据R_1、R_3的阻值范围确定$R_1=$ ______Ω（可选100Ω），$R_3=$ ______Ω。

（6）按求得的R_1、R_2、R_3值接好非平衡电桥电路。设定温度$T=40.0$℃，温度稳定后，电桥应输出$U_o=-400$mV。若不为-400mV，再微调R_2、R_3值。最后$R_1=$ ____Ω，$R_2=$______Ω，$R_3=$ ______Ω。

（7）在30℃～50℃的温度测量范围内测量U_o与T的关系，并做好记录。

3. 注意事项

（1）电桥使用时，应避免将桥臂同时调到零值附近测量，这样可能会出现较大的工作电流，测量精度也会下降。

（2）选择不同的桥路测量时，应注意选择合适的工作电源。

（3）仪器使用完毕后，务必关闭电源。

（4）电桥应存放在温度范围为0℃～40℃、相对湿度低于80%的室内空气中，不应含有腐蚀性气体，避免在阳光下暴晒。

5.7.5 数据处理

（1）根据表5.7.1中卧式电桥的测量结果作R_x～T曲线，由曲线图求出α，试与理论值比较，并作图求出某一温度______℃时的电阻值$R_x=$ ________Ω。

（2）根据表5.7.2中立式电桥的测量结果作R_x～T曲线，试与卧式电桥曲线比较。

（3）用铜电阻测量温度。

① 根据前面的实验结果，由式（5.7.9）可得

$$\Delta t=\frac{(R_2+R_{x_0})^2}{R_2E-(R_2+R_{x_0})U_o}\cdot\frac{U_o}{\alpha R_{x_0}} \tag{5.7.23}$$

② 用等臂电桥或卧式电桥实验时，Δt简化为

$$\Delta t=\frac{4}{E-2U_o}\cdot\frac{U_o}{\alpha} \tag{5.7.24}$$

③ 实际的α值根据$\alpha R_{x_0}=\dfrac{R_{x_2}-R_{x_1}}{t_2-t_1}$求得：

$$\alpha=\frac{R_{x_2}-R_{x_1}}{(t_2-t_1)R_{x_0}}$$

④ 取两个温度 T_1 和 T_2，测得 R_{x_1} 和 R_{x_2}，进而可求得 α。

⑤ 这样，就可根据式（5.7.23）或式（5.7.24），由电桥的输出电压 U_o 求得相应的温度变化量 ΔT，进而求得 $T = T_0 + \Delta T$。

⑥ 根据测量结果作 U_o～T 曲线。

（4）根据表 5.7.2 作 U_o～T 关系图并用直线拟合，检查该温度测量系统的线性和误差。同时，在 30℃～50℃的温度测量范围内外，任意设定加热装置的几个温度点作为未知温度，用该温度计测量这些未知温度，并计算误差。

5.7.6 思考题

（1）非平衡电桥与平衡电桥有何异同？

（2）用非平衡电桥设计的热敏电阻温度计有何特点？所测温度的范围受哪些因素限制？

5.7.7 实验拓展

基于非平衡电桥工作原理，在同一测温区间内选用立式与卧式两种电桥，对热敏电阻的升温和降温过程进行测量，比较两种电桥在热敏电阻温度特性实验中的精度，探究桥臂电阻大小对电桥测温限值的影响，确定热敏电阻温度特性偏离线性关系时桥臂电阻的临界阻值。

5.8 电表的改装

> 我平生从来没有做出过一次偶然的发明。我的一切发明都是经过深思熟虑和严格实验的结果。
>
> ——爱迪生

电表在电测量中有着广泛的应用，因此如何了解电表和使用电表就显得十分重要。电流计（表头）由于构造的原因，一般只能测量较小的电流和电压，如果要用它来测量较大的电流和电压，就必须进行改装，以扩大其量程。万用表就是对电流计进行多量程改装而来的，它在电路的测量和故障检测中得到了广泛应用。

5.8.1 实验目的

（1）掌握将电流计改装成较大量程的电流表和电压表的原理与方法。

（2）学会校准改装的电流表和电压表的方法，并确定改装表的准确度等级。

（3）掌握将电流计改装成欧姆表的原理和方法。

（4）学会用电阻箱标定欧姆表，并用改装好的欧姆表测量未知电阻。

5.8.2 实验仪器

指针式电流计、电阻箱、标准电流表、标准电压表、可调稳压电源、滑线变阻器等。

5.8.3 实验原理

指针式电流计通常为磁电式电流计，其主要部分包括放置于永久磁场中的由细漆包线绕制的可以转动的线圈、用来产生机械反力矩的游丝、指示用的指针和永磁铁。当电流通过线圈时，载流线圈在磁场中产生一磁力矩 M，使线圈转动，从而带动指针偏转。线圈偏转角度的大小与通过的电流大小成正比，所以可由指针的偏转直接指示出电流值。

1. 测量表头内阻

电流计允许通过的最大电流称为电流计的量程，用 I_g 表示；电流计的线圈有一定的内阻，用 R_g 表示。I_g 与 R_g 是两个表示电流计特性的重要参数。测量内阻 R_g 的常用方法有半电流法和替代法。

（1）半电流法（中值法）。半电流法测量原理图如图 5.8.1 所示。当被测电流计接在电路中时，通过调电源电压 E 和滑线变阻器 R_w 使电流计满偏；再用十进位电阻箱与电流计并联作为分流电阻，改变电阻值即改变分流程度，让电流计指针指示到中间值，并且标准电流表读数（总电流强度）仍保持不变，可通过调 E 和 R_w 来实现，显然这时分流电阻值就等于电流计的内阻。

（2）替代法。替代法测量原理图如图 5.8.2 所示。先将被测电流计接到电路中，通过调电源电压 E 和滑线变阻器 R_w 使电流计满偏，记录标准表的电流读数 I_m；再用十进位电阻箱替代它，电路中的 E 和 R_w 保持不变，只改变电阻箱的电阻值，使电路中的电流（标准表读数）仍保持为 I_m，则电阻箱的电阻值即为被测电流计的内阻。

替代法是一种运用很广的测量方法，具有较高的测量准确度。

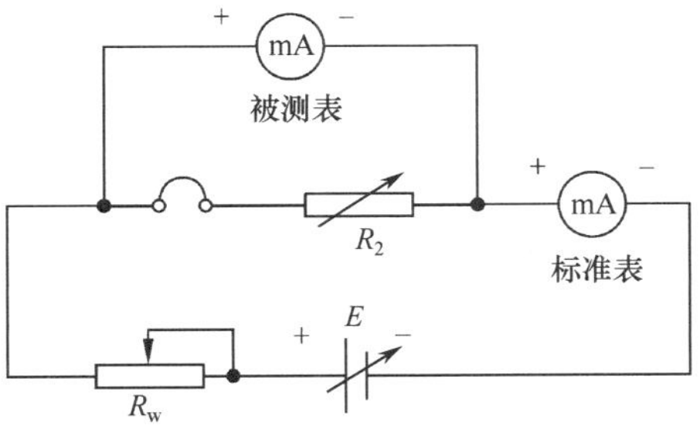

图 5.8.1　半电流法测量原理图

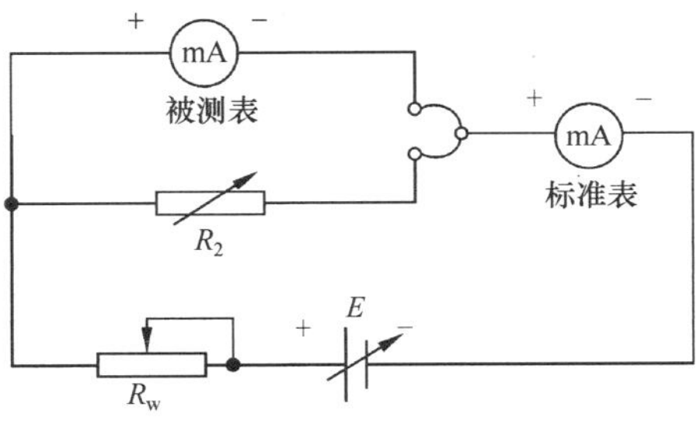

图 5.8.2　替代法测量原理图

2. 改装为大量程电流表

根据电阻并联规律可知，如果在表头两端并联一个阻值适当的电阻 R_2，那么可使表头不能承受的那部分电流从 R_2 上分流通过。这种由表头和并联电阻 R_2 组成的整体（图中虚线框住的部分）就是改装后的电流表。若需将量程扩大 n 倍，则不难得出

$$R_2 = R_g/(n-1) \tag{5.8.1}$$

图 5.8.3 为扩流后的电流表原理图。用电流表测量电流时，电流表应串联在被测电路中，所以要求电流表应有较小的内阻。另外，在表头上并联阻值不同的分流电阻，便可制成多量程的电流表。

3. 改装为电压表

一般表头能承受的电压很小，不能用来测量较大的电压。为了测量较大的电压，可以给表头串联一个阻值适当的电阻 R_M，使表头上不能承受的那部分电压降落在电阻 R_M 上。这种由表头和串联电阻 R_M 组成的整体就是电压表，串联的电阻 R_M 称为*扩程电阻*。选取不同大小的 R_M，就可以得到不同量程的电压表。由图 5.8.4 可求得扩程电阻值为

$$R_M = \frac{U}{I_g} - R_g \tag{5.8.2}$$

实际扩展量程后的电压表原理图如图 5.8.4 所示。用电压表测电压时，电压表总是并联在被测电路上，为了不因并联电压表而改变电路中的工作状态，要求电压表应有较高的内阻。

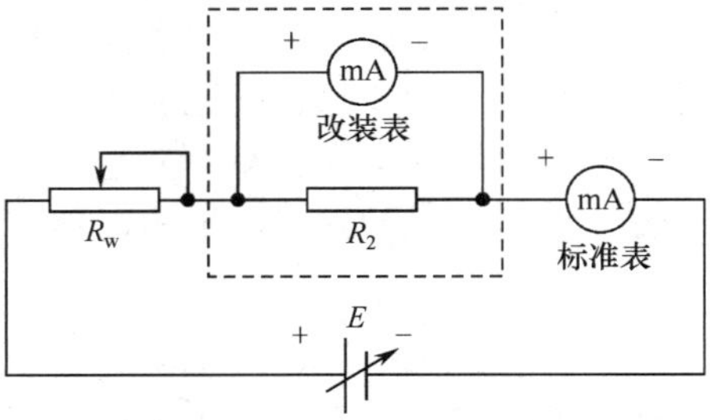

图 5.8.3　扩流后的电流表原理图

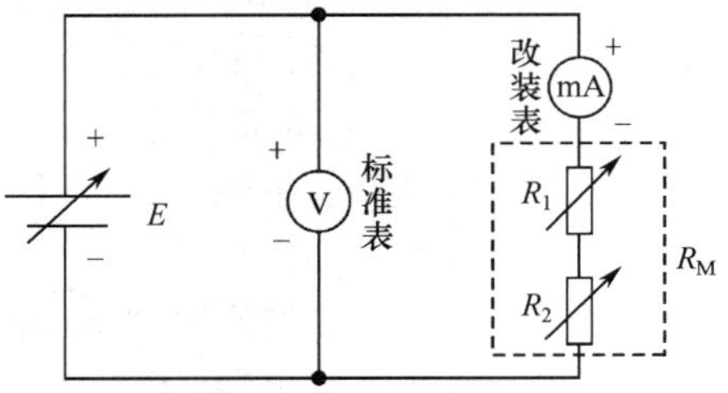

图 5.8.4　实际扩展量程后的电压表原理图

4. 改装电流计为欧姆表

用来测量电阻大小的电表称为*欧姆表*。根据调零方式的不同，欧姆表可分为串联分压式和并联分流式两种，原理图分别如图 5.8.5(a)和图 5.8.5(b)所示。图中 E 为电源，R_3 为限流电阻，R_w 为调“零”电位器，R_x 为被测电阻，R_g 为等效表头内阻。在图 5.8.5(b)中，R_G 与 R_w 一起构成分流电阻。

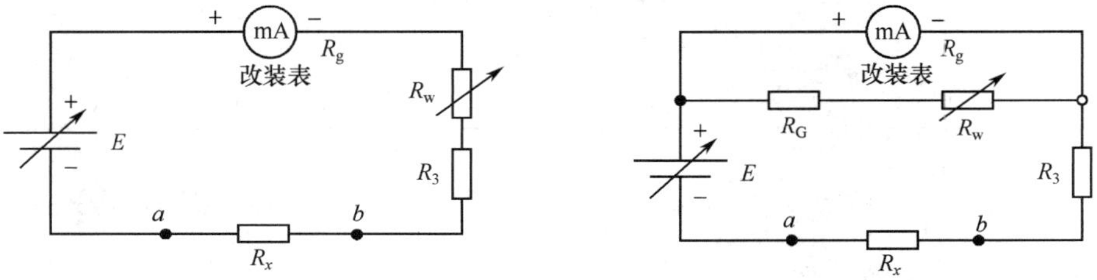

(a) 串联分压式　　(b) 并联分流式

图 5.8.5　欧姆表原理图

欧姆表使用前先要调“零”点，即 a、b 两端短路（相当于 $R_x = 0$），调节 R_w 的阻值，使表头指针正好偏转到满度。可见，欧姆表的零点就在表头标度尺的满刻度（量限）处，与电流表和电压表的零点正好相反。在图 5.8.5(a)中，a、b 端接入被测电阻 R_x 后，电路中的电流为

$$I = \frac{E}{R_g + R_w + R_3 + R_x} \tag{5.8.3}$$

对于给定的表头和线路来说，R_g、R_w、R_3 都是常量。由此可见，当电源端电压 E 保持

不变时，被测电阻和电流值有一一对应的关系。接入不同的电阻，表头就会有不同的偏转读数，R_x越大，电流 I 越小。短路 a、b 两端，即 $R_x = 0$ 时，指针满偏：

$$I = \frac{E}{R_g + R_w + R_3} = I_g \tag{5.8.4}$$

当 $R_x = R_g + R_w + R_3$ 时，有

$$I = \frac{E}{R_g + R_w + R_3 + R_x} = \frac{1}{2} I_g \tag{5.8.5}$$

这时指针在表头的中间位置，对应的阻值为中值电阻，显然 $R_M = R_g + R_w + R_3$。

当 $R_x = \infty$（相当于 a、b 开路）时，$I = 0$，即指针在表头的机械零位。

因此，欧姆表的标度尺为反向刻度，且刻度是不均匀的，电阻 R 越大，刻度间隔越密。如果表头的标度尺预先按已知电阻值刻度，就可用电流表来直接测量电阻。并联分流式欧姆表通过对表头分流来进行调零，具体参数可自行设计。

欧姆表在使用过程中，电池的端电压会有所改变，而表头的内阻 R_g 及限流电阻 R_3 为常量，故要求 R_w 跟着 E 的变化而改变，以满足调“零”的要求，设计时用可调电源模拟电池电压的变化，取 1.3～1.6V 即可。

5.8.4 实验内容与步骤

仪器在进行实验前应对表头进行机械调零。

（1）用中值法或替代法测出表头的内阻，按图 5.8.1 或图 5.8.2 接线。

（2）将一个量程为 1mA 或 100μA 的表头改装成 5mA 量程的电流表。

① 根据式（5.8.1）计算出分流电阻值，先将电源调到最小，将 R_w 调到中间位置，再按图 5.8.3 接线。

② 慢慢调节电源，升高电压，使改装表指到满量程（可配合调节 R_w），这时记录标准电流表读数。注意：R_w 作为限流电阻，阻值不要调至最小值。然后调小电源电压，使改装表每隔 1mA（满量程的 1/5）逐步减小读数直至零点（将标准电流表选择开关打在 20mA 挡量程）；再调节电源电压按原间隔逐步增大改装表读数到满量程，自行设计数据表格并每次记下标准电流表的相应读数。

③ 以改装表读数为横坐标，以标准电流表由大到小及由小到大调节时两次读数的平均值为纵坐标，在坐标纸上作电流表的校正曲线，并根据两表最大误差的数值定出改装表的准确度级别。

④ 重复以上步骤，将 1mA 或 100μA 表头改装成 10mA 表头，可按每隔 2mA 测量一次（可选做）。

⑤ 将面板上的另一定值电阻 R_G 和表头串联，作为一个新的表头，重新测量一组数据，并比较扩流电阻有何异同（可选做）。

（3）将一个量程为 1mA 或 100μA 的表头改装成 1.5V 量程的电压表。

① 根据式（5.8.2）计算扩程电阻 R_M 的阻值，可用 R_1、R_2 进行实验。

② 按图 5.8.4 连接校准电路。用量程为 2V 的数显电压表作为标准表来校准改装的电压表。

③ 调节电源电压，使改装表指针指到满量程（1.5V），记录标准表读数。然后每隔 0.3V 逐步减小改装读数直至零点，再按原间隔逐步增大到满量程，自行设计数据表格并每次记录标准表的相应读数。

④ 以改装表读数为横坐标，以标准表由大到小及由小到大调节时两次读数的平均值为纵坐标，在坐标纸上作电压表的校正曲线，并根据两表最大误差的数值定出改装表的准确度级别。

⑤ 重复以上步骤，将 1mA 或 100μA 表头改成 5V 量程的电压表，可按每隔 1V 测量一次（可选做）。

（4）改装欧姆表。

① 根据表头参数 I_g 与 R_g 及电源电压 E，选择 R_w 和 R_3 的取值，也可自行设计确定。

② 按图 5.8.5(a)进行连线。将 R_2 电阻箱（这时作为被测电阻 R_x）接于欧姆表的 a、b 端，调节 R_2，使 $R_2 = R_M$。

③ 调节电源 $E = 1.5V$，调节 R_w 使改装表头指示为零。

④ 取电阻箱的电阻为一组特定的数值 R_{x_i}，读出相应的偏转格数 d_i。利用所得读数 R_{x_i}、d_i 绘制出改装欧姆表的标度盘。

⑤ 按图 5.8.5(b)进行连线，设计一个并联分流式欧姆表，并与串联分压式欧姆表比较（可选做）。

5.8.5 注意事项

（1）严格按照实验步骤及要求进行实验，并遵循“先接线，再加电；先断电，再拆线”的原则。在加电前应确认接线已准确无误（特别是在测量高压或大电流时），避免电路短路。

（2）使用时应注意电压源的量程是否正确，以免电压过大造成仪器故障。

（3）本实验采用开放式设计，所以连接插线时注意所加电流不能超过被改表头的电流量程，以免损坏表头。

5.8.6 思考题

（1）是否还有别的办法来测量电流计内阻？能否用欧姆定律来进行测量？能否用电桥来进行测量而又保证通过电流计的电流不超过 I_g？

（2）设计 $R_M = 1500\Omega$ 的欧姆表，现有两个量程为 1mA 的电流表，内阻分别为 250Ω 和 100Ω，你认为选哪个电流表较好？

5.8.7 实验拓展

电表改装后可以测量多种不同的物理量，万用表就是电表改装后的应用装置之一。在新能源领域，万用表用于检测电动汽车电池的电压、电流和电阻等参数，以评估电池性能和健康状况，保障车辆的安全和续航能力。在智能制造中，它能实时监测自动化生产线上的电气参数，确保设备稳定运行，提高生产效率和产品质量。在科研实验室中，万用表可以精确测量微小的电信号，帮助科学家研究新型材料的电学特性，开发前沿的电子器件。此外，在智能家居系统中，万用表有助于检测和调试智能设备的电路，实现家居设备的智能化和节能化。随着技术的不断发展，万用表的功能将不断拓展和优化，为各领域的发展提供更有力的支持。

电表改装

5.9 数字电表的设计和校准

我们思想的发展在某种意义上常常来源于好奇心。

——爱因斯坦

数字电表以其显示直观、准确度高、分辨率高、功能完善、性能稳定、体积小以及易于携带等特点，在科学研究、工业现场和生产生活中得到了广泛应用。数字电表的工作原理简单，完全可以让读者理解并利用这一工具来设计对电流、电压、电阻、压力、温度等物理量的测量，从而提高大家的动手能力和解决问题的能力。

5.9.1 实验目的

（1）了解数字电表的基本原理及常用双积分模数转换芯片外围参数的选取原则、电表的校准原则及测量误差来源。

（2）了解万用表的特性、组成和工作原理。

（3）掌握分压、分流电路的原理及对电压、电流和电阻的多量程测量的设计。

（4）了解交流电压、三极管和二极管相关参数的测量。

（5）通过数字电表原理的学习，能够在传感器设计中灵活应用数字电表。

5.9.2 实验仪器

DH6505 数字电表原理及万用表设计实验仪、三位半通用数字万用表、示波器、电阻箱等。

5.9.3 实验原理

1. 数字电表原理

常见的物理量都是幅值大小连续变化的模拟量，指针式仪表可以直接对模拟电压和电流进行显示。而对数字式仪表，需要把模拟电信号（通常是电压信号）转换成数字信号，再进行显示和处理。

数字信号与模拟信号不同，其幅值大小是不连续的，就是说数字信号的大小只能是某些分立的数值，所以需要进行量化处理。若最小量化单位为 Δ，则数字信号的大小是 Δ 的整数倍。设 Δ = 0.1mV，我们把被测电压 U 与 Δ 比较，看 U 是 Δ 的多少倍，并把结果四舍五入为整数 N。一般情况下，$N \geqslant 1000$ 即可满足测量准确度要求（量化误差小于或等于 1/1000 = 0.1%）。最常见的数字表头的最大示数为 1999，称为三位半数字表。例如，U 是 Δ（0.1mV）

的 1861 倍，即 $N = 1861$，显示结果为 186.1mV。这样的数字表头，再加上电压极性判别显示电路和小数点选择位，就可以测量显示-199.9～199.9mV 的电压，显示准确度为 0.1mV。

（1）双积分式模数（A/D）转换器（ICL7107）的基本工作原理。

双积分模数转换电路的原理比较简单，当输入电压为 V_x 时，在一定时间 T_1 内对电量为零的电容器 C 进行恒流（电流大小与待测电压 V_x 成正比）充电，这样电容器两极之间的电量将随时间线性增加，当充电时间达到 T_1 后，电容器上积累的电量 Q 与被测电压 V_x 成正比；然后让电容器恒流放电（电流大小与参考电压 V_{ref} 成正比），这样电容器两极之间的电量将线性减小，直到 T_2 时刻减小为零。因此，可以得出 T_2 也与 V_x 成正比的结论。如果用计数器在 T_2 开始时刻对时钟脉冲进行计数，结束时刻停止计数，得到计数值 N_2，那么 N_2 与 V_x 成正比。

双积分式 A/D 的工作原理就是基于上述电容器充放电过程中计数器读数 N_2 与输入电压 V_x 成正比构成的。现在我们以实验中所用到的三位半模数转换器 ICL7107 为例来讲述它的整个工作过程。双积分式 A/D 转换器 ICL7107 的基本组成如图 5.9.1 所示，它由积分器、过零比较器、逻辑控制电路、闸门电路、计数器、时钟脉冲源、锁存器、译码器及数字显示等组成。下面主要讲解它的转换电路，大致分为三个阶段。

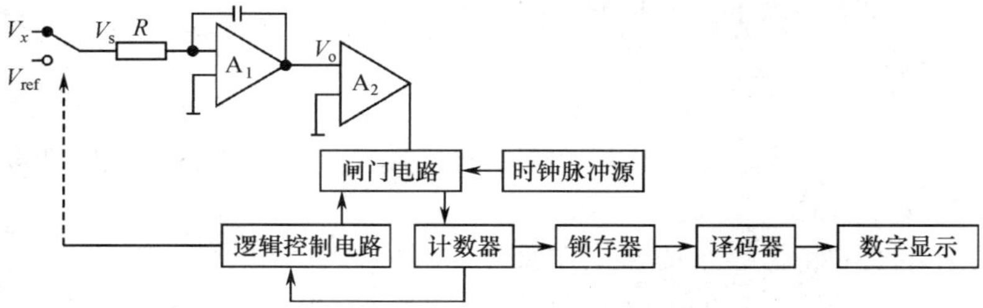

图 5.9.1　双积分式 A/D 转换器 ICL7107 的基本组成

第一阶段，首先将电压输入脚与输入电压断开，与地端相连，放掉电容器 C 上积累的电量，然后参考电容器 C_{ref} 充电到参考电压值 V_{ref}，同时反馈给自动调零电容器 C_{az} 以补偿缓冲放大器、积分器和比较器的偏置电压。这个阶段称为*自动校零阶段*。

第二阶段为信号积分阶段（采样阶段），在此阶段 V_s 接到 V_x 上使之与积分器相连，这样电容器 C 将以恒定电流 V_x/R 充电，与此同时计数器开始计数，当计到某个特定值 N_1（对于三位半 A/D 转换器，$N_1 = 1000$）时，逻辑控制电路使充电过程结束，这样采样时间 T_1 是一定的，假设时钟脉冲为 T_{CP}，则 $T_1 = N_1T_{CP}$。在此阶段积分器输出电压 $V_o = -Q_o/C$（因为 V_o 与 V_x 的极性相反），Q_o 为 T_1 时间内恒流（V_x/R）给电容器 C 充电得到的电量，所以有

$$Q_o = \int_0^{T_1} \frac{V_x}{R} \mathrm{d}t = \frac{V_x}{R} T_1 \tag{5.9.1}$$

$$V_o = \frac{-Q_o}{C} = -\frac{V_x}{RC} T_1 \tag{5.9.2}$$

第三阶段为反积分阶段（测量阶段），在此阶段逻辑控制电路把已充电至 V_{ref} 的参考电容器 C_{ref} 按与 V_x 极性相反的方式经缓冲器接到积分电路，这样电容器 C 将以恒定电流 V_{ref}/R 放电，与此同时计数器开始计数，电容器 C 上的电量线性减小，当经过时间 T_2 后，电容器

电压减小到 0，由零值比较器输出闸门控制信号，再停止计数器的计数并显示出计数结果。在此阶段有

$$V_o + \frac{1}{C}\int_0^{T_2} \frac{V_{ref}}{R} dt = 0 \tag{5.9.3}$$

把式（5.9.2）代入上式得

$$T_2 = \frac{T_1}{V_{ref}} V_x \tag{5.9.4}$$

从式（5.9.4）可以看出 T_1 和 V_{ref} 均为常数，因此 T_2 与 V_x 成正比；从图 5.9.2 可以看出，若时钟最小脉冲单元为 T_{CP}，则 $T_1 = N_1 T_{CP}$，$T_2 = N_2 T_{CP}$，代入式（5.9.4）得

$$\frac{V_{ref}}{N_1} N_2 = V_x \tag{5.9.5}$$

因此，可以得出测量的计数值 N_2 与被测电压 V_x 成正比。

对于 ICL7107，信号积分阶段的时间固定为 1000 个 T_{CP}，即 N_1 的值为 1000 不变。而 N_2 的计数随 V_x 的不同为 0～1999，同时自动校零的计数为 2999～1000，也就是测量周期总保持 4000 个 T_{CP} 不变，即满量程时 $N_{2max} = 2000 = 2N_1$，所以 $V_{xmax} = 2V_{ref}$，这样若取参考电压为 100mV，则最大输入电压为 200mV；若参考电压为 1V，则最大输入电压为 2V。

（2）ICL7107 芯片引脚功能、外围元件参数的选择。ICL7107 芯片引脚图如图 5.9.3 所示，它与外围器件的连接图如图 5.9.4 所示。在图 5.9.4 中，ICL7107 芯片和数码管相连的引脚及电源引脚是固定的，所以不加详述。芯片的第 32 脚为模拟公共端，称为 COM 端；第 36 脚 REFHI 和第 35 脚 REFLO 为参考电压正、负输入端；第 31 脚 INHI 和第 30 脚 INLO 为测量电压正、负输入端。

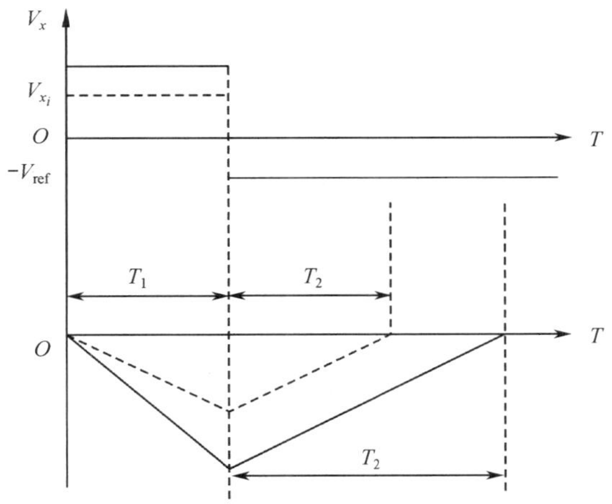

图 5.9.2　积分和反积分阶段曲线图

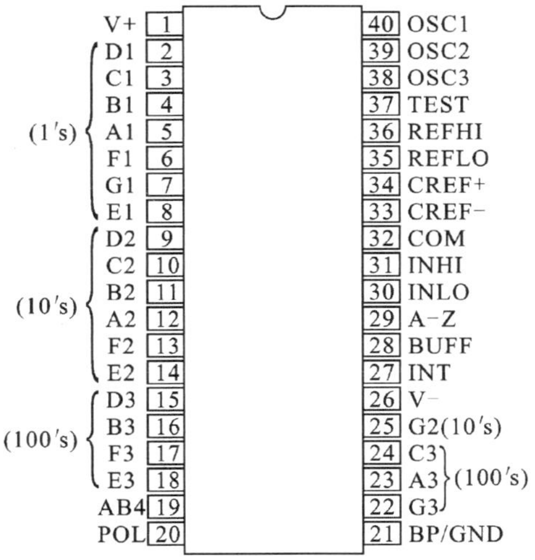

图 5.9.3　ICL7107 芯片引脚图

C_{int} 和 R_{int} 分别为积分电容和积分电阻，C_{az} 为自动调零电容，它们与芯片的第 27、28 和 29 脚相连，将示波器接在第 27 脚可以观测到前面所述的电容充放电过程，该引脚对应实验仪上的示波器接口 V_{int}；电阻 R_1 和 C_1 与芯片内部电路组合提供时钟脉冲振荡源，从第 40

脚可以用示波器测量出该振荡波形，该引脚对应实验仪上的示波器接口 CLK，时钟频率的大小决定了芯片的转换时间（因为测量周期总保持为 4000 个 T_{CP} 不变）以及测量的准确度。下面分析这些参数的具体作用。

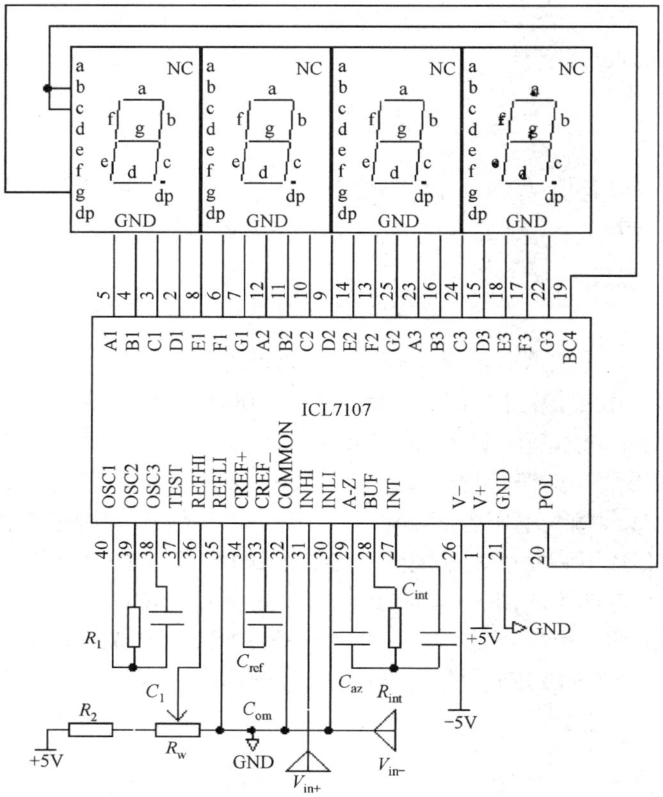

图 5.9.4　ICL7107 与外围器件的连接图

R_{int} 为积分电阻，它由满量程输入电压和用来对积分电容充电的内部缓冲放大器的输出电流定义。对于 ICL7107，充电电流的常规值为 $I_{int} = 4\mu A$，于是 $R_{int} =$ 满量程/4μA。所以在满量程为 200mV 即参考电压 $V_{ref} = 0.1V$ 时，$R_{int} = 50k\Omega$，实际选择 47kΩ电阻；在满量程为 2V 即参考电压 $V_{ref} = 1V$ 时，$R_{int} = 500k\Omega$，实际选择 470kΩ电阻。$C_{int} = T_1 I_{int}/V_{int}$，一般为了减小测量时工频 50Hz 干扰，$T_1$ 通常选为 0.1s，具体下面再分析，这样又由于积分电压的最大值 $V_{int} = 2V$，所以 $C_{int} = 0.2\mu F$，实际应用中选取 0.22μF。

对于 ICL7107，第 38 脚输入的振荡频率为 $f_0 = 1/(2.2R_1C_1)$，而 A/D 转换的计数脉冲频率是 f_0 的 4 倍，即 $T_{CP} = 1/(4f_0)$，所以测量周期 $T = 4000T_{CP} = 1000/f_0$，积分时间（采样时间）$T_1 = 1000T_{CP} = 250/f_0$。所以 f_0 的大小直接影响转换时间的快慢。频率过快或过慢都会影响测量准确度和线性度，读者可在实验过程中通过改变 R_1 的值，同时观察芯片第 40 脚的波形和数码管上显示的值来进行分析。一般情况下，为了提高在测量过程中抗 50Hz 工频干扰的能力，应将 A/D 转换的积分时间选择为 50Hz 工频周期的整数倍，即 $T_1 = n\times 20ms$，考虑到线性度和测试效果，取 $T_1 = 0.1ms$（$n = 5$），这样 $T = 0.4s$，$f_0 = 40kHz$，A/D 转换速度为 2.5 次/s。由 $T_1 = 0.1ms = 250/f_0$，若取 $C_1 = 100pF$，则 $R_1 \approx 112.5k\Omega$。实验中为了让读者更好地理解时钟频率对 A/D 转换的影响，我们让 R_1 可以调节，该调节电位器就是实验仪中的电位器 R_{WC}。

（3）用 ICL7107 进行常见物理参量的测量。

① 直流电压测量的实现（直流电压表）。

(a) 当参考电压 $V_{ref} = 100mV$ 时，$R_{int} = 47k\Omega$。此时采用分压法实现测量 0～2V 的直流电压，电路图见图 5.9.5。

(b) 直接使参考电压 $V_{ref} = 1V$、$R_{int} = 470k\Omega$ 来测量 0～2V 的直流电压，电路图见图 5.9.6。

② 直流电流测量的实现（直流电流表）。直流电流的测量通常有两种方法：第一种方法为欧姆压降法，如图 5.9.7 所示，即让被测电流流过一定值电阻 R_i，然后用 200mV 的电压表测量此定值电阻上的压降 R_iI_s（在 $V_{ref} = 100mV$ 时，保证 $R_iI_s \leqslant 200mV$ 即可），由于被测电路已接入电阻，因而此测量方法会对原电路有影响，测量电流变成 $I_s' = R_0I_s/(R_0 + R_i)$，所以被测电路的内阻越大，误差将越小。第二种方法是用由运算放大器组成的 I～V 变换电路来测量电流，此电路对被测电路无影响，但是由于运放自身参数的限制，因此只能用在对小电流的测量电路中，所以这里不再详述。

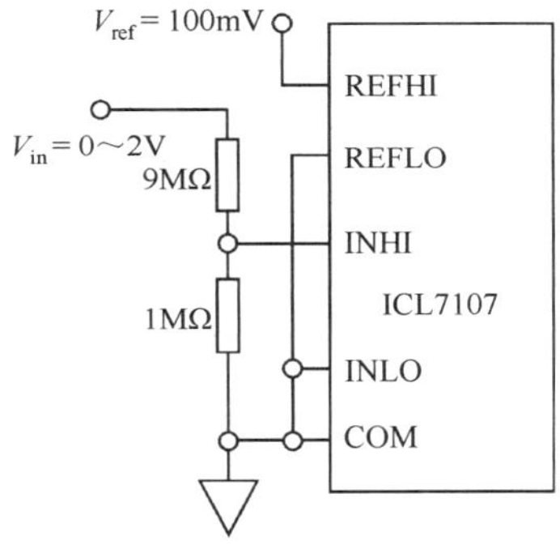

图 5.9.5　分压法直流电压表电路图

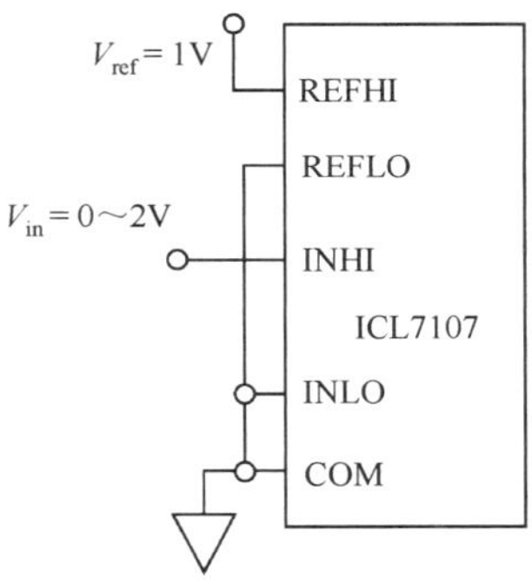

图 5.9.6　直流电压表电路图

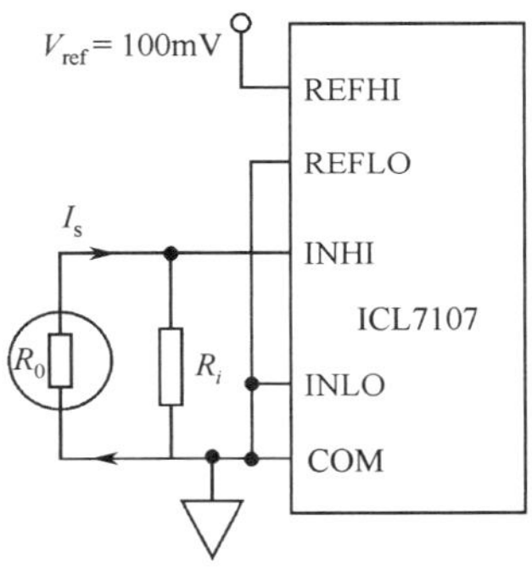

图 5.9.7　直流电流表电路图

③ 电阻值测量的实现（欧姆表）。

(a) 当参考电压选为 100mV 时，选择 $R_{int} = 47k\Omega$，测试的接线图如图 5.9.8 所示，图中稳压器 D_w 是提供测试的基准电压，R_t 是正温度系数（PTC）热敏电阻，它既可以使参考电压低于 100mV，又可以防止误测高电压时损坏 ICL7107 芯片，所以在必须满足 $R_x = 0$ 时，$V_{ref} \leqslant 100mV$。由前面所讲述的 ICL7107 的工作原理，有

$$V_{ref} = V_{r+} - V_{r-} = V_dR_s/(R_s + R_x + R_t) \tag{5.9.6}$$

$$IN = IN_+ - IN_- = V_dR_x/(R_s + R_x + R_t) \tag{5.9.7}$$

由前述理论 $N_2/N_1 = IN/V_{ref}$ 有

$$R_x = (N_2/N_1)R_s \tag{5.9.8}$$

所以由上式可以得出电阻的测量范围始终是 0Ω～$2R_s$。

(b) 当参考电压选为 1V 时，选择 $R_{int} = 470k\Omega$，测试电路可用图 5.9.9 实现，此电路仅供有兴趣的读者参考，因为它不带保护电路，所以必须要保证 $V_{ref} \leqslant 1V$。

在进行多量程实验（万用表设计实验）时，为了设计方便，参考电压都将选为 100mV，除用比例法测量电阻时使 $R_{int} = 470k\Omega$ 外，在进行二极管正向导通压降测量时，也使 $R_{int} = 470k\Omega$ 并且加上 1V 的参考电压。

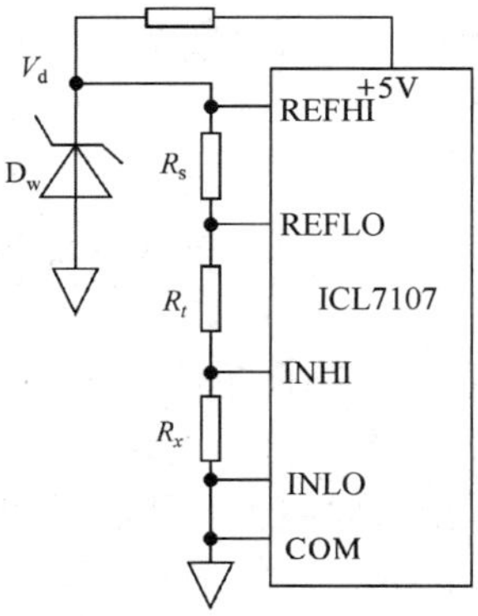

图 5.9.8　欧姆表电路 1

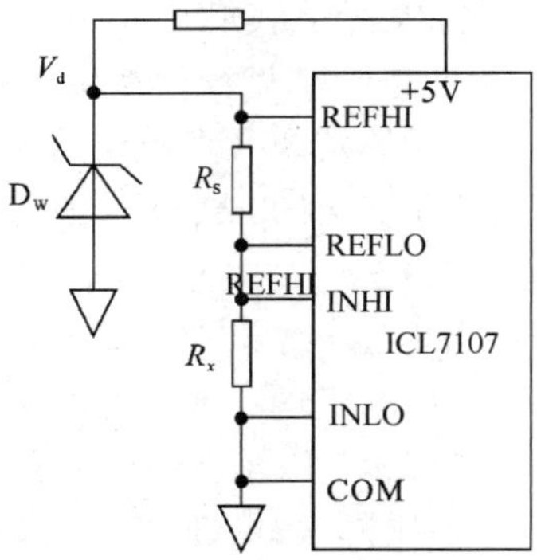

图 5.9.9　欧姆表电路 2

2. 数字万用表设计

常用万用表对交直流电压、交直流电流、电阻、三极管的参数 h_{FE} 和二极管的正向导通压降等进行测量。图 5.9.10 所示为数字万用表测量基本原理图。下面主要讲解提到的几种参数的测量。

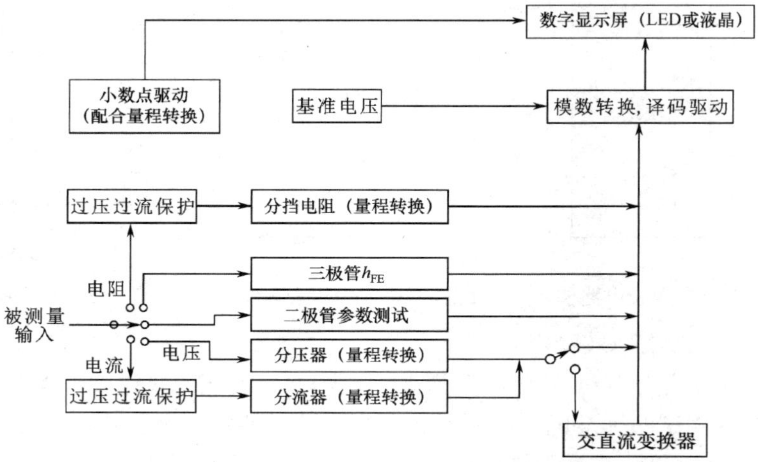

图 5.9.10　数字万用表测量基本原理图

本实验使用 DH6505 型数字电表原理及万用表设计实验仪，其核心由双积分式模数（A/D）转换译码驱动集成芯片 ICL7107 和外围元件、LED 数码管构成。为便于理解其工作原理，我们在仪器中预留了 9 个输入端，包括 2 个测量电压输入端（INHI、INLO）、2 个基准电压输入端（REFHI、REFLO）、3 个小数点驱动输入端（dp_1、dp_2 和 dp_3）及模拟公共端（COM）和地端（GND）。

（1）直流电压量程扩展测量。在前面所述的直流电压表前面加一级分压电路（分压器），可以扩展直流电压测量的量程，如图 5.9.11 所示，电压表的量程 U_o 为 200mV，即前面所讲的参考电压选择 100mV 时所组成的直流电压表，r 为其内阻（如 10MΩ），r_1、r_2 为分压电阻，U_i 为扩展后的量程。

由于 $r \gg r_2$，所以分压比为

$$\frac{U_o}{U_i} = \frac{r_2}{r_1 + r_2}$$

扩展后的量程为

$$U_i = \frac{r_1 + r_2}{r_2} U_o$$

多量程分压器原理电路如图 5.9.12 所示，无挡量程的分压比分别为 1、0.1、0.01、0.001 和 0.0001，对应的量程分别为 200mV、2V、20V、200V 和 2000V。

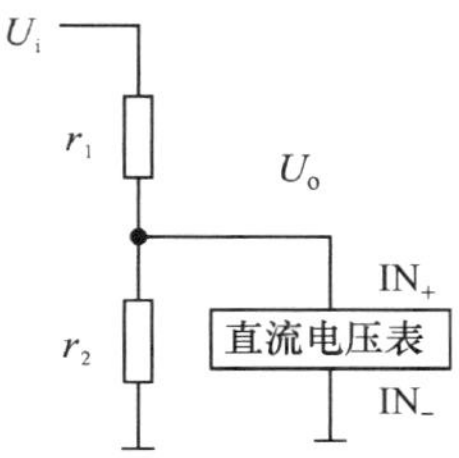

图 5.9.11　分压电路原理电路

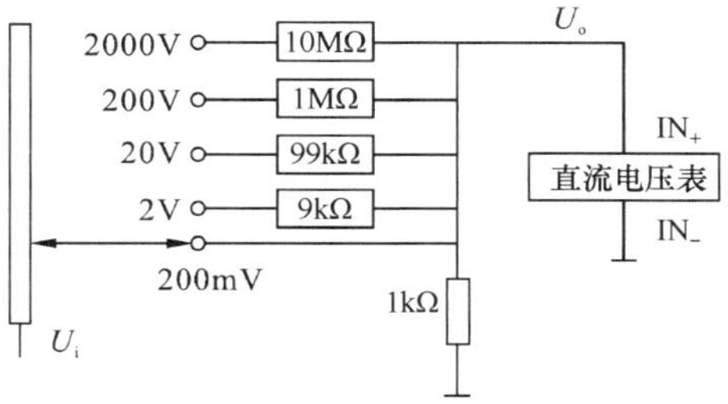

图 5.9.12　多量程分压器原理电路

采用图 5.9.12 所示的分压电路（见实验仪中的分压器 b）虽然可以扩展电压表的量程，但在小量程挡明显降低了电压表的输入阻抗，这在实际应用中是行不通的。所以，实际通用数字万用表的直流电压挡分压电路（见实验仪中的分压器 a）如图 5.9.13 所示，它能在不降低输入阻抗（大小为 R，$R = R_1 + R_2 + R_3 + R_4 + R_5$）的情况下，达到同样的分压效果。

例如，其中 20V 挡的分压比为

$$\frac{R_3 + R_4 + R_5}{R_1 + R_2 + R_3 + R_4 + R_5} = \frac{100\text{k}\Omega}{10\text{M}\Omega} = 0.01$$

其余各挡的分压比也可照此算出。

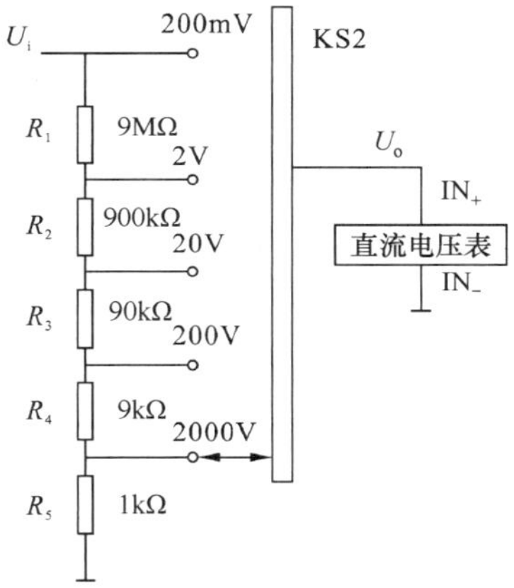

图 5.9.13　直流电压挡分压电路

实际设计时是根据各挡的分压比并考虑输入阻抗要求所决定的总电阻来确定各分压电阻的。首先确定总电阻：

$$R = R_1 + R_2 + R_3 + R_4 + R_5 = 10\text{M}\Omega$$

再计算 2000V 挡的分压电阻：

$$R_5 = 0.0001R = 1\text{k}\Omega$$

然后计算 200V 挡的分压电阻：

$$R_4 + R_5 = 0.001R, \qquad R_4 = 9\text{k}\Omega$$

这样，就可依次逐挡计算出 R_3、R_2 和 R_1 的值。

尽管上述最高量程挡的理论量程是 2000V，但通常的数字万用表出于耐压和安全考虑，规定最高电压量限为 1000V。由于只重在掌握测量原理，不提倡大家做高电压测量实验。

在转换量程时，波段转换开关可以根据挡位自动调整小数点的显示。读者可以自行设计这一实现过程，只要对应的小数位 dp_1、dp_2 或 dp_3 插孔接地就可以实现小数点的点亮。

（2）直流电流量程扩展测量（参考电压为 100mV）。测量电流的原理是，根据欧姆定律，用合适的取样电阻将待测电流转换为相应的电压，再进行测量。如图 5.9.14 所示，由于电压表内阻 $r \gg R$，所以取样电阻 R 上的电压降为

$$U_i = I_i R$$

若数字表头的电压量程为 U_o，要使电流挡量程为 I_o，则该挡的取样电阻（也称分流电阻）为 $R_o = U_o/I_o$。若 $U_o = 200\text{mV}$，则 $I_o = 200\text{mA}$ 挡的分流电阻为 $R = 1\Omega$。

多量程分流器原理电路如图 5.9.15 所示。

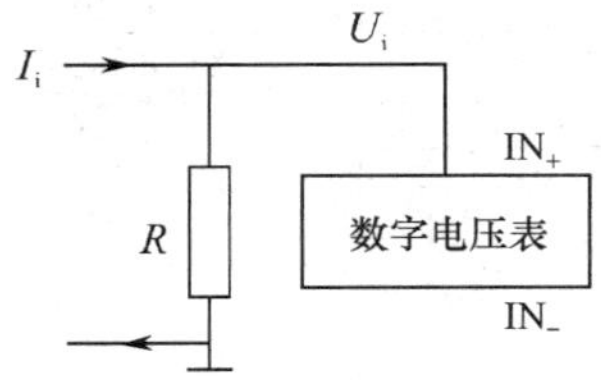

图 5.9.14　电流测量原理

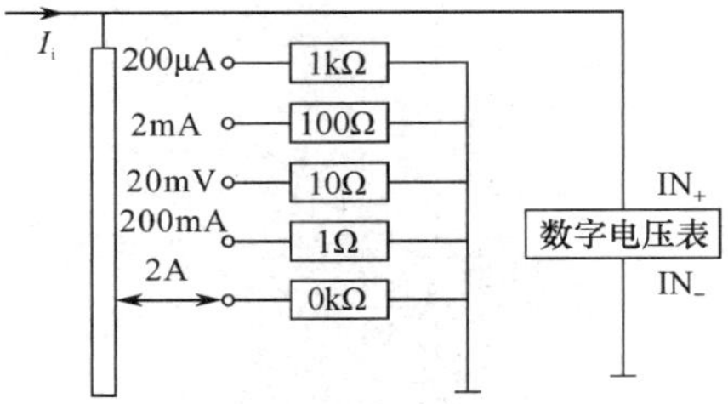

图 5.9.15　多量程分流器原理电路

图 5.9.15 中的分流器（见实验仪中的分流器 b）在实际使用中有一个缺点，就是当换挡开关接触不良时，被测电路的电压可能使数字表头过载，所以实际数字万用表的直流电流挡电路（见实验仪中的分流器 a）如图 5.9.16 所示。

图 5.9.16 中各挡分流电阻阻值的计算如下。先计算最大电流挡的分流电阻 R_5，

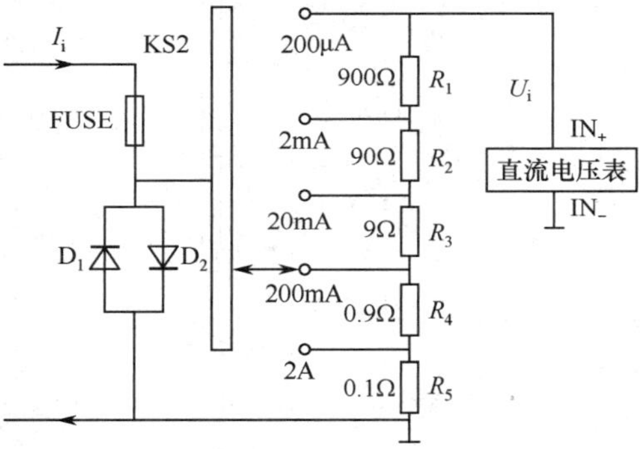

图 5.9.16　实际数字万用表的直流电流挡电路

$$R_5 = \frac{U_o}{I_{m5}} = \frac{0.2}{2} = 0.1\Omega$$

同理，下一挡的 R_4 为

$$R_4 = \frac{U_o}{I_{m4}} - R_5 = \left(\frac{0.2}{0.2} - 0.1\right)\Omega = 0.9\Omega$$

这样，就可依次可以计算出 R_3、R_2 和 R_1 的值。

图 5.9.16 中的 FUSE 是 2A 熔断器，起过流保护作用。两个反向连接且与分流电阻并联的二极管 D_1、D_2 为硅整流二极管，它们起双向限幅过压保护作用。正常测量时，输入电压小于硅二极管的正向导通压降，二极管截止，对测量毫无影响。一旦输入电压大于 0.7V，二极管立即导通，两端电压被钳制在 0.7V 内，保护仪表不被损坏。

用 2 A 挡测量时，若发现电流大于 1 A，则应尽量减少测量时间，以免大电流引起的较高温升影响测量准确度，甚至损坏电表。

（3）交流电压、交流电流测量（参考电压为 100mV）。数字万用表中交流电压、电流测量电路在直流电压、电流测量电路的基础上，于分压器或分流器后面加入了交直流转换电路，即交直流（AC-DC）转换电路，具体电路图如图 5.9.17 所示。

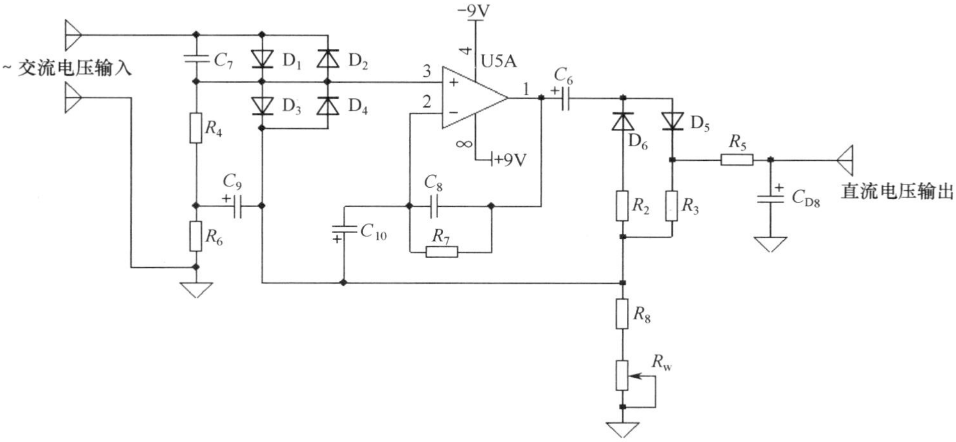

图 5.9.17　交直流电压转换电路（总图的一部分）

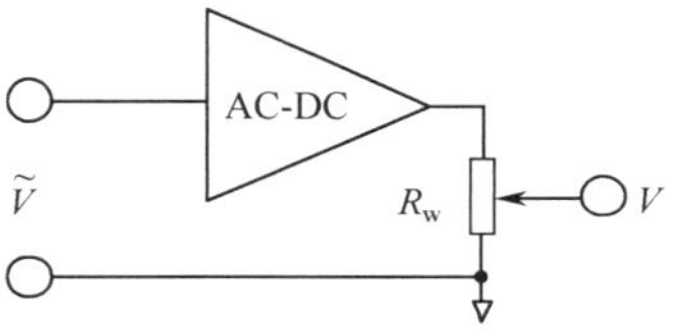

图 5.9.18　交直流电压转换简图

这个 AC-DC 转换器主要由集成运算放大器、整流二极管、RC 滤波器等组成，电位器 R_w 用来调整输出电压高低，校准交流电压挡，使数字表头的显示值等于被测交流电压的有效值。实验仪中用图 5.9.18 所示的简化图代替。

与直流电压挡类似，出于对耐压、安全方面的考虑，交流电压最高挡的量限通常限定为 750V（有效值）。

（4）电阻测量电路（参考电压为 0～1V）。

数字万用表中的电阻挡采用的是比例测量法，其原理电路图见图 5.9.8，测量时拨动开关 S_{1-1}，使 $R_{int} = 470k\Omega$，使参考电压的范围为 0～1V。

如前所述，有

$$R_x = (N_2/N_1)R_s, \qquad N_2 = 1000R_x/R_s$$

当 $R_x = R_s$ 时，数字显示将为 1000，若选择相应的小数点位，则可以实现电阻值的显示。若构成 200Ω 挡，取 R_s = 100Ω，小数点定在十位上，即让 dp_3 插孔接地，当 R_x 变化时，显示范围为 0.1～199.9Ω；若构成 2kΩ 挡，取 R_s = 1kΩ，小数点定在千位上，即让 dp_3 插孔接地，当 R_x 变化时，显示范围为 0.001～1.999kΩ；其他挡类推。

数字万用表多量程电阻挡电路如图 5.9.19 所示，由上述分析，给出电阻参数的选择如下：

$R_1 = 100\Omega$，$R_2 = 1000 - R_1 = 900\Omega$，$R_3 = 10k\Omega - R_1 - R_2 = 9k\Omega$

$R_4 = 100k\Omega - R_1 - R_2 - R_3 = 90k\Omega$，$R_5 = 1000k\Omega - R_1 - R_2 - R_3 - R_4 = 900k\Omega$

图 5.9.19 中由正温度系数（PTC）热敏电阻 R_t 与晶体管 T 组成了过压保护电路，以防误用电阻挡去测高电压时损坏集成电路。误测高电压时，晶体管 T 的发射极将击穿，从而限制输入电压的升高。同时 R_t 随着电流的增加而发热，其阻值迅速增大，从而限制电流的增加，使 T 的击穿电流不超过允许范围，即 T 仅处于软击穿状态，不会损坏，一旦解除误操作，R_t 和 T 就都能恢复正常。

（5）三极管参数 h_{FE} 的测量（参考电压为 100mV）。测量 NPN 管参数 h_{FE} 大小的电路如图 5.9.20 所示，三极管的固定偏置电阻由 R_{37} 和 R_{39} 组成，调整 R_{37} 可使基极电流 $I_B = 10\mu A$，R_{42} 为取样电阻，这样输入直流电压表的电压就为

$$V_{in} = V_{XNO} \approx h_{FE}I_BR_{42} = h_{FE}\times10\mu A\times10\Omega = 0.1h_{FE}\ (mV)$$

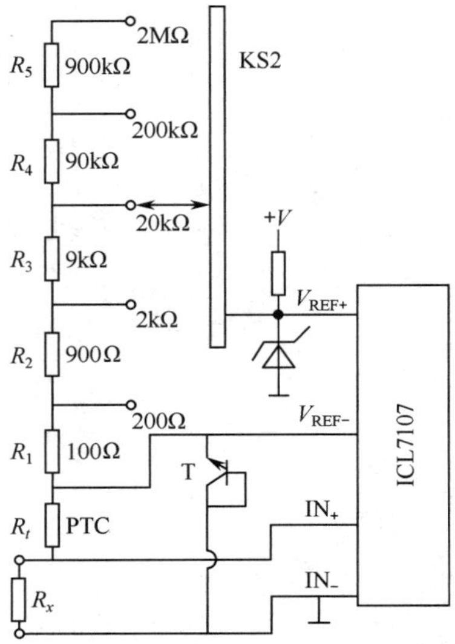

图 5.9.19　数字万用表多量程电阻挡电路

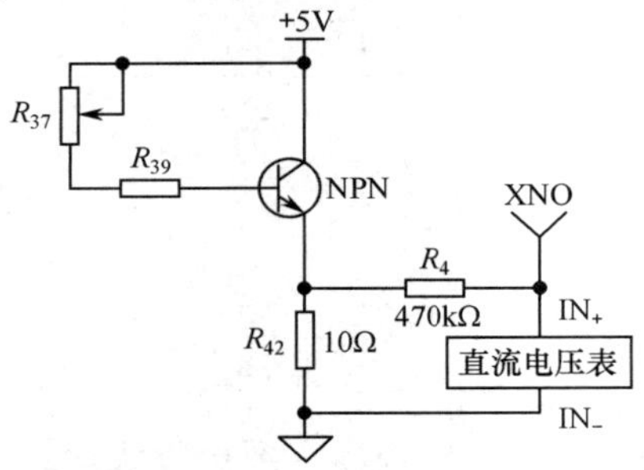

图 5.9.20　NPN 管测量电路

若表头为 200mV 的量程，则理论上 h_{FE} 的测量范围为 0～1999，但为了不出现较大误差，实际测量范围限制为 0～1000，测量过程中可以让小数点消隐（不点亮）。测量 PNP 管 h_{FE} 大小的电路如图 5.9.21 所示，原理和测量 NPN 管 h_{FE} 大小的一样，这里不再赘述。

测量 h_{FE} 时需要注意以下事项：

① 仅适用于测量小功率晶体管，因为测试电压较低且测试电流较小。若测量大功率晶体管，则测量结果会与典型值相差很大。

② $V_{in} \geqslant 200\text{mV}$ 时，仪表将显示过载，应该立即停止测量。

（6）二极管正向压降的测量（参考电压为 1V）。二极管正向导通压降测量电路图如图 5.9.22 所示，+5V 经过 R_{36}、PTC 向二极管提供 5V 的测试电压，使二极管 D_9 导通，测试电流（二极管正向工作电流）I_f ≈1mA，导通压降 V_f 输入 INHI 端和 INLO 端，由于 V_f 的大小一般为 0～2V，所以可以选择参考电压为 1V，此时通过开关选择 $R_{int}=470\text{k}\Omega$，这样就可以直接测出 V_f 的值。如果想用 200mV 挡测试，那么需要对 V_f 分压，请读者自行分析。

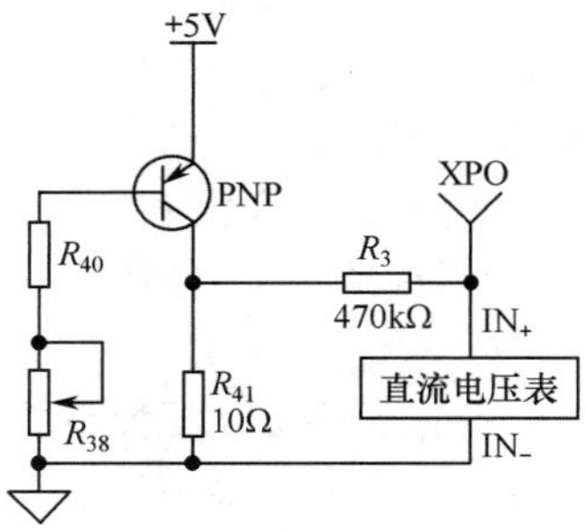

图 5.9.21　PNP 管测量电路

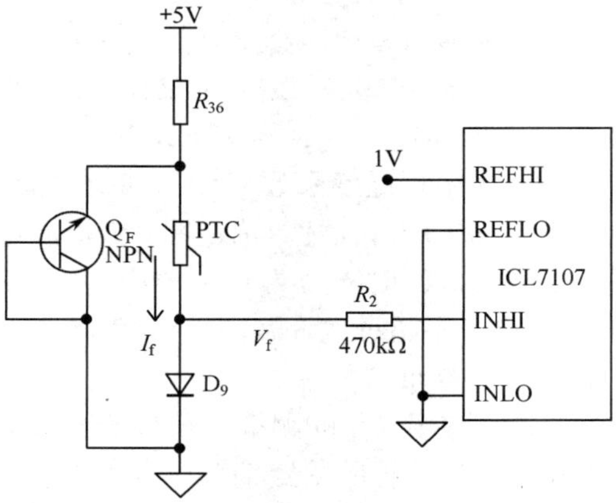

图 5.9.22　二极管正向压降测量电路图

5.9.4 实验内容与步骤

1. 实验仪组成简介

DH6505 数字电表原理及万用表设计实验仪的面板结构图如图 5.9.23 所示，下面介绍其功能。

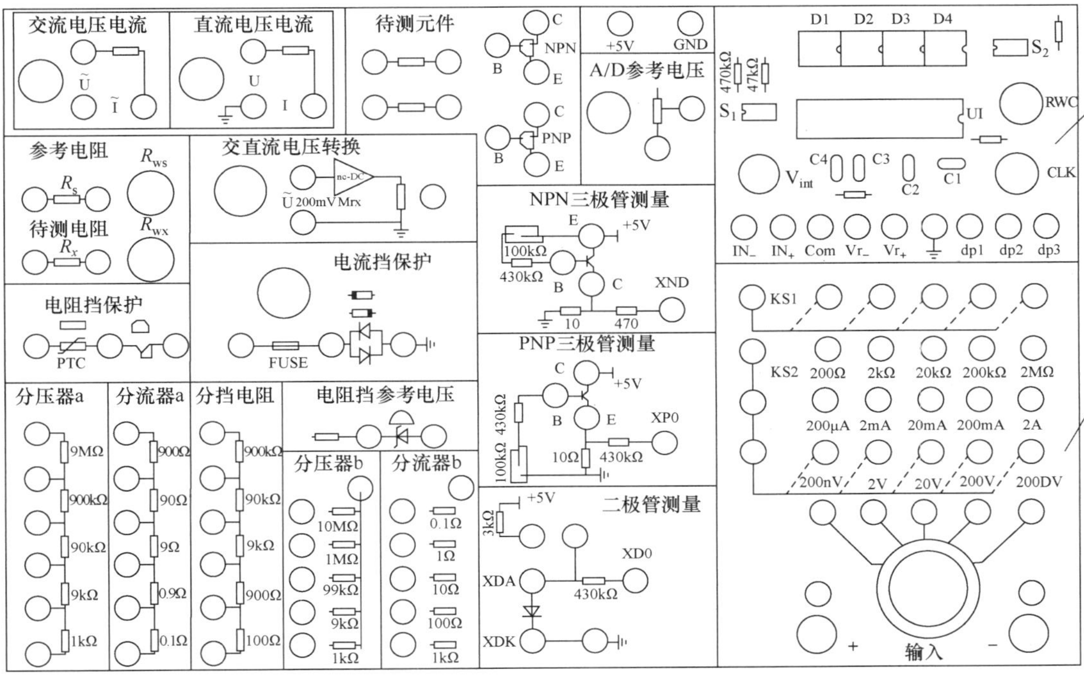

图 5.9.23 DH6505 数字电表原理及万用表设计实验仪的面板结构图

（1）ICL7107 模数转换及其显示模块，如图 5.9.23 中标示的“1”。

（2）量程转换开关模块，如图 5.9.23 中标示的“2”。

（3）交流电压电流模块，提供交流电压和电流，通过模块中的电位器进行调节。

（4）直流电压电流模块，提供直流电压和电流，通过模块中的电位器进行调节。

（5）待测元件模块，提供二极管、电阻、NPN 三极管和 PNP 三极管各一个。

（6）A/D 参考电压模块，提供 A/D 转换器的参考电压，通过模块中的电位器进行调节。

（7）参考电阻模块，提供可调参考电阻和可调待测电阻各一个。

（8）交直流电压转换模块，把交流电压转换成直流电压，通过模块中的电位器进行调整。

（9）电阻挡保护模块，防止过压损坏仪器。

（10）电流挡保护模块，防止过流。

（11）NPN 三极管测量模块、PNP 三极管测量模块、二极管测量模块。

（12）量程扩展分压器 a、b，分流器 a、b，以及分挡电阻模块。

2. 数字电表原理实验

（1）直流电压 200mV 挡量程的校准。

① 将开关 $S_{1\text{-}2}$ 拨至 ON，将其他开关拨至 OFF，使 R_{int} = 47kΩ（注意，对于开关 S_1 和

S_2，拨到上方为 ON，拨到下方为 OFF）。调节 A/D 参考电压模块中的电位器，同时用万用表 200mV 挡测量其输出电压值，直到万用表的示数为 100mV 为止。

② 调节直流电压电流模块中的电位器，同时用万用表 200mV 挡测量该模块电压输出值，使其电压输出值为 0～199.9mV 范围内的某一具体值（如 150.0mV）。

③ 将开关 $S_{2\text{-}3}$ 拨至 ON，将其他开关拨至 OFF，使对应的 ICL7107 模块中数码管的相应小数点点亮，显示 XXX.X。

④ 按图 5.9.24 方式接线并供电，调节模数转换及其显示模块中的电位器 R_{WC}，使外部频率计的读数为 40kHz，或者示波器测量的积分时间 T_1 为 0.1s（原因在前面的实验原理中已述）。

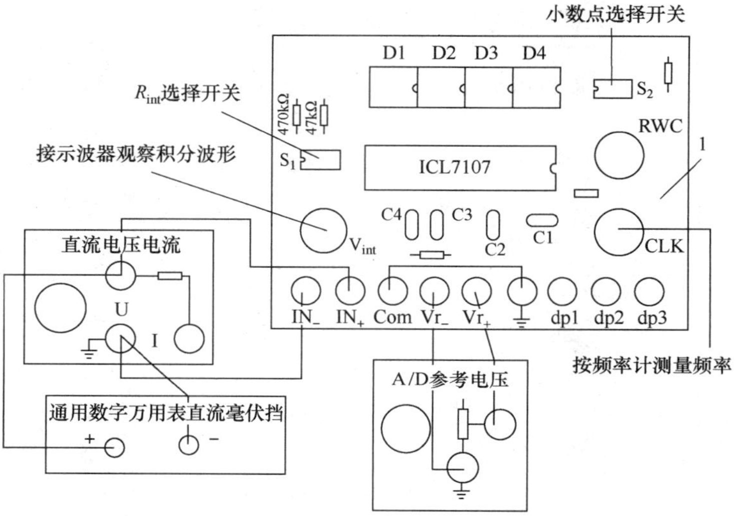

图 5.9.24 直流电压测量接线图

⑤ 观察 ICL7107 模块数码管显示的是否为前述范围 0～199.9mV 内的那个具体值（如 150.0mV）。若有些许差异，则稍微调整 A/D 参考电压模块中的电位器，使模块显示读数为前述的那个具体值（如 150.0mV）。

⑥ 调节电位器 R_{WC} 改变时钟频率，观察模块中数字显示的变化情况，以及示波器所观察到的频率和 T_1 的变化情况，从而理解和认识时钟频率的变化对转换结果的影响。

⑦ 重复步骤④，使 $T_1 = 0.1$s，注意以后不要再调整电位器 R_{WC}。

⑧ 调节直流电压电流模块中的电位器，减小其输出电压，使模块输出电压为 199.9mV, 180.0mV, 160.0mV, …, 20.0mV, 0mV，同时记录万用表对应的读数。再以模块显示的读数为横坐标，以万用表显示的读数为纵坐标，绘制校准曲线。

⑨ 若输入电压大于 200mV，则要首先采用分压电路并改变对应的数码管后再进行测量，请读者自行设计实验。注意，在测量高电压时，务必在测量前确定线路连接是否正确，以避免安全事故。

（2）直流电压 2V 挡量程校准。

① 将开关 $S_{1\text{-}1}$ 拨至 ON，将其他开关拨至 OFF，使 $R_{int} = 470\text{k}\Omega$。调节 A/D 参考电压模块中的电位器，同时用万用表 2V 挡测量其输出电压值，直到万用表的示数为 1.000V 为止。

② 调节直流电压电流模块中的电位器，同时用万用表 2V 挡测量该模块电压输出值，使其电压输出值为范围 0～1.999V 内的某个具体值（如 1.500V）。

③ 将开关 $S_{2\text{-}1}$ 拨至 ON，将其他开关拨至 OFF，使对应的 ICL7107 模块中数码管的相应小数点点亮，即显示 X.XXX。

④ 按图 5.9.24 接线并供电，调节模数转换及其显示模块中的电位器 R_{WC}，使外部频率计的读数为 40kHz，或者示波器测量的积分时间 T_1 为 0.1s（原因在前面的实验原理中已述），此步骤若先前已调好，可以跳过。

⑤ 观察 ICL7107 模块数码管显示的是否是范围 0～1.999V 内前述的那个具体值（如 1.500V）。若有些许差异，则稍微调整 A/D 参考电压模块中的电位器，使模块显示读数为前述的那个具体值（如 1.500V）。

⑥ 调节直流电压电流模块中的电位器，减小其输出电压，使模块输出电压为 1.999V, 1.800V, 1.600V, …, 0.020V, 0V，同时记录万用表对应的读数。再以模块显示的读数为横坐标，以万用表显示的读数为纵坐标，绘制校准曲线。

若输入的电压大于 2V，则要先采用分压电路并改变对应数码管的小数点位后，再进行实验，请读者自行设计实验。多量程扩展实验将在后面详细说明。

进行校准时，由于直流电压电流模块中的电位器细度不够，可能调整不到相应的值（如 150.0mV 和 1.500V），但可以调整到一个很接近的值；在稍微调整 A/D 参考电压模块中的电位器时，注意一定要使模块显示值与直流电压电流模块中输出的电压值显示一样。以下电流挡的校准也同样遵循这一原则。

（3）直流电流 20mA 挡量程校准。

① 测量时可以先左旋直流电压电流模块中的电位器到底，使输出电流为 0。

② 将开关 $S_{1\text{-}2}$ 拨至 ON，将其他开关拨至 OFF，使 $R_{int} = 47\text{k}\Omega$。调节 A/D 参考电压模块中的电位器，同时用万用表 200mV 挡测量输出电压值，直到万用表的示数为 100mV 为止。

③ 将开关 $S_{2\text{-}2}$ 拨至 ON，将其他开关拨至 OFF，使对应的 ICL7107 模块中数码管的相应小数点点亮，即显示 XX.XX。

④ 按照图 5.9.25 接线。供电，向右旋转调节直流电压电流模块中的电位器，使万用表显示为范围 0～19.99mA 内的某个具体值（如 15.00mA）。

⑤ 观察模数转换模块中的显示值是否为范围 0～19.99mA 内前述的那个具体值（如 15.00mA）。若有些许差异，则稍微调整 A/D 参考电压模块中的电位器，使模块显示数值为范围 0～19.99mA 内前述的那个具体值（如 15.00mA）。

⑥ 调节直流电压电流模块中的电位器，减小其输出电流，使显示模块输出电流为 19.99mA, 18.00mA, 16.00mA, …, 0.20mA, 0mA，同时记录万用表对应的读数。再以模块显示的读数为横坐标，以万用表显示的读数为纵坐标，绘制校准曲线。

（4）直流电流 2mA 挡量程校准。若要进行 2mA 挡校准，则只需把分流器 b 中的电阻选为 100Ω，ICL7107 模块中数码管对应的显示为 X.XXX。同时把万用表的量程选为 2mA 挡，然后重复直流电流 20mA 挡量程校准中的步骤①～⑥。

（5）电阻的测量。

① 由于电阻挡基准电压为 1V，所以在进行电阻测试时，选择参考电压为 1V 的设置，即将开关 $S_{1\text{-}1}$ 拨至 ON，将其他开关拨至 OFF，使 $R_{int} = 470\text{k}\Omega$。这样，就可以保证在 $R_x = 0$

时，R_S 上的电压最大为 1V，即参考电压 $V_{r+}-V_{r-}\leqslant 1V$。

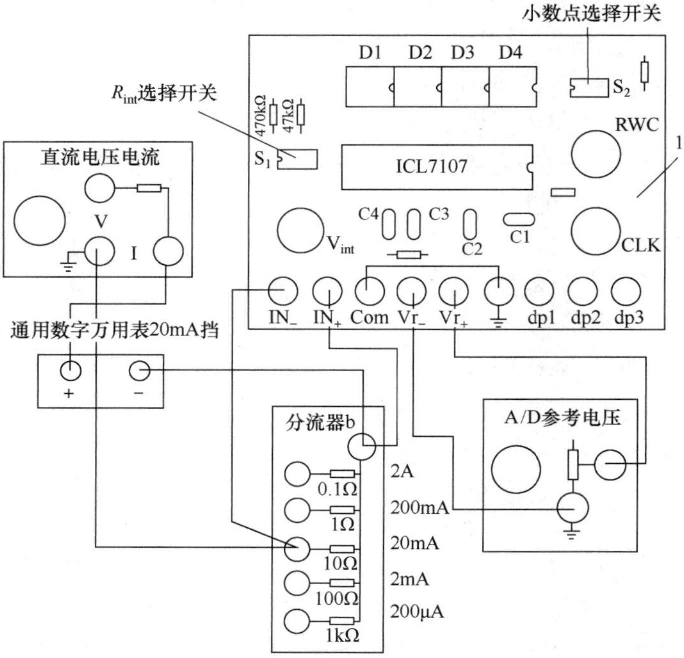

图 5.9.25　直流电流测量接线图

② 进行 2kΩ 挡校准。将高准确度电阻箱的电阻值选为 1500Ω；将开关 $S_{2\text{-}1}$ 拨至 ON，将其他开关拨至 OFF，使对应的 ICL7107 模块中数码管的相应小数点点亮，即显示 X.XXX。

③ 按照图 5.9.26 接线。

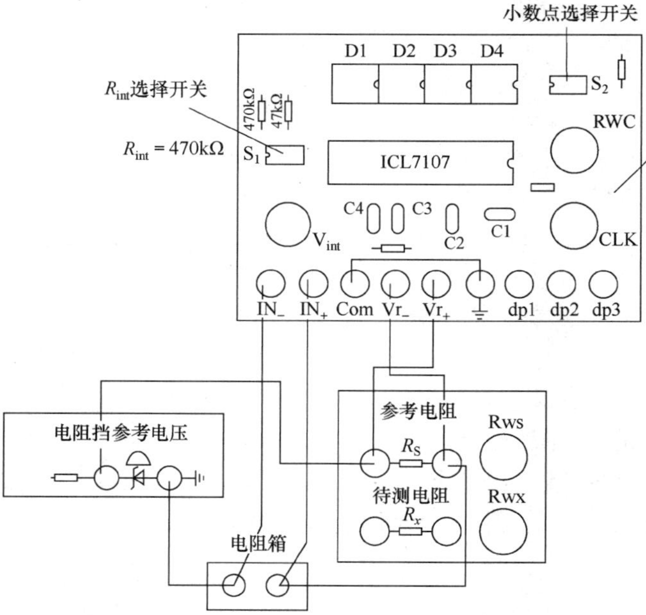

图 5.9.26　电阻挡校准接线图

④ 观察模数转换及其显示模块中的显示值是否为 1.500。若有些许差异，则稍微调节 R_{ws} 使模块显示数值为 1.500。

⑤ 调节外接高准确度电阻箱，使显示模块输出读数分别为 1.999kΩ, 1.800kΩ, 1.600kΩ, …, 0.200kΩ, 0.000kΩ；同时记录电阻箱的电阻值。再以模块显示的读数为横坐标，以电阻箱的读数为纵坐标，绘制校准曲线。

⑥ 进行未知电阻 R_x 的测量。

⑦ 首先用万用表测出 R_x 的值；调节电位器 R_{wx}，使之为 0～1.999kΩ，记录该电阻的值，然后按照图 5.9.27 接线，记录模块显示的读数。比较两者测量的误差，重复多次测量，分析误差来源。

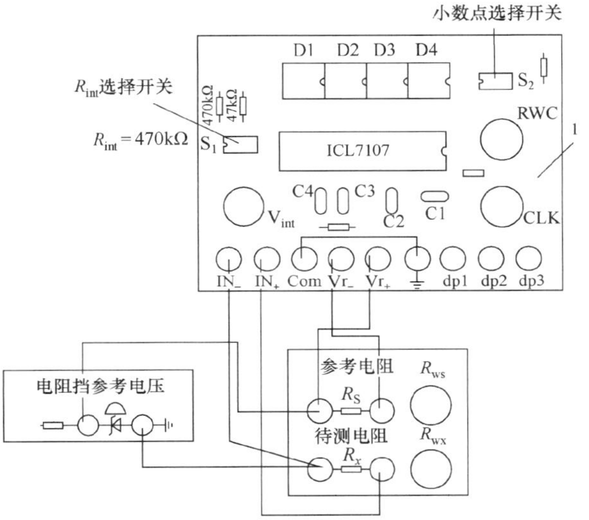

图 5.9.27　电阻测量接线图

⑧ 其他挡也可通过调节电位器 R_{ws} 改变 R_s 的值，并用相应的外接高准确度电阻箱进行校准，请读者自行设计实验。

实际在对电阻进行精密测量时，也是用上述方法实现的，即每挡分别校准，但为了使测量有很好的线性度，一般使参考电压保持不变（由于我们要求的准确度不是很高，所以参考电压对不同测量值是变化的）。下面介绍一种用于精密电阻测量的方法，其原理图见图 5.9.28。它采用的是恒流源电路，因此 A/D 转换参考电压是维持不变的，其中 R 为精密电阻，$I_L = E_g/R = V_x/R_x$，$V_x = E_gR_x/R$，$V_{ref} = E_g$；R_w 和 R_m 用于校准时调整，理论上只要校准时选择准确度足够高的 R_x，测量将同样精确，再加上一些放大处理电路，就可以使测量精确到微欧级。

（6）200mV 交流电压的校准。

① 先进行 200mV 直流电压挡量程的校准。

② 调节交流电压电流模块的交流电压输出，用万用表测量，使之为范围 0～199.9mV 内的某个具体值（如 150.0mV）。

③ 按照图 5.9.29 接线并供电，看模块的显示值是否为范围 0～199.9mV 内前述的那个具体值（如 150.0mV）。若有差别，调节交直流电压转换模块中的电位器，使模块与万用表测量的值相同。

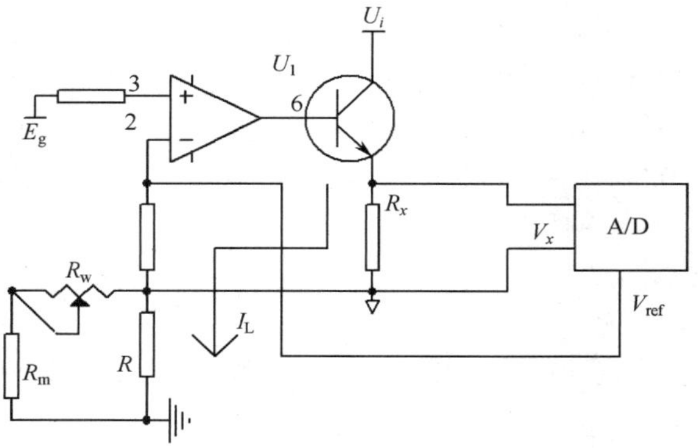

图 5.9.28　精密电阻测量原理图

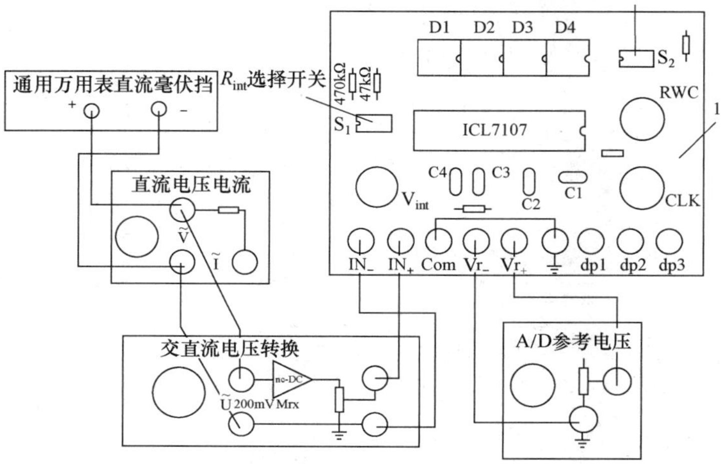

图 5.9.29　交流电压测量接线图

④ 调节交流电压电流模块中的电位器，减小其输出电压，使模块输出电压为 199.9mV, 180.0mV, 160.0mV, …, 20.0mV, 0mV，同时记录万用表对应的读数。再以模块显示的读数为横坐标，以万用表显示的读数为纵坐标，绘制校准曲线。

⑤ 如果要测量大于 200mV 的交流信号，那么必须在交直流电压转换模块前加入分压器后再进行测量，具体测量与多量程直流电压的测量一样。注意，在测量高电压时，务必在测量前确定线路连接是否正确，以避免发生安全事故。

（7）20mA 交流电流的测量。

① 进行 200mV 交流电压的校准。

② 按图 5.9.30 方式接线、供电。

③ 调节交流电压电流模块中的电位器，减小输出电流，使显示模块输出电流为 19.99mA, 18.00mA, 16.00mA, …, 0.20mA, 0mA，同时记录万用表对应的读数。再以模块显示的读数为横坐标，以万用表显示的读数为纵坐标，绘制校准曲线。

④ 若需要测量更高量程的输入，则需要用分流器 a 来实现，请读者自行设计实验。注意在测量大电流时，务必要在测量前确定线路连接是否正确，以避免事故。

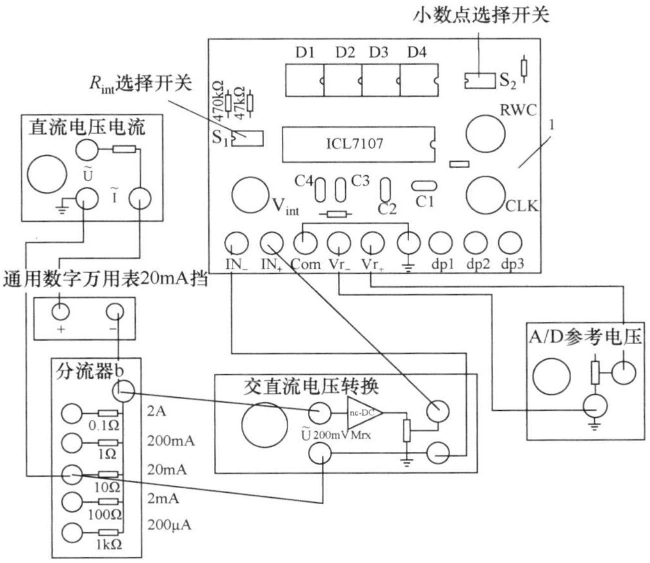

图 5.9.30　交流电流测量接线图

（8）二极管正向压降的校准和测量。

① 将开关 S_{1-1} 拨至 ON，将其他开关拨至 OFF，使 $R_{int}=470k\Omega$。调节 A/D 参考电压模块中的电位器，同时用万用表 2V 挡测量其输出电压值，直到万用表的示数为 1.000V 为止。

② 用万用表测量一个二极管（如 IN4007）的正向导通压降并记录该值。

③ 按照图 5.9.31 接线。在 XDA 和 XDK 插孔中插入二极管，供电。模块显示的值即为此二极管的正向导通压降。若与万用表测量的值有些许差异，则可以稍微调整 A/D 参考电压模块的输出与之相同，再进行其他二极管的正向导通压降测量。

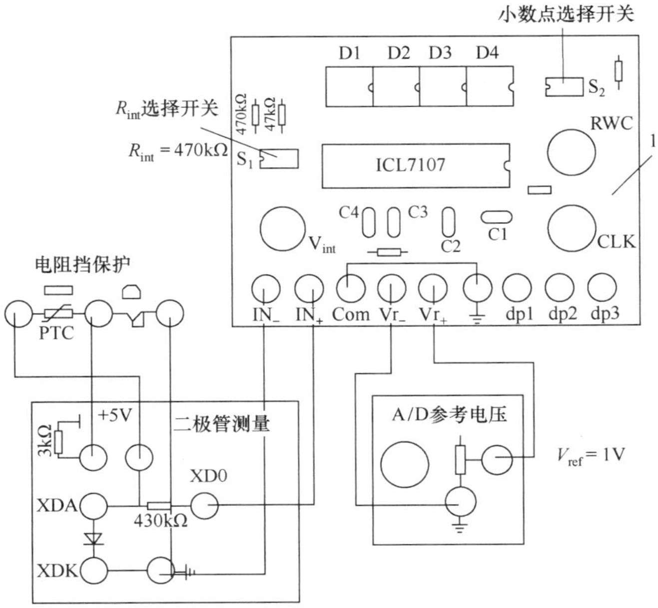

图 5.9.31　二极管正向压降测量接线图

（9）三极管 h_{FE} 参数的测量。

① 制作 200mV 直流数字电压表头并进行校准。

② 将开关 S_2 拨至 OFF，即不点亮任何小数位。

③ 拿出一个 NPN 管 9013，先用万用表进行 h_{FE} 参数测量并记录该值。

④ 按照图 5.9.32 接线、供电，进行 NPN 三极管 h_{FE} 参数的测量。

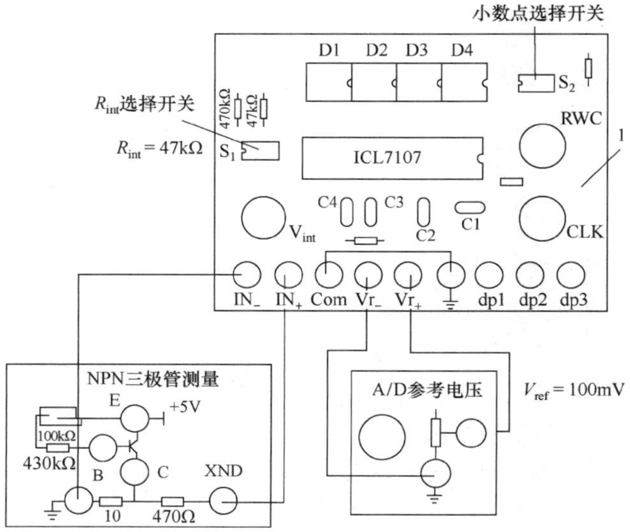

图 5.9.32 NPN 三极管 h_{FE} 参数测量接线图

⑤ 看测量模块显示的值是否与万用表测量的值一致。若有些许差别，则调整 NPN 三极管测量模块中的 100kΩ电位器，使两者的显示相同，再进行其他 NPN 三极管 h_{FE} 参数的测量。

⑥ 拿出一个 PNP 管 9012，先用万用表进行 h_{FE} 参数测量并记录该值。

⑦ 按照图 5.9.33 接线、供电，进行 PNP 三极管 h_{FE} 参数的测量。

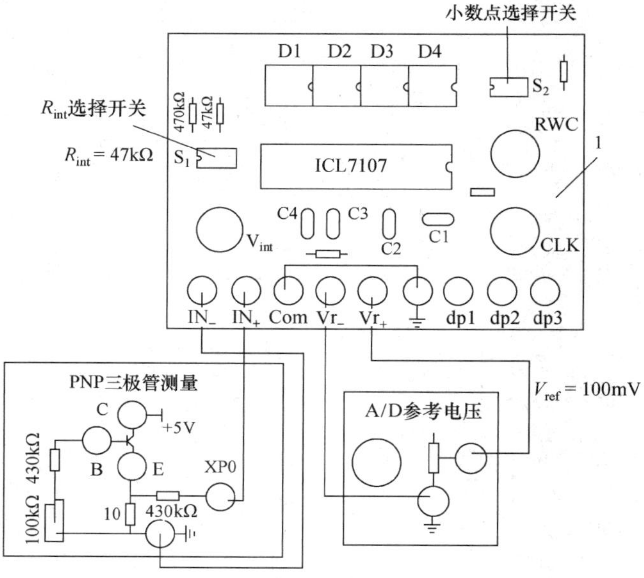

图 5.9.33 PNP 三极管 h_{FE} 参数测量接线图

⑧ 看测量模块显示的值是否与万用表测量的值一致。若有些许差别，则调整 NPN 三极管测量模块中的 100kΩ电位器，使两者的显示相同，再进行其他 PNP 三极管 h_{FE} 参数的测量。

3. 万用表设计实验

量程转换开关模块如图 5.9.34 所示。拨动转换开关，可以使 S_2 插孔依次和插孔 A、B、C、D、E 相连并且相应的量程指示灯亮，同时 S_1 插孔依次与插孔 a、b、c、d、e 相连。KS1 这组开关用于设计时控制模块小数点位的点亮，KS2 用于在分压器、分流器及分挡电阻上实现多量程测量。在进行多量程扩展时，注意要把开关 KS2 都拨至 OFF，然后把插孔 a、b、c、d、e 和 dp_1、dp_2、dp_3 连接组合成需要的量程（控制相应量程的小数点位），拨动量程转换开关时，dp_1、dp_2、dp_3 中有且只有一个通过 a、b、c、d、e 与 S_1 相连，从而对应的小数点将被点亮。具体的接线是 $dp_{1\text{-}b}$、$dp_{1\text{-}e}$；$dp_{2\text{-}c}$；$dp_{3\text{-}a}$、$dp_{3\text{-}d}$。

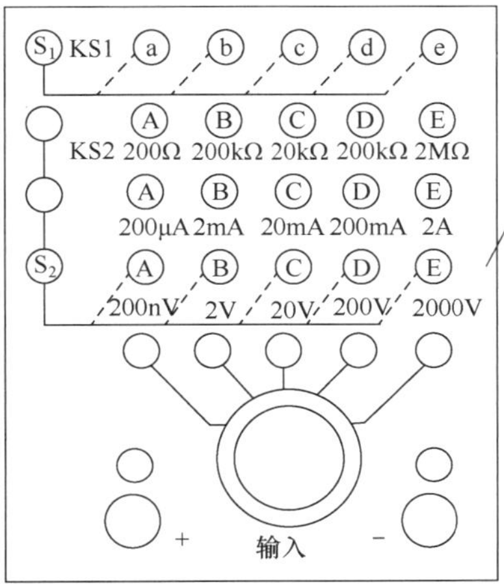

图 5.9.34 量程转换开关模块

（1）设计制作多量程直流数字电压表。

① 制作 200mV（199.9mV）直流数字电压表头并进行校准。

② 利用分压器将电压表头扩展为多量程直流电压表，参照图 5.9.13 和图 5.9.24。

③ 对 200mV 挡和 2V 挡记录数据并作校准曲线。

$U_{改}$ 为改装的表头测量值，$U_{标}$ 为实际标准值，以 $U_{改}$ 为横轴，以 $\Delta U = U_{改} - U_{标}$ 为纵轴，在坐标纸上作校正曲线（注意，校正曲线为折线，即将相邻的两点用直线连接）。

（2）设计制作多量程直流数字电流表。

① 制作 200mV（199.9mV）直流数字电压表头并进行校准。

② 利用分流器设计多量程直流电流表，参照图 5.9.16 和图 5.9.25。

③ 对 2mA 挡和 20mA 挡记录数据并作校准曲线。

$I_{改}$ 为改装的表头测量值，$I_{标}$ 为串联在测量回路中的标准电流表的测量值，以 $I_{改}$ 为横轴，$\Delta I = I_{改} - I_{标}$ 为纵轴，在坐标纸上作校正曲线。

（3）设计制作多量程电阻表。利用分挡电阻原理实现多量程电阻测量，参照图 5.9.19。

4. 设计制作多量程交流电压表

在多量程直流数字电压表的基础上，再加入交直流电压转换模块，即可实现多量程的交流电压的测量。

5.9.5 注意事项

（1）严格按照实验步骤及要求进行实验，并遵循“先接线，再加电；先断电，再拆线”的原则。在加电前应确认接线已准确无误（特别是在测量高压或大电流时），避免短路造成伤亡事故。

（2）虽然测量电路中已加入保护电路，但要注意不要用电流挡或电阻挡测量电压，避免对仪器造成损坏。

（3）当数字表头最高位显示“1”而其余位都不亮时，表明输入信号过大，即超量程，此时应尽快换大量程挡或减小（断开）输入信号，避免长时间超量程工作而损坏仪器。

5.9.6 思考题

（1）直流数字电压表表头如何工作？

（2）制作多量程直流电压表需要用到哪些模块？

（3）制作多量程直流电流表需要用到哪些模块？

（4）以直流电流表的改装为例说明校正曲线的意义。

5.9.7 实验拓展

数字万用表是一种实用的电子测量工具，在众多领域有着广泛应用。在家庭电路维修中，数字万用表能帮助我们检测插座电压是否正常，排查电器故障；在汽车维修行业中，数字万用表可用于检测汽车电池的电压、电路的通断以及传感器的工作状态；在学校的物理实验课上，数字万用表可用于验证电学理论，提高实践操作能力；在工业生产中，数字万用表更是保障设备正常运行的重要工具，能及时发现电气设备的异常，预防事故发生。

5.10 二阶电路的响应研究

没有成功就没有失败，因为失败是成功的一部分。

——基尔霍夫

含有两个独立动态元件的线性电路，可用常系数二阶微分方程来描述，这种电路称为二阶电路。二阶电路系统的响应除了由激励引起，也可由系统内部的“初始状态”引起。二阶电路的固有频率（特性方程的根）有两个，因此其响应要比一阶电路的复杂，会出现过阻尼（非振荡）、欠阻尼（振荡）、临界阻尼（等幅振荡）三种情况。

二阶电路在实际中有许多应用。例如，二阶电路可以构成谐振电路、滤波电路、正弦波振荡器等，其中高通、低通、带通、带阻滤波器等得到了广泛应用；应用二阶电路，可以计算一些随时间非线性变化的量，如热电偶的温度、摩擦力、电容和电感上的电压、交流电压和电流等；应用二阶电路，可以设计电容充放电电路；应用二阶电路，可以控制电压以慢启动电机，从而避免损坏电机线圈。

5.10.1 实验目的

（1）研究 R、L、C 串联电路的电路参数与其暂态过程的关系。

（2）观察二阶电路过阻尼、临界阻尼和欠阻尼三种情况下的响应波形，利用响应波形，计算二阶电路暂态过程的有关参数。

（3）掌握观察动态电路状态轨迹的方法。

5.10.2 实验仪器

示波器、函数信号发生器、电阻、电容、电感、实验九孔板、连接导线等。

5.10.3 实验原理

用二阶微分方程来描述的电路称为二阶电路。例如，图 5.10.1 所示的 R、L、C 串联电路就是典型的二阶电路。根据回路电压定律，当 $t=0_+$时，对电路有

$$LC\frac{\mathrm{d}^2U_C}{\mathrm{d}t^2}+RC\frac{\mathrm{d}U_C}{\mathrm{d}t}+U_C=0 \tag{5.10.1}$$

$$U_C(0_+)=U_C(0_-)=U_S \tag{5.10.2}$$

$$\frac{\mathrm{d}U_C(0+)}{\mathrm{d}t}=\frac{i_L(0_+)}{C}=\frac{i_L(0_-)}{C} \tag{5.10.3}$$

式（5.10.1）中，每一项均为电压，第一项是电感上的电压 U_L，第二项是电阻上的电压 U_R，第三项是电容上的电压 U_C，即回路中的电压之和为零。各项都是电容上电流 i_C 的函数。

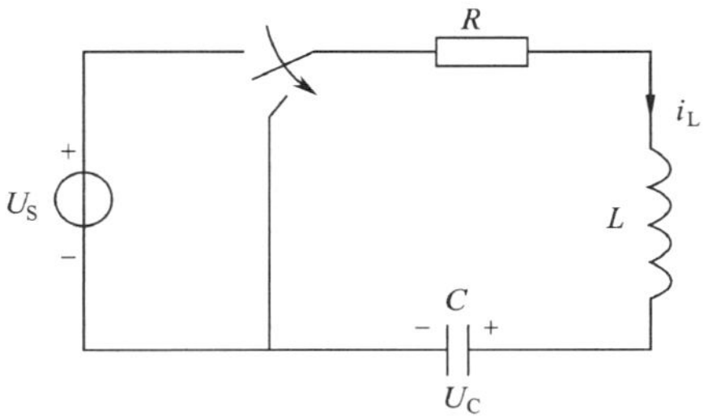

图 5.10.1 R、L、C 串联电路

式（5.10.2）中，由于电容两端的电压不能突变，所以电容上的电压 U_C 在开关接通前后的瞬间都是相等的，都等于信号电压 U_S。

式（5.10.3）中，电容上的电压对时间的变化率等于电感上的电流对时间的变化率，都等于零，即电容上的电压不能突变，电感上的电流不能突变。

由 R、L、C 串联形成的二阶电路在选择不同的参数后，会产生三种不同的响应，即过阻尼状态、欠阻尼（衰减振荡）和临界阻尼三种情况。

（1）当电路中的电阻过大即 $R>2\sqrt{L/C}$ 时，称为过阻尼状态。响应中的电压、电流呈现出非周期性变化的特点，其电压、电流波形如图 5.10.2(a)所示。

从图 5.10.2(a)中可以看出，电流振荡不起来。图 5.10.2(b)中所示的状态轨迹，就是伏安特性。电流由零至最大再由最大减小为零，没有反方向的电流和电压，因为经过电阻后，能量全部被电阻吸收了。

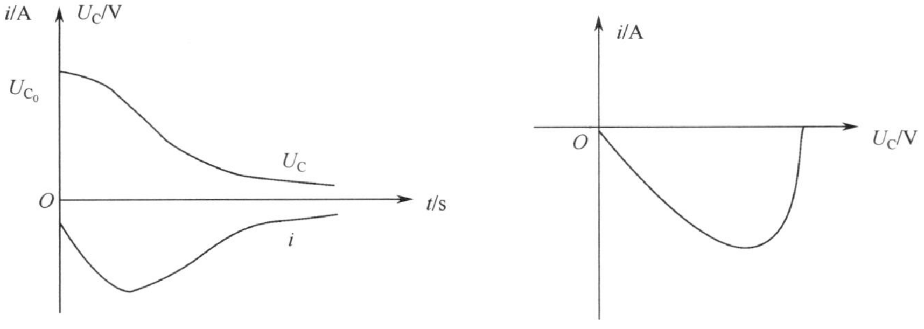

(a) 电压、电流波形

(b) 状态轨迹

图 5.10.2 过阻尼状态 R、L、C 串联电路的电压、电流波形及其状态轨迹

（2）当电路中的电阻过小即 $R<2\sqrt{L/C}$ 时，称为欠阻尼状态。响应中的电压、电流具有

衰减振荡的特点，此时衰减系数 $\delta = R/(2L)$。$\omega_0 = 1/\sqrt{LC}$ 是 $R = 0$ 时的振荡频率，称为无阻尼振荡电路的固有角频率。$R \neq 0$ 时，R、L、C 串联电路的固有振荡角频率 $\omega' = \sqrt{\omega_0^2 - \delta^2}$ 将随 $\delta = R/(2L)$ 的增加而下降，其电压、电流波形如图 5.10.3(a)所示。

从图 5.10.3(a)中可见，有反方向的电压和电流，因为电阻较小，过零后有反向充电的现象。

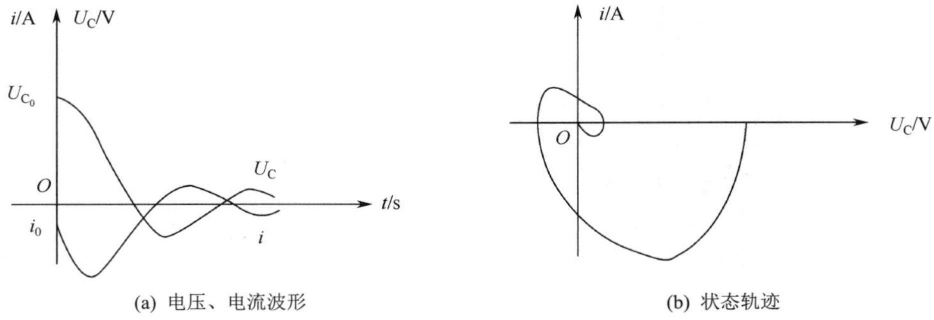

图 5.10.3　欠阻尼状态 R、L、C 串联电路的电压、电流波形及其状态轨迹

（3）当电路中的电阻适中即 $R = 2\sqrt{L/C}$ 时，称为临界阻尼状态。此时，衰减系数 $\delta = \omega_0$，$\omega' = \sqrt{\omega_0^2 - \delta^2} = 0$，暂态过程介于非周期与振荡之间，本质上属于非周期暂态过程，其电压、电流波形如图 5.10.4(a)所示，状态轨迹如图 5.10.4(b)所示。

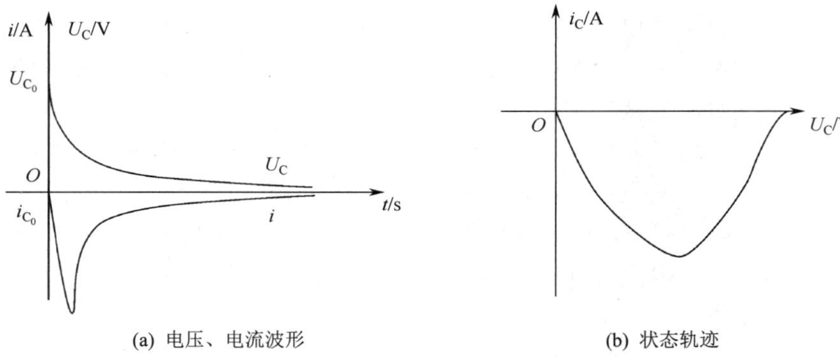

图 5.10.4　临界阻尼状态 R、L、C 串联电路的电压、电流波形及其状态轨迹

5.10.4　实验内容与步骤

（1）将电阻、电容、电感串联成如图 5.10.5 所示的二阶电路实验接线图，输入信号 U_S = 1.0V，f_0 = 2.0kHz，取 L = 10mH，C = 0.022μF，电阻 R 分别为 R_1 = 51Ω、R_2 = 1.3kΩ、R_3 = 2.0kΩ，使电路分别工作在欠阻尼、临界阻尼和过阻尼状态。进行数据计算，求出衰减系数 δ、$R = 0$ 时的振荡频率 ω_0、任意 δ 时的振荡频率 ω，用示波器测量其电容上电压的波形，并画出波形图，

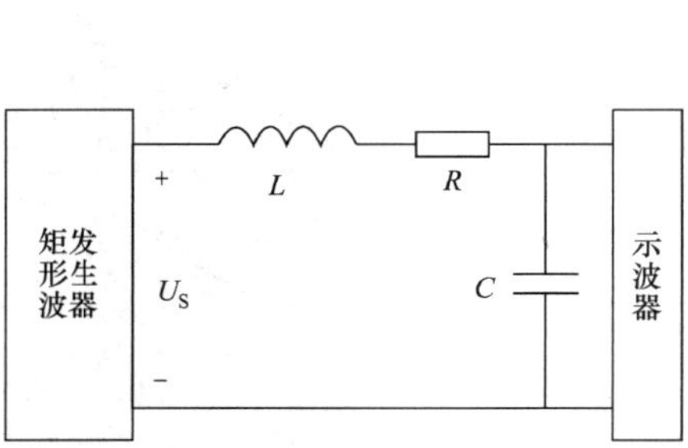

图 5.10.5　二阶电路实验接线图

分析电路状态。

（2）保证电路一直处于欠阻尼状态，取三个不同阻值的电阻 $R_1 = 10\Omega$、$R_2 = 51\Omega$、$R_3 = 200\Omega$，用示波器测量输出波形。

（3）注意事项。

① 按照实验原理连接实验装置导线并检查无误后，打开电源开关。

② 函数信号发生器波形选择为方波，输出电压、频率按实验要求选择。

③ 使用示波器前应将光点调整在坐标原点。

5.10.5 数据处理

（1）说明电路工作在过阻尼、欠阻尼和衰减振荡状态下的输出波形的特点，根据数据计算出衰减系数并给出结论。

（2）说明电路工作在三个不同阻值电阻的欠阻尼状态下的输出波形的特点，计算出衰减系数并给出结论。

5.10.6 思考题

（1）R、L、C 串联电路的暂态过程为什么会出现三种不同的工作状态？试从能量转换角度对其做出解释。

（2）二阶电路产生振荡的条件是什么？其振荡波形如何？u_C 与电路参数 R、L、C 有何关联？

5.10.7 实验拓展

Multisim 是一款功能强大的电路模拟和设计软件，可用来仿真二阶电路响应。用 Multisim 绘出电路（参见图 5.10.1），绘图时不能漏掉信号源，否则无法进行仿真。为防止仿真数据的离散性，绘图时要尽量选用虚拟元件，将 R、L、C 设初值，对 U_R、U_L、U_C 的零状态响应和零输入响应进行仿真分析。分析仿真曲线属于什么状态（欠阻尼、临界阻尼还是过阻尼），并与计算值比较。

5.11 新型能源系统的设计与研究实验

科技发展催生文明，科技创新决定国运，充分利用科技，可以使人类社会进步，可以实现一个更加美好的未来。

——贝尔

新能源是指传统能源之外的各种能源形式，当今通指太阳能、核能、风能、地热能、生物质能、氢能等各种可再生能源，这些能源都有污染小、储量大、尚未大规模利用、正在积极研究开发的特点。当技术上成熟且被大规模使用时，这些能源就可解决严重的环境污染问题和资源日趋枯竭等问题。

1. 太阳能

太阳能是指太阳光的辐射能量，其主要利用形式有太阳能的光热转换（热水器）、光电转换（太阳能电池）及光化学转换。风能、化学能、水的势能等是太阳能导致或转化的能量形式，是21世纪新型能源开发的重点课题之一。

2. 氢能

氢气可由水电解制取，水是取之不尽的，1kg水可制备1860L氢氧燃气。水电解制氢技术主要有碱性电解水、固体氧化物电解水及质子交换膜（PEM）电解水三种。氢气的分子量为2，其含量仅占空气的1/14，因此不易燃、不易爆，燃烧后还原成水，不会污染环境。氢能源被人们认为最有可能大量投入实际使用。1kg氢气的热值为34000kcal，是汽油的三倍。氢氧焰的温度高达 2800℃，热损失小，利用效率高。氢气的缺点是制取成本高，需要大量的电力。

3. 燃料电池

燃料电池直接将燃料的化学能转换为电能，中间不经过燃烧过程，因而不受卡诺循环的限制。燃料电池外表上看有正负极和电解质等，像一个蓄电池，但实质上它不能“储电”，而是一个“发电厂”。只要不断地向燃料电池供给燃料和氧化剂，它就可以连续发电。燃料电池的转换效率为45%～60%，而火力发电和核电的转换效率为30%～40%。燃料电池无论是作为集中式电站还是作为分布式电站，电站的功率都可根据需要由电池堆组装，积木化强，负荷响应快，在数秒内就可从最低功率变换到额定功率，因此电厂离负荷可以很近，以减少线路损失和投资。此外，燃料电池的环境污染也很小。

燃料电池发明于1839年，由于研究未能跟上，直到20世纪50年代才取得实质性进展。20世纪60年代，氢氧燃料电池应用于阿波罗登月飞船等宇航领域。随着兆瓦级磷酸燃料电池研制成功，燃料电池在军事、交通等各个领域中得到应用。燃料电池分为碱性燃料电池（AFC）、磷酸型燃料电池（PAFC）、熔融碳酸盐燃料电池（MCFC）、固体氧化物燃料电池（SOFC）和质子交换膜燃料电池（PEMFC）等。

目前，太阳能电池主要包括晶体硅太阳能电池和薄膜太阳能电池两种，它们各自的特点决定了它们在不同应用中拥有不可替代的地位。但是，未来10年晶体硅太阳能电池所占份额尽管会因薄膜太阳能电池的发展等原因而下降，但其主导地位仍不会根本改变；而薄膜电池如果能够解决转换效率不高、制备薄膜电池所用设备价格昂贵等问题，那么会有巨大的发展空间。

5.11.1 实验目的

（1）了解太阳能电池的工作原理。

（2）测量太阳能电池的伏安特性曲线、开路电压、短路电流、最大输出功率、填充因子等特性参数。

（3）了解质子交换膜电解池（PEMWE）的工作原理。

（4）了解质子交换膜燃料电池（PEMFC）的工作原理。

（5）测量燃料电池的伏安特性曲线、开路电压、短路电流、最大输出功率及转换效率。

（6）观察能量转换过程：光能→太阳能电池→电能→电解池→氢能→燃料电池→电能。

（7）太阳能充放电控制实验和带载实验。

（8）太阳能逆变器实验和带载实验。

5.11.2 实验仪器

新能源实验系统、太阳能电池、燃料电池、电阻箱。

5.11.3 实验原理

1. 测量原理

（1）太阳能电池原理。

在没有光照时，太阳能电池的特性可视为一个二极管，此时其正向偏压 U 与通过电流 I 的关系式为

$$I = I_o(e^{\beta U} - 1) \tag{5.11.1}$$

式中，I_o 和 β 是常数。

由半导体理论，二极管主要由能隙为 $E_C - E_V$ 的半导体构成，如图 5.11.1 所示。E_C 为半导体导电带，E_V 为半导体价电带。当入射光子能量大于能隙时，光子会被半导体吸收，产生电子和空穴对。电子和空穴对会分别受到二极管内电场的影响而产生光电流。

假设太阳能电池的理论模型是由一个理想电流源（光照产生光电流的电流源）、一个理想二极管、一个并联电阻 R_{sh} 与一个电阻 R_S 组成，如图 5.11.2 所示。

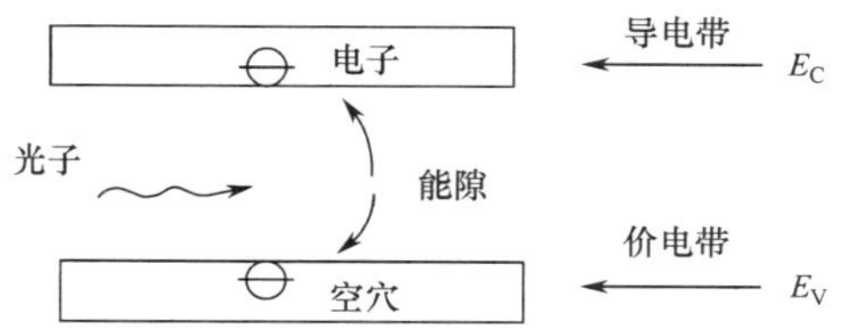

图 5.11.1 电子和空穴在电场作用下产生光电流示意图

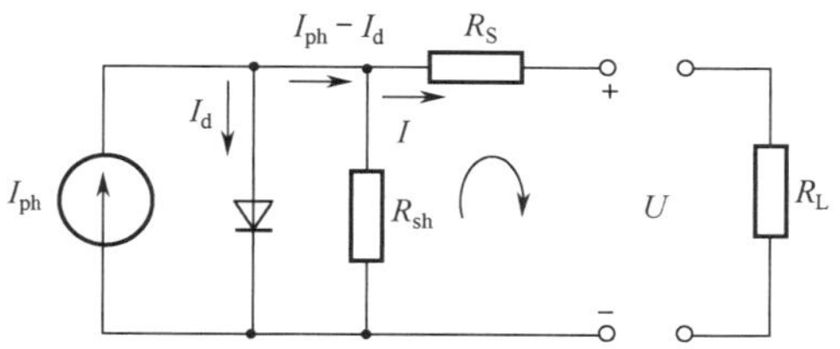

图 5.11.2 太阳能电池的理论模型电路图

在图 5.11.2 中，I_{ph} 是光照时太阳能电池等效电源的输出电流，I_d 是光照时通过太阳能电池内部二极管的电流。由基尔霍夫定律得

$$IR_S + U - (I_{ph} - I_d - I)R_{sh} = 0 \tag{5.11.2}$$

式中，I 为太阳能电池的输出电流，U 为输出电压。由式（5.11.1）可得

$$I\left(1 + \frac{R_S}{R_{sh}}\right) = I_{ph} - \frac{U}{R_{sh}} - I_d \tag{5.11.3}$$

假定 $R_{sh} = \infty$和 $R_S = 0$，则太阳能电池可简化为图 5.11.3 所示的电路。

在图 5.11.3 中，$I = I_{ph} - I_d = I_{ph} - I_o(e^{\beta U} - 1)$。短路时，有 $U = 0$，$I_{ph} = I_{sc}$；开路时，有 $I = 0$，$I_{sc} - I_o(e^{\beta U_{oc}} - 1) = 0$。所以有

$$U_{oc} = \frac{1}{\beta}\ln\left(\frac{I_{sc}}{I_o} + 1\right) \tag{5.11.4}$$

式（5.11.4）即为 $R_{sh} = \infty$和 $R_S = 0$ 时，太阳能电池的开路电压 U_{oc} 和短路电流 I_{sc} 的关系式，其中 U_{oc} 为开路电压，I_{sc}

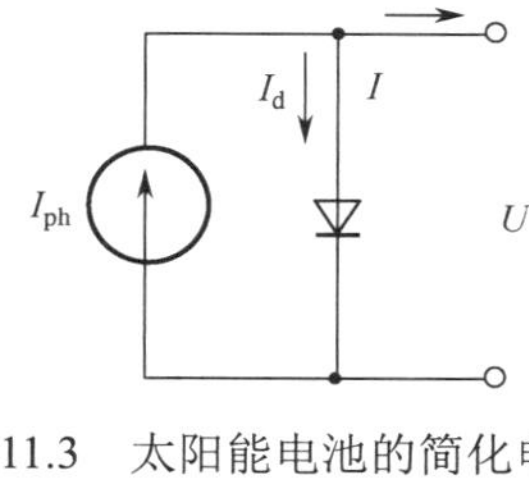

图 5.11.3 太阳能电池的简化电路图

为短路电流，而 I_o、β 是常数。

（2）太阳能电池的效率。

太阳能电池从本质上说是一个能量转化器件，它把光能转换为电能。因此讨论太阳能电池的效率是必要的和重要的。根据热力学原理，我们知道任何能量转化过程都存在效率问题，实际发生的能量转化过程的效率不可能是 100%。就太阳能电池而言，我们需要知道转换效率和哪些因素有关，以及如何提高太阳能电池的效率。最终，我们期望太阳光电池具有足够高的效率。图 5.11.4 所示为太阳能电池的最大功率，转换效率 η 定义为输出电能 P_m 和入射光能 P_{in} 的比值，即

$$\eta = \frac{P_m}{P_{in}} \times 100\% = \frac{I_m V_m}{P_{in}} \times 100\% \tag{5.11.5}$$

（3）质子交换膜燃料电池（PEMFC）的工作原理。

燃料电池的工作过程实际上是电解水的逆过程，其基本原理早在 1839 年就由英国律师兼物理学家威廉·罗伯特·格鲁夫（William Robert Grove）提出，他是世界上首位实现电解水逆反应并产生电流的科学家。100 多年以来，燃料电池除了被用于宇航等特殊领域，极少受到人们的关注。只是到近十几年来，随着大众保护环境、节约能源、保护有限自然资源的意识的增强，燃料电池才开始得到重视和发展。

质子交换膜燃料电池（Proton Exchange Membrane Fuel Cell，PEMFC）技术是目前世界上最成熟的一种能将氢气与空气中的氧气化合成洁净水并释放出电能的技术，其工作原理如图 5.11.5 所示。

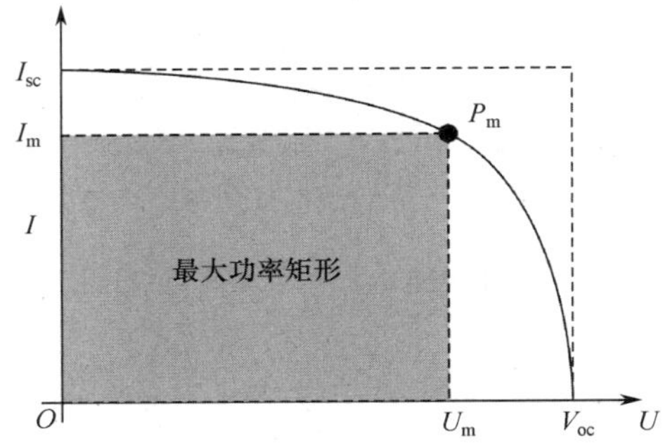

图 5.11.4　太阳能电池最大功率

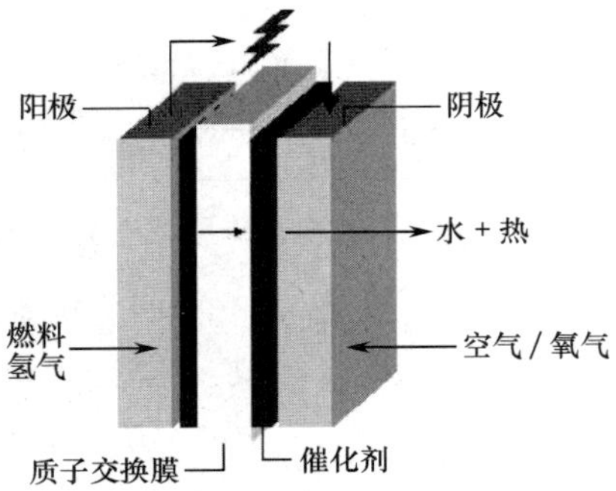

图 5.11.5　质子交换膜燃料电池工作原理

质子交换膜燃料电池的工作过程如下：

① 氢气通过管道到达阳极，在阳极的催化剂的作用下，氢分子解离为带正电的氢离子（质子）并释放出带负电的电子：

$$H_2 = 2H^+ + 2e \tag{5.11.6}$$

② 氢离子穿过质子交换膜到达阴极，电子则通过外电路到达阴极。电子在外电路形成电流，通过适当连接可向负载输出电能。

③ 在电池的另一端，氧气通过管道到达阴极；在阴极催化剂作用下，氧与氢离子及电子发生反应生成水：

$$O_2 + 4H^+ + 4e = 2H_2O \tag{5.11.7}$$

总的反应方程式为

$$2H_2 + O_2 = 2H_2O \tag{5.11.8}$$

燃料电池有多种，各种燃料电池之间的区别在于使用的电解质不同。质子交换膜燃料电池以质子交换膜为电解质，其特点是工作温度低（70℃～800℃），启动速度快，特别适合用作动力电池。电池内的化学反应温度一般不超过 800℃，故称“冷燃烧”。

质子交换膜燃料电池的核心是一种三合一热压组合体，包括一块质子交换膜和两块涂覆了贵金属催化剂铂（Pt）的碳纤维纸。

由上述原理可知，在质子交换膜燃料电池中，阳极和阴极之间有一极薄的质子交换膜，氢离子从阳极通过这层膜到达阴极，并在阴极与氧原子结合生成水分子 H_2O。当质子交换膜的湿润状况良好时，由于电池的内阻低，燃料电池的输出电压高，负载能力强。反之，当质子交换膜的湿润状况变坏时，电池的内阻变大，燃料电池的输出电压下降，负载能力降低。在大负荷下，燃料电池内部的电流密度增加，电化学反应加强，燃料电池阴极侧水的生成也相应增多。此时，如不及时排水，阴极将会被淹，正常的电化学反应被破坏，致使燃料电池失效。由此可见，保持电池内部适当的湿度，并及时排出阴极侧多余的水，是确保质子交换膜电池稳定运行及延长工作寿命的重要手段。因此，解决好质子交换膜燃料电池内的湿度调节及电池阴极侧的排水控制，是研究大功率、高性能质子交换膜燃料电池系统的重要课题。燃料电池性能的关键是膜电极的制作和电池水/热平衡控制技术。前者决定着电池的性能，后者则关系到电池能否稳定运行。

（4）质子交换膜水电解池（Proton Exchange Membrane Water Electrolyzer，PEMWE）。

与燃料电池一样，水电解装置因电解质的不同而各异，碱性溶液和质子交换膜是最常见的电解质，图 5.11.6 所示为质子交换膜水电解池原理图。

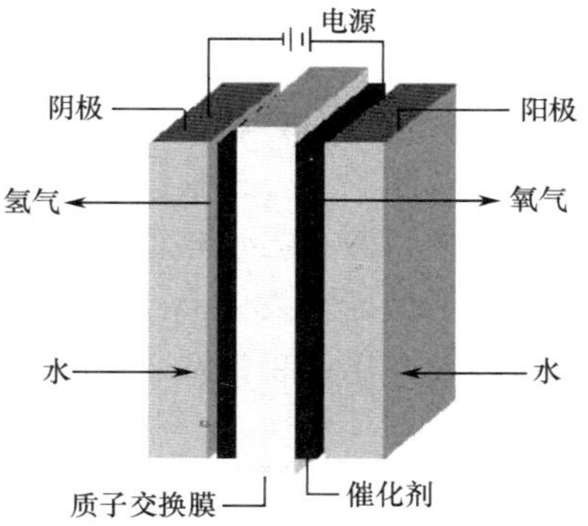

图 5.11.6　质子交换膜水电解池原理图

质子交换膜水电解池的核心是一块涂覆了贵金属催化剂铂（Pt）的质子交换膜和两块钛网电极。

电解池将水电解产生氢气和氧气，与燃料电池中氢气和氧气反应生成水互为逆过程，具体工作原理如下：

① 外加电源向电解池阳极施加直流电压，水在阳极发生电解，生成氢离子、电子和氧，氧从水分子中分离出来生成氧气，从氧气通道溢出：

$$2H_2O = O_2 + 4H^+ + 4e \tag{5.11.9}$$

② 电子通过外电路从电解池阳极流动到电解池阴极，氢离子透过聚合物膜从电解池阳极转移到电解池阴极，在阴极还原成氢分子，从氢气通道中溢出，完成整个电解过程：

$$2H^+ + 2e = H_2 \tag{5.11.10}$$

总的反应方程式为

$$2H_2O = 2H_2 + O_2 \tag{5.11.11}$$

（5）太阳能控制器。

太阳能电池板属于光伏设备，它经过光线照射后发生光电效应产生电流。由于材料和光线所具有的属性和局限性，其生成的电流也是具有波动性的曲线，如果将生成的电流直接充入蓄电池内或直接给负载供电，那么容易造成蓄电池和负载的损坏，严重减小它们的寿命。因此我们必须把电流先送入太阳能控制器，采用一系列专用芯片电路对其进行数字化调节，加入多级充放电保护，同时采用独特的自适应控制技术，确保电池和负载的运行安全与使用寿命。

对负载供电时，也是让蓄电池的电流先流入太阳能控制器，经过它的调节后，再把电流送入负载。这样做的目的一是稳定放电电流，二是保证蓄电池不被过放电，三是对负载和蓄电池进行一系列的监测保护。

（6）逆变器。

简单地说，逆变器是一种将低压（12V 或 24V）直流电转换为 220V（或 380V）交流电的电子设备。我们处在一个“移动”的时代，在移动的状态下，人们不但需要由电池或电瓶供给的低压直流电，而且需要日常生活中不可或缺的 220V 交流电，逆变器可以满足人们的这种需求。

按输出波形划分，逆变器主要分两类：一类是正弦波逆变器，另一类是方波逆变器。正弦波逆变器输出的是不存在电磁污染的正弦波交流电。方波逆变器输出的是质量较差的方波交流电，其正向最大值至负向最大值几乎同时产生，会使得负载和逆变器本身不稳定；同时，其带负载的能力差，仅为额定负载的 40%～60%，不能带感性负载。若所带的负载过大，则方波电流中包含的三次谐波成分将使流入负载的容性电流增大，严重时会损坏负载的电源滤波电容。针对上述缺点，近年来出现了准正弦波（或称改良正弦波、修正正弦波、模拟正弦波等）逆变器，其输出波形从正向最大值到负向最大值之间有一个时间间隔，使用效果有所改善，但准正弦波的波形仍然由折线组成，属于方波范畴，连续性不好。总体而言，正弦波逆变器提供高质量的交流电，能够带动任何种类的负载，但技术要求和成本较高。

感性负载是指应用电磁感应原理制作的大功率电气产品，如电动机、压缩机、继电器、日光灯等。这类产品在启动时需要一个比维持正常运转所需电流大得多（3～7 倍）的启动电流。例如，一台正常运转时耗电约 150W 的电冰箱，其启动功率高达 1000W 以上。此外，由于感性负载在接通电源或断开电源的一瞬间会产生反电动势电压，而这种电压的峰值远大于逆变器所能承受的电压值，因此很容易引起逆变器的瞬时超载，进而影响逆变器的使用寿命。因此，这类电器对供电波形的要求较高。

逆变器工作时本身也要消耗一部分电力，因此其输入功率要大于其输出功率。逆变器的效率是指逆变器输入功率与输出功率之比。例如，一台逆变器输入了 100W 的直流电，输出了 90W 的交流电，于是它的效率就是 90%。

什么是持续输出功率？什么是峰值输出功率？一些使用电动机的电器或工具，如电冰箱、洗衣机、电钻等，在启动的瞬间需要很大的电流来推动，启动成功后，则仅需较小的电流来维持其正常运转。因此，对逆变器来说，也就有了持续输出功率和峰值输出功率的概念。持续输出功率即额定输出功率，峰值输出功率一般为额定输出功率的 2 倍。必须强调的是，有些电器（如空调、电冰箱等）的启动电流相当于正常工作电流的 3～7 倍。因此，只有能够满足电器启动峰值功率的逆变器才能正常工作。

应该怎样连接逆变器与电源和负载？逆变器输入端通过导线直接接到电瓶上，红线接电瓶正极，黑线接电瓶负极（切记不可接反）。如果用电地点离电瓶较远，那么逆变器的连线原则是：逆变器与电瓶的连线应尽可能短，而 220V 交流电的输出线可以长一些。

LED 是发光二极管，是 20 世纪中期发展起来的新技术。它依靠半导体异质结中的电子通过势垒产生的能量跃迁直接发光。由 LED 制作的灯具由于发光过程不产生热量，能量转换效率接近 100%，寿命较长，因此是照明技术的发展方向。发光二极管的核心部分是由 P

型半导体和 N 型半导体组成的晶片，在 P 型半导体和 N 型半导体之间有一个过渡层，称为 PN 结。在某些半导体材料的 PN 结中，注入的少数载流子与多数载流子复合时会把多余的能量以光的形式释放出来，从而把电能直接转换为光能。PN 结加反向电压，少数载流子难以注入，故不发光。这种利用注入式电致发光原理制作的二极管称为发光二极管，简称 LED。LED 光源的特点如下：

① 电压：LED 使用低压电源，供电电压为 6～24V。

② 效能：能耗较同光效的白炽灯减少 80%。

③ 适用性：体积小，可以制备成各种形状的器件。

④ 稳定性：10 万小时，光衰减为初始的 50%。

⑤ 响应时间：LED 灯的响应时间为纳秒级，普通白炽灯为毫秒级。

⑥ 颜色：调整材料的能带结构和带隙，可实现红、黄、绿、蓝、橙多色发光。

本实验提供两种 LED 灯负载，分别由直流 12V 和交流 220V 供电。

2. 仪器工作原理

新能源实验系统由新能源电池综合特性测试仪、太阳能电池测试架、燃料电池测试架、太阳能控制系统、电阻负载及专用连接线等组成，如图 5.11.7 所示。

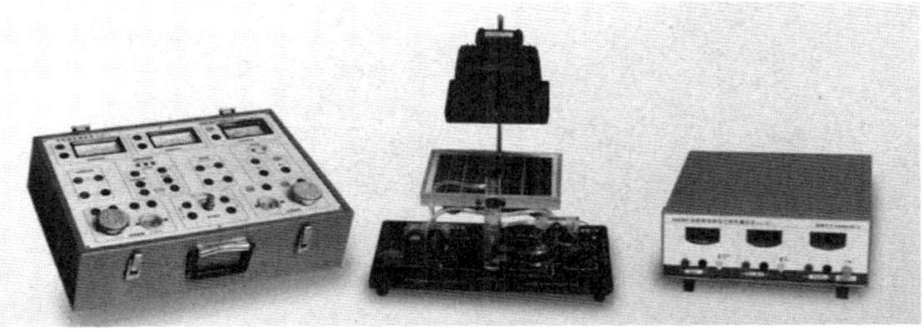

图 5.11.7　新能源实验系统

（1）新能源电池综合特性测试仪。

新能源电池综合特性测试仪由电流表、电压表和恒流源组成，测试仪面板如图 5.11.8 所示。

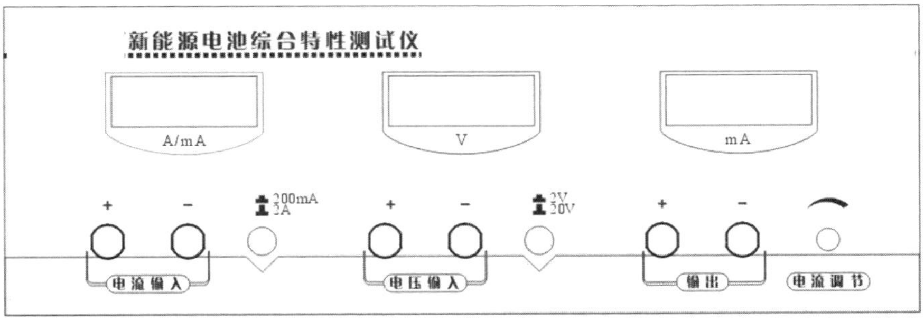

图 5.11.8　测试仪面板

主要技术参数如下：

- 电流表：2A 和 200mA 两挡，三位半数显。
- 电压表：20V 和 2V 两挡，三位半数显。

- 恒流源：0～400mA，三位半数显。

（2）太阳能电池测试架。

太阳能电池测试架如图 5.11.9 所示。主要技术参数如下：

- 太阳能电池参数：18V/5W，短路电流为 0.3A。
- 卤钨灯光源功率：300W，位置上下可调，改变光强。

（3）燃料电池测试架。

燃料电池测试架如图 5.11.10 所示。主要技术参数如下：

- 燃料电池功率：50～100mW。
- 燃料电池输出电压：500～1000mV。
- 电解池工作状态：电压小于 2.5V，电流小于 500mA。

图 5.11.9　太阳能电池测试架

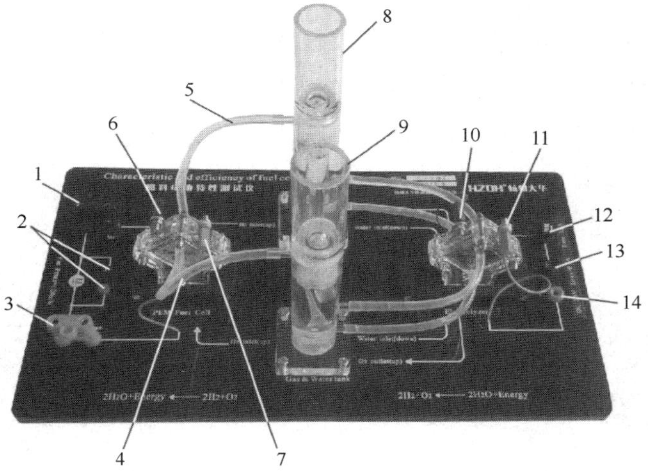

1，3．短接插；2．燃料电池电压输出；4．氧气连接管；5．氢气连接管；6．燃料电池负极；7．燃料电池正极；8．储水储氢罐；9．储水储氧罐；10．电解池负极；11．电解池正极；12．保险丝座（0.5A）；13．电解池电源输入负极；14．电解池电源输入正极

图 5.11.10　燃料电池测试架

（4）电阻负载。

电阻箱面板如图 5.11.11 所示，电阻箱技术参数如表 5.11.1 所示。

图 5.11.11　电阻箱面板

表 5.11.1　电阻箱技术参数

步进盘/Ω	0.1	1	10	100	1000
精度/%	2	0.5	5	5	5
额定电流/A	1.5	0.5	0.5	0.15	0.03

注意，不要超过电阻箱的额定工作电流，以免烧坏电阻元件。

（5）太阳能控制系统。

太阳能控制系统的主要技术参数如下：

- 额定充电电流：10A（太阳能板 180W）以下。
- 额定负载电流：10A（太阳能板 180W）以下。
- 系统电压：蓄电池电压为 DC 12V，太阳能板电压为 DC 18V，负载电压为 DC 12V。
- 超压保护电压 16V，直充电压 14.4V，浮充电压 13.2V，充电返回电压 13.1V，欠压电压 10.8±0.2V，过放电压 10.8±0.2V，过放返回电压 11.5V。
- 注意事项：接线时，先接蓄电池，后接太阳能板，最后接负载（电池连接线长度保证在 3mm 以上）；仅接太阳能板时，控制器在光线充足的地方会有“吱吱”声，属正常现象，请不要长时间将太阳能板单接在光线充足的地方。
- 指示灯工作状态说明：
  - — 红灯闪黄绿灯亮，无光照正常工作状态。
  - — 红黄灯齐闪，蓄电池电压过高，检查是否为 12V 蓄电池。
  - — 红灯亮黄灯闪，蓄电池电压过低，请及时充电或检查是否为 12V 蓄电池。
  - — 红黄灯亮，负载同电池不匹配，负载过大，电池容量太小，或电池电量不足，或蓄电池连接控制器的线太长、过细等。
  - — 红绿灯亮黄灯闪，蓄电池过充或浮充。
  - — 红绿灯亮，蓄电池浮充或充满电。
  - — 绿灯常亮且“红黄灯亮-黄灯亮-红黄灯灭”循环，蓄电池正在充电或电池已有电输出。
  - — 绿灯闪且“红黄灯亮-黄灯亮-红黄灯灭”循环，电池正在充电但电池电量很少，此时请关闭负载，让蓄电池充满电后再开负载，这样有利于保护电池。

（6）蓄电池。

- 电池型号：12V/2.3AH，即额定电压为 12V，额定容量为 2.3AH。
- 电池类别：铅酸蓄电池。

（7）逆变器。

- 逆变器型号：DC 12V-AC220V-500W。
- 输入电压：DC 12V。
- 输出电压：AC 220V。
- 最大输出功率：500W（30 分钟连续），持续输出功率为 400W。
- 输出波形：方波。
- 欠压报警：10.4～11.0V。
- 低压关断：9.7～10.3V。
- 过压关断：14.5～15.5V。
- 指示灯状态：绿灯为电源指示，红灯为故障指示。

5.11.4 实验内容与步骤

1. 太阳能电池的特性测量

在一定的光照条件下，按图 5.11.12 所示的太阳能电池伏安特性测试电路进行太阳能电池伏安特性测量，太阳能电池特性测试实验连线图如图 5.11.13 所示。

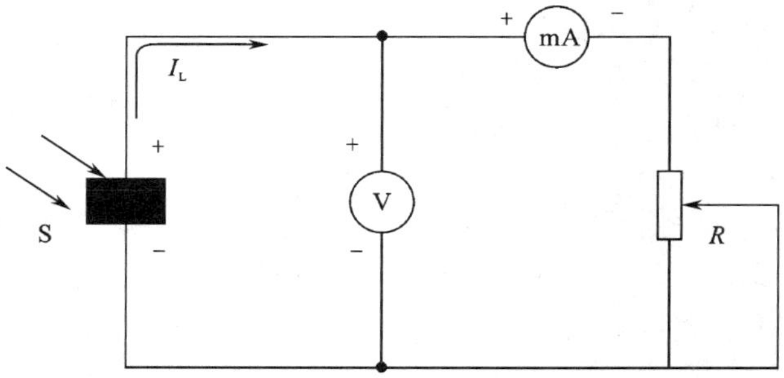

图 5.11.12　太阳能电池伏安特性测试电路

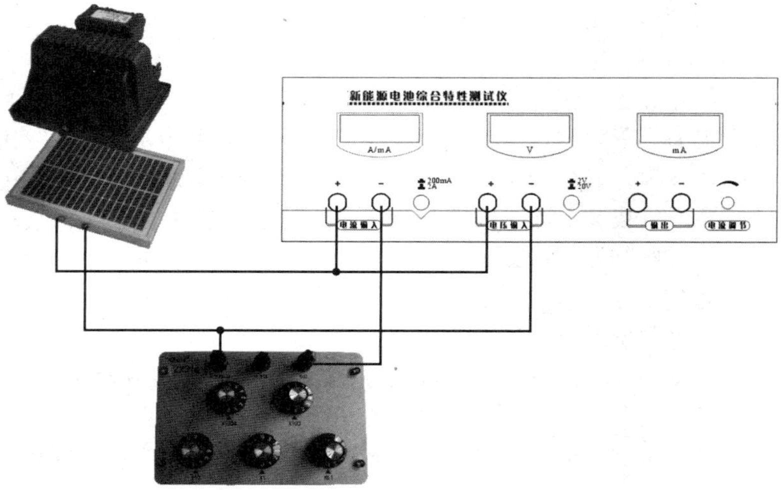

图 5.11.13　太阳能电池特性测试实验连线图

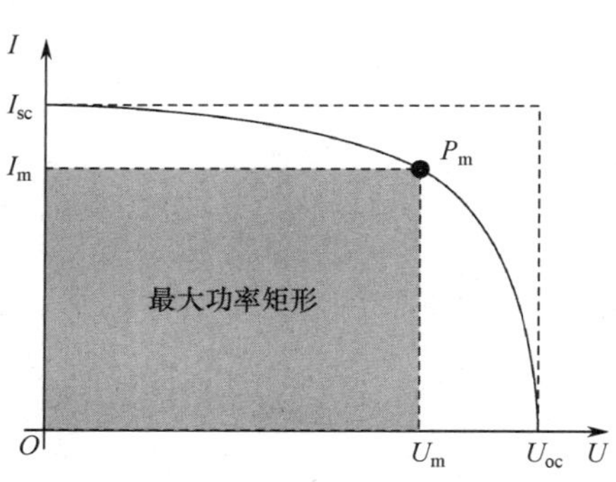

图 5.11.14　太阳能电池伏安特性曲线

保持光照条件不变，改变太阳能电池负载电阻 R 的大小，记录太阳能电池的输出电压 U 和输出电流 I，并计算输出功率 P。

图 5.11.14 所示为太阳能电池伏安特性曲线，其中 U_{oc} 为开路电压，I_{sc} 为短路电流，图中阴影面积为太阳能电池的最大输出功率矩形 P_m，P_m 对应的最大工作电压为 U_m，最大工作电流为 I_m。

太阳能电池的填充因子（FF）定义为

$$\mathrm{FF}=\frac{P_m}{U_{oc}I_{sc}}=\frac{U_m I_m}{U_{oc}I_{sc}} \tag{5.11.12}$$

填充因子是评价太阳能电池输出特性好坏的一个重要参数，它的值越高，表明太阳能电池输出特性越趋近于矩形，电池的光电转换效率就越高。需要测量的参数如表 5.11.2 所示。

表 5.11.2　需要测量的参数

U_{oc}/V	I_{sc}/mA	U_m/V	I_m/mA	P_m/mW	FF

2．质子交换膜水电解池的特性测量（选做）

水的理论分解电压为 U_o = 1.23V，如果不考虑电解器的能量损失，那么在电解器上加 1.23V 电压就可使水分解为氢气和氧气。实际由于各种损失，输入电压为 $U_{in} = (1.5\sim2)U_o$ 时电解器才能开始工作。

电解器的效率定义为

$$\eta = \frac{1.23}{U_{in}} \times 100\% \qquad (5.11.13)$$

根据法拉第电解定律，电解生成物的量与输入电量成正比。在标准状态（标准大气压 P_0 和 0℃）下，设电解电流为 I，经过时间 t 产生的氢气和氧气体积的理论值为

$$V_{H_2} = \frac{It}{2F} \times 22.4\,\mathrm{L} \qquad (5.11.14)$$

$$V_{O_2} = \frac{1}{2} \cdot \frac{It}{2F} \times 22.4\,\mathrm{L} \qquad (5.11.15)$$

式中，法拉第常数 $F = e \cdot NA = 9.648 \times 10^4$ C/mol，元电荷 $e = 1.602 \times 10^{-19}$ C。阿伏伽德罗常数 $NA = 6.022 \times 10^{23}\,\mathrm{mol^{-1}}$ 。$It/(2F)$为产生的气体分子的摩尔数。22.4L 为标准状态下气体的摩尔体积。

由于 1mol 水为 18g，通过密度可知其体积为 18mL，故电解池消耗的水的体积为

$$U_{H_2O} = \frac{It}{2F} \times 18\mathrm{mL} = 9.328It \times 10^{-8}\,\mathrm{L} = 9.328It \times 10^{-5}\,\mathrm{mL} \qquad (5.11.16)$$

由理想气体状态方程，对式（5.11.14）和式（5.11.15）进行修正得

$$U_{H_2} = \frac{273+T}{273} \cdot \frac{P_0}{P} \cdot \frac{It}{2F} \times 22.4\mathrm{L} \qquad (5.11.17)$$

$$U_{O_2} = \frac{1}{2} \cdot \frac{273+T}{273} \cdot \frac{P_0}{P} \cdot \frac{It}{2F} \times 22.4\mathrm{L} \qquad (5.11.18)$$

式中，T 为实验室的摄氏温度，P 为所在地区的大气压强，P_0 为标准大气压。

实验前，要确定储水储气罐水位在水位上限与下限之间，并确保电解池被水淹没（避免由于气泡原因电解池中无水进入）。

将测试仪的恒流源输出接到电解池上（注意正负极），将电压表并联到电解池两端，监测电解池上的电压。

调节恒流源的输出到最大，让电解池迅速产生气体，约 10 分钟后开展下面的实验（排出储水储气罐中的空气）。调节恒流源的输出电流，待电解池输出气体稳定后（约 1 分钟），用止水止气夹依次关闭氧气连接管和氢气连接管。测量输入电流 I，电压 V 及单位时间 t 内产生的氢气体积，记入表中，表格自拟。

注意，控制电解时间，避免水柱溢出；电解实验完成后，依次打开氢气连接管、氧气连接管上的止水止气夹。

由式（5.11.14）计算氢气产生量的理论值，与氢气产生量的测量值比较。若不管输入电压与电流大小，氢气产生量只与电量成正比，且测量值与理论值接近，即验证了法拉第定律。

3. 燃料电池的特性测量

在一定的温度与气体压力下，改变负载电阻的大小，测量燃料电池的输出电压与输出电流之间的关系，即质子交换膜燃料电池的静态特性曲线，如图 5.11.15 所示。该特性曲线分为三个区域：活化极化区（也称电化学极化区）、欧姆极化区和浓差极化区，燃料电池正常工作在欧姆极化区。空载时，燃料电池输出电压为其平衡电位，在实际工作工程中，由于有电流流过，电极的电位会偏离平衡电位，实际电位与平衡电位的差称为过电位，燃料电池的过电位主要包括活化过电位、欧姆过电位和浓差过电位。

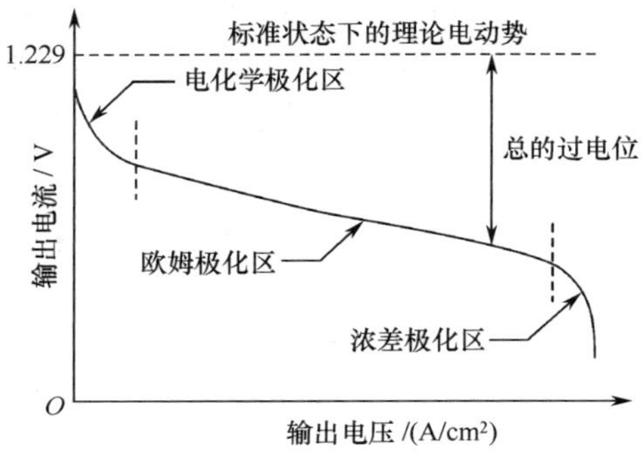

图 5.11.15　燃料电池静态特性曲线

这样，质子交换膜燃料电池的输出电压可以表示为

$$U = U_{\mathrm{r}} - U_{\mathrm{act}} - U_{\mathrm{ohm}} - U_{\mathrm{com}} \tag{5.11.19}$$

式中，U 为燃料电池的输出电压，U_{r} 为燃料电池的理论电动势，U_{act}、U_{ohm}、U_{com} 分别为活化过电位、欧姆过电位、浓差过电位。

理论电动势是指标准状态下燃料电池的可逆电动势，它与外接负载无关，其公认值为 1.229V。

活化过电位主要由电极表面的反应速度过慢导致。在驱动电子传输到或传输出电极的化学反应时，产生的部分电压会被损耗掉。活化过电位分为阴极活化过电位和阳极活化过电位。

欧姆过电位是克服电子通过电极材料和各种连接部件的阻力及离子通过电子质的阻力引起的。

浓差过电位主要是由电极表面反应物的压强发生变化而导致的，而电极表面压强的变化主要是由电流的变化引起的。输出电流过大时，燃料供应不足，电极表面的反应物浓度下降，使输出电压迅速降低，而输出电流基本不再增加。

尽管质子交换膜具有导通质子的特性，但是同时也具有微弱的导通电子的特性，这就等效于半导体中少数载流子导电的特性。从化学反应的角度来解释就是，少量燃料通过电解质直接从阳极扩散到阴极直接与氧气反应，从而不向外部提供电流。因此，即使当燃料电池空载时，其内部也存在微弱的电流，虽然在能量损失上可以忽略，但是在低温燃料电池中，当燃料电池开路时，它会导致非常大的电压压降。

燃料电池的输出特性测量。

（1）把测试仪的恒流输出连接到电解池供电输入端，断开燃料电池输出和风扇的连接（拔开短接插），把电流调节电位器打到最小，打开燃料电池下部的排气口胶塞。

（2）开启电源，缓慢调节电流调节电位器，使恒流输出约为 100mA，预热 5 分钟。

（3）把电解池电解电流调到 350mA，使电解池快速产生氢气和氧气，排出储水储气管的空气，等待 10 分钟，确保电池中燃料的浓度达到平衡值，此时用电压表测量燃料电池的开路输出电压将会恒定不变。

（4）先把电阻箱的阻值打到最大，参照图 5.11.16 连接燃料电池、电压表、电流表及电阻箱，测量燃料电池的输出特性。电压表量程选择 2V，电流表量程选择 200mA（电流超过 200mA 时可以选择 2A 量程）。

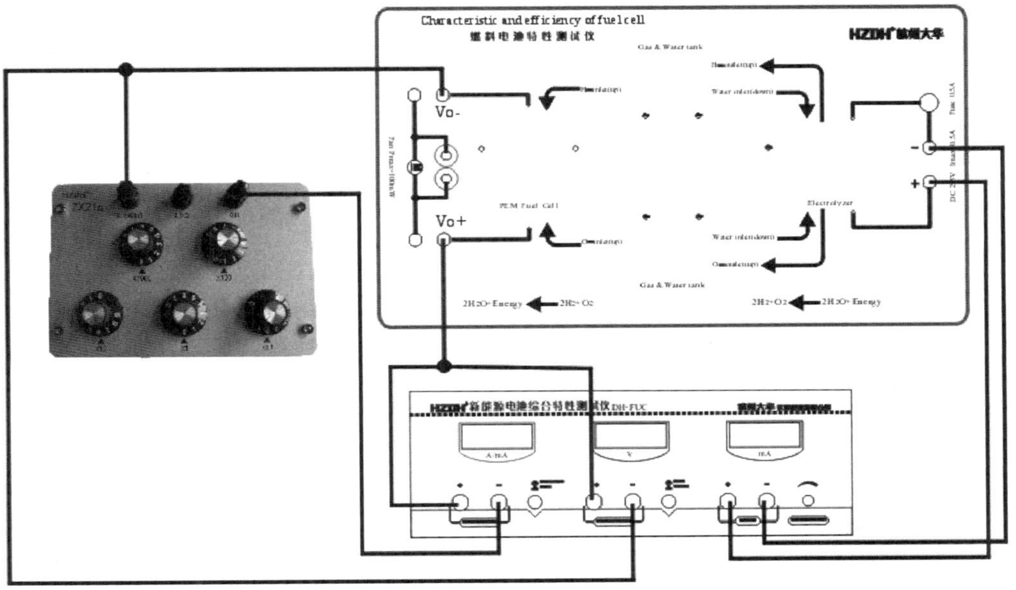

图 5.11.16　燃料电池特性测试实验连线图

（5）改变负载电阻箱，记录燃料电池的输出电压 U 和输出电流 I，记入表中，表格自拟。

（6）测量电解池燃料电池系统效率。

电解池产生氢氧燃料的体积与输入电解电流大小成正比，而氢氧燃料进入燃料电池后将产生电压和电流，若不考虑电解器的能量损失，则燃料电池效率可以定义为

$$\eta = \frac{I_{\mathrm{FUC}} U_{\mathrm{FUC}}}{I_{\mathrm{WE}} \times 1.23} \times 100\% \qquad (5.11.20)$$

式中，I_{FUC}、U_{FUC} 分别为燃料电池的输出电流和输出电压；I_{WE} 为水电解器的电解电流。

电解池燃料电池系统的最大效率定义为

$$\eta_{\max} = \frac{P_{\max}}{I_{\mathrm{WE}} \times 1.23} \times 100\% \qquad (5.11.21)$$

式中，$P_{\max}$ 为燃料电池的最大输出功率。

实验完毕后，先切断电解池电源，让燃料电池带负载工作一段时间，消耗剩余的燃料。

4．观察能量转换过程

（1）确保储水储气罐中有足量的去离子水，燃料电池被水淹没。

（2）将太阳能电池、电流表及电解池串联起来，确保正负连接正确，开启光源。

（3）电流表上将显示电解电流大小，电解池中将有气泡产生（电解电流的大小与太阳能电池的输出电流有关，太阳能电池板离光源越近，电解电流越大）。

（4）用电压表测量燃料电池输出，观察输出电压变化。

5．太阳能充放电实验

（1）先连接太阳能控制器与蓄电池，然后连接太阳能控制器与太阳能电池板。

（2）接着开启太阳能电池光源或把太阳能电池板放在阳光下，控制器指示绿灯常亮且“红黄灯亮-黄灯亮-红黄灯灭”循环，蓄电池正在充电或电池已有电输出。

（3）太阳能电池输出 DC 12V，可以用电压表检测，该 DC 12V 处可以接 DC 12V 的 LED 负载。

（4）将太阳能电池输出 DC12V 或蓄电池接 DC-DC 变换器的输入端，DC-DC 的输出将会有电压，电压大小可以通过电位器调节，调节范围为 1.25～7.5V；该输出可以为质子交换膜水电解池提供电解电源，但是必须用数字电压表和电流表监控输出情况，以免电流过大而损坏电解池。

充放电接线原理图如图 5.11.17 所示。

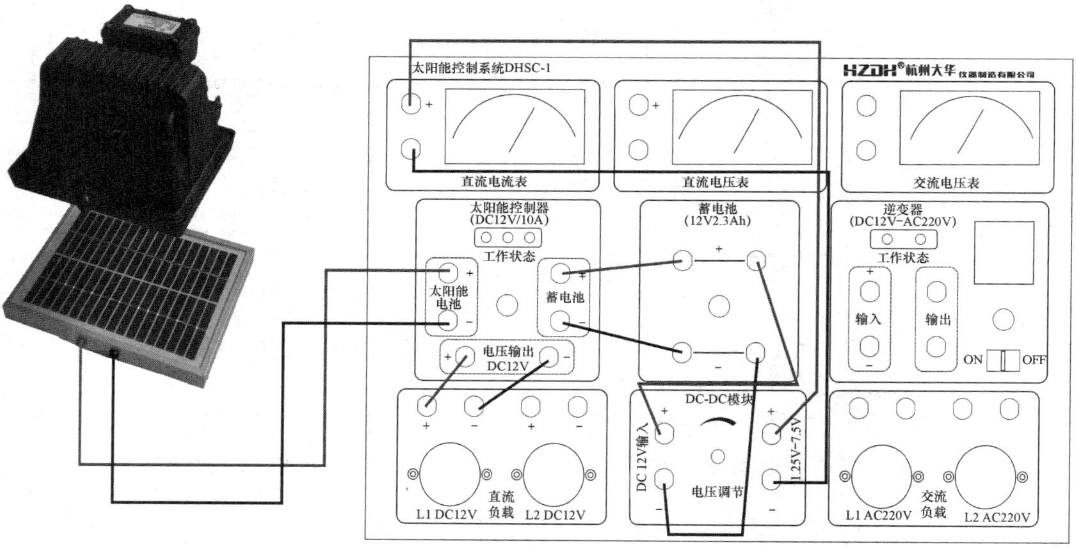

图 5.11.17　充放电实验接线原理图

6．逆变实验

（1）在图 5.11.18 的连线基础上，将蓄电池与逆变器的输入端连接起来。

（2）连接交流电压表与逆变器的输出，开启逆变器开关后有 220V 交流电压输出。

（3）将逆变器的输出与 AC220V LED 负载相连，LED 灯点亮。

7．其他设计性实验

（1）考虑更换大功率太阳能电池板提供太阳能，注意太阳能电池板的输出电压须为 18V。

（2）考虑相同参数的太阳能电池板并联供电进行充放电实验。

（3）更换大容量蓄电池，进行大负载实验。

（4）设计全绿色能源系统，所有电子设备均采用新能源。

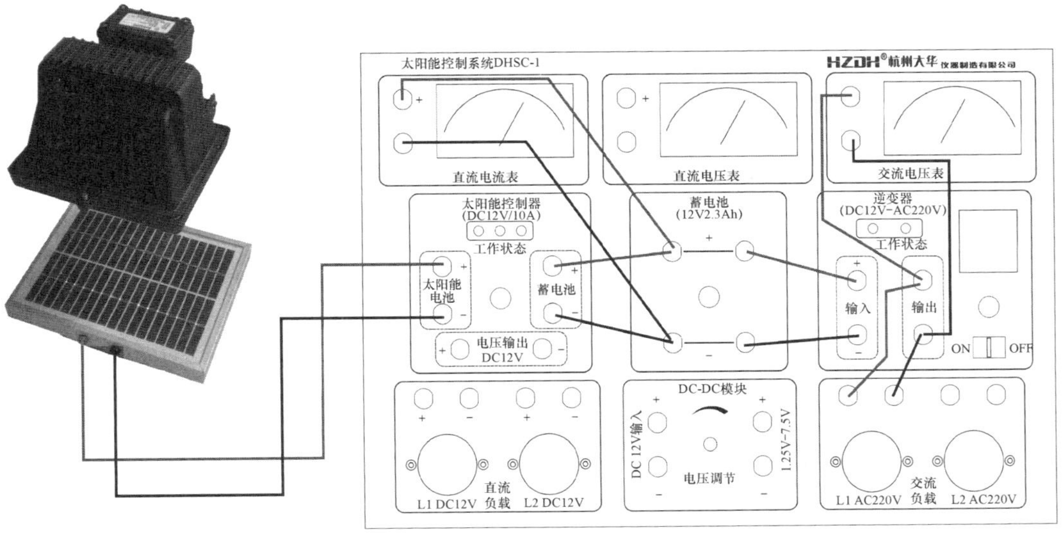

图 5.11.18　逆变实验接线原理图

8．注意事项

（1）在负载调节过程中，依次减小电阻值，不可突变；当电阻较小时，每 0.1 Ω 测量一次，测试时间要尽可能短，因为电阻过小时，负载较大，燃料电池输出电流很大，造成燃料供应不足，输出稳定性降低。实验过程中，要避免长时间短路。

（2）任何电流表都是有内阻的，在测试的过程中应该考虑电流表的内阻。200mA 挡电流表的内阻为 1 Ω，2A 挡电流表的内阻为 0.1 Ω，在换挡测试过程中须考虑此因素的存在，把电流表的内阻也考虑进去（实际负载为电流表内阻与负载电阻箱显示值之和）。

（3）禁止在储水储气罐中无水的情况下接通电解池电源，以免烧坏电解池。

（4）电解池用水必须为去离子水或蒸馏水，否则将严重损坏电解池。

（5）电解池工作电压必须小于 2.5V，电流小于 0.5A，并且禁止正负极反接，以免烧坏电解池。

（6）禁止在燃料电池输出端外加直流电压，禁止燃料电池输出短路。

（7）光源和太阳能电池在工作时，表面温度会很高，禁止触摸；禁止用水打湿光源和太阳能电池防护玻璃，以免发生破裂。

（8）必须在标定的技术参数范围内使用电阻箱负载。

（9）每次使用完毕后不用将储水储气罐的水倒出，留待下次实验继续使用，注意水位低于电解池出气口上沿时，应补水至水位线。

（10）间隔使用期超过 2 周时，燃料电池的质子交换膜会比较干燥，影响发电效果；质子交换膜必须含有足够的水分，才能保证质子的传导。但水含量又不能过高，否则电极被水淹没，水阻塞气体通道，燃料不能传导到质子交换膜参与反应。

（11）仪器连续工作时，燃料电池反应生成的水如果没有及时排出，那么可能会堵塞氢气和氧气的反应通道，造成气体传导不畅，影响燃料电池发电。

（12）实验完毕后，关闭电解池电源，让燃料电池自然停止工作，以便消耗掉已产生的氢气和氧气。

（13）在电解电流不变时，燃料供应量是恒定的。若负载选择不当，则电池输出电流太小，未参加反应的气体会从排气口泄漏，燃料利用率及效率将会降低。

（14）实验时，保持室内通风，禁止任何明火。

9．故障处理

（1）电解池没有气泡产生，不电解。

故障原因：电源插接不牢；恒流电源损坏；连接线断路。

处理方法：检查电源线插接是否牢固；检查恒流电源与电解池正负极相连是否正确；检查电解池电流输入插座内部是否与电解池相连；检查恒流源是否损坏；请专业人员维修。

（2）储水储气罐两边水位不一致。

故障原因：燃料电池出气口堵塞，出气连接管堵塞。

处理方法：用洗水棉处理燃料电池出气口中的水柱，使之畅通；检查管道是否堵塞；请专业人员维修。

（3）有氢气和氧气供应，燃料电池输出电压过低或不稳定。

故障原因：管道或燃料电池漏气；燃料电池比较干燥；燃料电池中的水气过多；电解池电解时间过短或电解电流过小；燃料电池输出短路或负载太大。

处理方法：检查管道和燃料电池；向燃料电池中滴入少量去离子水；断开连接管，取出燃料电池模块，除掉燃料电池中过多的水分；断开燃料电池负载，增加电解时间或加大电解电流；检查燃料电池是否短路或负载太大。

5.11.5 数据处理

（1）太阳能电池的特性测量。

① 根据数据，绘制太阳能电池的伏安特性曲线。

② 根据数据，求出太阳能电池的开路电压 U_{oc} 和短路电流 I_{sc}。

③ 根据数据，求出太阳能电池的最大输出功率 P_m、最大工作电压 U_m 和最大工作电流 I_m。

④ 根据数据，求出太阳能电池的填充因子 FF。

（2）质子交换膜电解池的特性测量。

由式（5.11.14）计算氢气产生量的理论值。

（3）燃料电池的特性测量。

① 根据 U、I 数据，作出燃料电池的静态特性曲线。

② 根据 U、I 数据，作出燃料电池输出功率和输出电压之间的关系曲线。

燃料电池的输出特性：根据式（5.11.21），计算燃料电池输出功率最大时对应的效率。

5.11.6 思考题

（1）太阳电池主要有哪几种类型？

（2）简述新能源的分类。

（3）简述新能源及主要特征。

5.11.7 实验拓展

迈克尔·格兰策尔（Michael Grätzel）教授被誉为染料敏化太阳能电池之父，其发明了染料敏化太阳能电池。迈克尔·格兰策尔在染料敏化太阳能电池方面的工作促成了钙钛矿太阳能电池的迅速发展，25%以上的光电转换效率超越了多晶硅太阳能电池的转换效率。我们可以使用导电玻璃片、碘、果汁（如黑莓）和二氧化钛来制造太阳能电池，这种电池称为格兰策尔电池。

5.12 声光电路的特性研究与设计

科学是一种方法，它教导人们，一些事物是如何被了解的，不了解的还有什么，对于了解的，现在了解到了什么程度。

——麦克斯韦

声光双控延时开关不仅适用于住宅区楼道中的路灯，而且适用于工厂、办公室、教学楼等公共场所，它具有体积小、外形美观、制作容易、工作可靠等优点，而且降低能耗，节约能源，注重环保。此外，它在工业控制和智能家电方面也具有重要的应用。因此，对声光延时单元特性的研究对提升声光延时控制开关的性能具有重要意义。然而，目前常用的声光延时单元特性实验装置一般采用 220V 高压电，实验安全性较差。此外，因光敏电阻特性差异造成的整体电路的稳定性变差，也是本实验需要研究的问题之一。本实验基于低压电源供电，测量和分析声光控制电路的基本特性。

5.12.1 实验目的

（1）掌握声音控制和光敏控制电路的基本工作原理与特性。

（2）了解与非门逻辑电路的基本原理及其在放大电路中的应用。

（3）设计一种稳定性和灵敏度好的声光控制灯电路，并测量其基本特性。

5.12.2 实验仪器

声光控制电路特性实验仪、数字示波器、数字万用表、数字照度计、数字分贝仪、秒表等。

5.12.3 实验原理

1. 声光控制电路基本原理分析

本实验电路主要由以下模块组成：降压单元、整流滤波单元、声控单元、信号放大单元、光敏组件、延时单元、触发单元，如图 5.12.1 所示。

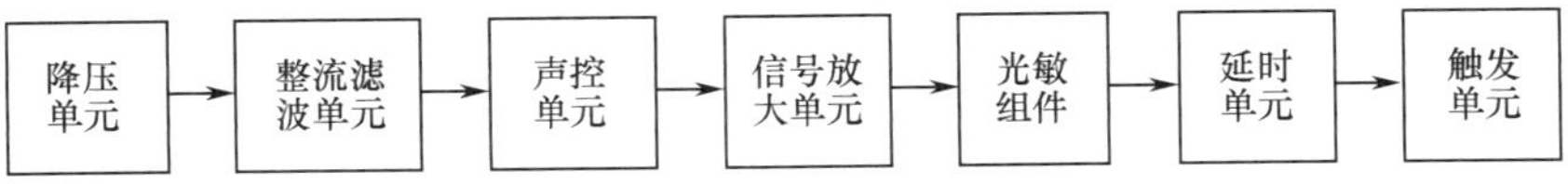

图 5.12.1 声光控制电路基本模块

（1）降压单元：采用降压变压器，将 220V 交流高电压转换成 12V 低电压。

（2）整流滤波单元：通过 4 个二极管 D_1～D_4 构成的全波整流电路和由 RC 构成的滤波电路，将交流电压变成安全的直流电压，为声光控制电路提供工作电压。

（3）声控单元：由驻极体话筒将声音信号转换成电信号。

（4）信号放大单元：利用与非逻辑门和反馈电阻 R_4 与 R_{w4}，将驻极体产生的微弱信号进行放大，以推动触发延时单元工作。

（5）光敏组件：由光敏电阻 R_G 和分压电阻 R_5、R_6、R_{w1} 构成，它将光强信号转换为电信号。通过调节 R_{w1} 可分析不同的光敏电阻下声光控制电路的灵敏度等特性。

（6）延时单元和触发单元：由电阻 R_{7a}、R_{7b}、R_{7c}、R_{7d} 与电容 C_{4a}、C_{4b}、C_{4c} 的组合及逻辑门 U_5 组成，用放大电路输出的电压去推动触发延时单元工作，以控制受控开关闭合时间，达到控制受控元件时间长短的目的，实现声光控制。

2. 仪器工作原理

声光控制电路图如图 5.12.2 所示。

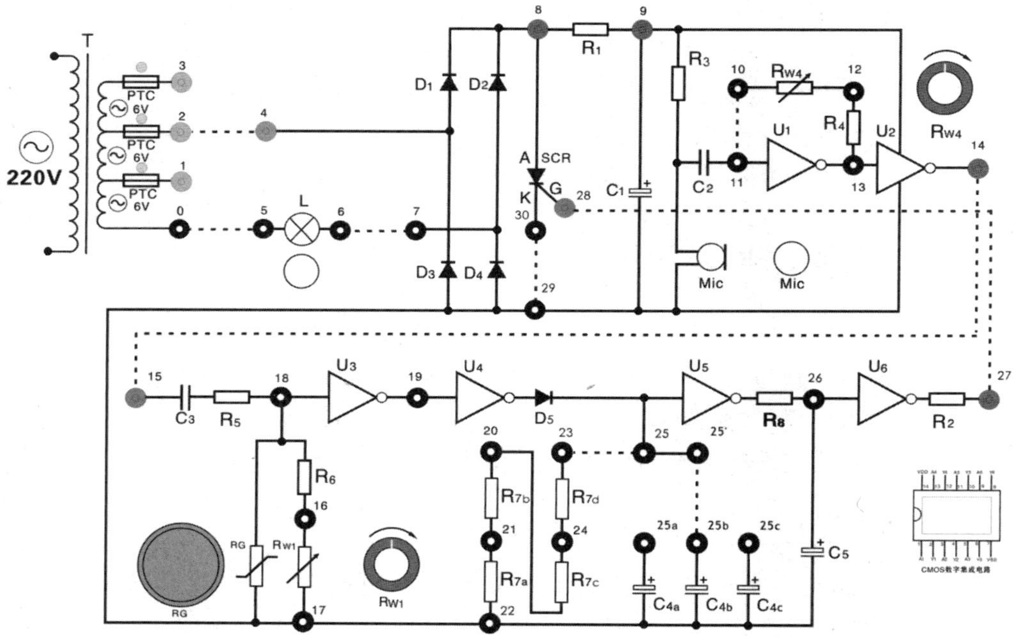

图 5.12.2　声光控制电路图

电路图说明如下。

本实验装置的主要电路如下：由 D_1～D_4 组成的桥式整流电路，将变压器降压后的交流 6V、12V、18V 电压转换为直流电压后，经 R_1 降压和 C_1 滤波，得到直流电压供 IC 和 MIC 等工作，R_3 为 MIC 提供偏置电压，R_4 使 U_1 工作于放大状态，由于 U_1 与 U_2 相连，所以 U_1 也工作于放大状态，C_2 和 C_3 为耦合电容。R_6 与 R_{w1} 串联后再与光敏电阻 R_G 并联，通过 R_5 对 U_2 输出的信号进行分压，以触发 U_3、U_4、U_5、U_6 工作，D_6 向 C_4 单向充电，R_{7a}、R_{7b}、R_{7c}、R_{7d} 结合 C_4 决定延时长短，R_8 和 C_5 使 U_6 翻转关断。单向可控硅 SCR 受 U_6 输出电平的触发控制，R_2为限流保护电阻。

当光线明亮时，光敏电阻R_G的阻值小（低电阻），U_3的输入电位很低，即使MIC送来的声音电信号经过放大后也不足以使U_3的输入端成为高电平，最终U_6输出为低电平而不能触发可控硅的G极，灯不亮。

当光线暗时，光敏电阻R_G的阻值较大，U_3输入端对地电阻使其输入端的电位为低电平的某一范围的固定值。由MIC送来的声音电信号经过放大后（其放大倍数由电阻R_{w4}确定）与U_3输入端固定电平值叠加后使U_3输入端出现高电平，而最终使U_6输出高电平，触发可控硅的G极，此时灯亮。同时U_4输出的高电平迅速通过D_5对C_4充电，达到某一高电平值。之后选取C_{4a}或C_{4b}或C_{4c}通过R_{7a}、R_{7b}、R_{7c}、R_{7d}的组合放电。由于R_{7a}、R_{7b}、R_{7c}、R_{7d}阻值很大，放电速度很慢，以致U_5输入端能够维持一定时间的高电平，U_6输出端维持可控硅G极导通所需的触发电平值，从而保持一定的受控时间，时间长短可由C_4（C_{4a}～C_{4c}）与R_7（R_{7a}～R_{7d}）的乘积调节。

元件参数如下：$R_1 = 180\text{k}\Omega$、$R_2 = 100\Omega$、$R_3 = 4.7\text{k}\Omega$、$R_4 = 100\text{k}\Omega + 330\text{k}\Omega$（电位器）、$R_5 = 27\text{k}\Omega$、$R_6 = 100\text{k}\Omega$、$R_{w1} = 120\text{k}\Omega$、$R_{7a} = 5.1\text{M}\Omega$、$R_{7b} = 5.1\text{M}\Omega$、$R_{7c} = 5.1\text{M}\Omega$、$R_{7d} = 5.1\text{M}\Omega$、$C_1 = 100\mu\text{F}$、$C_2 = 0.1\mu\text{F}$、$C_3 = 330\text{pF}$、$C_4 = 1\mu\text{F/16V}$、$C_5 = 1\mu\text{F/16V}$。

5.12.4 实验内容与步骤

仪器中，实验点0～5、2～4为电源信号输入，实验点6～7为被控负载连接点；实验点29～30为可控硅K极连接点；实验点27～28为可控硅G极连接点；实验点10～11为声控放大电路连接点；实验点14～15为U_2、C_3连接点。

延时电阻的连接如下：实验点25与实验点20、21、23、24中的一点。

延时电容的连接如下：实验点25′与实验点25a、25b、25c中的一点。

本实验在光照度可变的条件下，将数字照度计放在光敏电阻旁边，在光照度小于10Lux的情况下，将数字分贝仪放在MIC磁极性话筒旁边，实验者离开话筒30厘米左右，发出频率范围为40～8000Hz、大小为70dB左右的声音信号。连接完成电路后，观测被控负载（小灯泡）是否开启，并完成以下内容。

（1）声音控制电路灵敏度的调节与特性分析。

放大电路的设计：放大电路的反馈电阻为R_4、R_{w4}。分别改变R_{w4}到合适的阻值，使得电路控制开启的最小幅值为3.0V，最大幅值为9.0V。

（2）通过调节电位器R_{w4}的电阻值，改变由U_1构成的放大电路的放大倍数，从而调节声音控制的灵敏度。利用示波器测量U_1输出端13测量孔的信号波形，观察其随声音大小的变化及R_{w4}变化时的波形变化情况。

（3）有声有光照、无光照时，分别测量与非门输出端的电压值，确定声光控制电路的电平逻辑关系。

（4）光敏控制电路的特性测量。

光控电路的设计：光控电路由R_G、R_6、R_{w1}及U_3、U_4等组成。实验时改变R_{w1}的大小，使R_G在正常光线与遮光时能正常开启工作，用万用表测量R_4、R_{w1}、R_G的阻值，用示波器观测U_3、U_4输入端与输出端各点的波形并绘制波形。

（5）测量有光照、无光照时对应的光敏电阻上的电压变化情况，通过改变电位器R_{w1}，观测光敏开关的灵敏度。

（6）延时单元的特性分析。

延时单元的设计：延时单元由 R_7、C_4、U_5、U_6 等组成，设计时改变 R_7 的阻值并用万用表测量其大小得到不同的延时，记录延时开关时间，用示波器观测 U_5 输入端与输出端、U_6 输出端的波形并绘制波形。记录接入不同电阻 R_7 时，灯亮到灯灭所需的时间长短。

（7）利用数字示波器测量 U_1～U_6 输入端与输出端的电平大小与波形。

5.12.5 数据处理

在完成以上实验内容的基础上，继续完成如下工作。

（1）声音放大电路：用万用表测量其电阻大小，用示波器观测振荡信号、绘制其波形，观测 U_1、R_2 输出端的幅值与波形。

（2）光敏电路：用万用表测量 R_4、R_{w1}、R_G 的阻值，用示波器观测 U_3、U_4 输入端与输出端各点的波形并绘制波形。在 R_{w1} 最大与最小的情况下，测量光敏电阻的暗阻和亮阻的大小。

（3）延时单元：改变不同的 R_7、C_4 组合得到延时时间分别为 6.5s、12s、18s 和 25s 的电阻值与电容值，测量延时单元的最大电压。

（4）通过测量各与非门的输入电压和输出电压，分析与非门逻辑电路的特性和工作原理，画出逻辑图。

（5）分析并描述可控硅开关电路数据，测量触发电平大小、小灯泡熄灭时的电压。用万用表测量控制端导通时的电压与电流的幅值，用示波器观测可控硅触发信号、可控硅振荡触发信号波形。

5.12.6 思考题

（1）举例说明你还知道哪些不同的声光控制电路。

（2）简述晶闸管（可控硅）开关电路的工作原理。

（3）实验时你设计的声光控制电路如果无法工作，请分析是什么原因造成的。你是如何解决问题的？

5.12.7 实验拓展

按上述方法连接线路，设计一种放大端信号最小幅值为 5.0V、开启频率为 200～2000Hz、延时为 12s 的声光控制电路。

附录 A　国际单位制

表 A.1　国际单位制（SI）的基本单位

量的名称	单位名称	单位符号
长度	米	m
质量	千克	kg
时间	秒	s
电流	安［培］	A
热力学温度	开［尔文］	K
物质的量	摩［尔］	mol
发光强度	坎［德拉］	cd

表 A.2　国际单位制的辅助单位和导出单位

量的名称	SI 的导出单位		
	名　称	符　号	基本单位和导出单位
［平面］角	弧度	rad	1rad = 1m/m = 1
立体角	球面度	sr	$1sr = 1m^2/m^2 = 1$
频率	赫［兹］	Hz	$1Hz = 1s^{-1}$
力	牛［顿］	N	$1N = 1kg·m/s^2$
压强，应力	帕［斯卡］	Pa	$1Pa = 1N/m^2$
能［量］，功，热量	焦［耳］	J	1J = 1N·m
功率，辐［射能］通量	瓦［特］	W	1W = 1J/s
电荷［量］	库［仑］	C	1C = 1A·s
电压，电动势，电势	伏［特］	V	1V = 1W/A
电容	法［拉］	F	1F = 1C/V
电阻	欧［姆］	Ω	1Ω = 1V/A
电导	西［门子］	S	$1S = 1\Omega^{-1}$
磁通［量］	韦［伯］	Wb	1Wb = 1V·s
磁通［量］密度，磁感应强度	特［斯拉］	T	$1T = 1Wb/m^2$
电感	亨［利］	H	1H = 1Wb/A
摄氏温度	摄氏度	℃	1℃ = 1K
光通量	流［明］	Lm	1lm = 1cd·sr
［光］照度	勒［克斯］	lx	$1lx = 1lm/m^2$

注：国际单位制的基本单位的定义。

米：光在真空中 1/299792458s 时间间隔内所经过路径的长度［第 17 届国际计量大会（1983）］。

千克：国际千克原器的质量［第 1 届国际计量大会（1889）和第 3 届国际计量大会（1901）］。

秒：铯-133 原子基态的两个超精细能级之间跃迁所对应辐射的 9192631770 个周期的持续时间[第 13 届国际计量大会(1967)，决议 1]。

安培：在真空中，当截面积可忽略的两根相距 1m 的无限长平行圆直导线内通以等量恒流电流时，若导线间的相互作用力在每米长度上为 2×10^{-7}N，则每根导线中的电流为 1A［国际计量委员会（1946），决议 2，第 9 届国际计量大会（1948）批准］。

开尔文：水三相点热力学温度的 1/2732.16［第 13 届国际计量大会（1967），决议 4］。

摩尔：一个系统的物质的量，该系统中包含的基本单元（原子、分子、离子、电子及其他粒子，或这些粒子的特定组合）数与 0.012kg C-12 的原子数目相等［第 14 届国际计量大会（1971），决议 3］。

坎德拉：一个光源在给定方向上的发光强度，该光源发出频率为 540×10^{12}Hz 的单色辐射，且在该方向上的辐射强度为 1/683W/sr［第 16 届国际计量大会（1979），决议 3］。

表 A.3　可与国际单位制单位并用的我国法定计量单位

量的名称	单位名称	单位符号	与 SI 单位的关系
时间	分 小时 日（天）	min h d	1min = 60s 1h = 60min = 3600s 1d = 24h = 86400s
平面角	度 角分 角秒	° ′ ″	$1° = (\pi/180)$rad $1' = (1/60)° = (\pi/10800)$rad $1'' = (1/60)' = (\pi/648000)$rad
体积	升	L（l）	$1L = 1dm^3 = 10^{-3}m^3$
质量	吨 原子质量单位	t u	$1t = 10^3kg$ $1u = 1.66053886 \times 10^{-27}kg$
旋转速度	转每分	r/min	$1r/min = (1/60)s^{-1}$
长度	海里	n mile	1n mile = 1852m（航行）
速度	节	kn	1kn = 1n mile/h（航行）
能	电子伏	eV	$1eV = 1.602177 \times 10^{-19}J$
级差	分贝	dB	
线密度	特克斯	tex	$1tex = 10^{-6}kg/m$
面积	公顷	hm^2	$1hm^2 = 10^4m^2$

表 A.4　单位词头

因　数	词头名称		符　号	因　数	词头名称		符　号
	英　文	中　文			英　文	中　文	
10^{24}	yotta	尧［它］	Y	10^{-1}	deci	分	d
10^{21}	zetta	泽［它］	Z	10^{-2}	centi	厘	c
10^{18}	exa	艾［可萨］	E	10^{-3}	milli	毫	m
10^{15}	peta	拍［它］	P	10^{-6}	micro	微	μ
10^{12}	tera	太［拉］	T	10^{-9}	nano	纳［诺］	n
10^{9}	giga	吉［咖］	G	10^{-12}	pico	皮［可］	p
10^{6}	mega	兆	M	10^{-15}	femto	飞［母托］	f
10^{3}	kilo	千	k	10^{-18}	atto	阿［托］	a
10^{2}	hecto	百	h	10^{-21}	zepto	仄［普托］	z
10^{1}	deca	十	da	10^{-24}	yocto	幺［科托］	y

注：1．方括号内的汉字是在不致混淆的情况下，可以省略的字。
　　2．圆括号内的汉字为前者的同义词。
　　3．升的符号中，小写字母 l 为备用符号。
　　4．公里是千米的俗称，符号为 km。

附录 B　常用的物理常量

表 B.1　基本的和重要的物理常数表

名　称	符　号	数值和单位
万有引力常量	G	$6.6720\times10^{-11}\text{N}\cdot\text{m}^2\cdot\text{kg}^{-2}$
标准重力加速度	g	$9.80665\text{m}\cdot\text{s}^{-2}$
水在 0℃时的密度	ρ（H_2O）	$999.840\text{kg}\cdot\text{m}^{-3}$
汞在 0℃时的密度	ρ（Hg）	$13595.04\text{kg}\cdot\text{m}^{-3}$
水的比热	c（H_2O）	$4184\text{J}\cdot\text{kg}^{-1}\cdot\text{K}^{-1}$
冰的溶解热	λ（H_2O）	$333464.8\text{J}\cdot\text{kg}^{-1}$
水在 100℃时的汽化热	L（H_2O）	$2255176\text{J}\cdot\text{kg}^{-1}$
标准状况下的温度	T_0	273.15K
标准状况下的压强	P_0	1atm, $1.01325\times10^5\text{Pa}$
标准状况下理想气体的摩尔体积	V_{mol}	$22.41383\text{L}\cdot\text{mol}^{-1}$
阿伏伽德罗常数	N_A	$6.02214199\times10^{23}\text{mol}$
摩尔气体常量	R	$8.3144\text{J}\cdot\text{mol}^{-1}\cdot\text{K}^{-1}$
玻尔兹曼常量	$k=R/N_A$	$1.3806503\times10^{-23}\text{J}\cdot\text{K}^{-1}$
真空中的光速	c	$2.99792458\times10^8\text{m}\cdot\text{s}^{-1}$
普朗克常量	h	$6.62606876\times10^{-34}\text{J}\cdot\text{s}$
静止电子质量	m_e	$9.10938188\times10^{-31}\text{kg}$
原子质量单位	u	$1.66053886\times10^{-27}\text{kg}$
静止质子质量	m_p	$1.6726216\times10^{-27}\text{kg}$
静止中子质量	m_n	$1.6749286\times10^{-27}\text{kg}$
电子荷质比	e/m_e	$1.758802\times10^{-11}\text{C}\cdot\text{kg}$
斯特藩-玻尔兹曼常量	σ	$5.670373\times10^{-8}\text{W}\cdot\text{m}^{-2}\cdot\text{K}^{-4}$
基本电荷电量	e	$1.602176621\times10^{-19}\text{C}$
真空电容率	ε_0	$8.854188\times10^{-12}\text{F}\cdot\text{m}^{-1}$
真空磁导率	μ_0	$12.56637\times10^{-7}\text{N}\cdot\text{A}^{-2}$
法拉第常数	$F=eN_A$	$9.648533\times10^4\text{C}\cdot\text{mol}^{-1}$

表 B.2　海平面上升不同纬度的重力加速度

纬度 φ/°	g/(m·s^{-2})	纬度 φ/°	g/(m·s^{-2})	纬度 φ/°	g/(m·s^{-2})	纬度 φ/°	g/(m·s^{-2})
0	9.78049	25	9.78969	50	9.81079	75	9.82873
5	9.78088	30	9.78338	55	9.81515	80	9.83065
10	9.78204	35	9.79746	60	9.81924	85	9.83182
15	9.78394	40	9.80182	65	9.82294	90	9.83221
20	9.78652	45	9.80629	70	9.82614		

注：计算公式 $g=9.78049(1+0.005288\sin^2\varphi-0.000006\sin^2 2\varphi)$。

表 B.3　标准大气压下不同温度的水的密度

温度/℃	密度/(kg·m^{-3})	温度/℃	密度/(kg·m^{-3})	温度/℃	密度/(kg·m^{-3})
0	999.840	17	998.774	34	994.371
1	999.900	18	998.595	35	994.031
2	999.941	19	998.405	36	993.68
3	999.965	20	998.203	37	993.33

（续表）

温度/℃	密度/(kg·m^{-3})	温度/℃	密度/(kg·m^{-3})	温度/℃	密度/(kg·m^{-3})
4	999.973	21	997.992	38	992.96
5	999.965	22	997.770	39	992.59
6	999.941	23	997.538	40	992.21
7	999.902	24	997.296	41	991.83
8	999.849	25	997.044	42	991.44
9	999.781	26	996.783	50	988.04
10	999.700	27	996.512	60	983.21
11	999.605	28	996.232	70	977.78
12	999.498	29	995.944	80	971.80
13	999.377	30	995.646	90	965.31
14	999.244	31	995.340	100	958.35
15	999.099	32	995.025	3.98	1000.00
16	998.943	33	994.702	纯水在该温度时密度最大	

表 B.4　物质的密度

物　质	密度/(kg·m^{-3})	物　质	密度/(kg·m^{-3})	物　质	密度/(kg·m^{-3})
铱	22.5×10^3	铝	2.699×10^3	铜	8.960×10^3
金	19.30×10^3	花岗岩	$(2.6\sim2.8)\times10^3$	钢、铁	7.874×10^3
铅	11.35×10^3	砖	$(1.4\sim2.2)\times10^3$	蜡	0.9×10^3
银	10.50×10^3	冰	0.900×10^3	干松木	0.5×10^3
汞	13.595×10^3	植物油	0.9×10^3	海水	1.03×10^3
汽油	0.71×10^3	煤油	0.80×10^3	酒精	0.8×10^3
二氧化碳	1.98	一氧化碳	1.25	空气	1.293
氧	1.429	氦	0.1785	氢	0.08988

注：固体和液体的密度是在 20℃条件下的值。气体的密度是在 0℃、标准大气压下的值。

表 B.5　不同温度下水和酒精的表面张力 σ　　单位：10^{-3}N·m^{-1}

温度 t/℃	0	30	60	90	120	150	180	210	240	300	370
水	75.6	74.18	66.18	60.75	54.9	48.63	42.25	35.4	28.57	14.40	0.47
酒精	24.4	21.9	19.2	16.4	13.4	10.1	6.7	3.3	0.1	–	–

表 B.6　20℃时不同材料中的声速

物　质	声速/(m·s^{-1})	物　质	声速/(m·s^{-1})
铝	5000	空气	331.46
铜	3750	二氧化碳	258.0
电解铁	5120	氯	205.3
水	1482.9	氢	1269.5
汞	1451.0	水蒸气（100℃）	404.8
甘油	1923	氧	317.2
乙醇	1168	氨	415
四氯化碳	935	甲烷	432

表 B.7　不同温度时干燥空气中的声速

温度/℃	0	1	2	3	4	5	6	7	8	9
60	366.05	366.60	367.14	367.69	368.24	368.78	369.33	369.87	370.42	370.96
50	360.51	361.07	361.62	362.18	362.74	363.29	363.84	364.39	364.95	365.50
40	354.89	355.46	356.02	356.58	357.15	357.71	358.27	358.83	359.39	359.95

（续表）

温度/℃	0	1	2	3	4	5	6	7	8	9
30	349.18	349.75	350.33	350.90	351.47	352.04	352.62	353.19	353.75	354.32
20	343.37	343.95	344.54	345.12	345.70	346.29	346.87	347.44	348.02	348.60
10	337.46	338.06	338.65	339.25	339.84	340.43	341.02	341.61	342.20	342.78
0	331.45	332.06	332.66	333.27	333.87	334.47	335.07	335.67	336.27	336.87
−10	325.33	324.71	324.09	323.47	322.84	322.22	321.60	320.97	320.34	319.72
−20	319.09	318.45	317.82	317.19	316.55	315.92	315.28	314.64	314.00	313.36
−30	312.72	312.08	311.43	310.78	310.14	309.49	308.84	308.19	307.53	306.88

表 B.8 液体的黏度

液 体	温度/℃	$\eta/(\times10^{-6}Pa)$	液 体	温度/℃	黏度 $\eta/(\times10^{-6}Pa)$
汽油	0	1788	甘油	−20	1.34×10^{8}
	18	530		0	1.21×10^{8}
乙醇	−20	2780		20	1.499×10^{8}
	0	1780		100	12945
	20	1190	蜂蜜	20	6.50×10^{8}
甲醇	0	817		80	1.00×10^{5}
乙醚	−20	584	鱼肝油	20	45600
	0	296		80	4600
	20	243	汞	−20	1855
变压器油	20	19800		0	1685
蓖麻油	10	2.42×10^{6}		20	1554
葵花籽油	20	50000		100	1224

表 B.9 常见各向同性材料的杨氏模量

材 料	杨氏模量 $E/(N\cdot m^{-2})$	材 料	杨氏模量 $E/(N\cdot m^{-2})$
低碳钢，16 锰钢	$(2.0\sim2.2)\times10^{11}$	球墨铸铁	$(1.5\sim1.8)\times10^{11}$
普通合金钢	$(2.0\sim2.2)\times10^{11}$	可锻铸铁	$(1.5\sim1.8)\times10^{11}$
合金钢	$(1.9\sim2.2)\times10^{11}$	铸钢	1.72×10^{11}
灰铸铁	$(0.6\sim1.7)\times10^{11}$	硬铝合金	0.71×10^{11}
金	0.79×10^{11}	铝	$(0.70\sim0.71)\times10^{11}$
银	$(0.70\sim0.82)\times10^{11}$	铜	$(1.050\sim1.300)\times10^{11}$
石英	0.73×10^{11}	尼龙	0.035×10^{11}
聚乙烯	0.0077×10^{11}	聚苯乙烯	0.036×10^{11}

表 B.10 固体的折射率

物 质	折 射 率	物 质	折 射 率
醋酸纤维	1.49～1.50	琥珀	1.546
白明胶	1.530	聚甲基丙烯酸树脂	1.49
方解石	1.6583	聚苯乙烯	1.59
加拿大树胶	1.530	钾盐	1.190
萤石（氟化钙）	1.434	刚玉（蓝宝石、红宝石）	1.7686
赛璐珞	1.49～1.50	黄玉（黄宝石）	1.63
金刚石	2.4195	绿宝石（绿闪石）	1.581
岩盐	1.5433	砂糖	1.56
冰	1.310	云母	1.56～1.60
丙烯树脂	1.50	氟化钠	1.3255
石英	1.544（n_D）	氯化钠	1.5443
	1.553（n_e）		
熔凝石英	1.45845	氟化锂	1.392

参考文献

[1] 潘小青，黄瑞强．大学物理实验教程[M]．北京：电子工业出版社，2020．

[2] 陈家璧，苏显渝．光学信息技术原理及应用[M]．北京：高等教育出版社，2009．

[3] 陈熙谋．物理演示实验[M]．北京：高等教育出版社，1982．

[4] 江兴方，高惠滨．物理演示文献[M]．南京：南京大学出版社，2011．

[5] 李国栋．声学基础[M]．南京：南京大学出版社，2001．

[6] 李长真．大学物理实验教程[M]．北京：科学出版社，2010．

[7] 刘维，董巧燕．基础物理实验[M]．北京：电子工业出版社，2015．

[8] 钱临照，许良英．世界著名科学家传记[M]．北京：科学出版社，1994．

[9] 沈元华，陆申龙．大学物理实验[M]．北京：高等教育出版社，2010．

[10] 苏新纺．普通物理演示实验教程[M]．北京：清华大学出版社，2014．

[11] 孙肖子．模拟电子电路及技术基础[M]．3 版．西安：西安电子科技大学出版社，2017．

[12] 吴平．大学物理实验教程[M]．北京：机械工业出版社，2015．

[13] 吴旗．传感器及应用[M]．北京：高等教育出版社，2010．

[14] 吴泳华，霍剑青，浦其荣．大学物理实验（第一册）[M]．2 版．北京：高等教育出版社，2005．

[15] 谢行恕，霍剑青，康士秀．大学物理实验（第二册）[M]．高等教育出版社，2001．

[16] 杨述武，赵立竹，沈国士．普通物理实验[M]．4 版．北京：高等教育出版社，2007．

[17] 叶民恩．大学物理实验[M]．武汉：武汉理工大学出版社，2001．

[18] 郁忠强．从原子到夸克[M]．福州：福建教育出版社，1997．

[19] 张映辉．大学物理实验学习指导书[M]．北京：高等教育出版社，2021．

[20] 张增明，韦先涛，浦其荣，等．大学物理实验（第一册）[M]．北京：高等教育出版社，2024．

[21] 张增明，缪连元，张立．大学物理实验（第二册）[M]．北京：高等教育出版社，2024．

[22] 教育部高等学校大学物理课程教学指导委员会．理工科类大学物理实验课程教学基本要求（2023 年版）[M]．北京：高等教育出版社，2023．

[23] ［美］阿尔伯特·爱因斯坦，［法］利奥波德·英费尔德．物理学的进化[M]．北京：商务印书馆，1984．

[24] ［美］乔治·伽莫夫．物理学发展史[M]．高士圻，侯德彭，译．商务印书馆，1981．

[25] ［英］马尔科姆·朗盖尔．物理学中的理论概念[M]．向守平，郑久仁，等译．合肥：中国科学技术大学出版社，2017．

[26] G. L. Squires. Practical Physics, Fourth Edition[M]. Cambridge University Press, 2001.

[27] 孟赟，闫宝，等．三棱镜折射率的精确测量[J]．激光与光电子学进展，2017, 54.

[28] 沙金巧．密立根及其主要学术成就[J]．物理教师，2016, 37(09).

[29] 武兴建，吴金宏．光电倍增管原理、特性与应用[J]．国外电子元器件，2001, (8).

[30] 杨振东，周厚兵，李涛．非平衡电桥实验的拓展研究[J]．长春师范大学学报，2021, (2).

[31] 谭锦博，吴秀梅．三种测量三棱镜折射率方法的讨论[J]．物理与工程，2024, 34(3).
[32] 刘兆梅，刘希涛，鹿佳煜，等．织物衍射特性的研究：丝袜衍射[J]．物理与工程，2024, 34(4).
[33] 卢敏泰．我国重力加速度测量跨出国门[J]．中国计量，1997, (1).
[34] 徐小方，张华．飞行器转动惯量测量方法研究[J]．科学技术与工程，2009, 9(6).
[35] 张晓红，王小怀．声光效应及其应用研究进展[J]．物理通报，2018, (09).
[36] 龚镇雄．物理实验与测量误差[J]．物理实验，1983, 3(1).
[37] 张欣．科学中国人的历史丰碑——纪念弱作用中宇称不守恒发现 40 周年[J]．物理，1996, 25(12).
[38] 周衍润，罗文泽，夏明岗．基于等厚干涉自动检测透明液体的质量分数[J]．物理实验，2024, 44(10).
[39] 2024 年 IYPT 题目.